普通高等教育工程机械教材

Gongcheng Jixie Gouzao

工程机械构造

张　琳　李乃坤　王树明　**主编**

郁录平　**主审**

人民交通出版社

内 容 提 要

本书主要介绍国内外现代工程机械柴油机与底盘的结构和工作原理。全书分两篇，共十七章。第一篇为柴油机部分，主要介绍工程机械上广泛采用的具有代表性的柴油机结构；第二篇为底盘部分，主要以使用最为广泛的铲土运输机械为主，本着突出共性，照顾特殊的思路，以轮式装载机、履带式推土机和工程运输车辆为典型机械，分系统集中介绍工程机械底盘各系统的结构和工作原理。

本书既可作为高等学校工程机械类专业（本科或高职高专）教材，也可供工程机械行业的科研与生产单位的工程技术人员参考。

图书在版编目（CIP）数据

工程机械构造 / 张琳，李乃坤，王树明主编. —北京：人民交通出版社，2013.6

ISBN 978-7-114-10552-4

Ⅰ. ①工… Ⅱ. ①张… ②李… ③王 Ⅲ. ①工程机械—构造—高等学校—教材 Ⅳ. ①TU6

中国版本图书馆 CIP 数据核字（2013）第 074554 号

普通高等教育工程机械教材

书　　名：	工程机械构造
著 作 者：	张琳　等
责任编辑：	丁润铎
出版发行：	人民交通出版社
地　　址：	(100011)北京市朝阳区安定门外外馆斜街 3 号
网　　址：	http://www.ccpress.com.cn
销售电话：	(010)59757973
总 经 销：	人民交通出版社发行部
经　　销：	各地新华书店
印　　刷：	北京虎彩文化传播有限公司
开　　本：	787×1092　1/16
印　　张：	19.25
字　　数：	483 千
版　　次：	2013 年 6 月　第 1 版
印　　次：	2021 年 8 月　第 6 次印刷
书　　号：	ISBN 978-7-114-10552-4
定　　价：	48.00 元

（有印刷、装订质量问题的图书由本社负责调换）

前　言

工程机械是指广泛应用于建筑、水利、矿山、路面工程、港口和军事工程等基础建设施工中的各种机械。工程机械通常分为铲土运输机械、挖掘机械、起重机械、压实机械、桩工机械、路面与凿岩机械、钢筋混凝土机械与风动工具、工程车辆等十大类。

随着现代科学技术在工程机械上的应用，工程机械的结构和控制系统发生了很大的变化，各项性能指标有了明显提高。尤其是电子技术、传感技术和液压技术提高了工程机械的自动化程度，使现代工程机械向着机电液一体化、低能耗、高效率和环保型发展。

本书主要介绍国内外现代工程机械柴油机与底盘的结构和工作原理。全书分两篇，共十七章。第一篇为柴油机部分，主要介绍工程机械上广泛采用的具有代表性的柴油机结构；第二篇为底盘部分，主要以使用最为广泛的铲土运输机械为主。本着突出共性，照顾特殊的思路，以轮式装载机、履带式推土机和工程运输车辆为典型机械，分系统集中介绍工程机械底盘各系统的结构和工作原理。本书注重理论与生产实践的紧密结合，内容齐全新颖，覆盖面广，结构严谨，文笔流畅，图文并茂，便于阅读和理解。

本书由山东交通学院张琳副教授、李乃坤副教授、王树明教授担任主编。编写组成员是：李乃坤副教授（第一章、第二章）、顾宗淮讲师（第三章）、张琳副教授（第四章）、朱礼友讲师（第五章、第六章、第七章）、李思湘教授（第八章、第九章）、王树明教授（第十章、第十一章）、陈勇副教授（第十二章）、姜武杰高级工程师（第十三章、第十四章）、朱明星讲师（第十五章、第十六章、第十七章）。

本书第一篇由张琳副教授统稿，第二篇由李乃坤副教授统稿，全书由长安大学郁录平教授主审。

本书既可作为高等学校工程机械类专业（本科或高职高专）教材，也可供工程机械行业的科研与生产单位的工程技术人员参考。

由于编者水平有限，时间仓促，书中定有不足之处，敬请广大读者指正。

编者
2013 年 1 月

目　录

第一篇　柴　油　机

1

第二篇　底　盘

第一篇

柴 油 机

第一章　柴油机工作原理和组成

第一节　概　　述

一、柴油机的定义与分类

柴油机就是以柴油为能源的内燃热力发动机。

将自然界的天然能源通过专门装置转化为能够对外做功的机械能,这个专门装置就称为发动机,也叫动力机械。自然界已知的能源种类很多,如水力、风力、秸秆、生物油、煤、石油、乙醇、天然气、核能、太阳能和潮汐能等,这些能源都可以通过不同的发动机转化为能够对外做功的机械能。人类还将继续探索发现新的能源,并将不断设计制造出新的动力机械。

如果将可燃能源与空气混合,经过燃烧,将其中包含的化学能转化为热能,再经能量转化介质(工质)的膨胀把热能转化为机械能,那么,完成这个能量转化过程的机械装置就叫做热力发动机,简称热机。

在热力发动机中,如果燃料的燃烧是直接在大气中进行的,则称为外燃热力发动机,简称外燃机,如蒸汽机等。如果燃料的燃烧是在与大气隔离的专门空间进行的,则称为内燃热力发动机,简称内燃机。内燃机的种类较多,按所用燃料可分为:柴油机、汽油机、煤气机、特种燃料内燃机等。

由于柴油机有着独特的优势,它被广泛应用于工程机械、汽车、农业机械、轮船、铁路机车和发电机组等领域。本书就将专门介绍工程机械用柴油机的构造和工作原理。

柴油机的种类很多,通常按下列几个方面分类。

(1)按柴油机一个工作循环冲程数的不同,可分为二冲程柴油机和四冲程柴油机。目前绝大多数柴油机都是四冲程柴油机。

(2)按汽缸数量的不同,可分为单缸柴油机和多缸柴油机。

(3)按汽缸排列方式的不同,可分为直列立式柴油机,V 形排列式柴油机、W 形排列式柴油机、X 形排列式柴油机及对置卧式柴油机等。

(4)按进气方式的不同,可分为非增压式(吸入式)柴油机和增压进气式柴油机。

(5)按冷却方式的不同,可分为水冷式柴油机和风冷式柴油机。现在水冷式柴油机被广泛使用。

(6)按额定转速高低的不同,可分为高速(1000r/min 以上)柴油机、中速(600 ~ 1000 r/min)柴油机和低速(600r/min 以下)柴油机,工程机械主要采用高速柴油机。

(7)按额定功率大小的不同,可分为小型柴油机、中小型柴油机、中型柴油机、中大型柴油机、大型柴油机和超大型柴油机。

(8)按从飞轮端看曲轴旋转方向的不同,可分为左旋柴油机和右旋柴油机,一般柴油机主要采用左旋。

（9）按用途的不同，可分为工程机械用柴油机、汽车用柴油机、轮船用柴油机、拖拉机用柴油机和发电机组用柴油机等。

（10）按启动方式的不同，可分为人力手摇式启动柴油机、汽油机启动柴油机、电动机启动柴油机、压缩空气启动柴油机等。

目前工程机械广泛采用往复式四冲程高速多缸柴油机作为动力源。也有采用汽油机、电动机等其他动力装置的，但其数量微乎其微。根据工程机械的发展趋势，可以预见在今后相当长的时期内，柴油机仍将继续作为工程机械的主要动力源。

二、柴油机型号编制

柴油机的型号编制可参考我国于2008年对发动机名称和型号编制方法重新审定并颁布的新的国家标准《内燃机产品名称和型号编制规则》（GB/T 725—2008）进行。该标准主要内容如下：

（1）发动机产品名称均按所采用的燃料命名，如柴油机、汽油机、煤气机、双（多种）燃料发动机等。

（2）发动机型号由阿拉伯数字和汉语拼音字母组成。

（3）型号由下列四部分组成（图1-1）。

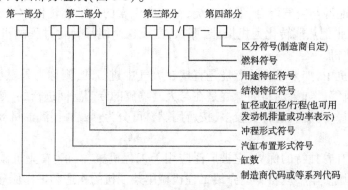

图1-1　发动机型号编制规则

①第一部分：由制造商代码或系列符号组成。本部分代码由制造商根据需要选择相应1~3位字母表示。

②第二部分：由汽缸数、汽缸布置形式符号（表1-1）、冲程形式符号、缸径符号组成。

③第三部分：由结构特征符号、用途特征符号组成。其符号分别按表1-2、表1-3的规定。

④第四部分：区分符号，系列产品需要区分时，允许制造商选用适当符号表示。第三部分与第四部分可用"—"隔开。

（4）发动机型号编制示例。

①汽油机。

a. 495Q——表示四缸，四冲程，缸径95mm，水冷，车用。

b. EQ6100—1——表示六缸，二冲程，缸径100mm，水冷，第一种变型产品。

②柴油机。

a. 6120Q——表示六缸，四冲程，缸径12mm，水冷，车用。

b. 12V135Z——表示12缸，V形，四冲程，缸径135mm，水冷，增压。

汽缸布置形式符号	表 1-1
符号	含　义
无	多缸直列及单缸
V	V 形
P	平卧式

结构特征符号	表 1-2
符号	结 构 特 征
无	水冷
F	风冷
N	凝气冷却
S	十字头式
DZ	可倒转(直接换向)
Z	增压

用途符号特征	表 1-3
符号	用　途
无	通用型
T	拖拉机用
M	摩托车用
Q	汽车用
G	工程机械用
J	铁路机车用
D	发电机组用
C	船用主机,右机基本型
CZ	船用主机,左机基本型

我国为加速工程机械和汽车工业的发展,在"吸收外资,引进技术"的方针指引下,引进外国厂商的先进技术和专利,康明斯发动机就是其中之一。这类发动机目前并未按我国标准编制型号。康明斯发动机在我国基本上包括三个系列,即 V 系列、N 系列和 K 系列。这类发动机一般都采用废气涡轮增压或带中冷器,如 N 系列增压(NT)、V 系列增压(VT)、V 系列增压、中冷(VTA)、K 系列增压(KT)、K 系列增压、中冷(KTA)等。康明斯柴油机型号的说明见图 1-2。

其用途代号:C——工程机械用;G——发电用;P——动力装置用;M——船用;L——机车用;R——轨道车用。

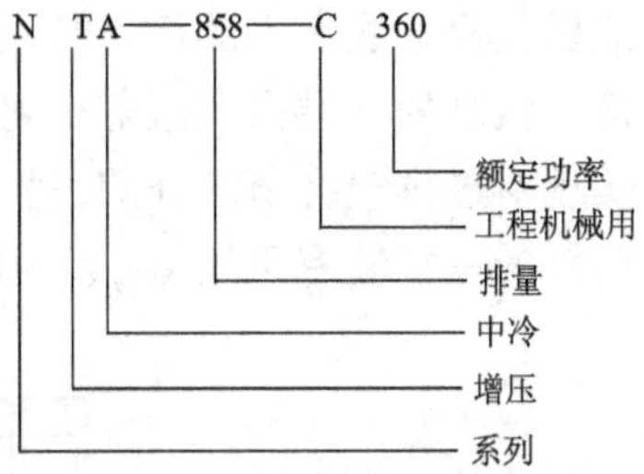

N TA——858——C 360

图 1-2　康明斯发动机型号

三、柴油机的优点

柴油机之所以被广泛采用于工程机械,是因为较之其他发动机有以下优点:

(1)热效率较高。现代柴油机的热效率为 30% ~ 40%,最高可达 46%,高于汽油机、显著高于外燃机。柴油机耗油率低,经济性好。

(2)体积小,质量轻,机动性好。

(3)动力性能好,单机功率小至几千瓦,大至几百千瓦,可以满足各种用途的需要;适应性好,与同功率的其他内燃机相比,柴油机飞轮转矩很大,从而使工程机械传动系的设计简化。

(4)操作简便,使用可靠,且不受地区限制。

(5)有较好的燃料安全性;汽油机的燃料是汽油,煤气机的燃料为各种可燃气体。柴油与这些燃料相比较,它有着较高的安全性。

四、柴油机的使用要求

在工程机械上使用的柴油机必须满足下列要求:

(1)作业时冲击和振动大,要求有较高的刚度和强度。

(2)工作负荷大,且经常可能出现短暂超负荷工况,要求转矩储备系数应达到 1.25 ~ 1.4,最低不小于 1.15 ~ 1.20。

(3)作业时速度和负荷剧变,要求有性能良好的全制式调速器。

5

(4)作业现场空气含尘量高,要求有高效的各种类型空气滤清器。

(5)常在倾斜地面作业,应能保证在前后左右倾斜 30°~35°的坡地上,可靠地工作。

(6)常在野外偏僻地区工作,要求工作可靠维护方便,寿命长。目前,先进产品的大修间隔已可达到 10000h 以上。

(7)柴油机常常还要满足一些特殊作业环境下的使用要求,如严寒地区和热带地区作业、地下坑道和水下作业、高海拔地区和沙漠缺水地区作业,以及军用工程机械等。

对柴油机的这些要求,现代科学技术手段基本上都可以解决。当然,随着发动机技术的不断发展,柴油机在结构、材质、控制和性能等各个方面,会得到进一步的提高。

第二节　柴油机的工作原理

一、柴油机的基本构造和常用术语

为了完成"化学能→热能→机械能"这种能量形式的转化,并能使之连续进行,形成不间断的循环运动,人们根据机械原理设计了如图 1-3 所示的装置。在圆筒形的汽缸 5 中有一个活塞 6,连杆 8 的上端通过活塞销 7 与活塞 6 铰接,其下端与曲轴 9 的连杆轴颈铰接,从而把只能做往复直线运动的活塞与只能做旋转运动的曲轴联系起来,使这两种机械运动可以相互转换。汽缸的上端由汽缸盖 1 封闭,汽缸盖上装有进气门 2 和排气门 3,由专门机构分别控制而实现对进排气孔道的开闭,另一个由专门机构控制的喷油器 4,负责定时向燃烧室喷射柴油。曲轴的一端装有飞轮 10,以使曲轴均匀旋转。这就是柴油机的基本构造和简单原理。

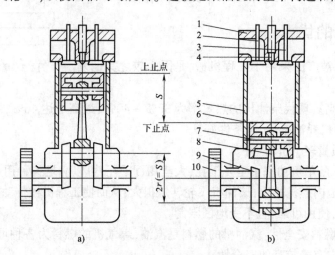

图 1-3　单缸四冲程柴油机结构简图
1-汽缸盖;2-进气门;3-排气门;4-喷油器;5-汽缸;6-活塞;7-活塞销;8-连杆;9-曲轴;10-飞轮

为了深入了解柴油机的工作原理及其基本组成之间的运动关系,我们首先要熟悉以下柴油机基本术语。

(1)工作循环。柴油机的工作循环是由进气、压缩、做功和排气四个工作过程组成的封闭过程。周而复始地进行这些过程,柴油机才能持续做功。

(2)上止点。活塞离曲轴回转中心最远处,通常为活塞的最高位置,称为上止点。

(3)下止点。活塞离曲轴回转中心最近处,通常为活塞的最低位置,称为下止点。

（4）活塞行程。上、下止点间的距离 S 称为活塞行程。曲轴与连杆下端的连接中心至曲轴中心的距离 r 称为曲柄半径，显然 $S = 2r$，同时曲轴每转一周，活塞移动两个行程。

（5）汽缸工作容积。活塞从上止点到下止点所扫过的容积称为汽缸工作容积或汽缸排量，用 V_h 表示。

$$V_h = \frac{\pi D^2}{4 \times 10^6} \times S(\text{L})$$

式中：D——汽缸直径，mm；

　　　S——活塞行程，mm。

多缸发动机各缸工作容积的总和称为柴油机工作容积或发动机排量，用 V_L 表示。若发动机的汽缸数为 i，则：

$$V_L = V_h i(\text{L})$$

（6）燃烧室容积。活塞在上止点时，活塞上方的容积为燃烧室容积，用 V_c 表示。

（7）汽缸总容积。汽缸工作容积与燃烧室容积之和，称为汽缸总容积，用 V_a 表示，即：

$$V_a = V_h + V_c$$

（8）压缩比。汽缸总容积与燃烧室容积之比称为压缩比，用 ε 表示。即：

$$\varepsilon = \frac{V_a}{V_c} = \frac{V_h + V_c}{V_c} = 1 + \frac{V_h}{V_c}$$

压缩比表示活塞由下止点运动到上止点时，汽缸内气体被压缩的程度。压缩比越大，则压缩终了时汽缸内气体的压力和温度就越高。现在常用的自然进气柴油机的压缩比一般为16 ~ 22。

二、柴油机工作原理

柴油机可以分为四冲程柴油机和二冲程柴油机，尽管从基本工作原理上讲，它们都是将燃料在汽缸内燃烧，将化学能转变成热能，进而将热能再转化为机械能；但是，由于工作过程等方面存在一些重要差别，从而导致结构和原理上存在许多差别。

1. 四冲程柴油机的工作原理

四冲程柴油机是通过四个工作行程来完成，把燃料的化学能转化为柴油机的机械能，每个工作行程对应一个活塞行程，完成四个工作行程即结束一个工作循环，柴油机曲轴刚好转两转。图 1-4 为单缸柴油机的四个工作行程。

（1）进气行程（图 1-4a），由曲轴旋转通过连杆带动活塞自上止点移向下止点，在此期间进气门开启、排气门关闭。由于活塞上方空间不断扩大，汽缸内压力下降，当降至大气压力以下时，新鲜空气经进气门不断被吸入汽缸。活塞到达下止点时进气门关闭，进气行程结束。曲轴旋转180°。此时，汽缸内气体压力为 80 ~ 90kPa，气体温度由于受汽缸壁和活塞等温度的影响而升高，为 320 ~ 350K。

（2）压缩行程（图 1-4b）由曲轴继续旋转推动活塞自下止点移向上止点，在此期间进、排气门都关闭。由于汽缸内容积不断减小，空气受压缩后温度、压力随着升高，为下步柴油的燃烧准备了有利条件。活塞到达上止点时，压缩冲程结束，曲轴又旋转了180°。此时，汽缸内气体压力为 3 ~ 5MPa，气体温度升高为 800 ~ 1000K。为柴油的燃烧做好了充分的准备。

（3）做功行程（图 1-4c）当压缩行程接近终了时（即活塞接近上止点时），喷油器以高压将油雾迅速喷入汽缸，油雾进入高温气体后，边混合边蒸发，迅速形成可燃混合气并自行着火燃烧,燃烧产生的大量热能使汽缸内的温度和压力急剧升高,气体压力可达 5~11MPa,气体温度可达 1800~2200K,此时由于进、排气门仍都关闭着,高压气体将活塞从上止点推向下止点,并通过连杆推动曲轴旋转。随着活塞下移,汽缸容积不断增大,气体的压力和温度也逐渐降低,这一过程实现了化学能转变热能再转变成机械能的两次能量转换。

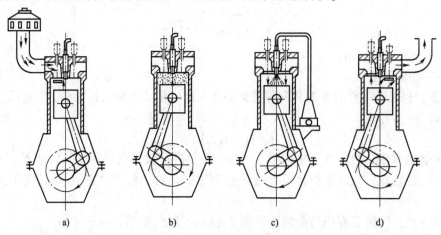

图 1-4　柴油机的四个工作行程

活塞到达下止点时,做功冲程结束。汽缸内气体压力为 200~400kPa,气体温度为 1100~1500K。

(4)排气行程(图 1-4d)曲轴继续旋转,又将活塞自下止点推向上止点,在此期间排气门开启、进气门关闭,燃烧后的废气经排气门排出汽缸外。活塞又到达上止点,排气冲程结束。汽缸内气体压力为 105~125kPa,气体温度为 600~800K。

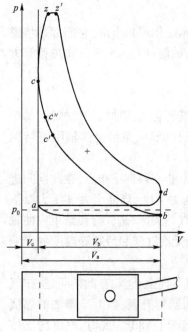

图 1-5　四冲程柴油机示功图

至此,柴油机经历了进气、压缩、做功、排气四个过程,曲轴转了 720°,完成了一个工作循环。由于曲轴一端装有飞轮,依靠飞轮旋转的惯性将使曲轴继续旋转,则下一个工作循环又开始,如此周而复始,使柴油机得以连续不断地运转。

由于在每一个工作循环中活塞需完成四个行程(曲轴转两圈),因而得名四冲程柴油机。

显然,上述四个行程中只有做功行程发出能量,其余三个行程都要消耗能量。最初(启动时)这些能量需依靠外力提供,当柴油机一旦着火工作以后,则由做功行程向其余三个行程提供能量,而这三个行程又为做功行程创造必要的条件。

柴油机实际工作循环的各个过程,可以用实验方法测得的示功图来加以表示,示功图是表示在某一工作循环中,随着活塞的位移,汽缸中气体压力 p 和气体容积 V 之间的变化关系。

图 1-5 是四冲程柴油机的示功图。其横坐标表示汽缸容积(与一定的活塞位置相对应),纵坐标表示汽缸中的气体压力,图中 p_0 表示大气压力(即 100kPa),V_c 表示燃烧室容积(活塞在上止点时活塞上方的空间),V_h 表示工作容积(活塞上下止点之间所包含的空间),V_a 表示汽缸总容积(活塞在下止点时活塞上方的空间)。

图 1-5 中的 ab、bc、cd、da 分别为进气、压缩、做功、排气四个行程的气体压力变化曲线。

a 点标志进气行程开始,此时活塞开始下移,由于上一循环排气刚刚结束。残存废气的压力略高于大气压力,因而 a 点的压力略高于 p_0。随着活塞下移,汽缸内压力很快降至 p_0 以下,开始吸进新鲜空气。因空气流动时沿途有阻力,故进气压力略低于 p_0。

b 点标志进气行程结束,压缩行程开始,此时活塞开始上移,由于空气被不断压缩,压力和温度也不断升高。压缩终了时,气压可达 $3 \sim 5$MPa,温度升至 $500 \sim 750$℃。应当指出,压缩终了时气体的压力和温度与气体的压缩程度有关,现代柴油机的压缩比一般为 $16 \sim 20$,甚至更高。

c 点标志压缩行程结束,做功行程开始。此后活塞开始再次下移。由于柴油开始喷入汽缸后需经一段准备时间才能着火,而且喷油和燃烧都要延续一段时间,所以实际情况是,喷油开始和燃烧开始的时刻不在 c 点,而分别提前到上止点前的 c' 和 c''。提前的结果是,使燃烧恰好在 c 点前后形成高潮,从而出现压力几乎直线上升的 cz 段。z 点的压力高达 $6 \sim 9$MPa,称为最大爆发压力,温度高达 $1800 \sim 2000$℃。当燃烧基本结束(z' 点)后,随着活塞被推动继续下移,容积增大,气体压力和温度也很快下降。

d 点标志做功行程结束,排气行程开始。此时活塞再次开始上移。由于废气排出时也有阻力,所以此时汽缸内废气压力仍略高于大气压力。

及至 a 点,排气行程结束,完成一个工作循环,紧接着下一个工作循环又开始。应当指出,示功图中标有"$+$"号的面积(严格说应该是标有"$+$"号的面积减去标有"$-$"号的面积,即二者之差值)代表了这一工作循环内燃烧气体对活塞所做功的大小。当柴油机大负荷工作时此面积大,小负荷工作时此面积小,此外示功图还可以用来比较不同柴油机在相同的供油条件下燃烧和热损失的情况。面积大者,表示该柴油机燃烧情况较好,热量损失较少,热效率较高。

2. 二冲程柴油机工作原理

二冲程柴油机的工作循环与二冲程汽油机工作循环有很多相似之处,所不同的主要是进入汽缸的不是可燃混合气,而是纯空气。图 1-6 为带有换气泵的二冲程柴油机工作循环示意图。新鲜空气由换气泵提高压力($0.12 \sim 0.14$MPa)后经汽缸外部的空气室和汽缸壁上的进气孔进入汽缸内,而废气则经由专设的排气门排出。

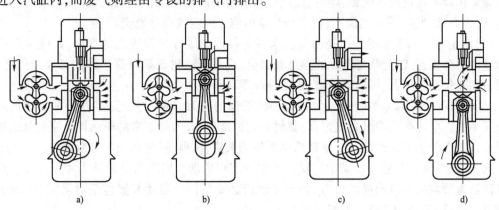

图 1-6 二行程柴油机工作示意图

(1)第一行程。活塞自下止点向上止点移动。行程开始前,进气孔和排气门均已开启,由换气泵提供高压力的空气进入汽缸进行换气(图 1-6d)。当活塞继续上移进气孔关闭,排气门也关闭时,开始压缩(图 1-6a)。当活塞接近上止点时,喷油器向汽缸内喷入雾状柴油并自行着火(图 1-6b)。

(2)第二行程。活塞到达上止点后,着火燃烧的高温高压气体推动活塞下行做功。活塞下行至 2/3 行程时,排气门开启,废气靠自身压力自由排出汽缸(图 1-6c),此后进气孔开启,进行与二冲程汽油机类似的换气过程。

二冲程柴油机由于换气时进入汽缸的是纯空气,与二冲程汽油机相比没有燃料损失,因此在某些大型工程机械和重型载重汽车上被采用。

三、柴油机的总体构造及与汽油机的差别

为实现由燃料化学能转换成热能并进而转换为机械能这一能量转换过程,且能连续、长期、稳定地工作,因此柴油机必须是一部由许多机构和系统组成的复杂机器,而且是一个复杂的整体。尽管柴油机的结构形式很多,但是,为了完成柴油机工作循环所需的基本构造则是大同小异。下面叙述柴油机的总体构造与结构特点。

1. 柴油机的总体构造

柴油机一般由两大机构、四大系统组成,它们分别是:

(1)曲柄连杆机构。曲柄连杆机构是柴油机借以产生并传递动力的机构,活塞通过它把汽缸中的直线往复运动(推力)和曲轴的旋转运动(转矩)有机地联系起来,并由此向外输出动力。曲柄连杆机构包括活塞组、连杆组、曲轴飞轮组等。机体组件是整个柴油机的基础和骨架,所有的运动机构和系统都由它支撑和定位,借以形成完整的柴油机,机体组件包括机体(汽缸体—曲轴箱)、汽缸套、汽缸盖和油底壳等。

(2)配气机构。配气机构主要由进气门、排气门、摇臂、推杆、挺杆、凸轮轴、正时齿轮等组成,其作用是使新鲜气体适时充入汽缸并及时从汽缸排出废气。配气系统还包括设置在汽缸盖内的进、排气道,与进、排气道连接的进排歧管,进排气管,空气滤清器,排气消音器,增压式柴油机上还装置有废气涡轮增压器。

(3)供给系。柴油机的供给系包括:燃油箱、柴油粗滤清器、柴油精滤清器、喷油泵及调速器总成、喷油器、低压油管、高压油管、进排气系统等。燃料供给系的功用是:根据柴油机工作循环需要和柴油机负荷的变化,定时、适量地将清洁的高压柴油供给喷油器,由喷油器将柴油以雾状(极细微颗粒)喷入燃烧室,使之与汽缸内的压缩空气混合燃烧。

(4)润滑系。润滑系的任务是用机油来保证各运动零件摩擦表面的润滑,以减少摩擦阻力和零件的磨损,并带走摩擦产生的热量和磨屑,这是柴油机长期可靠工作的必要条件之一。润滑系主要包括机油泵、机油滤清器、机油冷却器和润滑油道等。

(5)冷却系。冷却系的任务是保持柴油机工作的正常温度,将受热零件的多余热量散发到大气中去。柴油机温度过高或过低,都将影响正常工作,因而正常的柴油机温度也是柴油机长期可靠工作的必要条件之一。冷却系主要包括水泵、风扇、散热器和节温装置等。

(6)启动装置。使静止的柴油机转入工作状态叫启动。启动需借助外力才能实现。启动装置就是为柴油机的启动提供外力,为起动创造必要条件。启动装置包括启动机(电动机或二冲程汽油机)及便利于启动的辅助装置。

综上所述,曲柄连杆机构与配气机构供给系互相配合,得以实现能量的转化,产生动力,它们是柴油机的核心机构。它们工作情况的好坏,对柴油机的性能具有决定性的影响。而其他各机构和系统则都是起保证作用的。它们之间互相配合,协同动作,为柴油机的长期工作创造必要的条件,如图 1-7 所示。

2. 柴油机与汽油机的差别

虽然柴油机与汽油机都是内燃机,但由于汽油机使用的燃料性质及向发动机汽缸供给的方式与柴油机有一定差异,加之汽油机的点火方式也与柴油机完全不同,因此柴油机在总体构造上与汽油机有所不同,其主要不同之处是:

(1)燃料供给系中,早年的汽油机在进气管路中串联一个制备混合气的装置——化油器(已被淘汰)。化油器的任务是:把汽油与即将进入汽缸的空气,根据发动机不同工况的要求,制备各种浓淡相宜的混合气,供给汽缸。现在,已经换成了电控喷射装置。

(2)汽油机中有点火系统。在汽油机进气行程中,因为进入汽缸是混合气,所以在发动机的压缩行程中,汽缸内压缩的也只能是这些混合气,因此汽油机的压缩比不可能像柴油机那么大(柴油机压缩比一般为16~22,而汽油机的压缩比一般只有6~10),否则活塞还未到上止点,缸内混合气就可能被压燃,发动机将无

图1-7　柴油机构造

法运转。汽油机设置有电点火系统。其任务是:在活塞上行到压缩行程临近上止点时,让一个电火花在缸内生成,以点燃汽缸内的混合气。汽油机的点火系包括有:电源部分——蓄电池和发电机、点火线圈、断电—配电器、火花塞,低压导线和高压导线。

第三节　柴油机主要性能指标

为了反映各种类型发动机的性能特点,比较各发动机性能的优劣,有必要建立发动机的评价指标。其主要性能指标有动力性指标和经济性指标。动力性指标包括有效转矩、有效功率及升功率等;经济性指标,也叫燃料经济性指标,指的是发动机的有效燃油消耗率(也称比油耗)和有效热效率。

1. 有效转矩

发动机的曲轴飞轮组件驱动机械工作的力矩称有效转矩,用 T_e 表示,单位是 N·m。它是燃料在汽缸内燃烧放热、气体膨胀加在活塞上的气体压力所做的功,减去因机械摩擦和驱动各辅助装置所消耗的功,最后从飞轮端传出可供实际使用的转矩(即输出转矩)。有效转矩值可用测功器通过试验测定。

2. 有效功率

发动机在单位时间内对外实际做功的大小称有效功率,用 P_e 表示,单位是 kW。对于直线运动的物体,功率就是力与速度的乘积;对于旋转运动的物体,功率就是转矩与角速度的乘积。所以有效功率为:

$$P_e = T_e \frac{2\pi n}{60} 10^{-3} = \frac{T_e n}{9550} (kW)$$

式中: T_e ——有效转矩,N·m;

　　　n ——曲轴转速,r/min。

有效转矩 T_e 和每分钟转数 n 都可以通过试验测定,相应的有效功率 P_e 可以用上式算出。有效转矩和有效功率是评定柴油机动力性能的主要指标。

根据国家标准,内燃机标定的功率分为四种,15min 功率、1h 功率、12h 功率和持续功率。它们分别指内燃机允许连续运转 15min、1h、12h 和允许长期连续运转的最大有效功率。通常按内燃机的用途和使用特点,在其标牌上标出上述四种功率中的 1~2 种功率及其相应的转速。工程机械柴油机通常以 12h 功率作为标定功率。若需短期超负荷工作,大致可按 110% 的 12h 功率作为 1h 功率,运转时间不得超过 1h,若需连续超过 12h,大致可按 90% 的 12h 作为持续功率进行使用。

3. 升功率

在标定工况下,发动机每升汽缸工作容积所发出的有效功率称为升功率,用 P_L 表示,单位是 kW/L。

$$P_L = \frac{P_e}{i \cdot V_h} = \frac{P_e}{V_L} (kW/L)$$

式中:P_e——发动机标定功率,kW;

   i——汽缸数;

   V_h——单个汽缸工作容积,L;

   V_L——发动机排量,L。

升功率是从发动机有效功率出发,对其工作容积的利用率进行评价,是评价发动机整机动力性能和强化程度的指标。

4. 耗油率和有效效率

发动机每工作 1h 所消耗的燃料质量称为耗油量,用 B 表示,单位是 kg/h。耗油量 B 仅仅表明柴油机在 1h 内消耗的绝对油量,而并未表明这 1h 内做功的多少,因此,不能说明燃油经济性的好坏。

能够表征燃油经济性的指标是柴油机平均每发出 1kW · h 的功所消耗的燃料量,称为耗油率,用 b_e 表示,单位是 g/kW · h。耗油率 b_e 越低,表时燃油经济性越好。

$$b_e = \frac{B}{P_e} \times 10^3 (g/kW \cdot h)$$

式中:B——发动机每小时耗油量,kg/h;

   P_e——发动机有效功率,kW。

由于有燃料不能完全燃烧的损失、废气所带走的热损失、冷却系散走的热损失,以及机械摩擦阻力和驱动各辅助装置消耗功,因此有相当的热损失,有效效率 η_e 的值比较低。有效效率 η_e 和耗油率 b_e 之间呈反比关系。

一般柴油机的 η_e 为 30% ~ 40%,汽油机的 η_e 为 20% ~ 30%。

标志发动机动力性能(T_e、P_e)和燃油经济性能(η_e、b_e)的指标是随着许多因素而变化的,其变化规律称为柴油机特性。在上述各项指标中,耗油量 B、有效转矩 T_e 和转速 n 三项,可在试验台上直接测出,其他三项,即有效功率 P_e、耗油率 b_e 和有效效率 η_e 则由计算得出。

第二章 曲柄连杆机构

第一节 概　述

曲柄连杆机构是柴油机的主体,担负着柴油机的全部功能,是柴油机最重要的组成部分。其他的机构和系统作为辅助部分协助配合曲柄连杆机构的工作,并与曲柄连杆机构组成一个柴油机整体。

一、曲柄连杆机构的功用与组成

1.曲柄连杆机构的功用

曲柄连杆机构的主要功用就是完成能量转换和运动转变,对外输出动力。具体而言,首先由活塞接受做功行程时气体的膨胀力而做往复直线运动,再通过连杆将气体膨胀力传给曲轴并将活塞的直线运动转变为曲轴的旋转运动,最终由曲轴的端部完成对柴油机外部输出动力。

2.曲柄连杆机构的组成

曲柄连杆机构由机体组、活塞连杆组和曲轴飞轮组组成。

二、工作条件及基本要求

曲柄连杆机构是在高温、高压、高速以及有化学腐蚀的条件下工作的,例如,在柴油机做功时,汽缸内的最高温度可达 2270K 以上,最高压力可达 12MPa。现代柴油机最高转速可达2000r/min 以上。此外,与可燃混合气和燃烧废气接触的机件(如汽缸、汽缸盖、活塞等)还将受到化学腐蚀。因此其主要零件应具有足够的强度和刚度,良好的耐磨、耐热、耐腐蚀和抗氧化等性能。为了减轻柴油机质量和减少运动件的惯性力,其结构应紧凑合理。为了保证运动零件的正常运转,减少功率消耗,延长其使用寿命,除合理选材以外还应具有一定的加工精度、装配精度与良好的润滑。

三、运动及受力分析

发动机工作时,曲柄连杆机构的活塞在汽缸中做往复直线运动,曲轴绕主轴颈的中心做旋转运动,介于二者之间的连杆做平面运动,因此既有上下往复运动又有左右摆动。

曲柄连杆机构的受力主要来自四个方面:活塞顶的气体压力;机件运动的惯性力;各相对运动表面的摩擦力;发动机对外做功时,外力反作用在曲轴上的阻力矩。其中,摩擦力取决于发动机的结构,相对运动表面的粗糙度、配合紧度及润滑条件;工作阻力矩取决于外界负荷的大小和性质。下面主要分析气体压力和惯性力对发动机工作的影响。

1. 气体压力的作用

在整个工作循环中气体始终存在,但是进、排气两行程中的气体压力虽然都阻碍曲轴的旋转,但由于作用力很小,故可忽略。这里主要研究做功、压缩两行程中的气体作用。

(1)做功行程气体压力的作用。燃烧产生的高压气体直接作用在活塞顶上,推动活塞向下运动。设活塞顶上气体的总压力为 F(图 2-1a),经活塞销传给连杆时,由于连杆是偏斜的,因此可分解为 F_N 和 F_S 两个力(图 2-1b):分力 F_N 垂直汽缸壁,使活塞与汽缸壁之间产生侧压力;分力 F_S 可再分为 F_{S1} 和 F_{S2},分力 F_{S1} 沿曲柄方向,使连杆轴承和轴颈和主轴承压紧;分力 F_{S2} 与曲柄臂垂直,它与力偶(F_{S2},F_1)和力 F_2 的作用等效(图 2-1d),力偶(F_{S2},F_1)产生推动曲轴旋转的力矩 $T = F_{S2} \cdot r$(r 为曲柄半径);力 F_2 使主轴颈和主轴承压紧。由此可将压紧主轴颈与主轴承的两力 F_{S1} 和 F_2 合成力 F'_1(图 2-1e),显然 F'_1 与 F_S 力的大小相等、方向相同,只是力的作用点不同。

综上所述,可燃气的总压力 F 最终表现为:侧压力 F_N、连杆轴颈与轴承的压紧力 F_S、主轴颈与轴承的压紧力 F'_1 和驱动力矩 T 的作用。随着 F 大小及连杆与曲轴运动位置的变化,上述力和力矩的大小也在不断变化。

(2)压缩行程气体压力的作用。压缩行程中气体的压力阻碍活塞自下向上运动。与做功行程做同样的分析和处理,则气体作用在活塞上的总压力 F',最终表现为侧压力 F'_N,连杆轴颈与轴承压紧力 F'_S、主轴颈与轴承压紧力 F''_1 及阻力矩 T'(图 2-2)。它们的大小也在不断变化。

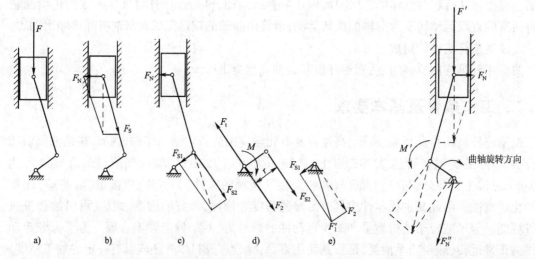

图 2-1　做功行程气体压力的作用　　　　图 2-2　压缩行程气体压力的作用

通过上述气体压力的作用分析可以看出:由于曲轴运转两圈中只有半圈做功行程中有驱动力矩 T,且大小又在变化,而其他一圈半都存在阻力矩,因此使曲轴运转不平稳;由于侧压力的作用使活塞和汽缸壁左右两侧磨损大,由于压紧各轴颈和轴承的力的大小、方向和作用点都在变化,因此使曲轴各主轴颈、连杆轴颈及其轴承磨损不均匀。

2. 惯性力

当物体运动速度的大小和方向发生变化时,必然产生惯力。直线运动物体的惯性力,其方向在减速运动时和运动方向一致,在加速运动时和运动方向相反;其大小与物体的质量及加速度的大小成正比。圆周运动物体的惯性力,即离心力,方向始终背离圆心向外,大小与物体的质量、旋转半径及角速度的平方成正比。在曲柄连杆机构的运动中,这两种惯性力都是存在的。

（1）往复惯性力。活塞及连杆小头在汽缸内做往复直线运动时，速度急剧变化，当到达上、下止点的速度为零，临近行程中间时速度最大。因此当活塞向下运动时，前半程是加速运动，惯性力 F_G 向上（图2-3a）；后半行程是减速运动，惯性力 F_G 向下（图2-3b）。同理，当活塞向上运动时，前半行程惯性力向下；后半行程惯性力向上。可见，不管活塞是向上还是向下运动，只要活塞处于汽缸上半部时，惯性力总是向上的，而处于汽缸下半部时，惯性力总是向下的。

活塞、活塞销及连杆小头的质量愈大，曲轴转速愈高，则往复惯性力也愈大。它使曲柄连杆机构零件受到周期性的附加荷载，并引起发动机的上下振动。

（2）旋转惯性力。曲轴的连杆轴颈、曲柄臂和连杆大头都是绕曲轴中心线做旋转运动，因此必然产生旋转惯性力 F_c（图2-3）。若把 F_c 分解为水平方向和垂直方向的两分力，则垂直方向的分力 F_y 总是和往复惯性力的方向一致，将加剧发动机的上下振动，而水平方向的分力 F_x 则使发动机产生水平方向的振动。另外，F_c 也使各零件受到周期性附加荷载。

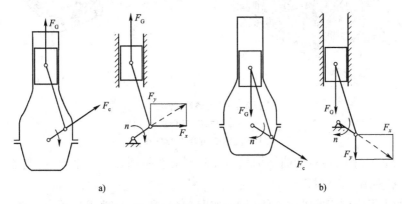

图2-3　曲柄连杆机构的惯性力

第二节　机　体　组

柴油机机体由汽缸体、曲轴箱、汽缸套、汽缸盖和汽缸垫等零件组成，因此称为机体组。机体组是柴油机的躯干，是安装所有零部件并保证运动零件正常运转的基础，是固定不动的。下面将分别介绍各个零部件。

一、汽缸体与曲轴箱

汽缸体用来安装汽缸套，水冷发动机的汽缸体通常和支撑曲轴上的上曲轴箱铸成一体，总称汽缸体（或机体）。它是发动机的基础体，其上几乎安装着发动机的所有零部件和辅件，承受各种荷载的作用，因此既要求缸体具有足够的刚度、强度和耐磨性以及良好的耐腐蚀性和吸振性能，又尽可能要使尺寸小、质量轻、造价低。通常用铸铁铸造，也有用铝合金铸造或钢板焊接。

汽缸体有有机座和无机座之分，行驶式的工程机械及汽车用的发动机缸体一般采用无机座形式。具体构造随各种发动机的汽缸数、汽缸布置形式及冷却的方式不同而有差异，常见汽缸布置形式有单列卧式、单列直立式、V形及卧式对置等。汽缸数在6缸以下的发动机常采用单列直立式(图2-4a)。8缸以上的发动机多采用V形(图2-4b),这种结构缩短了发动机的长度和高度,缸体的刚度及曲轴的扭转强度和刚度都相应提高,但结构复杂。

风冷发动机采用与曲轴箱分开制造的单体汽缸结构,汽缸体通过上、下止口与汽缸盖和曲轴箱连接,由螺栓固定。汽缸体周围直接铸出或安装着散热片(图2-5)。散热时,可通过风扇和导流罩实现空气的对流而散热。

水冷式发动机的汽缸体横断面结构类型通常有三种(图2-6):龙门式、平分式和隧道式。

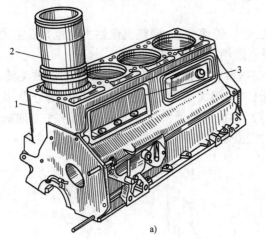 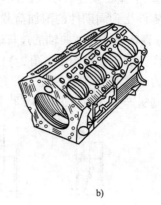

a)

b)

图2-4 水冷整体式汽缸体

a)直列式;b)V形缸

1-汽缸体;2-缸套;3-挺杆室

平分式汽缸体(图2-6b)的曲轴轴线与油底壳安装平面在同一平面内,其加工简便,但整体刚度差,一般多用于汽油机。

曲轴箱的下平面位于曲轴中心线以下,如图2-6a)所示,称为龙门式。多数柴油机的曲轴箱采用这种结构形式,由于其上有一定的龙门高度,所以可锻铸铁的主轴承盖就可以以一定的过盈度压装于箱上,取得较理想的效果。

图2-6c)所示是一种隧道式曲轴箱,这种结构用在曲轴的主轴承为滚动轴承的柴油机上,其强度和刚度好,但曲轴需从缸体的后端装入,拆装不方便。为了提高汽缸和曲轴箱的刚度,在汽缸体和曲轴箱内铸有隔板和加强肋。

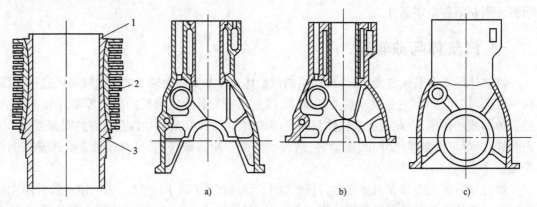

a)

b)

c)

图2-5 风冷式发动机的汽缸体

1-上止口;2-散热片;3-下止口

图2-6 汽缸体的断面形式

a)龙门式;b)平分式;c)隧道式

另一种隧道式结构,如图2-7所示,是一种车用柴油机曲轴箱,沿主轴承孔中心线割分为机体和机座两部分,这种结构刚性特别好,有利于降低噪声,但是成本较高,其每个轴承墙板用两只螺栓与机体固紧,机座与机体结合面上涂有密封胶,并用螺栓固紧,保证良好的刚性和密封性。

二、汽缸套

镶入汽缸体的缸筒称为汽缸套。汽缸套与活塞、汽缸盖共同组成燃烧室、工作容积及散热通道,并引导活塞做直线运动。汽缸套工作条件恶劣,它直接承受高温高压气体及活塞的侧压力作用,有较大的机械应力和热应力,活塞的高速运动及废气中酸性物质的腐蚀,使汽缸套磨损严重,另外冷却液对湿式缸套的化学、电化学作用及其空穴作用,使其外表面产生严重锈蚀和穴蚀。因此要求缸套有足够的强度和刚度,良好的耐磨性及抗腐蚀和抗穴蚀性能,内表面要有较高的精度,以保证与活塞及活塞环的严密配合,还要求内表面有一定的珩磨纹路和存油孔隙,从而建立良好的润滑条件,避免拉缸和咬缸。

汽缸套多采用合金铸铁离心浇铸,也有采用球墨铸铁、含硼铸铁等材料,目前国内使用较多的高磷合金铸铁,内孔一般进行高频淬火,多孔镀铬或氮化等表面处理工艺,提高耐磨性。

汽缸套有两种形式:干式与湿式。

1. 干式汽缸套

干式缸套(图2-8a)是一个以过盈或过渡配合镶在缸体相应承孔中的薄壁圆筒。其壁厚为3~5mm。干式缸套一般可采用高级材料制造,以获得高的耐磨性,且汽缸体的刚度高,但由于这种缸套不与冷却液直接接触,再加上由于缸体变形与加工误差的存在,很难保证缸套外表面与缸孔表面完全接触,结果冷却介质的性能恶化,引起活塞组零件温度升高。另外,这种形式的缸套还有加工要求高(这是由于壁薄所造成)和维修困难等缺点。当前,中等及大功率四冲程柴油机多采用湿式缸套。

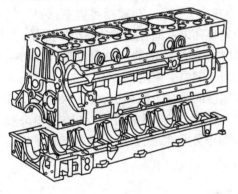

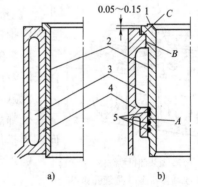

图2-7 车用柴油机曲轴箱隧道式结构

图2-8 汽缸套与缸体的配合
a)干式缸套;b)湿式缸套
1-挡焰环;2-缸套;3-冷却液套;4-缸体;5-封水圈
A-密封带;B-上定位带;C-上部凸缘

2. 湿式汽缸套

湿式汽缸套外表面直接与冷却液接触,所以传热情况较好。一般缸套外表面的上下为两部分凸起的圆柱表面(图2-8b中A、B),以保证缸套的径向定位。缸套壁厚为5~9mm。缸套上部凸缘C使其轴向定位,下部圆柱表面处加工出2~3道密封圈槽,以便安装密封圈,这种O

形密封圈多用耐热耐油橡胶制成。

湿式汽缸套装配后,上定位带 B 与安装座孔配合较严密,只考虑留出一定量热膨胀间隙;密封带 A 与座孔配合较松,且缸套上端面要高出缸体上平面 $0.05 \sim 0.15$mm,保证缸垫在此处的压紧度,使密封可靠,为调整缸套的高出量并保证定位 C 处的密封,有的缸套在定位面上安装有铜垫圈。

康明斯公司的各型柴油机缸套的下部密封由三道密封圈组成,最上一道密封圈的断面是矩形,材料为聚氯丁橡胶,它有高的抗冲蚀性,而且各种冷却混合液对它不起作用;中间一道密封圈断面系圆形,材料为丁钠或聚氯丁橡胶;最下一道的断面系圆形,材料为硅烷胶,呈红色,在高温下具有良好的封油性能。

湿式汽缸套冷却效果好,加工容易,修理拆装方便,使用普遍,但易产生漏水,故必须掌握正确的安装工艺。

三、汽缸盖

汽缸盖用来封闭汽缸顶面,与汽缸和活塞共同组成燃烧室和工作腔。汽缸盖直接接触高温燃气,承受螺栓顶紧力,燃气压力和交变热力,要求汽缸盖有一定强度和刚度,冷却可靠,接合面要平整,以保证可靠密封。材料多采用铸铁,也有采用铝合金铸造。

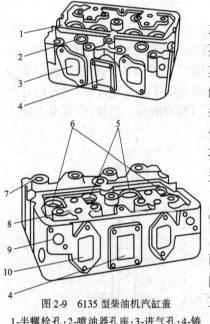

图 2-9 6135 型柴油机汽缸盖
1-半螺栓孔;2-喷油器孔座;3-进气孔;4-铸造工艺孔;5-进气门导管座孔;6-排气门导管座孔;7-缸盖螺栓孔;8-摇臂座安装面;9-回水孔;10-排气孔

汽缸盖整体结构分为单体式(一缸一盖)、块式(二缸或三缸一盖)和整体式(多缸共用一盖)三种。它的构造主要取决于发动机类型、燃烧室形式和配气机构的布置等。其中,以采用顶置式配气机构及分隔式燃烧室的柴油机汽缸盖较为复杂,内部有连通的冷却水套,底面有接缸体冷却水套的通孔,侧面有回水孔,对应每缸有进、排气通道,气门座口,气门导管安装孔,气门推杆孔以及喷油器安装孔(汽油机有火花塞安装孔)和辅助燃烧室;另外,还有缸盖固定螺栓的安装孔以及通往摇臂的润滑油道等。

图 2-9 是 6135 型柴油机的汽缸盖,属块式结构,与缸体安装时通过两个定位套筒定位。

汽缸盖用螺栓固紧在汽缸体上,为了保证在汽缸体端面各处都能均匀压紧,在拧紧螺栓时,必须由中央对称地向四周扩展的顺序分几次进行,最后一次的拧紧力应符合工厂的规定值。

四、汽缸垫

汽缸垫用来保证汽缸体与汽缸盖结构面间的密封,防止漏气、漏水。

汽缸垫接触高温、高压气体及冷却液,在使用中很容易被烧蚀,特别是缸口卷边周围。因此,汽缸垫要耐热、耐蚀、具有足够的强度、一定的弹性和导热性,从而保持可靠的密封,另外还应能重复使用,寿命长。

汽缸垫的结构如图 2-10 所示,目前汽缸垫的形式有下面几种。

1. 金属—石棉垫

广泛使用的金属—石棉垫,内填石棉(常掺入铜屑或铜丝,以加强导热性,平衡缸体与缸盖的温度),外包铜皮或钢皮,且在缸口、水孔、油道口周围卷边加固。金属包皮主要获得强度、耐烧蚀和传热能力,石棉芯有高的耐热性和一定的弹性,这种垫片可多次使用。

另一种是金属骨架—石棉垫,用编织钢丝,钢片或冲孔钢片为骨架,外覆石棉及橡胶黏结剂压成垫片,表面涂以石墨粉等润滑剂,只在缸口,油道口及水孔处用金属片包边,这种缸垫弹性更好,但易黏结,一般只能使用一次,还有的汽缸垫既有金属内架,石棉外又有金属包皮。

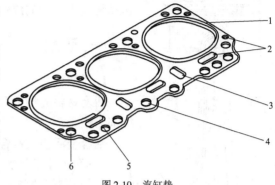

图2-10 汽缸垫

1-汽缸口;2-水孔;3-油道口;4-推杆孔;5-定位孔;6-螺栓孔

为了提高汽缸口处的防烧能力,有的镶以抗高温氧化能力较强的镍边,有的则缸口部分没有石棉,只有几层薄钢片组成。

2. 纯金属垫

某些强化程度较高的发动机,采用纯金属汽缸垫,该垫是由单层或多层金属片(铜、铝或低碳钢)制成的。如奔驰 OM403 型柴油机汽缸垫由三层具有不同厚度的钢片组成。中间一层在燃烧室、油孔和水孔部位附近压有波纹,以达到较高的局部压力,保证密封,所有的三层钢片在孔口处均有 U 形卷边,在燃烧室的周连包有钢片卷边,这样即使有油、水或燃气渗漏出来也总是流到机外,也可杜绝油、水或燃气互相混合。

在使用纯金属汽缸垫时,除应采用密封胶密封外,对汽缸盖和汽缸体接合面应有较高的加工精度。

五、油底壳

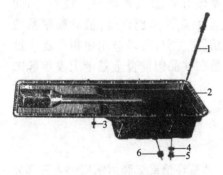

图2-11 6135 型柴油机油底壳

1-油尺;2-油底壳;3-垫圈;4-铜垫圈;5-放油螺塞;6-方头螺塞

习惯上,将柴油机的下曲轴箱与油底壳连为一体,仍然称为油底壳。图2-11 是 6135 型柴油机的油底壳。

油底壳是用来封闭机体下部、收集和储存润滑油,油底壳多用钢板压制,有的采用铝合金或铸铁铸造,内部一般加装稳油板,防止润滑油激烈振荡,壳侧面装有油尺,以检查机油量,壳底部一般加工有油池部位,机油泵由此吸油并供给润滑系,防止机械斜坡作业时,由于发动机倾斜而造成吸油中断。在壳底最低位置处装有放油螺塞,上面一般嵌有磁铁,用来吸附润滑油中金属屑末。

第三节 活塞连杆组

活塞连杆组是柴油机最关键的运动组件。它主要由活塞、活塞环、活塞销、连杆和轴瓦等组成(图2-12)。

活塞连杆组的功用是活塞与汽缸套、汽缸盖一起组成燃烧室;承受燃气压力,并把它传递给连杆;由活塞环密封汽缸,防止缸内气体泄漏到曲轴箱和由轴箱内机油窜入燃烧室,并传递热量,将活塞顶部接受的热量通过汽缸壁传给冷却介质;连杆用来连接活塞和曲轴,并将动力从活塞传递给曲轴,同时把活塞的直线往复运动转变为曲轴的旋转运动。

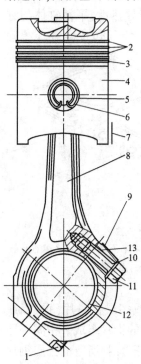

图 2-12 活塞连杆组组件
1、11-连杆螺栓;2-气环;3-油环;4-活塞;5-卡环;6-活塞销;7-衬套;8-连杆;9-连杆盖;10-锁垫;12-连杆轴瓦;13-定位套筒

一、活塞

1. 活塞材料

活塞材料的种类有很多种,工程机械用中高速柴油机的活塞材料大都为铝合金。

铝合金活塞质量轻,导热性能好,主要有下列优点:

(1)可减小惯性力。

(2)可减轻热负荷。

铝合金的缺点是:随温度升高,其强度和硬度下降较快,尤其当温度超过200℃时,膨胀系数大,热变形大,要求较大的缸壁间隙和制造成本高等。

目前,国内外采用的几种活塞材料的性能如表 2-1 所列,下面仅对两种主要铝合金做简要说明。

(1)铝铜系合金。铝铜系合金中最著名的是 Y 合金,其导热性和高温强度好,既可铸造也可锻造,加工容易,但密度稍大。最大的缺点是热膨胀系数大且比较贵,故现已很少采用。

(2)铝硅系合金。铝硅系合金中以含硅2%左右的共晶铝硅合金最著名,称之为 $L_{ow}-E_x$ 合金。这种合金虽然强度和导热性能稍差,但耐磨性和耐热性好。由于密度和热膨胀系数都比较小,因此是目前国内外应用最广泛的一种活塞材料。含硅9%左右的亚共晶铝合金,虽然膨胀系数稍大一些,但其铸造性能可得到改善,适用于大量生产的工艺要求,所以应用也很广泛。过共晶铝硅合金是一种含硅 16% ~26% 的铝硅系合金,它是在共晶铝硅合金基础上发展起来的。由于这种合金具有高的耐热性和较小的线膨胀系数,所以可以满足强化后柴油机对活塞材质所提出的要求。这种合金的缺点是延伸率比较小,不适于锻造,且铸造时易产生偏析和加工困难等问题。

2. 活塞的结构

如图 2-13 所示,一般柴油机活塞的结构是由活塞顶 1、活塞环槽部 2 和活塞裙部 4 三部分所组成。

(1)活塞顶部。活塞顶部是燃烧室的组成部分,其结构形状和燃烧室的要求密切相关,分为平项、凸顶和凹顶三种,柴油机多用凹顶活塞,即顶面有各种形状凹坑,如 135 系列有 ω 形凹坑,130 系列有圆柱深盆形凹坑,120 系列有球型凹坑,NH-220-CL 型柴油机有浅 ω 形凹坑等。有些活塞顶部还设有气门避碰坑11,以防止活塞到达上止点时与气门相碰,活塞顶面加工力求光洁,有的柴油机活塞顶部还进行阳极氧化处理或镀铬,以提高耐热,耐腐蚀性能,并减少吸热。

(2)活塞环槽部。活塞环槽部(又称防漏部)切有环槽,安装活塞环,通过活塞环实现密封和传热。环槽分为气环槽 7 和油环槽 8,气环槽一般有 2~3 道,在活塞环槽上部;油环槽有1~2道,在活塞环槽下部,且在槽底面钻有许多回油孔9,使油环从缸壁上刮下的多余机油流回曲轴箱。

典型活塞铝合金的物理机械性能   表 2-1

合金种类	制造方法[①]	抗拉极限 (kPa)	线膨胀系数 ($\times 10^{-6}$/℃)	热传导率 (W/cm·K)	布氏硬度(HB)[②] 20℃	布氏硬度(HB)[②] 200℃	布氏硬度(HB)[②] 300℃	密度
铝铜系合金	Ⅰ	2452	23.5	142.35	110	100	32	—
(Y 合金)	Ⅱ	3628	23.5	150.72	125	100	30	2.8
铝硅系合金	Ⅰ	2256	21	133.98	105	95	35	2.7
($L_{OW}-E_X$合金)	Ⅱ	3530		142.35	110	95	32	
亚共晶铝硅	Ⅰ	>2059	18.6~19.8	108.86	90	—	—	2.74
过共晶铝硅	Ⅰ	1961	18.5	113.04	105	95	37	—
(Si 18%)	Ⅱ	2746		125.6	115	95	30	—
过共晶铝硅(Si 24%)	Ⅰ	1765	17.5	104.67	105	95	40	—
灰铸铁	Ⅲ	2157	12	54.43	200	200	170	7.3

　注:①制造方法:Ⅰ-金属型铸造;Ⅱ-锻造;Ⅲ-砂型铸造。

　　②布氏硬度单位为 kg/mm²。

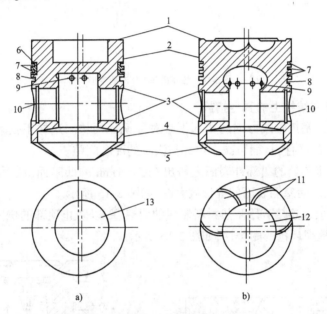

图 2-13　活塞构造

a)6130 型柴油机活塞;b)6135 型柴油机活塞

1-活塞顶;2-活塞环槽部;3-活塞销座孔;4-活塞裙;5-裙部铣块;6-环槽护圈;7-气环槽;8-油环槽;9-回油孔;10-卡环槽;11-气门避碰坑;12-ω 形凹坑;13-圆柱深盆形凹坑

　　从活塞顶部到环槽部的内表面有较大的过渡圆弧,这有利于顶部热量迅速分散于侧面并传出,且有利于消除应力集中,提高承载能力。

　　(3)活塞裙部。活塞裙部(又称导向部)起导向作用并承受侧压力。活塞销座孔 3 位于裙部,在销座孔两端加工有卡环槽 10,用以安装卡环,防止活塞销轴向窜动。为保证销座孔处的足够强度和刚度,不仅应加厚金属层,且在活塞内腔中设有加强筋。裙部表面多进行镀锡、喷涂或电泳二硫化钼及涂石墨等表面处理,以提高减磨性和磨合性。

　　为保证活塞与缸壁间均匀而合理的配合间隙,常温下通常将活塞裙部加工成椭圆形,长轴垂直于活塞销轴线方向(图 2-14d);活塞侧表面加工成上小下大的截锥形或阶梯形(图 2-15)。

这样,活塞在工作中变形后,裙部可近似恢复成正圆形,侧表面可近似恢复成正圆柱形,使合理的配合间隙得到保证。

如果常温下将裙部加工成圆形,则工作中由于裙部在侧压力作用下,会使直径沿活塞销轴线方向上变长(图2-14a)。在顶部气体压力作用下,同样会使裙部沿销轴线方向变长(图2-14b);活塞销与座孔摩擦而引起的温升,又进一步使裙部沿销轴线方向的膨胀变形量增大(图2-14c)。这三方面原因作用的结果,将导致裙部变成椭圆形,破坏合理的配合间隙。如果常温下活塞侧表面加工成圆柱形,则工作中由于活塞顶部温度高,裙部温度低,再加上顶部和头部金属厚,因此导致活塞上部变形量大于下部,产生锥度,这同样会破坏合理的配合间隙。

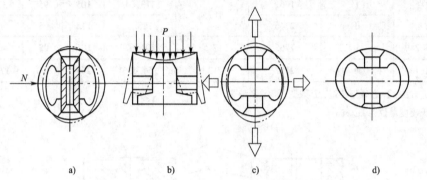

图2-14 活塞裙部工作时的变形

3. 铝合金活塞在结构上的其他措施

(1)在平行于活塞销轴线方向的裙部下端对称铣掉两块。这样不仅减轻了活塞质量,同时增大了活塞裙部的弹性,从而可减小裙部与汽缸的配合间隙。

(2)在活塞销座孔处的裙部外表面上铸出0.5~1mm的凹陷面,从而防止该方向上因变形过大而出现拉毛。活塞侧表面的锥形放大图,如图2-15所示。

(3)有的活塞顶部连接有用耐热材料制成的耐热塞,以防止顶部的烧蚀,活塞环槽部是另外镶入的铸铁,以提高环槽的耐磨性,如图2-16所示。

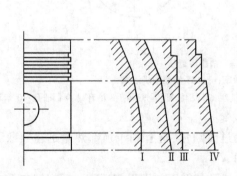

图2-15 活塞侧表面的锥形放大示意图

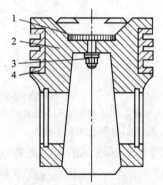

图2-16 3306柴油机活塞
1-耐热塞;2-活塞;3-螺母;4-铸铁槽

(4)少数发动机活塞在销座孔处镶平钢片或在裙部镶筒形钢片。因钢片热膨胀量小,可有效地控制销座孔处或整个裙部的膨胀变形量,如图2-17所示。

(5)有的汽油机活塞,在做功行程时不承受侧压力的一侧裙部切制T形或Ⅱ形槽。其中,横向槽切在最下一道油环槽底,起隔热作用;纵向槽使裙部具有一定弹性,补偿热膨胀变形量,减小配合间隙。但是这种结构降低了活塞强度,故不适合柴油机及强化汽油机。

(6)某些发动机的活塞,为减轻第一道环及环槽的热负荷,在此道环槽上面车一条狭而深的隔热槽,使部分热量分散到其他环上传出,避免第一道环因热胀、积炭而卡死在环槽中,如图2-18所示。

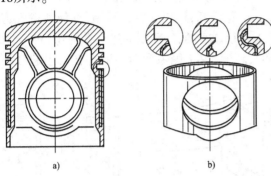 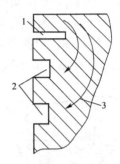

图 2-17　镶筒形钢片的活塞

a)活塞;b)筒形钢片

图 2-18　开有隔热槽的活塞局部图

1-隔热槽;2-气环槽;3-热流

(7)有的活塞在第一环槽上部车制很多浅而细的沟槽,由于沟槽积炭而吸附润滑油,改善了磨合性能,防止活塞与汽缸发生咬合而产生拉缸,因此可减小活塞头部与汽缸的配合间隙。

二、活塞环

活塞环是具有一定弹性的金属开口圆环,自由状态下它的外径大于汽缸直径,装入汽缸后其外圆面紧贴汽缸壁。按功用不同,活塞环分为气环和油环两种。

气环的功用是密封和传热,即防止汽缸内气体泄漏到曲轴箱,并将活塞顶部接受的多余热量传给汽缸壁,由冷却介质带走。油环的功用是刮油和布油,即将汽缸壁上多余的机油刮掉,防止上窜燃烧室,并使机油均匀分布,形成油膜,改善活塞与缸壁的润滑条件。

由于活塞环是在高温下做高速运动,润滑条件差,尤其是第一道环的工作条件更为恶劣,故磨损严重,而且摩擦功率损失大。因此要求活塞环具有足够的强度和弹性、良好的耐热、耐磨性以及较好的耐腐蚀性、储油性、磨合性和抗胶结性能。

活塞环的材料目前广泛采用合金铸铁,也有使用优质灰铸铁、球墨铸铁及钢等,通常进行表面处理。为提高耐磨性和使用寿命,活塞环主要采用镀铬处理。其次是喷钼;为改善磨合性,采用镀锡和磷化处理。其中,第一道环多采用多孔性镀铬,既可提高耐磨性,又可储油,改善润滑条件。

为防止活塞环工作中因受膨胀而卡死在环槽和汽缸中,装配后在环的切口处、环与环槽端面之间及环的内侧与环槽底面之间都留有适当间隙,分别称为开口间隙、侧隙及背隙。其中,开口间隙值为 $0.3 \sim 0.8$ mm,侧隙值为 $0.04 \sim 0.05$ mm,背隙值为 $0.5 \sim 1$ mm。

1. 气环

(1)气环的封气原理和漏气。气环的气密作用:气环在自由状态时不是整圆,且大于缸径,所以装入缸孔后,环以一定的弹力 p_0 与缸壁压紧,形成所谓第一密封面(图2-19)。在此条件下,被密封气体不能通过环周与缸壁之间,而窜入环与环槽之间的空间,一方面把环向下压紧于环槽侧面上,形成第二密封面,同时又将环向外压紧于缸壁上,加强了第一密封面。这里需要注意的是,其一,背压加强和线密封面的前提是必须建立一定的 p_0 值,更重要的是环周面与汽缸内表面必须密合,不得漏光,否则背压不易加强第一密封面的作用。其二,在环向下运动时,由缸壁与环周面间有一定厚度的润滑油。从液体润滑理论得知,这种油膜会产生压力,使二者隔开,内外径合力相等,但油膜压力峰值大于环的气体压力。因此,在此情况下,气体不会从该处间缝中漏出。当发动机在正常状态下进行工作时,气体只可能由环切口处漏出,其漏气通路如图 2-20 所示。气体从顶岸与缸壁间进入侧隙和背隙,再从切口处漏出。由于切口很小,并且在安装时相互按一定位置错开,形成迷宫式通道,气体通过各道环开口后压力显著下降,其漏气量在高速柴油机上是很微小的,一般仅为进气量的 0.2% ～1.0%。

（2）气环的泵油作用及害处。对于气环及环槽,由于侧隙和背隙的存在将引起气环的泵油。气环的泵油作用如图 2-21 所示。

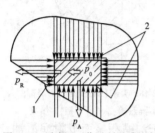
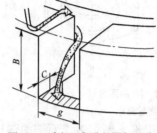
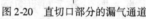
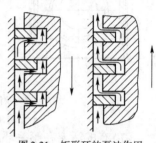

图 2-19　活塞环工作时所承受的力　　　图 2-20　直切口部分的漏气通道　　图 2-21　矩形环的泵油作用

　　　　1-第一密封;2-第二密封面

p_R-径向不平衡力;p_A-轴向不平衡力

当活塞下行时,由于环与缸壁之间的摩擦阻力以及环本身的惯性,环将紧压在环槽的上端面,缸壁上的润滑油就被刮着进入下侧隙与背隙内,当活塞上行时,环又紧压在环槽的下端面,于是原在下边隙与背隙内的润滑油就被向上挤压。如此往复进行,就像油泵的泵油作用,将缸壁上的润滑油最后压入燃烧室。这种现象称为气环的泵油作用。润滑油窜入燃烧室后形成积炭,会引起可燃混合气早燃,使活塞环卡死在环槽内,失去弹性,破坏了对汽缸的密封性,加速发动机的磨损。对于汽油机,窜入燃烧室的机油可能使火花塞不跳火。

为了避免有害的泵油作用,除在气环下面装有油环外,还广泛采用非矩形断面的扭曲环。

（3）气环的断面形状。近年来,随着柴油机性能的不断提高,简单矩形断面环已不能满足要求。为了改善气环的密封性、磨合性、刮油性的抗熔着性,以及减少活塞环与缸套间摩擦损失等,对矩形断面环作了许多改进,并采取了其他类型的环,如桶形和梯形环等。在活塞环中,凡断面是对称的,可认为无扭曲环,而非对称断面环,装入汽缸后都有不断程度的扭曲现象存在。气环的各种断面形状如图 2-22 所示。

①锥面环。其中包括微锥面环、锥面环和倒角环,如图 2-22a）、d）、e）所示。

微锥面环可改善环的磨合性。将其装入汽缸后,与缸壁接触是一条线,从而提高了比压,加速磨合。这种环只在下行时刮油,而上行时,在油楔作用下环被浮起,因此虽然比压大,一般也不会产生拉缸。锥面斜角,一般为 30′～60′。为避免装反,在这种环的上侧面上标有记号。若装反,会使得环向上刮油而增加机油消耗。

锥面环和倒角环的斜角角度比微锥面环的大,因而可保留锥面到相当长的一段正常运转期。由于这种环是非对称断面,所以也有扭曲性并有较好的密封性。

②鼻形环。鼻形环（图 2-22f）装入汽缸后也产生扭曲,刮油能力强。柴油机很少将其作为气环,多作为油环使用。

③梯形环。梯形环（图 2-22h）用于热负荷较大的柴油机上,多作第一道环,也可作二、三道环。当活塞受侧压力作用而改变位置时,由于这种环进出环槽侧隙发生变化,因此可将环槽

24

中的胶状沉积物挤出,更新侧隙中机油,防止环在环槽中因结焦而黏着卡死。

④桶面环。这种环(图2-22g)是近年来才出现的。其结构的确特点是外圆表面制成凸圆弧形,圆弧曲率半径为缸径的一半。这种环已被广泛地用在高速、高负荷的柴油机上。桶形断面形状的出现,是由于人们对矩形环磨合、运行中自然出现凸圆弧形的观察所得到的启示。实践证明,这种环具有下列优点:

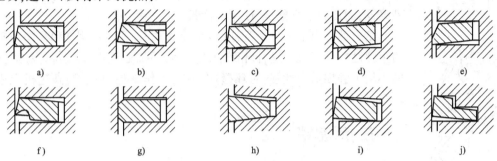

图2-22　气环的各种断面形状

a)微锥面环;b)正扭曲内切环;c)反扭曲锥面环;d)锥面环;e)倒角环;f)鼻形环;g)桶面环;h)梯形环;i)半梯形环(扭曲梯形环);j)L形环

桶形环与缸壁是线接触,易于磨合、环面能很好适应活塞的摆动,可避免棱缘负荷;环面对汽缸表面接触面积小且适应性好,所以密封性能好;无论活塞向上和向下运动,环面都能构面油楔,润滑油可将环浮起,保证良好润滑,从而使磨损减少。如改进后的6135型柴油机的第一道环采用桶面环。

⑤扭曲环。扭曲环是在矩形环的内圆上边沿(图2-22c)或外圆下边沿切去一部分,破坏了环的断面对称性,当压缩状态下装入汽缸后,由于环外侧拉应力的合力与内侧压应力的合力不共线,形成扭曲力矩,使环产生扭曲变形(图2-23)。因变形后的环与环槽上下端面接触,所以防止了环在环槽内的上下窜动,避免了泵油作用,并减小了环与环槽的磨损。另外,扭曲环易于磨合,向下刮油性能好,气密性也比较好。安装时内切扭曲环的切口朝上,外切扭曲环的切口朝下。外切扭曲环因切口处漏气量多,不宜作为第一道环。

2. 油环

(1)油环的作用原理。油环的刮油作用如图2-24所示,无论活塞上行或下行,油环刮下的机油都能通过凹槽底的小孔或铣缝,并经过活塞环槽上的径向回油孔流回曲轴箱,油环的工作表面都加工有倒角,形成刮片状,刀口面起刮油作用,倒角起布油作用。

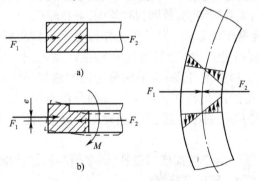

图2-23　扭曲环的作用原理

a)矩形环断面;b)扭曲环变形

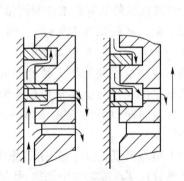

图2-24　油环的刮油作用

（2）油环的结构形式。油环的结构类型有普通油环、背衬胀簧油环和组合油环等几种（图2-25）。普通油环也叫开槽油环，即在环的外圆面上开有凹槽，槽底部加工有通孔或铣缝，使刮下的机油通过此处流回曲轴箱，这种环制造成本低，使用较普遍。

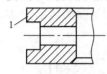
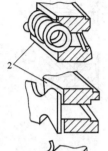

背衬胀簧油环是在普通油环内加装螺旋胀簧或钢片胀簧，从而提高了环的径向压力，使环与汽缸壁能均匀稳定贴合，并能补偿环磨损后的弹性降低，因此封油性能好，使用寿命长。

组合油环由上下三个刮油钢片（上边两片，下边一片）和径向与轴向两个弹性衬环组成。这种环刮油能力强，回油通道大，不易积炭，对汽缸的不均匀磨损适应性强，对环槽冲击小，工作平稳，在小型高速机上应用较多。

三、活塞销

1. 功用与工作条件

活塞销用来连接活塞和连杆，并把活塞所受的力传给连杆。

活塞销是在承受大小和方向都不断变化的冲击性荷载下工作的。同时，由于是做低速摆转运动，油膜不易建立，因此润滑条件较差。

2. 结构与材料

图2-25 油环的结构类型
1-普通油环；2-背衬胀簧油环；3-组合油环

活塞销的基本结构为一厚壁管状体（图2-26a），也有的按等强度要求做成变截面结构（图2-26b、c）。

活塞销的材料一般为低碳钢或低碳合金钢，如20、20Cr、20MnV等，再经表面渗碳或氰化处理。这样既有较高的表面硬度，耐磨性好，刚度、强度高，又有软的芯部，耐冲击性好。

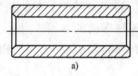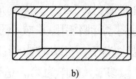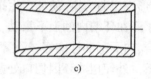

a)　　　　　　　　　　b)　　　　　　　　　　c)

图2-26 活塞销

3. 活塞销的连接方式

（1）全浮式。全浮式连接就是发动机在正常工作温度下，活塞销在连杆小头及活塞销座内都有合适的配合间隙而能自转动。这是目前绝大多数发动机采用的连接方式。

全浮式连接使活塞销工作时可做缓慢的无规则转动，故磨损较均匀，寿命较长。

由于铝的膨胀系数大于钢，且销座温度高于活塞销，为了在工作温度下保持正常间隙，销与销座孔在冷态时配合间隙极小，甚至有微量过盈（为过渡配合），这样高的配合精度除活塞销本身须有很高的加工精度和低的表面粗糙度外，还应采用分组选配法与销座孔相配合。活塞销的尺寸分组通常用色漆标记于销的内孔端部。由于尺寸的分组差很小，一般维修单位的量具难以测出，选配时只要销与销座孔的标记漆颜色相同即为同组，便符合配合要求。

由于销与销座孔在冷态下配合较紧，为了防止操作损伤销座孔，活塞销与活塞装配时，应将铝活塞放在热水或热油中加热，使销座孔胀大，然后迅速将销装入。

全浮式活塞销会发生轴窜，因此应有轴向限位装置，在活塞销座孔内装有卡环，它就是全浮式活塞销用以防止其发生轴窜的一般结构。

（2）半浮式。半浮式连接就是销与销座孔和连杆小头两处,一处固定、一处浮动。其中,大多数采用活塞销与连杆小头固定的方式。这种连接方式省去了连杆小头衬套的修理作业,维修方便。但为了保证发动机的冷启动运转,销与销座间必须有一定的装配间隙。

四、连杆

连杆是曲柄连杆机构中传递动力的重要组件。通过它将活塞的往复运动转化为曲轴的旋转运动。在连杆高速左右摆动中,它承受着很大的燃气压力和复杂的惯性力。对其要求是,既要有足够的刚度和强度,结构又要轻巧。因此必须选用高强度的材料,设计合理的结构形状和尺寸,以保证其刚度与强度。连杆一旦断裂,将造成严重事故。连杆的变形,将给曲柄连杆机构的工作带来严重影响。例如,连杆杆身的弯曲和扭曲使活塞偏缸,使活塞与汽缸以及连杆轴承与轴颈产生偏磨。

1. 连杆材料

为了保证柴油机连杆在结构轻巧的条件下,有足够的强度和刚度,一般大都有采用合金钢(例如,采用40Cr、40CrNi$_2$MoA、18CrNiWA)也有采用球墨铸铁铸造。

连杆一般是用模锻制成的,在机械加工前应经调质处理(淬火后高温回火),可得到良好的、既强又韧的力学性能。为了提高连杆的疲劳强度,不经机械加工的表面应经过喷丸处理。

2. 连杆的结构

连杆结构分为连杆大头、连杆小头和杆身三个部分(图2-27)。

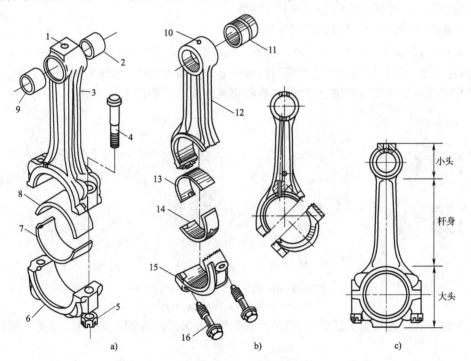

图2-27 连杆及配合件结构图

1-集油孔；2、9、11-连杆衬套；3、12-连杆体；4、16-连杆螺栓；5-螺母；6、15-连杆盖；7、14-连杆轴承下轴瓦；8、13-连杆轴承上轴瓦；10-喷油孔

（1）连杆小头。连杆小头用来安装活塞销,以连接活塞。活塞销为全浮式的连杆小头孔内,压有青铜衬套或铁基粉末冶金衬套。后者不仅价廉,且内含石墨和润滑油,自润滑性好。

为了衬套的润滑,小头上部一般铣有积存飞溅润滑油的油槽(或油孔),并通过衬套上的槽或孔,或两段衬套之间的空隙与衬套内表面相通。全浮式活塞销与衬套之间是间隙配合,配合精度较高,是在装配前通过对衬套内孔的加工来达到的。

(2)杆身。杆身通常采用工字形断面(图2-28),以提高结构刚度。某些发动机,在杆身还钻有油道(图2-28b、c),使连杆轴承的润滑油流向小头进行润滑,或从小头喷向活塞顶,以冷却活塞(图2-29)。

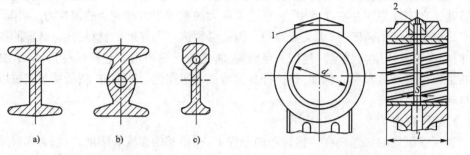

图2-28 连杆杆身断面形状

a)工字杆身;b)中间钻有油孔的工字杆身;c)偏置油孔杆身

图2-29 连杆小头上的喷嘴

1-工艺性凸缘;2-喷嘴

(3)连杆大头。连杆大头用于连接曲轴。为便于安装,大头做成分开式,一半为连杆体大头,一半为连杆盖,二者一般用2或4只螺栓装合。大头内孔粗糙度较低,以保证连杆轴承装入后能很好地贴合传热。

①切口形式。连杆大头的切口形式有两种。

a.平切口,如图2-27a)所示,多用于汽油机。

b.斜切口,如图2-30所示。因为某些发动机连杆大头尺寸较大,为了拆装时能从汽缸内通过,因此采用了这种形式。其接合面与杆身中心线一般呈30°~60°(常用45°)夹角。另外,斜切口再配以较好的切口定位,还减轻了连杆螺栓的受力。多用于柴油机。

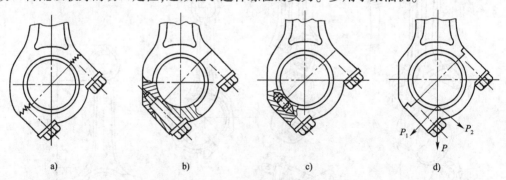

图2-30 斜切口连杆大头及其定位方式

a)锯齿形;b)定位套;c)定位销;d)止口

②定位方式。连杆大头的装合,必须严格定位,以保证内孔的正确形状,常见的定位方式如下。

a.连杆螺栓定位。依靠连杆螺栓杆精加工部分定位。因精度较差,一般用于不受横向分力的平切口连杆。

b.锯齿形定位。如图2-30a)所示,依靠接合面的锯齿形定位。定位可靠,结构紧凑,应用较多,如国产105系列柴油机。这种方式在维修时,不能用加垫片的方法调整轴承间隙。

c.套、销定位,如图2-30b)、c)所示,依靠套或销与连杆体(或盖)的孔紧配合定位。这种形式能多向定位,定位可靠。如国产135系列柴油机用定位套。

d. 止口定位,如图2-30d)所示。这种形式工艺简单,但止口易变形,定位不可靠,且结构不紧凑,应用较少。如国产95系列柴油机用此种形式。

连接连杆大头及大头盖的连杆螺栓结构形式有两种:一种是螺钉式,即螺钉穿过盖上孔,直接旋入杆身的螺孔里,一般用在斜切口连杆大头的结构上。另一种是用螺栓穿过连杆身大头和轴瓦盖的螺栓孔,用螺母紧固。

连杆螺栓承受很大的负荷,经常承受着交变和冲击负荷的作用,很容易引起疲劳断裂。连杆螺栓断裂,将给柴油机带来极其严重的后果,甚至使整机报废。所以连杆螺栓在结构材质加工和热处理等方面都是很考究的。柴油机连杆螺栓一般都用韧性较高的优质合金钢制造。

螺钉的螺纹部分,一般要求一级精度,多采用细牙。螺纹部分中心线与螺柱支撑面必须保持垂直,以防因支撑面贴合不良,装配时产生附加应力,引起螺纹断裂。连杆螺栓在装配时应按一定的拧紧力矩分2~3次拧紧。虽然理论上认为这种螺栓或螺钉不需防松装置,也不会松脱,但有的柴油机还是采用了防松装置(开口销、自锁螺母和螺纹表面镀铜等),以防螺栓松脱,发生严重事故。

五、轴瓦(包括曲轴主支撑轴瓦)

1. 轴瓦的结构

连杆大头与盖中装有分开式滑动轴承(一般称轴瓦),轴瓦用1~3mm钢带作为瓦背,其上浇有厚0.3~0.7mm的减磨合金,如图2-31所示。

2. 对减磨合金的要求

(1)抗疲劳性。在交变荷载下,抵抗疲劳损坏性能。要求轴承材料必须具有足够的抗疲劳强度,以抵抗由油膜压力所引起的脉冲荷载。轴承的疲劳强度是轴承的机械强度中最主要的方面。

(2)抗咬合性。轴颈与轴承难以发生热咬合的性能,并与轴承合金对润滑油的亲油性有关,亲油性好则易于形成油膜。当发动机启动或停车,如抗咬合性能好,一方面在金属间直接接触时不易咬合,另一方面油膜暂时被切断后恢复较快。

(3)嵌藏性。润滑油中机械杂质或金属碎粒嵌入合金,使轴承合金表面产生微量塑性变形,而不划伤轴颈表面的性质。一般较软金属的嵌藏性比较好。

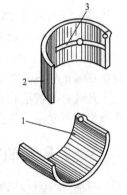

图2-31 连杆轴瓦
1-减磨合金层;2-钢背;3-凸肩

(4)顺应性。顺应性是指轴承对于安装不准确、轴孔不同心、轴变形或孔变形等因素的适应能力。比较软的金属具有较好的顺应性。

(5)耐腐蚀性。耐腐蚀性是指抵抗润滑中各种杂质腐蚀合金的能力。锡、铝、银系合金耐腐蚀性好。

(6)耐磨性。耐磨性是指轴承合金在负荷下,不易磨损的能力。耐磨性还与轴颈的材质,表面粗糙度及润滑是否合理有关。

(7)结合性。结合性是指轴承合金与钢背间结合的牢固程度。结合性不好会导致轴承过早疲劳破坏。

3. 减磨合金的材料

为解决轴承合金的强度与减磨这一基本矛盾,可以采用下列金相组织的材料:硬基体加软质点,铜铅合金和高锡铝合金等,用于柴油机。软基体加硬质点:白合金、铝锑镁合金,用于汽油机。

(1)铜铅合金与铅青铜。铜铅合金的基本成分是,铅25%~35%,其余为铜。铅青铜的基本成分是,铅5%~25%,锡3%~10%,其余为铜。为了改善合金性能,在上述材料中,根据需要还可加入少量其他金属元素,其含量一般小于2%。

这些轴承合金的突出优点是承载能力大,耐疲劳性能好。此外,它们的力学性能受温度的影响不显著,即使在250℃温度时,仍能继续工作,所以很适用高速大功率柴油机。

这些轴承合金的缺点是顺应性差,对边缘负荷很敏感;嵌藏性差,润滑油要加强滤清;容易受腐蚀,要求加润滑添加剂;铜铅互溶度差制造时易出现偏析等。

(2)锡铝轴承合金及铝硅合金。铝锡合金中,含锡量在20%以上的称为高锡铝合金,含锡6%左右的称为低锡铝合金。高锡铝合金较铜铅合金有更好的耐疲劳性、高的负荷能力和耐腐蚀性、很好的减磨性能并有很好的抗咬合性和嵌藏性,所以可用于高速强化柴油曲轴的轴承合金。

配用铝锡合金曲轴轴颈的平均磨损要比配用铜铅合金的大些。所以在负荷极高和边界润滑的条件下,仍应选用铜铅合金作为轴承材料。

目前,增压柴油机不断增多,且增压比在不断地提高,使轴承工作条件更加恶劣。为此,有关机构已研制出一种可作为高功率柴油机的高强度轴承合金——铝硅合金。这种材料有可能取代铅青铜。

(3)表面镀层材料。表面镀层就是在轴承合金上面再镀一层金属薄膜构成第三合金层,以获得良好的表面性能,亦即提高其耐疲劳性、顺应性、耐腐蚀性和改善轴承承受边缘负荷的性能。这对铜铅合金来说是非常重要的。电镀层的合金多采用:铅(0%)锡合金(或加6%以上铟,防止腐蚀),铅(10%)锡(3%)铜合金,铅(10%)锡(7%)锑合金等。电镀层厚度,一般为0.02mm左右。随电镀层厚度增加,将使疲劳强度降低,所以不宜过厚。

凡镀有电镀层轴瓦,选配时应不进行镗削或刮削,否则会将镀层镗掉,就完全失去原来加覆镀层的意义了。因此在修配轴承时要特别注意。

六、V 形柴油机连杆的结构

目前,工程机械用柴油机采用 V 形排列已日趋广泛,尤其是八缸以上的发动机都是 V 形排列,现有 V6、V8、V10、V12 和 V16 等多种。V 形柴油机两排汽缸相对应两个汽缸的连杆,连接在曲轴的同一连杆轴颈上,按不同的连接方式,可分为三种结构形式,并列式连杆(图 2-32a)、主副式连杆(图 2-32b)和叉式连杆(图 2-32c)。

在这三种形式中,我国目前工程机械用柴油机除个别柴油机(图 2-33)为主副连杆式外均为并列式连杆。并列式连杆的优点是:由于对应的两个连杆并列地装在一个连杆轴颈上,每单一连杆的结构与直列式柴油机连结构形式完全同相,因此左右排可制成一样,能够通用,两列的活塞连杆组的运动规律和受力情况也完全一致。所以这种连杆结构简单,便于生产,维修方便,因此在国内外得到广泛采用。

并列式连杆存在的主要问题是一个轴颈上的两连杆的运动不在一个平面内,两排汽缸中心线必须错开一定距离,这样使得缸体和曲轴的长度相对增长,影响到二者的刚度。

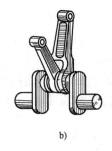

a)   b)   c)

图 2-32 V 形柴油机连杆的结构形式

a)并列式连杆;b)主副式连杆;c)叉式连杆

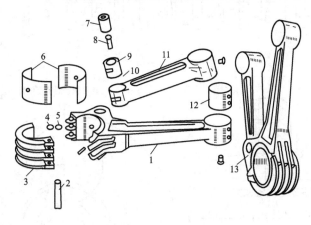

图 2-33 V 形柴油机的主副式连杆

1-主连杆;2-锥形锁钉;3-主连杆轴承盖;4-销钉;5-销环;6-轴承衬瓦;7-副连杆连接销;8-小管;9-副连杆下端衬套;10-止动螺钉;11-副连杆;12-连杆上端衬套;13-主连杆和副连杆总成

第四节　曲轴飞轮组

曲轴飞轮组是柴油机最重要的运动组件。它主要由曲轴、飞轮、曲轴正时齿轮齿带轮和扭转减振器等构件组成(图2-34)。

一、曲轴

1. 功用

曲轴的功用是将连杆传来的气体压力转变为转矩,作为动力而对外输出做功,并驱动配气机构等各辅助装置。

2. 工作条件、要求和材料

由于曲轴工作中受到变化的气体压力惯性力作用,并传递转矩,受力情况复杂,使内部产生拉、压、弯、扭交变应力,并有扭转振动,因此要求曲轴具有较好的强度和刚度,轴颈表面应耐磨且润滑可靠,质量轻、平衡良好,运转平稳,避免在工作转速范围内出现扭转共振。曲轴材料多用优质中碳钢或合金钢锻造,也有用球墨铸铁铸造(如6130型或6135型柴油机曲轴),然后进行机械加工和热处理。

31

3. 曲轴的形式

曲轴可分为整体式和组合式两类。整体式曲轴(图2-35),采用整体制造,强度和刚度好,结构紧凑,质量轻,工作可靠,使用广泛;组合式曲轴又分为圆盘组合式、套合式和分段式三种。6135型柴油机采用圆盘组合式曲轴(图2-36)。它的每个曲拐单独制造。然后用螺栓(每段上各有三个是定位螺栓)连成完整曲轴,它的主轴颈兼作曲柄臂。这种曲轴系列产品制造简单,使用中当某段损坏可进行单独更换,不致报废整轴,但结构复杂,加工精度要求高。

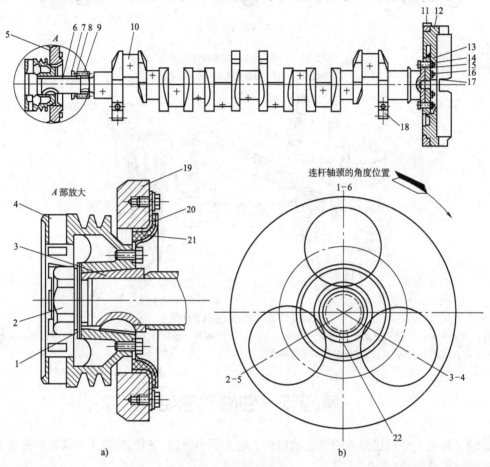

图2-34　曲轴飞轮组

1-碟形弹簧垫圈;2-螺母;3-定位锥套;4-齿带轮;5-扭转减振器;6-隔套;7-挡油盘;8-定位环;9-正时齿轮;10-曲轴;11-齿圈;12-飞轮;13-飞轮垫片;14-螺栓;15-螺母;16-轴承盖板;17-轴承;18-平衡块;19-惯性盘;20-轮毂;21-橡胶层;22-键槽对第一连杆轴颈

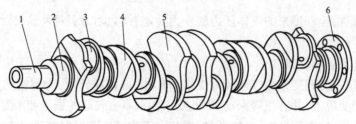

图2-35　整体式曲轴

1-前端轴;2-主轴颈;3-连杆轴颈;4-曲柄;5-平衡重;6-后凸缘盘

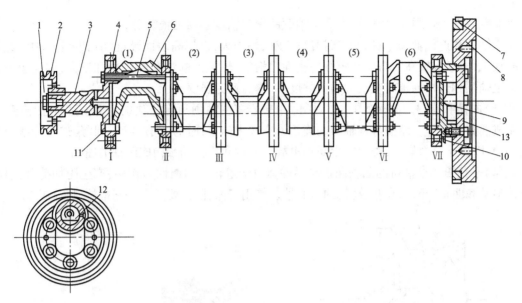

图 2-36　组合式曲轴

1-启动爪;2-齿带盘;3-前端轴;4-滚动轴承;5-连接螺钉;6-曲柄;7-飞轮齿圈;8-飞轮;9-后端凸缘;10-挡油圈;11-定位螺钉;12-油管;13-锁片

4. 曲轴的结构

曲轴的结构通常分为主轴颈、连杆轴颈、曲柄、前端轴和后端轴几部分。

（1）主轴颈。主轴颈(图 2-35 中 2)可使曲轴支撑在曲轴箱上,按支撑情况,曲轴可分为全支撑和非全支撑两种(图 2-37)。工程机械用柴油机均为全支撑的,亦即主轴颈数比连杆轴颈多一个。全支撑可使曲轴抗弯曲刚度高,使主轴承荷载减轻。

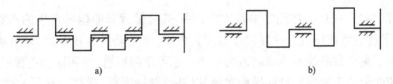

图 2-37　曲轴的支撑形式示意图

a)全支撑式;b)非全支撑式

主轴颈的支撑多采用滑动轴承,称为主轴瓦,主轴瓦的结构形状材料及装配工艺均与连杆轴瓦类似。6135 型柴油机上用的组合曲轴采用滚动轴承支撑(图 2-36 中 4),滚动轴承的内圈与轴颈是紧配合,轴承外圈与缸体上的轴承座孔是过渡配合,两侧用锁簧限制其轴向移动。滚动轴承支撑的优点是工作阻力小,效率高,启动容易;缺点是制造成本高,工作时噪声大。

（2）连杆轴颈。连杆轴颈(图 2-35 中 3)也叫曲柄销,在直列式发动机上,连杆轴颈与汽缸数相同,在 V 形发动机上,因为绝大多数是一个连杆轴颈上装左右两列各一个汽缸的连杆,所以连杆轴颈为汽缸数的一半。

连杆轴颈是和连杆大头相连部分,为减小旋转惯性力。高速发动机的连杆轴颈一般做成中空的,连杆轴颈及采用轴瓦支撑的主轴颈均采用压力润滑,压力油自主油道首先引进各主轴颈润滑,再经主轴颈与连杆轴颈间钻通的斜向油道进入各连杆轴颈润滑,中空的连杆轴颈一般用螺塞封堵成封闭腔,作为机油沉淀室(图 2-38),由主轴颈来的润滑油首先进入此室,经过离心沉淀,杂质被甩到腔壁上,清洁机油由腔中心处经短管输到连杆轴颈上。6135 型柴油机的组合曲轴在沿整体轴线方向上有贯通油道,机油经曲轴前端的径向孔引入,再经各道连杆轴颈的沉淀室后进入轴颈表面润滑;支撑主轴颈的滚动轴承是靠飞溅润滑。

主轴颈和连杆轴颈一般经过高频淬火或火焰淬火,以提高表面硬度和耐磨性。轴颈经过光磨加工,要求有较高的精度和较好的表面粗糙度,轴颈上的油孔经倒角和抛光,避免应力集中。主轴颈和连杆轴颈间有较大的重叠度,以提高疲劳强度。

(3)曲柄和曲拐。曲柄(图2-35中4)用来连接主轴颈和连杆轴颈。为提高弯扭刚度,一般做成椭圆形断面。曲柄与各轴颈的连接处有较大的过渡圆角,有的还对圆角进行冷滚压强化处理,以防止应力集中,避免发生断轴事故。曲柄和连杆轴颈构成曲轴的曲拐。

(4)平衡重。柴油机的曲轴曲拐等零件体由于运转时的惯性力作用,产生附加荷载,引起机体振动和曲轴变形,影响发动机的可靠性及使用寿命,因此要考虑平衡措施(图2-39)。

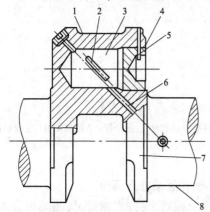

图2-38 空心连杆轴颈的滤清装置

图2-39 带平衡重的四缸发动机曲轴

1-连杆轴颈;2-油管;3-沉淀室;4-螺塞;5-锁销;
6-油道;7-曲柄臂;8-主轴颈

平衡重(图2-35中5)的作用是平衡连杆大头、连杆轴颈和曲柄等产生的离心惯性力及其力矩,有时也平衡活塞连杆组的往复惯性力及其力矩,使发动机运转平稳,并可减小曲轴轴承的负荷。一般平衡重和曲轴锻造或铸造为一体。也可单独制造,并和曲轴连接成一体。

加工后的曲轴和飞轮均经过动平衡实验,以补偿制造误差,提高运转平稳性,减小振动和噪声。

(5)前端轴和后端轴。曲轴前端用来安装曲轴正时齿轮、甩油盘、齿带轮、扭转减振器和启动爪等零件。曲轴后端用来安装飞轮,通常加工有回油螺纹,回油螺纹的旋向和曲轴转向相反,从而起到封油作用。

5.多缸发动机曲轴的曲拐布置和各缸做功顺序

多缸发动机的各缸不能同时做功,如果同时做功会引起极大的不稳定。因此,曲轴的曲拐布置必须遵循一定的规律和原则。多缸发动机曲轴的曲拐布置不仅决定于汽缸数、汽缸的排列方式,还要保证各缸的发火次序,并满足惯性力平衡。

安排多缸机各缸发火次序时,主要考虑各缸着火间隔角应相等,保证运转平稳性;同时,曲轴的形状和曲拐的布置,取决于缸数、汽缸排列方式和点火次序。在布置多缸发动机(直列式或V形)的点火次序时,为减轻主轴承荷载和避免进气重叠现象发生,应使连续做功的两缸相距尽可能远些。

(1)四、六缸发动机曲轴的曲拐布置和做功顺序。四缸发动机做功行程间隔角应为720°/4=180°。其曲轴形状毫无例外地都将四个曲拐布置在同一平面内,且前后对称,即1、4

34

缸曲拐在曲轴轴线的同一侧,2、3缸曲拐在曲轴轴线的另一侧(图2-40)。发动机的各缸工作次序有两种:1-3-4-2或1-2-4-3。我国的四缸发动机都按1-3-4-2次序做功,其工作循环见表2-2。

六缸发动机的做功间隔角应为720°/6 = 120°。其曲轴的六个曲拐分别布置在夹角为120°的三个平面内,前后对称,其中1、6缸,2、5缸和3、4缸曲拐分别在曲轴轴线的同一侧、共平面。图2-41是我国常采用的一种发动机曲拐布置,其各缸做功次序为1-5-3-6-2-4,工作循环见表2-3。若把2、5缸和3、4缸曲拐所处平面对调,可得到第二种布置形式,做功次序为1-4-2-6-3-5。

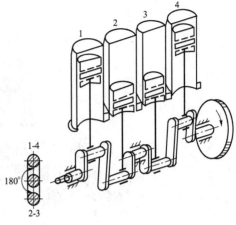

图2-40　四缸发动机的曲拐布置图

四缸发动机工作循环表(做功次序:1-3-4-2)　　　　　表2-2

曲轴转角	第一缸	第二缸	第三缸	第四缸
0°~180°	做功	排气	压缩	进气
180°~360°	排气	进气	做功	压缩
360°~540°	进气	压缩	排气	做功
540°~720°	压缩	做功	进气	排气

六缸发动机工作循环表(做功次序:1-5-3-6-2-4)　　　　表2-3

曲轴转角		第一缸	第二缸	第三缸	第四缸	第五缸	第六缸
0°~180°	60°	做功	排气	进气	做功	压缩	进气
	120°						
	180°			压缩	排气		
180°~360°	240°	排气	进气			做功	压缩
	300°						
	360°			做功	进气		
360°~540°	420°	进气	压缩			排气	做功
	480°						
	540°			排气	压缩		
540°~720°	600°	压缩	做功			进气	排气
	660°			进气	做功		
	720°		排气			压缩	

(2)V形缸八缸、十二缸机的曲拐布置和做功顺序。

V形八缸四冲程发动机曲轴有四个曲拐,结构形式有正交两平面内布置的空间曲拐(图2-42)和平面曲拐(与直列四缸发动机曲拐布置相同)两种。因空间曲拐平衡性较好,所以应用较多。

两种曲拐布置形式的发动机都有数种工作顺序,若将汽缸序号的排列作如图2-42所示规定,则图2-42所示的空间曲拐,其发动机工作顺序有1-5-4-8-6-3-7-2和1-5-4-2-6-3-7-8等数种,空间曲拐发动机汽缸中线夹角均为90°,各缸做功间隔角为720°/8 = 90°。表2-4所示为一种工作循环。

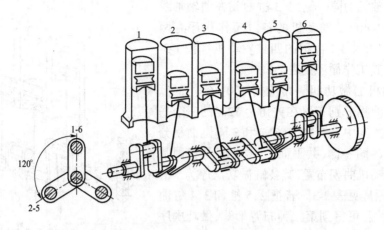

图 2-41 六缸发动机的曲拐布置图

四冲程 V 形八缸发动机工作循环表（做功次序:1-5-4-8-6-3-7-2）　　　　表 2-4

曲轴转角		第一缸	第二缸	第三缸	第四缸	第五缸	第六缸	第七缸	第八缸
0°~180°	90°	做功	做功	排气	压缩	压缩	进气	排气	进气
	180°	做功	排气	进气	压缩	做功	进气	排气	压缩
180°~360°	270°	排气	排气	进气	做功	做功	压缩	进气	压缩
	360°	排气	进气	压缩	做功	排气	压缩	进气	做功
360°~540°	450°	进气	进气	压缩	排气	排气	做功	压缩	做功
	540°	进气	压缩	做功	排气	进气	做功	压缩	排气
540°~720°	630°	压缩	压缩	做功	进气	进气	排气	做功	排气
	720°	压缩	做功	排气	进气	压缩	排气	做功	进气

　　图 2-43 是康明斯 KTA-2300C 型柴油机的曲拐布置形式。汽缸中线夹角为 60°,发火间隔角为 720°/12＝60°;发火顺序为 1-12-5-8-3-10-6-7-2-11-4-9。其工作循环列于表 2-5 中。

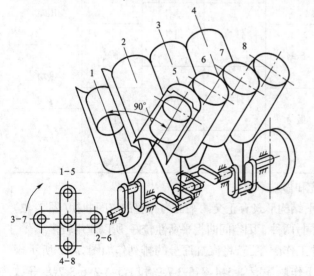

图 2-42　V 形八缸发动机的曲拐布置图

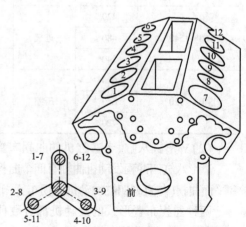

图 2-43　V 形十二缸发动机曲拐布置图

四冲程 V 形十二缸发动机工作循环　　表 2-5

曲轴转角		1	2	3	4	5	6	7	8	9	10	11	12
0°~180°	60°		排气	进气	做功	压缩		排气		做功	进气		压缩
	120°	做功					进气		压缩			排气	
	180°			压缩				进气		排气			做功
180°~360°	240°		进气		排气	做功					压缩		
	300°	排气					压缩		做功			进气	
	360°			做功				压缩		进气			排气
360°~540°	420°		压缩		进气	排气					做功		
	480°	进气					做功		排气			压缩	
	540°			排气				做功		压缩			进气
540°~720°	600°		做功		压缩	进气					排气		
	660°	压缩					排气		进气			做功	
	720°		排气	进气	做功	压缩		排气		做功	进气		压缩

6. 曲轴的轴向定位

为了保证曲轴与活塞连杆组的正确装配位置,且允许曲轴受热膨胀时能自由伸长,因此要对曲轴进行轴向定位,这种限位通常只需一处即可,如前述 6135 型柴油机在前端,NT855 型柴油机在后面一道主轴颈的前后两侧,也有的柴油机有曲轴中间一道主轴颈的前后侧。轴向间隙一般在 0.15~0.34mm 之间。

二、飞轮

1. 飞轮的功用

飞轮的功用是储存做功行程的部分能量,带动曲柄连杆机构越过止点,克服非做功行程的阻力和短暂的超负荷,稳定发动机的运转,启动时起到传力作用。另外,飞轮又是发动机向外输出动力的主要机件。

2. 飞轮的结构

飞轮是一个轮缘较厚的圆盘零件,由铸铁或铸钢制造,安装在曲轴后端的接盘上。飞轮外圆上一般刻上上止点、供油始点等记号,便于检查调整供油或点火时间及气门间隙时参照。修理中安装飞轮时,不允许改变它与接盘的相对位置,安装面要保持干净、无损伤。另外,在飞轮外圆上一般还镶有启动齿圈,供启动时与启动机主动齿轮啮合。

飞轮与曲轴装配后也应进行动平衡试验,以防止由于质量不平衡而引起发动机振动和加速主轴承磨损,一经平衡试验,飞轮与曲轴的相对位置不可再变,一般都有装配定位记号。

三、扭转减振器

曲轴是一个扭转弹性系统,本身具有一定的自振频率。当加于曲轴的简谐干扰力的频率与曲轴的自振频率相等或为曲轴自振频率的整倍数时,就会出现很大振幅的扭转共振。共振时,发动机的转速称为临界转速。

现以直列式发动机的曲轴为例,曲轴系统有一定的质量(包括活塞、连杆组件)和一定的扭转刚度,因而在气体力和惯性力形成的简谐干扰力的作用下,会产生扭转振动。曲轴的自振频率随着汽缸数的增加和曲轴的增长而降低。另外,缸数的增加、着火间隔角度变小,将使发动机在使用的转速范围内,扭振的频率和着火的频率很可能接近一致,从而易引起共振。这种共振现象的出现,会使曲轴扭转振幅迅速增大,将导致下列后果。

(1)曲轴的扭转变形导致其又多承受一种附加应力,会使曲轴产生扭转疲劳而断裂。

(2)当扭振的附加转矩超过装置中的离合器、齿轮传动等的平均转矩时,就会使离合器、齿轮等件间产生来回敲击现象,出现异响并加剧齿轮磨损。

(3)使曲轴回转均匀度变差,破坏了配气正时和喷油正时,使功率下降。

(4)消耗有效动力,使输出功率降低。

(5)破坏了发动机原有平衡条件,会导致发动机产生剧烈的振动。

为避免曲轴产生强烈的扭转共振,常在振幅最大的曲轴前端装有扭转减振器。

目前,发动机曲轴的扭转减振器有橡胶扭转减振器、硅油扭转减振器和硅油橡胶扭转减振器三种形式。

1. 橡胶扭转减振器

如图 2-34 所示,轮毂 20 固定在曲轴齿带轮上,随曲轴一起转动,在其上与托板间硫化橡胶层 21 使轮毂 20 与托板粘固在一起,用螺钉将惯性盘 19 紧固在托板上,所以后者也随曲轴一起转动。当曲轴发生扭振时,由于惯性盘的动惯量大,相当于一个小飞轮,其转动时角速度也就比轮毂 20 均匀得多。由于橡胶层 21 刚性小、弹性好,使二者间产生相对角振动,从而在橡胶层中产生很大的交变剪切变形。因橡胶是内摩擦很大的材料,所以交变变形中消耗了曲轴扭转振动很大一部分能量,使整个曲轴的扭转振幅减小,衰减了曲轴的扭转振动。

橡胶减振器中的橡胶随的温度是有一定限度的,因此其工作能力受到橡胶因为内摩擦而发热的限制,因此也要求有良好空气冷却的工作条件。这种减振器有时与齿带轮组合在一起,有时与三角齿带轮做成一体,目的是为了得到较紧凑的结构。

2. 硅油扭转减振器

硅油减振器的基本结构,如图 2-44 所示,减振器壳体 7 与曲轴齿带轮连在一起,将装有胶木衬套 10 的惯性盘 8 装在壳体 7 里,然后将侧盖 9 装在曲轴 1 上的止口里,并内外滚压壳体边缘,使其将侧盖 9 固定并密封,再将合乎规格的硅油通过注油孔注入硅油腔 11 中,最后用堵塞将油孔堵死。

硅油是一种黏度很大、洁白的透明物质,受热黏度性能较稳定,不易变质,在使用过程中不要拆开,也不需要进行维护。硅油渗透性很强,很容易产生渗漏现象,造成减振失效。

硅油减振器的工作原理与橡胶减振器是一样的,只不过用硅油代替了橡胶,当发动机在临界转速下工作时,曲轴产生扭转振动,装在壳内的惯性盘 8 具有较大的转动惯量,曲轴 1 相对于惯性盘 8 产生交变摆动,充满二者的硅油产生内摩擦阻力,消耗振动能量,减小振幅,使曲轴扭转振动得到衰减。

3. 硅油橡胶减振器

上述两种减振器,存在着质量大、性能差和硅油减振器易渗漏、不易密封等缺点。为克服上述缺点,当前开始采用接近于理想的、减少振动性能的硅油橡胶减振器,如图 2-45 所示。

该减振器是用螺栓装在曲轴齿带轮 1 上,用橡胶 9 将减振器飞轮 12 和圆盘 11 接合在一起,在圆盘 11 与飞轮 12 的空间充满硅油,当扭转振动发生时,在飞轮与圆盘 11 间产生相对运动,从而使橡胶和硅油产生内摩擦,结果使振动减弱。

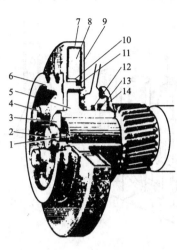

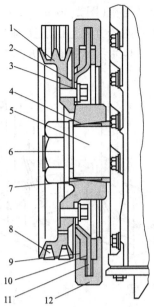

图 2-44　硅油扭转减振器

1-曲轴;2-固定螺栓;3-平垫圈;4-连接螺栓;5-毂;6-曲轴皮带轮;7-减振器壳;8-惯性盘;9-侧盖;10-衬套;11-硅油腔;12-油封;13-凹槽;14-挡油圈

图 2-45　硅油橡胶扭转减振器

1-齿带轮;2-螺栓;3-锁止垫圈;4-键;5 曲轴;6-螺母;7-锥套;8-三角齿带;9-橡胶;10-硅油;11-圆盘;12-减振器飞轮

第五节　旋转平稳性和惯性力的平衡

一、旋转平稳性

解决曲轴旋转平稳性的方法有两种。

(1)安装飞轮。由于飞轮质量较大,装于曲轴一端,因此可利用它的惯性作用,在做功行程中储存部分动能,使曲轴转速不致太快;而在其他三个行程中释放动能,又使曲轴转速不致太慢,从而使曲轴旋转较为平稳。

(2)把多缸发动机各缸的做功行程均匀错开。即在发动机完成一个工作循环的曲轴转角内,各缸做功行程的间隔(以曲轴转角表示)应力求均匀。若多缸发动机的汽缸数为 i,则四冲程发动机各缸的着火间隔应为 $720°/i$;二冲程发动机各缸的着火为间隔应为 $360°/i$。

二、惯性力平衡

单缸发动机的惯性力作用(图 2-46a),在上节中已经做了分析,这里再简单介绍一下多缸发动机的惯性力作用情况。

两缸发动机(图 2-46b)曲拐相隔 180°布置,由此两个缸的往复惯性力和旋转惯性力总是大小相等,方向相反,互相平衡。但由于它们不是作用在同一直线上,故在两缸之间引起惯性力矩,垂直方向的惯性力 F_C 和 F_y 引起的惯性力矩,使机体交替产生一头向上一头向下的振动;水平方向的惯性力 F_x 引起的惯性力矩,使机体交替产生一头向左一头向右的振动。

三缸发动机(图2-46c)由于三个曲拐相隔120°布置,因此三个缸的往复和旋转惯性力在水平与垂直两个方向上也是互为平衡的。但是同两缸发动机类似,由于也存在惯性力矩,从而也使机体产生水平和垂直两方向上的振动。

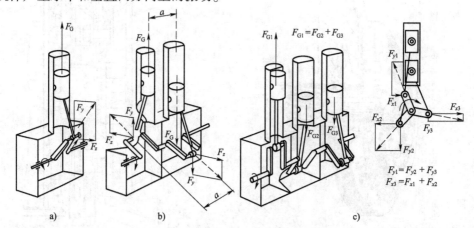

图 2-46　单缸及二、三缸发动机的惯性力

四缸发动机和六缸发动机,由于它们分别相当于两个两缸发动机和三缸发动机的串联,从整体看,惯性及惯性力矩均能自身互相平衡,但是从局部看,惯性力矩引起附加弯矩,导致轴颈与轴承的偏磨,甚至引起曲轴弯曲变形。图2-47a)是四缸发动机曲轴上的惯性力及惯性力矩作用情况。

由于惯性力作用,产生附加荷载,引起机体振动,影响发动机的可靠性及使用寿命,因此要考虑平衡措施。

单缸发动机由于自身平衡性能最差,所以通常采用较为复杂的平衡轴机构进行平衡;两缸发动机和三缸发动机虽然平衡性能稍好,但是也必须采取平衡措施,以达到平衡惯性力矩,如在曲轴上设置平衡重块;四缸发动机和六缸发动机的自身平衡性最好,可以不采取平衡措施。但是为了消减曲轴局部上的附加弯矩作用,有些发动机的曲轴上也设置平衡重块。图2-47b)是四缸发动机加装平衡重块的示意图。

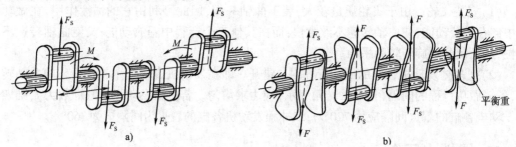

图 2-47　四缸发动机曲轴上的惯性力作用

第三章 配气机构

第一节 概　述

配气机构的功用是按照发动机各缸工作过程的需要,定时地开启和关闭进、排气门,使可燃混合气或空气及时进入汽缸,废气及时排出汽缸。

一、气门式配气机构的组成和工作情况

气门式配气机构多采用顶置式气门,即进、排气门位于汽缸盖内,倒挂在汽缸顶上(顶置式气门)。气门式配气机构由气门组和气门传动组两部分组成,如图3-1所示。气门组包括:气门锁片9、气门弹簧座10、气门11、气门弹簧13、气门导管14、气门座15等零件;气门传动组包括:正时齿轮1、凸轮轴2、气门挺柱3、推杆4、调整螺钉及锁紧螺母7、摇臂8、摇臂轴6、摇臂轴支架5等零件。当汽缸的工作循环需要将气门打开进行换气时,由曲轴通过正时齿轮驱动凸轮轴旋转,使凸轮轴上凸轮工作段通过挺柱、推杆、调整螺钉,推动摇臂摆转,摇臂的另一端在消除了气门间隙后便向下推开气门,同时使弹簧进一步压缩。当凸轮工作段顶点转过挺柱以后,便逐渐减小了对挺柱的推力,气门在其弹簧张力的作用下,开度逐渐减小,直至最后关闭,进气或排气过程即告结束。压缩和做功行程中,气门在弹簧张力作用下保证关闭严密,使汽缸密闭。

二、气门式配气机构的布置形式

(1)按凸轮轴的布置位置,可分为凸轮轴下置式、凸轮轴中置式和凸轮轴上置式。

(2)按曲轴和凸轮轴的传动方式,可分为齿轮传动式、链条传动式和齿形带传动式。

(3)按每缸气门数目,有二气门式、三气门式、四气门式和五气门式。

顶置气门、下置凸轮轴配气机构,如图3-1所示。顶置气门、下置凸轮轴配气机构的凸轮轴位于汽缸体侧部,或位于V形发动机汽缸体的V形夹角内。气门通过挺柱、推杆、摇臂传递运动和力。下置凸轮轴离曲轴近,凸轮轴的驱动常通过一对齿轮实现。这种配气机构因传动环节多、路线长,在高速运动

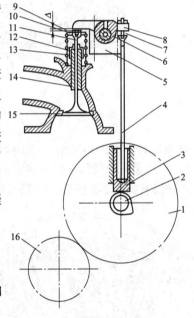

图3-1　配气机构的组成

1-凸轮轴正时齿轮;2-凸轮轴;3-气门挺柱;4-推杆;5-摇臂轴支架;6-摇臂轴;7-调整螺钉及锁紧螺母;8-摇臂;9-气门锁片;10-气门弹簧座;11-气门;12-防油罩;13-气门弹簧;14-气门导管;15-气门座;16-曲轴正时齿轮;Δ-气门间隙

下,整个系统容易产生弹性变形,影响气门运动规律和开启、关闭的准确性。因此多用于转速较低的发动机。

顶置气门、中置凸轮轴式配气机构中的凸轮轴位于汽缸体的上部,与凸轮轴下置式配气机构的组成相比,减少了推杆,从而减轻了配气机构的往复运动质量,增大了机构的刚度,更适用于较高转速的发动机。

顶置气门、上置凸轮轴配气机构如图3-2所示。顶置气门、上置凸轮轴配气机构的凸轮轴安装在汽缸盖上,它可以直接驱动沿汽缸体纵向排成一列的两个气门,也可以通过摇臂驱动气门,如图3-2b)所示。为了减小气门的侧向力,凸轮轴与气门杆顶部间设有气门导筒或摇臂,如图3-2所示。

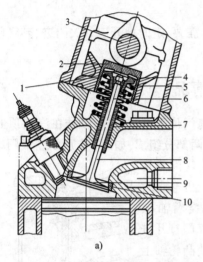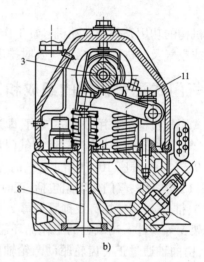

a)   b)

图3-2　顶置气门、上置凸轮轴配气机构示意图

a)凸轮直接驱动气门;b)凸轮通过摇臂驱动气门

1-垫片;2-气门挺柱;3-凸轮轴;4-气门弹簧座;5-锁片;6-气门弹簧;7-气门导管;8-气门杆;9-气门头部;10-气门座圈;11-摇臂

如果两个气门沿汽缸体纵向分别排成两列,则可采用顶置气门、双摇臂、上置凸轮轴的配气机构,如图3-3所示。该配气机构用一个凸轮轴通过进、排气凸轮和两个摇臂分别控制进、排气门。

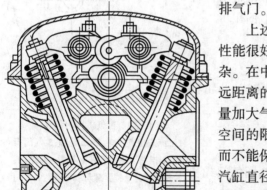

图3-3　顶置气门、双摇臂、上置凸轮轴配气机构示意图

上述两种配气机构布置紧凑,减少了传动环节,高速性能很好。但凸轮轴离曲轴较远,如用齿轮传动则较复杂。在中小功率发动机上,由于齿带的开发,可容易解决远距离的凸轮轴驱动。每缸2个气门的发动机,虽然尽量加大气门直径,特别是进气门头部直径,但因受燃烧室空间的限制,气门直径一般不能超过汽缸直径的一半,因而不能保证高速内燃机良好的换气品质。目前,在一些汽缸直径小于100mm的内燃机,特别是高速汽油机中,较多的采用每缸四气门结构或三气门、五气门结构。采用多气门结构后,能够让尽可能多的新鲜混合气或空气进入汽缸内,使单位汽缸工作容积做功更多;同时每个气门直径的减小,可适当降低气门的温度,有利于减轻气门的热负荷与机械负荷,提高气门的刚度与工作可靠性。试验证明,四气门比二气门能增大功率和转矩15%,油耗可降低5%。由于

气门的相位角和重叠角减小,有害废气排放可减少。

三、配气机构的传动

曲轴通过齿轮副或链传动或齿带传动来驱动凸轮轴,凸轮轴再带动摇臂或直接推动进、排气门。

由于曲轴与凸轮轴之间驱动方式不同,配气机构的传动有齿轮驱动、链条驱动和齿带驱动三种。四冲程发动机每完成一个工作循环,曲轴旋转两周,凸轮轴只旋转一周,各缸的进、排气门各开启一次,故曲轴与凸轮轴转速之比(即传动比)应为2:1。

1. 齿轮驱动形式

采用齿轮副来驱动凸轮轴,凸轮轴正时齿轮的齿数为曲轴正时齿轮齿数的二倍。凸轮轴下置时,两轴距离较近,一般都采用齿轮副驱动。若两轴距离稍远时,可加装中间齿轮。为了啮合平稳,减小噪声,在中、小功率发动机上,采用斜齿轮传动,曲轴正时齿轮用钢来制造,而凸轮轴正时齿轮则用铸铁或夹布胶木制造,如图3-4所示。

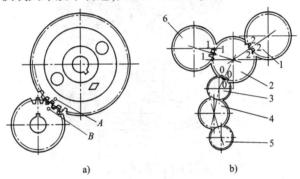

a)   b)

图3-4　齿轮传动及正时记号
a)一对正时齿轮的传动;b)加中间惰轮的齿轮传动
1-喷油泵正时齿轮;2、4-中间惰轮;3-曲轴正时齿轮;5-机油泵传动齿轮;6-凸轮轴正时齿轮;A-凸轮轴正时齿轮记号;B-曲轴正时齿轮记号

2. 链条驱动形式

链条式驱动,是指曲轴通过链条来驱动凸轮轴,如图3-5所示。这种驱动形式一般多用于凸轮轴上置的远距离传动。为使链条在工作时具有一定的张力而不致脱链,通常装有导链板14,张紧轮装置2、11等。

3. 齿带驱动形式

这种驱动形式与链驱动的原理相同。只是链轮改为齿轮,链条改成齿带,如图3-6、图3-7所示。这种齿带用氯丁橡胶制成,中间夹有玻璃纤维和尼龙织物,以增加强度。齿带驱动与链条驱动相比,具有齿带伸长量小、噪声低、质量轻、成本低、工作可靠和不需要润滑等优点。因此,现代轿车高速发动机大多数采用齿带传动。为了确保传动可靠,齿带保持一定张紧力,为此,在齿带传动机构中设置张紧装置。

四、气门间隙

发动机工作时,气门将因温度升高而膨胀,如果气门及其传动件之间,在冷态时无间隙或间隙过小,则在热态时,气门及其传动件的受热膨胀势必引起气门关闭不严,造成发动机在压缩和做功行程中漏气,而使功率下降,严重时甚至不易启动。为了消除这种现象,发动机冷态装配时,在气门与其传动机构中,通常留有适当的间隙,以补偿气门受热后的膨胀量,这一间隙通常称为气门间隙。有的发动机采用液力挺柱,挺柱的长度能自动变化,随时补偿气门的热膨胀量,故不需要预留气门间隙。

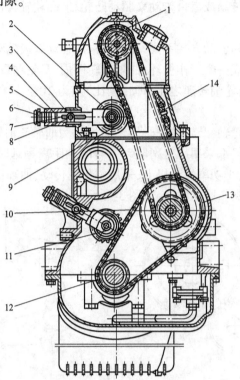

图 3-5 链条传动装置示意图

1-凸轮轴链轮;2-上链条张紧轮;3-张紧轮导向套筒;4-压紧弹簧;5-锁紧螺母;6-张力调整螺钉;7-张紧轮导向销;8-导向销锁紧螺母;9-上链条;10-下链条;11-下链条张紧轮;12-曲轴链轮;13-中间链轮;14-导链板

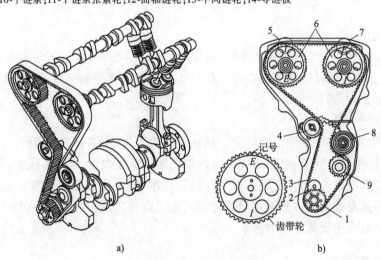

图 3-6 双顶置凸轮轴的传动布置图(一)

a)空间布置图;b)平面布置图

1-曲轴正时齿带轮;2-正时对正记号;3-齿带;4-张紧轮;5-进气凸轮正时记号;6-凸轮轴正时齿带轮;7-排气凸轮正时记号;8-导向轮;9-水泵齿带轮

44

气门间隙的大小由发动机制造厂根据试验确定。一般在冷态时,进气门的间隙为0.25~0.35mm,排气门的间隙为0.30~0.35mm。如果气门间隙过小,发动机在热态下可能因气门关闭不严而发生漏气,导致功率下降,甚至烧坏气门。如果气门间隙过大,则使传动零件之间以及气门和气门座之间产生撞击响声,并加速磨损。同时,也会使气门开启的持续时间减少,汽缸的充气以及排气情况变坏。

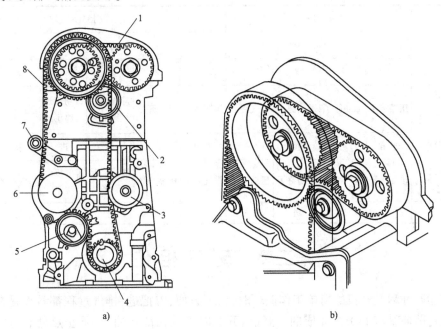

a)　　　　　　　　　　　　　b)

图3-7　双顶置凸轮轴的传动布置图(二)

1-连接齿带;2-连接齿带张紧轮;3-导向轮;4-曲轴正时齿带轮;5-主齿带张紧轮;6-水泵齿带轮;7-导向轮;8-主齿带

表3-1为工程机械上常用的几种柴油机的气门间隙。

几种柴油机的气门间隙　　　　　　　　　　　　表3-1

气门间隙 （mm）		机　型					
		6135G	6130	6120Q	NT855	4125A	SA6D125-2
冷间隙	进气门	0.30	0.30	0.20	0.28	0.30	0.33
	排气门	0.35	0.35	0.25	0.28	0.35	0.71
热间隙	进气门	—	—	—	—	0.25	
	排气门	—	—	—	—	0.30	

虽然柴油机的气门间隙在出厂时已预先调整好,但工作一段时间以后,由于配气机构各零件的磨损或气门调整螺钉的松动,都会破坏正常的气门间隙。因此,必须对气门间隙进行经常检查和调整。调整气门间隙时,必须在气门完全关闭的状态下进行,即挺柱必须落在凸轮的基圆上才可调整。调整方法有两种,一是逐缸调整法,即旋转曲轴从第一缸处于压缩终了的上止点位置(飞轮上标记)开始调整第一缸,然后按发动机的工作次序逐次调整其余各缸的气门间隙,这种方法虽较烦琐,但可靠。二是采用两遍法调整气门间隙,即第一缸处于压缩终了上止点时调整所有气门的半数,然后摇转曲轴一周(指四冲程发动机)便可调整其余半数气门。现

以4125A型柴油机和6135G型柴油机为例,介绍气门间隙的简便调整方法,详见表3-2。第一缸处于压缩终了曲轴转角为0°时,4125A型柴油机一次可调四个气门,6135G型柴油机可调六个气门。将曲轴旋转360°,其余的气门也一次调完,采用这种调整方法时,必须熟悉各缸进、排气门的排列次序才不会调错。

4125A型和6135G型柴油机气门间隙简便调整方法　　　　　　表3-2

机型	4125A				6135G					
工作次序	1-3-4-2				1-5-3-6-2-4					
缸序	1	2	3	4	1	2	3	4	5	6
0°时各缸工作状态	压缩终了	做功终了	进气终了	排气终了	压缩终了	排气开始	排气接近终了	做功接近终了	压缩开始	排气终了
一次可调气门	进、排	进	排	—	进、排	进	排	进	排	—
360°时各缸工作状态	排气终了	进气终了	做功终了	压缩终了	排气终了	压缩开始	做功接近终了	排气接近终了	排气开始	压缩终了
二次可调气门	—	排	进	进、排	—	排	进	排	进	进、排

第二节　配气相位

　　在前述四冲程发动机的简单工作循环时,为了方便,曾把进、排气过程都看作是在活塞的一个行程内即曲轴转180°内完成的,即气门开关时刻是在活塞的上、下止点处。但实际情况

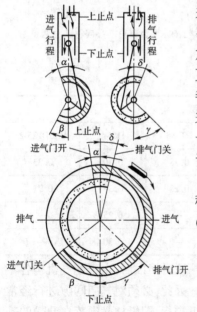

图3-8　配气相位图

并非如此。由于发动机转速很高,一个行程的时间极短,如四冲程发动机转速3000r/min时,一个行程时间只有0.01s,再加上用凸轮驱动气门开启需要一个过程,气门全开的时间就更短了,这样短的时间难以做到进气充分、排气彻底。为了改善换气过程,提高发动机性能,实际发动机的气门开启和关闭并不恰好在活塞的上、下止点,而是适当的提前和迟后,以延长进、排气时间。也就是说,气门开启过程中曲轴转角都大于180°。

　　用曲轴转角表示的进、排气门开闭时刻和开启持续时间,称为配气相位。配气相位的各个角度可用配气相位图(图3-8)来表示。

一、进气门的配气相位

1. 进气提前角

　　在排气冲程接近终了,活塞到达上止点之前,进气门便开始开启。从进气门开始开启到上止点所对应的曲轴转角称为进气提前角(或早开角),用α表示。α一般为10°～30°曲轴转角。进气门早开,使得活塞到达上止点开始向下运动时,因进气门已有一定开度,所以可较快地获得较大的进气通道截面,减少进气阻力。

2. 进气迟后角

在进气冲程下止点过后,活塞又重新上行一段,进气门才关闭。从下止点到进气门关闭所对应的曲轴转角称为进气迟后角(或晚关角),用 β 表示,β 一般为 40°~80° 曲轴转角。进气门晚关,是因为活塞到达下止点时,由于进气阻力的影响,汽缸内的压力仍低于大气压,且气流还有相当大的惯性,仍能继续进气。下止点过后,随着活塞的上行,汽缸内压力逐渐增大,进气气流速度也逐渐减小,至流速等于零时,进气门便关闭的 β 角最适宜。若 β 过大便会将进入汽缸内的气体重新又压回进气管。

由上可见,进气门开启持续时间内的曲轴转角,即进气持续角为 $\alpha + 180° + \beta$。

二、排气门的配气相位

1. 排气提前角

在做功行程的后期,活塞到达下止点前,排气门便开始开启。从排气门开始开启到下止点所对应的曲轴转角称为排气提前角(或早开角),用 γ 表示,γ 一般为 40°~80° 曲轴转角。恰当的排气门早开,汽缸内还有 300~500kPa 的压力,做功作用已经不大,可利用此压力使汽缸内的废气迅速地自由排出,等活塞到达下止点时,汽缸内只剩 110~120kPa 的压力,使排气冲程所消耗的功率大为减小。此外,高温废气的早排,还可以防止发动机过热。但 γ 角若过大,则将得不偿失。

2. 排气迟后角

在活塞越过上止点后,排气门才关闭。从上止点到排气门关闭所对应的曲轴转角称为排气迟后角(或晚关角),用 δ 表示,δ 一般为 10°~30° 曲轴转角。由于活塞到达上止点时,汽缸内的压力仍高于大气压,且废气气流有一定的惯性,所以排气门适当晚关可使废气排得较干净。

由此可见,排气门开启持续时间内的曲轴转角,即排气持续角为 $\gamma + 180° + \delta$。

由于进气门关闭时,活塞上行且距下止点已较远,其速度已相当大,因而进气迟后角的变化对汽缸内的容积及充气量的影响较大。所以,在配气相位的四个角中,进气迟后角的大小,对发动机性能的影响最大。

表 3-3 为工程机械上常用柴油机的配气相位。

几种柴油机的配气相位　　　　　　　　　　　　　　　　　表 3-3

配气相位	机　型					
	6135G	6130	6120Q	SA6D140-1	4125A	4115T
进气提前角 α	20°	13°	14.5°	20°	8°	10°
进气延迟角 β	48°	47°	41.5°	30°	22°	46°
排气提前角 γ	48°	47°	43.5°	55°	46°	56°
排气延迟角 δ	20°	13°	14.5°	20°	14°	10°
进气门开启角	248°	240°	236°	230°	210°	236°
排气门开启角	248°	240°	238°	255°	240°	246°
气门重叠角 $\alpha + \beta$	40°	26°	29°	40°	22°	20°

三、气门的叠开

由于进气门早开和排气门晚关,就出现了一段进、排气门同时开启的现象,称为气门叠开。

同时开启的角度,即进气门早开角与排气门晚关角的和($\alpha + \delta$),称为气门叠开角。

由于气门叠开时开度较小,且新鲜气体和废气流的惯性要保持原来的流动方向,所以只要叠开角适当,就不会产生废气倒排回进气管和新鲜气体随废气排出的问题。发动机的结构不同、转速不同,配气相位也就不同。

有些增压柴油机的配气相位,其叠开角度较一般柴油机要大得多。这是因为进气压力高,一方面不会发生废气倒流进入进气管的现象,另一方面除可使充气量更大外,新鲜空气可将汽缸内的废气扫除干净。虽有一部分新鲜空气会从排气门排出,但并不消耗燃油。

同一台发动机转速不同也应有不同的配气相位,转速愈高,提前角和迟后角也应愈大,然而这在结构上很难满足。

第三节　气门传动组

气门传动组的主要机件有凸轮轴及其驱动装置,包括挺柱、推杆、摇臂及摇臂轴等(图 3-1 中 1~8)。

一、凸轮轴

1. 凸轮轴的功用与材料

凸轮轴是气门传动组中最主要的零件,用来驱动和控制各缸气门的开启和关闭,使其符合发动机的工作顺序、配气相位及气门开度的变化规律等要求。此外,有些汽油机还用它来驱动汽油泵、机油泵和分电器等。

凸轮是凸轮轴的主要工作部分,它在工作时承受气门弹簧的张力和传动件的惯性力。由于它与挺柱(或摇臂)接触近于线接触,接触面积小,单位压力很大,磨损较快,因而应有较高的耐磨性,并要特别注意两者之间材料及其热处理的组合,否则很容易在这对摩擦副的工作面上发生刮伤和剥落等损伤。为了保证气门开闭规律的正确性,还应有足够的刚度。

为了满足工作条件的要求,凸轮轴多用优质碳钢或合金钢锻制,也可采用合金铸铁和球墨铸铁铸造。凸轮轴上的轴颈和凸轮工作表面经表面高频淬火(中碳钢)或渗碳淬火(低碳钢)处理后精磨,以改善其耐磨性。

2. 凸轮轴的构造

凸轮轴主要由凸轮、凸轮轴轴颈等组成。图 3-9 为四缸四冲程发动机凸轮轴简图。其旋转方向与曲轴相同。转速为曲轴转速的一半,各缸工作次序为 1-3-4-2,相继做功两缸的进(或排)气门凸轮夹角均为 $360°/4 = 90°$(不考虑气门早开、迟关)。

图 3-10 为 6135G 型柴油机的凸轮轴总成图。其各缸的工作次序为 1-5-3-6-2-4。相继做功两缸的进(或排)气门凸轮夹角为 $360°/60°$。为了减小变形,凸轮轴采用全支撑。考虑安装的需要,凸轮轴的轴颈大于凸轮的最高点。第一道轴颈处装有推力轴承 2 及粉末冶金隔圈 3,用来承受轴向力,防止凸轮轴轴向窜动。

(1)凸轮。凸轮的轮廓应保证气门开启和关闭的持续时间符合配气相位要求,且有合适的升程及其升降过程的运动规律。凸轮的轮廓形状如图 3-11 所示。O 为凸轮轴的轴心,圆弧 EA 为凸轮的基圆,圆弧 AB 和 DE 为凸轮的缓冲段,缓冲段中凸轮的升程(升程即轮廓型线上某点较基圆半径凸出的量)变化速度较慢,圆弧 BCD 为凸轮的工作段,此段升程较快,C 点时升程最大(图中 A 值),它决定了气门的最大开度。不同机型凸轮的升程变化规律不同。

以下置式凸轮轴为例,凸轮的工作过程如下:当凸轮按图中方向转过 EA 时,挺柱处于最低位置不动,气门处于关闭状态。凸轮转至 A 点时,挺柱开始移动。继续转动,在缓冲段 AB 内的某点 M 处消除气门间隙,气门开始开启,至 C 点时气门开度最大,而后逐渐关小,至缓冲段 DE 内某点 N 时,气门完全关闭。

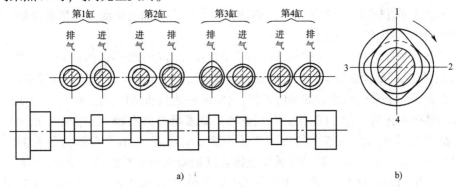

图 3-9　四缸四冲程发动机凸轮轴简图

a)各凸轮的相对角位置图;b)进(或排)气凸轮的投影图

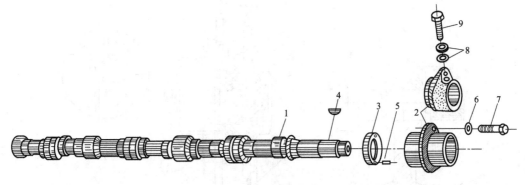

图 3-10　六缸发动机凸轮轴

1-凸轮轴;2-推力轴承;3-隔圈;4-半圆键;5 圆柱销;6-弹簧垫圈;7-六角头螺栓;8-纸质垫圈;9-接头螺钉

此后,挺柱继续下落,出现气门间隙,至 E 点时挺柱又处于最低位置。

由于气门开始开启和最后关闭时,均在凸轮升程变化较慢的缓冲段内,这就使气门杆尾端在消除气门间隙的瞬间和气门头落座的瞬间的冲击力均较小,有利于减小噪声和磨损。MCN 所夹的角 φ 为气门开启持续过程中凸轮轴的转角,它等于配气相位中气门开启持续角的一半。

由上可知,当气门间隙变小时,M 和 N 两点下移,φ 角增大,配气相位增大,反之亦然。

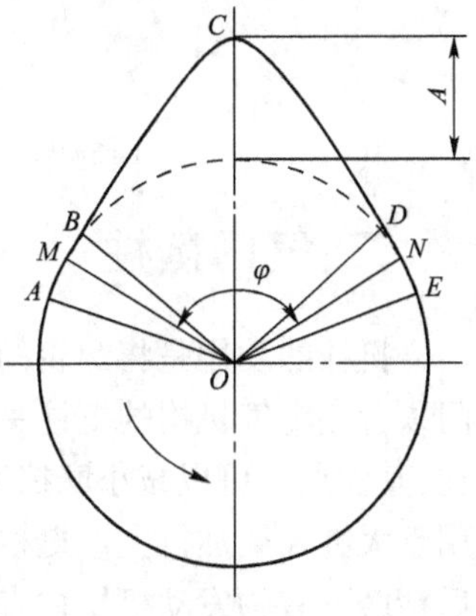

(2)凸轮轴轴颈。由于凸轮轴是通过凸轮轴轴颈支撑在凸轮轴轴承孔内的,因此凸轮轴轴颈数目的多少是影响凸轮轴支撑刚度的重要因素。如果凸轮轴刚度不足,工作时将发生弯曲变形,这会影响配气定时。下置式凸轮轴每隔 1~2 个汽缸设置一个凸轮轴轴颈。上置式凸轮轴基本上是每隔一个汽缸设置一个凸轮轴轴颈。

图 3-11　凸轮轮廓示意图

上置式凸轮轴的轴承若为剖分式结构时,各凸轮轴轴颈的直径均相等。下置式凸轮轴轴

49

颈的直径由风扇端向飞轮端依次减小,目的是便于安装。

(3)凸轮轴轴承。凸轮轴轴承一般做成衬套压入整体式的座孔内,最后再加工,与轴颈配合。其材料多与曲轴轴承相同,由低碳钢背内浇铸减摩合金制成,也有的用粉末冶金衬套或铜套。

(4)凸轮轴的轴向限位。为了防止凸轮轴在工作中产生轴向窜动和承受斜齿轮产生的轴向力,凸轮轴都有轴向限位装置。

上置式凸轮轴通常利用凸轮轴轴承盖的两个端面和凸轮轴轴颈的两侧的凸肩进行轴向定位(图3-12a)。其间的间隙 $\Delta = 0.1 \sim 0.2$mm,也就是凸轮轴的最大许用轴向移动量。

对于中置式和下置式凸轮轴的轴向定位,通常采用止推板式限位装置,如图3-12b)所示。在凸轮轴前轴颈与正时齿轮之间,压装有调整环5,调整环外面松套一止推板6,止推板用螺钉固定于汽缸体前端面,调整环5的厚度大于止推板6的厚度,二者之差称为凸轮轴的轴向间隙,其间隙为 $0.08 \sim 0.20$mm。这种装置使止推板既能限制凸轮轴的轴向窜动,又使凸轮轴能自由转动。但轴向间隙过大时,除一般限位效能降低外,对于斜齿轮传动的凸轮轴来说还会由于轴移量过大,使轴产生角移动,而影响配气正时的正确性。

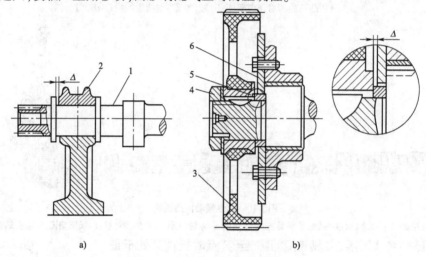

a)   b)

图3-12   凸轮轴轴向定位方式

1-凸轮轴;2-凸轮轴承盖;3-凸轮轴正时齿轮;4-螺母;5-调整环;6-止推板;

二、气门挺柱

挺柱的功用是将凸轮的推力传给推杆或气门,并承受凸轮轴旋转时所施加的侧向力。气门顶置式配气机构的挺柱一般制成筒式,如图3-13所示,以减轻质量。图3-13b)为滚轮式挺柱,其优点是可以减小摩擦所造成的对挺柱的侧向力。这种挺柱结构复杂,质量较大。一般多用于大缸径柴油机上。挺柱常用镍铬合金铸铁或冷激合金铸铁制造。其摩擦表面应经热处理后精磨。有的发动机挺柱直接装在汽缸体上相应处镗出的导向孔中,也有的发动机挺柱装在可拆式的挺柱导向体中。

CA6102型发动机装配有挺柱导向体,前后挺柱导向体按各自的记号装于发动机上,每个挺柱导向体上有两个定位环3,以保证安装精度,然后用两个螺栓4均匀地拧紧在汽缸体上,如图3-14所示。在挺柱工作时,由于受凸轮侧向推力的作用,会稍有倾斜,并且由于侧向推力方向是一定的,这样就会引起挺柱与导管之间单面磨损,同时挺柱与凸轮固定不变地在一处接触,也会造成磨损不均匀。为了避免这种现象的产生,有些发动机挺柱底部工作面制成球面(图3-13),而且把凸轮面制成带锥度形状。这样在工作时,由于凸轮与挺柱的接触点偏离挺柱轴线,当挺柱被凸轮顶起上升时,接触点的摩擦力使其绕本身轴线转动,以达到磨损均匀之目的。

有气门间隙的配气机构,解决了材料热膨胀对气门工作的影响,但会在发动机工作时发生撞击而产生噪声。为了解决这一矛盾,有些发动机采用了液力挺柱,如图3-15所示。其结构特点是采用倒置的液力挺柱,直接推动气门的开启;挺柱体是由上盖和圆筒,经加工后再用激光焊接成一体的薄壁零件;止回阀采用钢球、弹簧式结构。

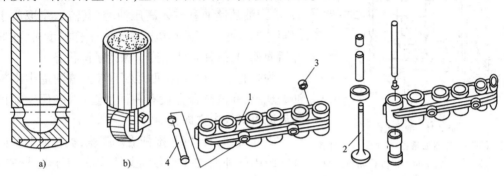

图3-13 挺柱
a)筒式;b)滚轮式

图3-14 可拆式挺柱导向体
1-挺柱导向体;2-气门;3-定位环;4-螺栓

液力挺柱结构由挺柱体、油缸与柱塞、柱塞复位补偿弹簧等几部分组成。挺柱体是液力挺柱的基础,由低碳合金钢制造而成。挺柱体上加工有环形油槽,缸盖上的上油道通过量油孔3和斜油孔4与该油槽对齐(图3-16),机油可沿该油路经过挺柱体9背面的键形槽进入柱塞11上面的低压油腔。这时缸盖油道2与液力挺柱的低压油腔形成一个通路。油缸12和柱塞11是一对精密偶件。柱塞下端是一个球形阀座,外径与油缸内孔相配合,顶部与挺柱体背面接触。

柱塞和球阀的开闭可将挺柱分成两个油腔。球阀开启,两油腔相通,球阀关闭,两油腔分开,上部是低压腔,下部是高压腔。柱塞复位补偿弹簧13的作用是使挺柱顶面对凸轮轮廓线保持接触,当凸轮基圆与挺柱顶面接触时,可消除并补偿气门间隙。

液力挺柱的工作原理:当凸轮由基圆部分与挺柱接触逐渐转到凸轮尖与挺柱接触时,机油通过缸盖油道2、量油孔3、斜油孔4进入挺柱的环形油槽,再由环形油槽中的一个油孔进入挺柱低压油腔,挺柱向下移动,柱塞随之下移,高压油腔的油压升高,使球阀紧压在柱塞座上,低压油腔与高压油腔完全隔离。由于机油的不可压缩性,油缸和柱塞就形如一个刚性整体。随着凸轮轴的转动,气门便逐渐被打开。凸轮的回程阶段,在气门弹簧和凸轮的共同作用下,高压油腔依然关闭直至凸轮回程结束,当凸轮基

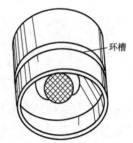

图3-15 液力挺柱总成外形图

圆再次与挺柱顶端相遇时,缸盖主油道中的压力油经量油孔、斜油孔、挺柱环形槽中的进油孔进入挺柱低压油腔。气门在气门弹簧的作用下将气门关闭。这时在高压油和柱塞复位补偿弹簧的作用下,柱塞向上移动,高压油腔的压力下降,球阀打开,高、低压腔相通,高压油腔的油得到了补充,即起到了补偿气门间隙的作用。

液力挺柱的工作过程:气门开始开启,当凸轮转到图3-17a)所示位置时,凸轮开始压下液

51

力挺柱,止回阀(球阀)封闭,高压油腔内形成高压。此时,液力挺柱犹如一刚性部件推动气门运动。当气门开启时,由于凸轮直接将力作用于液力挺柱上,会使高压油腔少量高压油沿配合间隙泄漏,由于这一原因,挺柱在升起时会被压缩0.1mm。这是专门设计的,以使液力挺柱能自身调节凸轮轴与气门间的尺寸大小,这一过程一直持续到图3-17b)所示的凸轮位置。

气门间隙的平衡:气门关闭后(图3-17c的凸轮位置)气门间隙的平衡开始,凸轮不再给液力挺柱作用力,高压油腔的油压随之下降。补偿弹簧13(图3-16)迫使挺柱上移,直到凸轮与挺柱间无间隙存在。止回阀开启后,液力油从储油室进入高压油腔,其流入量取决于气门间隙的大小。当发动机达到正常工作温度时,在气门开启周期内,挺柱与凸轮完全保持平衡状态。

为防止发动机在停机状态下汽缸盖油道中出现空油的现象,在汽缸盖上设有一回油道,以确保发动机重新启动时挺柱内立即充油。

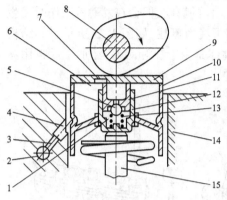

图3-16　液力挺柱

1-高压油腔;2-缸盖油道;3-量油孔;4-斜油孔;5-球阀;6-低压油腔;7-键形槽;8-凸轮轴;9-挺柱体;10-柱塞焊缝;11-柱塞;12-油缸;13-补偿弹簧;14-缸盖;15-气门杆

由此可知,若气门、推杆受热膨胀,挺柱回落后向挺柱体腔内的补油过程便会减少补油量(工作过程中)或使挺柱体腔内的油液从柱塞与挺柱体间隙中泄漏一部分(停车时),从而使挺柱自动"缩短";因此可不留气门间隙而仍能保证气门关闭。相反,若气门、推杆冷缩,则向挺柱体腔内的补油过程,便会增加补油量(工作过程中)或在柱塞弹簧作用下将柱塞上推,吸开止回阀向挺柱体腔内补油(停车时),从而使挺柱自动"伸长",因此仍能保持配气机构无间隙传动。

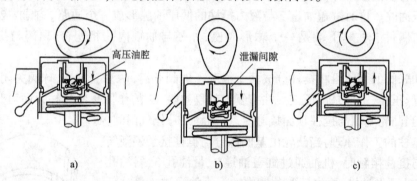

图3-17　液力挺柱的工作过程

a)气门开始开启;b)气门开度最大位置;c)气门关闭位置

采用液力挺柱,可消除配气机构中的间隙,减小各零件的冲击荷载和噪声,同时凸轮轮廓可设计得比较尖些,气门开启和关闭更快,以减小进、排气阻力,改善发动机的换气,提高发动机的性能,特别是高速性能。

三、推杆

推杆的作用是将从凸轮轴经过挺柱传来的推力传给摇臂,它是气门机构中最易弯曲的零件。要求有很高的刚度,在动荷载大的发动机中,推杆应尽量地做得短些。

对于缸体与缸盖都是铝合金制造的发动机,其推杆最好用硬铝制造。推杆的两端焊接成压配有不同形状的端头,下端头通常是圆球形,以使与挺柱的凹球形支座相适应;上端头一般制成凹球形,以便与摇臂上的气门间隙调整螺钉的球形头部相适应。推杆可以是实心或空心的。钢制实心推杆(图3-18a),一般同球形支座锻成一个整体,然后进行热处理。图3-18b)表示硬铝棒制成的推杆,推杆两端配以钢制的支撑。图3-18c)、d)都是钢管制成的推杆。前者的球头直接锻成,然后经过精磨加工。后者的球支撑则是压配的,并经淬火和磨光,以提高其耐磨性。

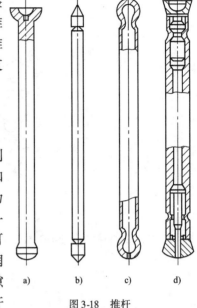

图3-18　推杆
a)钢制实心推杆;b)硬铝棒推杆;c)、d)
钢管制成的推杆

四、摇臂

摇臂的功用是改变推杆和凸轮传来的力的方向,作用到气门杆端以推开气门。摇臂实际上是一个双臂杠杆,如图3-19b)所示。摇臂6的两边臂长的比值(称为摇臂比)为1.2～1.8,其中长臂一端是推动气门的。端头的工作表面一般制成圆柱形,当摇臂摆动时可沿气门杆端面滚滑,这样可使两者之间的力尽可能沿气门轴线作用。摇臂内还钻有润滑油道和油孔。在摇臂的短臂一端装有用以调节气门间隙的调节螺钉14及锁紧螺母13(图3-19a),螺钉的球头与推杆顶端的凹球座相接触。

摇臂通过衬套空套在摇臂轴5上,而后者又支撑在支座2上,摇臂上还钻有油孔。摇臂轴为空心管状结构,机油从支座的油道经摇臂轴内腔和摇臂中的油道流向摇臂两端进行润滑。为了防止摇臂的窜动,在摇臂轴上每两摇臂之间都装有定位弹簧7。

摇臂多是用45钢锻压而成,也有用铸铁或铸钢精铸而成的。

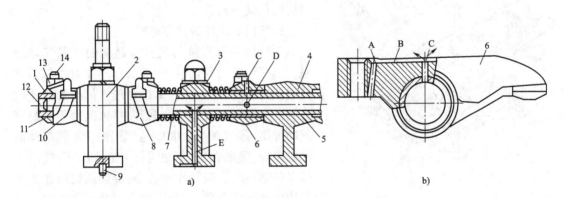

图3-19　摇臂及摇臂组结构示意图
1-垫圈;2、3、4-摇臂轴支座;5-摇臂轴;6、8、10-摇臂;7-定位弹簧;9-定位销;11-锁簧;12-堵头;13-锁紧螺母;14-调节螺钉;A、C、D、E-油孔;B-油槽

另外,还有一种浮动式摇臂,这种摇臂如图3-20所示。摇臂是单臂杠杆,其支点在摆臂的一端。为了减小摩擦和磨损,可将凸轮与摇臂的接触方式由滑动改为滚动。

摇臂的一端安装在汽缸盖的液力挺柱上,另一端坐落在气门杆的端部,凸轮则抵在摇臂的中部。

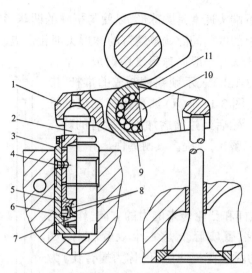

图 3-20 浮动式摇臂

1-浮动摇臂;2-柱塞;3-壳体;4-进油孔;5-止回阀;6-柱塞弹簧;7-高压腔;8-止回阀保持架及止回阀弹簧;9-滚轮;10-销轴;11-滚针

第四节 气 门 组

气门组的主要机件有气门、气门弹簧、弹簧座、气门座圈、气门导管及锁片等零件,如图 3-21 所示。

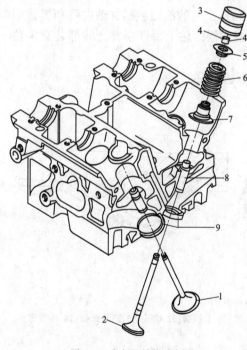

图 3-21 气门组结构示意图

1-进气门;2-排气门;3-液压挺柱;4-气门锁片;5-气门弹簧座;6-气门弹簧;7-气门弹簧垫;8-气门导管;9-进、排气门座圈

一、气门

气门是由头部 2 和杆部 1 组成的(图 3-22)。头部用来封闭汽缸的进、排气通道,杆部则主要为气门的运动导向。

1. 气门的工作条件与材料

气门的头部直接与汽缸内燃烧的高温气体接触,受热严重,而散热(主要靠头部落座时由气门座传递散失,其次通过与杆部接触的气门导管传递散失)很困难,因而工作温度较高,排气门由于高温废气的冲刷可达 800 ~ 1100K,进气门由于新鲜气体的冲刷冷却,温度较低,但也可达 600 ~ 700K;气门头部承受落座时受到惯性冲击力;接触汽缸内燃烧生成物中的腐蚀介质;润滑困难。因此要求气门必须具有足够的强度、刚度、耐热和耐磨能力。

进气门通常用中碳合金钢,如铬钢、镍铬钢、铬钼钢等;热负荷较大的进气门也采用耐热钢,如硅铬钢。排气门由于热负荷大,一般采用耐热钢,如硅铬钢、硅铬钼钢、硅铬锰钢等。有的排气门为了降低成本,头部采用耐热钢,而杆部用较便宜的和进气门一样的合金钢,二者对焊而成,尾部再加装一个耐磨合金钢(CA6102发动机)。还有些排气门在头部锥面堆焊或等离子喷涂一层钨钴等特种合金覆盖层,以提高耐腐蚀性和耐高温性,延长其使用寿命。

2. 气门的一般构造

气门头部的形状有凸顶、平顶和凹顶。图3-23a)为凸顶气门,其刚度大,受热面积也大,用于某些排气门;图3-23b)为平顶气门,其结构简单、制造方便,受热面积小,应用最多;图3-23d)为凹顶气门,也称漏斗形,其质量小、惯性小,头部与杆部有较大的过渡圆弧,使气流阻力小,以及具有较大的弹性,对气门座的适应性好(又称柔性气门),容易获得较好的磨合,但受热面积大,易存废气,容易过热及受热易变形,所以仅用作进气门;图3-23c)的凹顶气门,其刚性和弹性居于平顶和漏斗形顶之间,对气门座口也有较好的适应性,应用也较多。

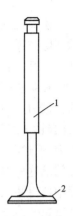

图3-22　气门
1-杆部;2-头部

图3-23　气门的顶部形状
a)凸顶;b)平顶;c)凹顶;d)漏斗顶

气门头部与气门座接触的工作面,是与杆部同心的锥面。通常将这一锥面与气门顶平面的夹角称为气门锥角(图3-24)。常用的气门锥角为30°和45°。当气门升程相同时,气门锥角越大,气流通过的截面就越小。但是锥角越大,落座压力越大,密封和导热性也越好。另外,锥角大时,气门头部边缘的厚度大,不易变形。进、排气门的工作情况不同,往往锥角也不同。进

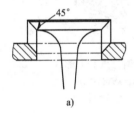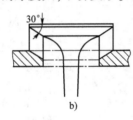

图3-24　气门锥角

气门主要是为了获得大的通道截面,其本身热负荷较小,往往采用较小的锥角,多用30°,有利于提高充气效率;排气门则因热负荷较大而用较大的锥角,通常为45°。也有的发动机为了制造和维修方便,二者都用45°。气门头部的边缘应保持一定厚度,一般为1~3mm,以防止工作中由于气门与气门座之间的冲击而损坏或被高温气体烧蚀,为了减少进气阻力,提高充气效率,多数发动机进气门的头部直径比排气门的大。为保证良好密封,装配前应将气门头与气门座二者的密封锥面互相研磨,研磨好的零件不能互换。为了改善气门头部的耐磨性和耐腐蚀性,有的发动机在排气门密封锥面上堆焊一层含有大量的镍、铬、钴等金属元素的特种合金,以提高硬度。

3. 气门杆部

气门杆部有较高的加工精度和较低的粗糙度,与气门导管保持较小的配合间隙,以减小磨损,并起到良好的导向和散热作用。

气门尾端的形状决定于上气门弹簧座的固定方式。采用剖分成两半且外表面为锥面的气门锁片来固定上气门弹簧座(图3-25a),结构简单,工作可靠,拆装方便,因此得到了广泛的应用。解放CA6102型发动机采用圆柱销8来固定上气门弹簧座(图3-25b),相应地在气门尾端钻有安装圆柱销的径向孔。

发动机高速化后,进气管中的真空度显著增高,气门室中的机油会通过气门杆与导管之间的间隙被吸入进气管和汽缸内,除增加机油的消耗外,还会造成缸内积炭,因此发动机的气门杆上部都设有机油防漏装置。

在某些高度强化的发动机上采用中空气门杆的气门,旨在减轻气门质量和减小气门运动的惯性力。为了降低排气门的温度,增强排气门的散热能力,在许多汽车发动机上采用钠冷却气门(图3-26)。在排气门封闭内腔充注钠,钠在约为1243K时变为液态,具有良好的热传导能力,通过液态钠的来回运动,热量很快从气门头部传到根部,从而可使温度降低约100℃,排气门的这种内部冷却方式同时也降低了混合气自燃的危险,从而提高了气门的使用寿命。使用中值得注意的是:为了保护环境,不允许将排气门直接作为废品扔掉,必须在排气门中部用铁锯锯开一个缺口,在此期间不用水接触气门。将这样处理过的排气门扔入一个充满水的桶中,排气门中的钠一旦与水接触,就会立即发生化学反应,充注在其内部的钠发生燃烧,经过上述处理后的排气门才能作为普通废品处理。

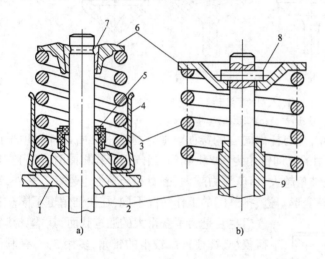

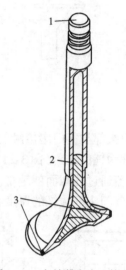

图3-25 气门弹簧座的固定方式
a)气门锁片固定;b)圆柱销固定

1-汽缸盖;2-气门杆;3-气门弹簧;4-气门弹簧振动阻尼器;5-气门油封;6-气门弹簧座;7-气门锁片;8-圆柱销;9-气门导管

图3-26 充钠排气门(捷达EA1135V1.6L)

1-镶装硬合金;2-充钠;3-镶装硬合金

二、气门导管

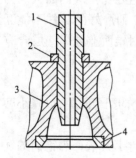

气门导管的功用是给气门的运动导向,并为气门杆传热。气门导管通常单独制成零件,再压入缸盖(或缸体)的孔中。由于润滑较困难,导管一般用含石墨较多的铸铁或粉末冶金制成,以提高自润滑性能。

气门导管的外形如图3-27所示。其外表面有较高的加工精度、较低的粗糙度,与缸盖的配合有一定的过盈量,以保证良好地传热和防止松脱。有的发动机对气门导管用卡环定位。气门杆与气门导管之间一般留有0.05~0.12mm间隙,使气门杆能在导管中自由运动。

图3-27 气门导管和气门座
1-气门导管;2-卡环;3-汽缸盖;4-气门座

三、气门座

汽缸盖的进、排气道与气门锥面相结合的部位称为气门座。气门座的锥角是与气门锥角相适应的，以保证二者紧密座合，可靠地密封。

有些发动机的气门座是在缸盖上直接加工出来的，而大多数发动机的气门座是用耐热合金钢或合金铸铁单独制成座圈，然后压入汽缸盖中，以提高使用寿命和便于修理更换（图3-27）。为使压入导向，有的座圈还制有一定的锥度，还有的汽油机只镶排气门座。这是因为，一方面排气门座热负荷大，另一方面发动机常在部分负荷下工作，进气管中真空度大，会从气门导管间隙内吸进少量机油，对进气门座进行润滑。相反，有的柴油机只镶进气门座，这是由于柴油机的废气往往在排气过程中还有未燃完的柴油，可对排气门座进行润滑。因为柴油机没有节气门，所以无论负荷大小，进气管内真空度都比较小，难以从进气门导管处吸进机油对进气门座润滑。增压柴油机则完全排除了这种可能，进气门就更需要镶座。对于铝合金汽缸盖来说，由于其耐磨、耐热性差，双座必须都镶气门座圈。

四、气门弹簧

气门弹簧的作用是使气门自动复位关闭，并保证气门与气门座的座合压力。另外，还用于吸收气门在开启和关闭过程中各种传动零件所产生的惯性力，以防止各种传动件彼此分离而破坏配气机构正常工作。气门弹簧是圆柱形螺旋弹簧（图3-28），其一端支撑在汽缸盖上，而另一端则压靠在气门杆端的弹簧座上，弹簧座用锁片固定在气门杆的末端。

气门弹簧承受着频繁的交变荷载。为保证可靠工作，气门弹簧应有合适的弹力，足够的强度和抗疲劳强度。因此气门弹簧是采用优质冷拔弹簧钢丝制成，并经热处理。为提高抗疲劳强度，钢丝表面一般经抛光或喷丸处理。弹簧的两端面经磨光并与弹簧轴线相垂直。此外，为了避免弹簧的锈蚀，弹簧的表面应进行镀锌、镀铜、磷化或发蓝处理。

当气门弹簧的工作频率与其自然振动频率相等或成某一倍数时，将会发生共振。为了防止这一现象的发生，在安装弹簧时，应使两根弹簧的旋向相反。当一根弹簧折断时，另一根可维持工作，还可防止折断的弹簧圈卡入另一个弹簧圈内，还能使气门弹簧的高度减小。也可采取提高气门弹簧的自然振动频率，即提高气门弹簧自身刚度；或采用不等螺距的圆柱弹簧，这种弹簧在工作时，螺距小的一端逐渐叠合，有效圈数逐渐减小，自然频率逐渐提高，避免共振现象发生。

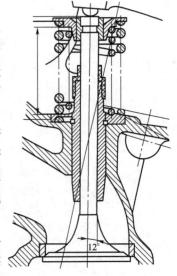

图3-28 双气门弹簧

为了改善气门和气门座密封面的工作条件，可设法使气门在工作中能相对气门座缓慢旋转。这样可使气门头沿圆周温度均匀，减小气门头部热变形。气门缓慢旋转时在密封锥面上产生轻微的摩擦力，有阻止沉积物形成的自洁作用。气门旋转机构如图3-29所示。在图3-29a）所示的自由旋转机构中，气门锁片并不直接与弹簧座接触，而是装在一个锥形套筒中，后者的下端支撑在弹簧座平面上，套筒端部与弹簧座接触面上的摩擦力不大，而且在发动机运转振动力作用下，在某一短时间内可能为零，这就使气门有可能自由地做不规则的转动。有的发动机采用图 3-29b)所示的强制旋转机构,使气门每开一次便转过一定角度。在壳体 4 中,有 6 个变深度的槽,槽中装有带复位弹簧 5 的钢球 6。当气门关闭时,气门弹簧的力通过支撑板 2 与碟形弹簧 3 直接传到壳体 4 上。当气门升起时,不断增大的气门弹簧力将碟形弹簧压平而迫使钢球沿着凹槽的斜面滚动,带着碟形弹簧、支撑板、气门弹簧和气门一起转过一个角度。在气门关闭过程中,碟形弹簧的荷载减小而恢复原来的碟形,钢球即在复位弹簧 5 作用下回到原来位置。

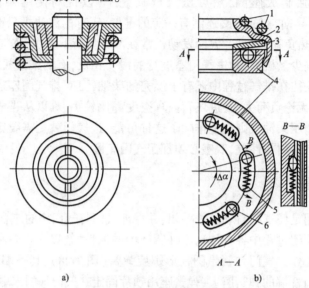

图 3-29　气门旋转机构示意图
a)低摩擦型自由旋转机构;b)强制旋转机构
1-气门弹簧;2-支撑板;3-碟形弹簧;4-壳体;5-复位弹簧;6-钢球

第四章 供 给 系

工程机械大多以柴油机为动力装置,因为柴油机具有压缩比大、热效率高、燃料使用经济性好、故障少、工作可靠性好、耐久性好、功率范围广、排放物污染小等一系列优点。

第一节 概 述

一、柴油机供给系的功用和组成

1.功用

柴油机供给系的功用是根据柴油机工作次序及不同工况的要求,定时、定压、定量地把柴油按一定规律喷入汽缸,使其与吸入汽缸内的清洁空气形成可燃混合气并自行着火燃烧,把燃油中蕴含的化学能释放出来,通过曲柄连杆机构转变为机械能,并将燃烧后生成的废气排入大气。

2.组成

(1)燃油供给装置,由燃油箱、柴油滤清器、低压油管、输油泵、喷油泵、高压油管、喷油器等组成,如图4-1所示。

(2)空气供给装置,由空气滤清器、进气管和进气道等组成,增压柴油机还装有进气增压装置。

(3)可燃混合气形成装置:主要指燃烧室。

(4)废气排出装置:由排气道、排气管和排气消声器等组成。

3.燃油的供给路线

(1)低压油路。从柴油箱到喷油泵入口的这段油路中的油压是由输油泵建立的,其出油压力一般为0.15~0.3MPa,这段油路称为低压油路。

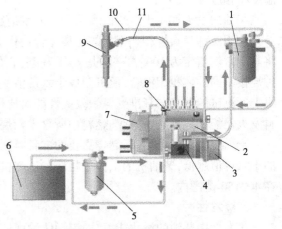

图4-1 柴油机供给系示意图

1-燃油细滤器;2-喷油泵;3-喷油提前器;4-输油泵;5-燃油粗滤器;6-燃油箱;7-调速器;8-限压阀;9-喷油器;10-回油管;11-高压油管

(2)高压油路。从喷油泵到喷油器油路中的油压是由喷油泵建立的,一般在10MPa以上,称为高压油路。

(3)回油路。由于输油泵的供油量比喷油泵的最大喷油量多3~4倍,为了保持喷油泵进油室内的油压稳定,喷油泵进油室的一端装有限压阀,多余的燃油经限压阀和回油管流回输油泵的进口或柴油箱。喷油器工作间隙泄漏的极少量柴油经溢(回)油管流回柴油箱。

喷油泵内进油室的压力波动较大,特别是在柱塞回油的瞬间最为严重,限压阀设置在进油室一端,能有效地做到溢流稳压,并带走喷油泵的热量,使喷油泵得到有利的冷却。同时,过量的热燃油流回油箱,对燃油有预热作用,可防止冬季燃油中石蜡成分析出结晶颗粒使燃油的流动性减小和堵塞滤清器。

(4)柴油滤清器。柴油滤清器有粗细两种,一般粗滤器设在输油泵之前,细滤器设在输油泵之后,以清除柴油中的杂质和水分,保证柴油正常流动和延长零件的寿命。

(5)高压油管。为保证各汽缸供油的一致性,连接喷油泵和喷油器的钢制高压油管要同材质、同规格和同长度。

二、柴油

柴油是在 533~623K 的温度范围内由石油中提炼出的碳氢化合物,含碳 87%、氢 12.6% 和氧 0.4%。柴油分为轻柴油和重柴油,轻柴油用于高速柴油机,重柴油用于中、低速柴油机,工程机械柴油机均为高速柴油机,所以使用轻柴油。柴油的物理性能和化学性能,对柴油机的启动性能和动力性能以及供给系的工作和寿命都有影响。

柴油的使用性能指标主要有发火性、蒸发性、黏度和低温流动性。

1. 发火性

柴油的发火性是指柴油的自燃能力,在无外源点火的情况下,柴油能自行着火燃烧的性质称为自燃性,使其自行着火的最低温度叫做自燃温度。柴油比汽油的发火性好,自燃温度低,在通常大气压(101kPa)下柴油的自燃温度为 330~350℃。随着空气压力的提高,柴油的自燃温度将相应降低。

柴油的发火性用十六烷值表示。十六烷值越高,发火性越好。

选用两种发火性相差很大的烃类化合物作为标准燃料,一种是十六烷,它的自燃性很好,将其十六烷值定为 100;另一种是 α-甲基萘,它的自燃性很差,将其十六烷值定为 0。将这两种烃按不同的体积相混合,便可制成十六烷值从 0~100 的各种标准燃料。在专用的单缸柴油机上所测试的柴油与标准燃料做发火性能对比试验,当所测试柴油的发火性能与某一标准燃料发火性能相同时,这一标准燃料中所含十六烷容积的百分数即为所测试柴油的十六烷值。

十六烷值高的柴油,因燃烧需要的准备时间短,故发火性好,柴油机工作柔和。反之,柴油的十六烷值越低,柴油机的工作越粗暴。工程机械用高速柴油机所用的轻柴油的十六烷值应在 40~50 范围内。

2. 蒸发性

蒸发性指柴油的汽化能力,即表示柴油由液态向汽态变化的能力。

柴油的蒸发性是由蒸馏试验确定的,即将柴油加热,分别测定其蒸发量为 50%、90%、95% 的馏出温度。馏出温度越低,表明柴油的蒸发性越好。

柴油的蒸发性愈好,愈有利于可燃混合气的形成。馏分过重的柴油不易蒸发完全,不能及时形成均匀的可燃混合气,使燃烧过程延长。而且已蒸发的柴油在高温下易发生热分解,形成难以燃烧的炭粒使柴油机热损失增加,排气温度升高并冒黑烟,积炭严重,加速零件的磨损,降低柴油机的燃料使用经济性和工作可靠性。但馏分过轻则柴油的发火性差,燃烧开始时同时燃烧的柴油过多,使汽缸压力增加过猛,柴油机工作粗暴。

3. 黏度

黏度是表示稀稠程度的指标,与柴油的流动性有关,随温度而变化。当温度升高时,黏度减小,流动性增强;反之,当温度降低时,黏度增大,流动性减弱。

黏度过大的柴油由于流动阻力过大,难以滤清和沉淀,使其雾化性变坏,可燃混合气质量差,燃烧不完全,排气冒黑烟,耗油量增加;但黏度过小,将使喷油泵、喷油器内精密偶件间不易形成油膜而加剧磨损并导致柴油的泄漏量增加。

4. 低温流动性

柴油的低温流动性用凝点表示。凝点是指柴油冷却到开始失去流动性的温度。温度降低时柴油中的石蜡(高分子烷烃)和水分开始析出并呈结晶颗粒,使柴油混浊,此时虽然柴油还没有失去流动性,但晶粒容易堵塞滤清器和油管,柴油开始析出固体晶粒的温度称为浊点。若温度进一步降低,柴油会凝固而不能流动,这时的温度称为柴油的凝点。

凝点高的柴油不利于燃油供给系的工作,特别是在低温条件下工作可能造成供给系的堵塞。

国产轻柴油的牌号就是根据其凝点划分的。《发动机检测用标准轻柴油技术条件》(GB/T 10327—2011)中,把轻柴油按照凝点分为10号、5号、0号、-10号、-20号、-35号和-50号共7种牌号。

选用柴油时,要求其凝点比当时、当地的最低气温低5℃以上,且浊点与凝点的温度相差间隔小。

第二节　可燃混合气的形成与燃烧过程

一、可燃混合气的形成过程与特点

1. 可燃混合气的形成过程

由于柴油的黏度大,蒸发性较差,因此柴油机采用高压喷射的方法将柴油喷入燃烧室内,然后蒸发成气体并与空气混合形成可燃混合气。下面以直接喷射式燃烧室为例,叙述柴油机可燃混合气形成的具体过程。

柴油机工作时,进气行程进入汽缸的是纯空气,在压缩行程接近终了时(活塞到达上止点前约20°曲轴转角),柴油经喷油器高压喷入燃烧室,然后从压缩的高温空气中吸收热量,蒸发汽化,与空气混合,经过一系列的物理化学准备后着火燃烧。柴油的喷射过程需要一定的时间,约为15°~35°曲轴转角,早期喷入的柴油与空气混合后已着火燃烧,中、后期喷入的柴油便又从已经燃烧的燃气中吸收热量。由于可燃混合气的燃烧速度较快,柴油喷射又有一个持续过程,因此柴油与空气的混合与燃烧是重叠进行的,即边喷油、边混合、边燃烧。

2. 可燃混合气形成的特点

(1)混合空间小、时间短。可燃混合气是在燃烧室内形成的,喷油、汽化、混合和燃烧都是在这个狭小空间内重叠进行。因此混合气形成的时间短、空间小,均匀程度差。

(2)混合不均匀,混合气浓度变化范围大。由于可燃混合气形成的时间和空间限制,而且柴油黏度大,挥发性差以及采用机械喷射的方法,使混合气空间分布极不均匀,汽缸内有的地方柴油过多而空气较少,甚至没有空气;相反,有的地方空气多而柴油少,甚至没有柴油;但也有某些地方柴油与空气的混合适中,成为首先着火燃烧的火源。

(3)边喷射、边燃烧,成分不断变化。柴油机是边喷射、边燃烧,这样就造成了燃烧室内的可燃混合气成分不断变化。这种变化有空间和时间两方面的原因:在空间方面,可燃混合气浓的地方,柴油因缺氧而燃烧不完全,引起了"排气冒烟",而在稀的地方,空气将得不到充分利用,在高温作用下产生 NO_x,增加了排放污染。在时间方面,喷油和燃烧的前期氧多而油少,混合气过浓不易着火。喷油和燃烧的后期由于燃烧产物的增加,氧少而废气多,燃烧条件变坏,排气也冒黑烟。

柴油机混合气形成的上述特点,显然不利于燃烧。喷入汽缸内的柴油能否完全燃烧主要取决于两个方面:一是进入汽缸的空气量与喷油量的比例是否合适;二是燃油与空气的混合是否良好。

3.过量空气系数与空燃比

为使喷入汽缸内的柴油尽可能燃烧完全,以便提高柴油机的经济性,实际充入汽缸的空气量要比完全燃烧理论上需要的空气量多,即要有过量的空气,因此引入过量空气系数的概念。柴油机工作循环中 1kg 柴油实际供给的空气数量与理论上 1kg 柴油完全燃烧所需空气量之比,称为过量空气系数 α。

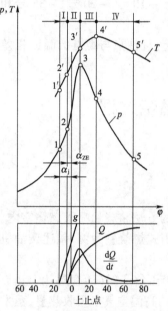

图 4-2 柴油机的燃烧过程
1-喷油开始;2-着火开始;3-最高压力;4-最高温度;5-柴油基本燃烧完毕;1→2-着火落后期,2→3-速燃期;3→4-缓燃期;4→5-补燃期;g-循环供油量;Q-循环放热量;dQ/dt-放热率;α_{ZE}-着火延迟期;α_j-喷油提前角

过量空气系数 α 是柴油机的一个重要参数,α 值越大,则混合气越稀,能提高柴油机的经济性而使动力性变差;反之,α 值越小,则混合气越浓,能提高动力性而使经济性变差。

柴油机的过量空气系数 α 总是大于 1 的,一般 $\alpha = 1.2 \sim 1.5$。

除了用过量空气系数 α 表示可燃混合气的浓度外,还可以用燃烧时可燃混合气中空气量与柴油量的比例(即空燃比)来表示。

4.混合气的形成方法

(1)空间雾化混合方式。将柴油喷向燃烧室的空间并形成雾状混合物,再在空间蒸发并与空气形成可燃混合气。

(2)油膜蒸发混合。喷油时将大部分柴油先喷射到燃烧室壁面上,在空气旋转运动作用下形成一层薄而均匀的油膜,少部分柴油喷入燃烧室空间首先着火,然后燃烧室壁上的油膜逐层蒸发与旋转的空气混合形成混合气并燃烧。

二、燃烧过程

柴油机可燃混合气的形成和燃烧过程是相互交错进行的,为便于说明柴油机燃烧过程的规律,根据汽缸内压力和温度的变化特点,将燃烧过程按曲轴转角划分为 4 个阶段,如图 4-2 所示。

(1)着火落后期,指喷油始点 1 到燃烧始点 2 之间的曲轴转角,也叫备燃期或预燃期、滞燃期。

在压缩行程中,随着汽缸内空气的压力和温度不断升高,柴油的自燃温度逐渐降低,当曲轴转到上止点前时喷油泵开始供油,因高压油管有弹性变形和压力波有传播过程,到曲轴转到稍后的 1 点位置时喷油器开始喷油。供油始点与上止点之间的曲轴转角称为供油提前角,而喷油始点 1 与上止点之间的曲轴转角称为喷油提前角。

喷入汽缸内的柴油并不能立即着火燃烧,细小油粒必须经吸热蒸发、汽化、与空气混合等一系列物理和化学准备过程,直至曲轴转到相应于 2 点位置时开始着火,压力线偏离压缩线迅速升高。从喷油开始(1 点)到压力开始急剧升高(2 点)之间所对应的曲轴转角,称为着火落后期。

着火落后期约占 3°~5°曲轴转角,时间虽很短,但却对整个燃烧过程影响很大,尤其是直接影响第Ⅱ阶段的进行。

(2)速燃期,指燃烧始点 2 到汽缸内压力达到最高点 3(从汽缸内出现第一个火焰中心起到汽缸内达到最大压力为止)之间的曲轴转角。

火焰中心形成以后,迅速向四周传播,着火落后期内积存的柴油以及在此期间陆续喷入的柴油,在已燃气体的高温作用下,迅速蒸发、混合和燃烧,使汽缸内的压力和温度急剧上升,最高压力可达 6~9MPa,一般出现在活塞上止点后 6°~15°曲轴转角处,这一时期的放热量为每循环放热量的 30% 左右。

由于着火落后期内喷入汽缸的柴油几乎同时燃烧,而且是在活塞靠近上止点、汽缸容积较小的情况下燃烧,因此汽缸内压力升高非常快,就会产生冲击波作用于受力机件,发出尖锐的敲击声,导致柴油机工作粗暴,影响机件的使用寿命。

衡量柴油机是否工作粗暴的指标是最高压力和压力升高率。用压力升高率来表示压力升高的急剧程度。

$$\frac{\Delta p}{\Delta \varphi} = \frac{p_3 - p_2}{\varphi_3 - \varphi_2}(\text{kPa}/\text{曲轴转角})$$

速燃期的燃烧情况与着火落后期的长短有关,若着火落后期较长则在汽缸内积存的柴油量多,燃烧后汽缸压力升高率较大,会造成发动机工作粗暴。

(3)缓燃期,指最高压力点 3 到最高温度点 4(从汽缸内达到最高压力起到出现最高温度)之间的曲轴转角。

缓燃期内,开始燃烧速度很快,但随着燃烧的进行,由于氧气减少,废气增加,燃烧速度越来越慢,但由于大部分燃料在此期间燃烧,燃气温度却能继续升高,直到达到最高温度 1973~2273K,一般出现在活塞上止点后 20°~35°曲轴转角处。缓燃期内由于活塞向下止点运动,汽缸容积越来越大,汽缸内压力逐渐下降。

缓燃期的放热量一般可达每循环放热量的 70% 左右,这一时期是在高温缺氧的条件下进行的,会出现燃烧不完全的现象,容易产生炭烟随废气排出,造成排气污染。

(4)后燃期。从最高温度点 4 到柴油基本完全燃烧的点 5 之间的曲轴转角,也称补燃期。

缓燃期以后,仍有少量柴油继续在燃烧,往往燃烧要延续到排气开始,燃烧是在逐渐恶化的条件下于膨胀过程中缓慢进行的,直至停止。在此期间,压力和温度均下降,混合气运动速度减弱,使后燃期内的燃烧条件更为恶化,燃烧速度与放热率大大降低。有的柴油或因高温缺氧被裂化成游离的炭,或因空气过分稀释温度低,致使燃烧不完全而冒烟。

后燃期放热量转变为有效功的很少,反使柴油机的热负荷增加,动力性和经济性降低。因此,应尽可能使燃烧在上止点附近基本完成,减少后燃期燃烧。

工作粗暴、排气冒烟、噪声大,是柴油机的特点。从喷油开始到燃烧结束,仅占 50°~60°曲轴转角,在这段时间内,提高喷雾质量,加强气流运动,改善混合气形成条件,选择合适的喷油规律是改善燃烧过程,提高柴油机动力性和经济性的有效措施。

第三节 燃 烧 室

由于柴油机混合气的形成和燃烧均在燃烧室中进行,所以燃烧室的结构形式直接影响可燃混合气形成的速度、质量和燃烧过程的正常进行。根据可燃混合气的形成方式及燃烧室的结构特点,柴油机燃烧室可分为两大类:统一式燃烧室和分隔式燃烧室。

一、统一式燃烧室

统一式燃烧室是由汽缸盖的平面和活塞顶内的凹坑及汽缸壁组成的,其容积集中在一处。凹坑的形状多采用 ω 形、球形和 U 形等,如图 4-3 所示。

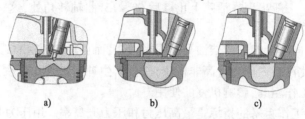

图 4-3 统一式燃烧室
a)ω形;b)球形;c)U形

采用统一式燃烧室时,喷油器直接向燃烧室内喷射柴油,借助油束形状与燃烧室形状的合理匹配以及空气的涡流运动,迅速形成可燃混合气,故这种燃烧室又称直接喷射式燃烧室。

1. ω 形燃烧室

ω 形燃烧室的活塞顶部凹坑的纵剖面为 ω 形,凹坑口径比汽缸直径小得多,活塞顶平面与汽缸盖底平面的间隙较小,如图 4-4 所示。

压缩行程中,当活塞向上止点运动时,活塞顶周围的空气不断被挤压流入凹坑而产生挤气涡流。在活塞运动到上止点前约 8°~10° 曲轴转角时,喷油器以很高的压力将柴油喷入燃烧室空间。大部分柴油分布在燃烧室空间与空气形成可燃混合气,极少部分喷到燃烧室壁面上形成油膜,所以 ω 形燃烧室混合气的形成以空间雾化混合为主。

活塞挤气作用产生涡流的大小,一般是转速愈高、燃烧室喉口直径愈小、活塞与汽缸盖之间的间隙愈小,挤气涡流速度愈大。为进一步加强汽缸内气流的运动,促进混合气的形成和改善燃烧状况,ω 形燃烧室通常配以切向进气道或螺旋进气道(图 4-5),以形成进气涡流,并采用压力较高(20MPa)的多孔式喷油器。

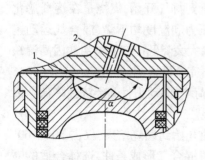

图 4-4 ω 形燃烧室
1-燃烧室;2-喷油器

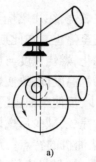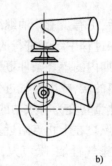

图 4-5 产生涡流进气道
a)切向进气道;b)螺旋进气道

ω 形燃烧室由于空间混合的特点,总有一部分柴油在空间先形成可燃混合气再着火,因此柴油机的启动性能较好。同时由于燃烧室结构紧凑,散热面积小,热损失少,因此热效率高。但由于大部分柴油在着火落后期内形成混合气,造成速燃期内同时参与燃烧的油量较多,因此最高燃烧压力和压力升高率较高,工作粗暴。

2. 球形燃烧室

球形燃烧室位于活塞顶部中央,形状呈球形,约 3/4 个球,如图 4-6 所示。

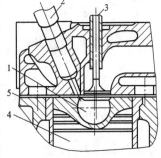

图 4-6　球形燃烧室
1-燃烧室;2-喷油器;3-气门;4-活塞;5-汽缸体

与喷油器相对应的位置开有缺口与球面相切,柴油从这里顺气流方向喷射到燃烧室壁面上形成油膜,所以混合气的形成方式以油膜蒸发为主。

为改善混合气的形成和燃烧,球形燃烧室宜采用能产生强涡流的螺旋进气道,空气通过螺旋进气道后在汽缸内形成有规则的绕汽缸中心线旋转的气流运动,在压缩冲程接近终了时,喷油器顺着气流运动的切线方向喷入,其中大部分柴油在气流运动的作用下,涂布在汽缸壁上,形成油膜,在柴油喷射贯穿空气时或碰到燃烧室壁反射时,必然有少量油粒(约 5%)脱离油束,呈雾状散布在燃烧室空间,这部分柴油在炽热的空气中首先完成着火准备,形成火源,然后靠此火源点燃已蒸发形成的可燃混合气。涂布在燃烧室壁面上的油膜从室壁及已燃的混合气中吸收热量,逐层蒸发成气体,在涡流的作用下与空气形成可燃混合气,参与燃烧。

球形燃烧室的主要特点是:

(1)混合气开始形成很慢,着火落后期内形成的混合气量少,柴油机工作柔和。

(2)高速的空气涡流不仅能加速油膜的蒸发,而且还能促使空气和废气的分离。因为在旋转的气流中,高温废气因比重小而趋向涡流中间,而温度低比重较大的空气在离心力的作用下甩向涡流的四周,与壁面上蒸发的燃油及时混合燃烧,使燃烧进行的比较完善彻底。

(3)对喷注雾化质量的要求不高,反倒要求喷注具有一定的能量,喷射时尽量不分散,故可用单孔或双孔式喷油器,喷射压力为 17.2 ~ 18.2MPa。

(4)启动性能较差,低速、低负荷工作时可燃混合气质量差,排烟较重以及工况适应性差。

二、分隔式燃烧室

分隔式燃烧室是把燃烧室分隔成两个部分,即主燃烧室和副燃烧室,主燃烧室位于活塞顶与汽缸盖底面之间,副燃烧室位于汽缸盖内,主、副燃烧室之间用一个或几个直径较小的通道相连。根据通道结构的不同及形成涡流的差别,分隔式燃烧室又可分为涡流室式燃烧室和预燃室式燃烧室两种,如图 4-7 所示。

1. 涡流室式燃烧室

作为副燃烧室的涡流室多为球形或近似于球形,其容积占燃烧室总容积的 50% ~ 80%。涡流室与主燃烧室用一个或几个通道相连,通道的面积一般为活塞面积的 1.2% ~ 1.5%,通道方向与活塞顶成一定角度并与涡流室相切,如图 4-7a)所示。

在压缩行程中,当活塞向上止点运动时,汽缸内被压缩的空气被挤入涡流室,由于通道与涡流室相切,在涡流室内形成强烈的、有规则的压缩涡流运动。喷入涡流室的燃油在强烈的空气涡流作用下,迅速与空气混合形成可燃混合气。可燃混合气的形成属于空间雾化混合。着火后大部分柴油在涡流室内燃烧,未来得及燃烧的部分燃油在做功行程初期与高压燃气一起通过切向通道喷入主燃烧室,形成二次涡流,使之进一步与空气混合燃烧。

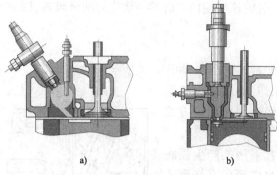

图 4-7　分隔式燃烧室
a)涡流室式燃烧室;b)预燃室式燃烧室

涡流室式燃烧室内的压缩涡流强度与柴油机的转速成正比,转速越高,混合气形成越快,两者相互适应,因此,这种燃烧室适用于高速柴油机(转速能高达 5000r/min)。

综上所述,由于涡流室内及汽缸内均能形成强烈的涡流运动,可以降低对柴油喷雾质量的要求,因此可以采用喷油压力较低(10~12MPa)的轴针式喷油器,可以在较小的过量空气系数下工作。同时,由于大部分柴油是在涡流室内燃烧的,再加上通道面积较小,对气流产生一定的节流作用,使主燃烧室内气体压力升高较平缓,发动机运转平稳,燃烧噪声小,排气污染少。但是由于燃烧室的散热面积大和通道的节流作用,使散热损失和流动损失较大,所以经济性较差。此外,由于喷油压力低,油雾颗粒较大、蒸发慢,所以启动性能较差。为了保证柴油机的冷启动性,一般设置电热塞等启动辅助装置。

2. 预燃室式燃烧室

作为副燃烧室的预燃室多是长体结构,一般用耐热钢单独制造,再镶入汽缸盖内。预燃室的容积约占为燃烧室总容积的 25%~45%。主、副燃烧室之间由若干个小通道相连,通道面积较小,一般只有活塞面积的 0.25%~0.75%,且不与预燃室相切,如图 4-7b)所示。

在压缩行程中,汽缸内的一部分空气经小通道被挤入预燃室内,形成强烈的无规则的紊流运动,由于通道的节流作用而产生压差,预燃室内的压力要比主燃烧室内低 0.3~0.5MPa。在压缩行程接近终了时,喷油器将柴油喷入预燃室内并直达通道附近,在柴油贯穿预燃室空间时,受到空气紊流的扰动,与空气初步混合,形成可燃混合气,属于空间雾化混合方式。少部分柴油在预燃室内着火后,预燃室压力、温度急剧升高,未燃烧的大部分柴油及燃气沿通道高速喷入主燃烧室。由于狭小通道的节流作用再次产生紊流,促使柴油进一步蒸发与主燃烧室内的空气混合而完全燃烧。

预燃室式燃烧室具有和涡流室式燃烧室相类似的特点。

第四节　喷　油　器

喷油器安装在汽缸盖上,是柴油机供给系的重要部件,其功用是将喷油泵输送来的高压柴油以雾状的形式喷入燃烧室,并合理分布,以便与空气迅速而完善地混合,形成均匀的可燃混合气。

一、要求

(1)应控制一定的喷射压力,使油束具有一定的射程、合适的喷雾锥角和雾化质量。

柴油以高压、高速从喷油器喷出,形成圆锥形的油束,由于受到高温压缩空气的摩擦阻力作用,被分裂为许多油线进而成为油粒。油束的中心为密集的核心粗油粒区,外部为细小的油雾区,如图4-8所示。油束特性一般用喷雾锥角 β、射程 L 及雾化质量来表示。喷雾锥角 β 表示油束的扩散程度,β 角越大,扩散越好;射程 L 是指从喷孔到油束前端的距离,表示油束的穿透能力。L 的大小影响柴油在燃烧室内的分布情况,应和燃烧室形状相匹配;雾化质量即喷散的细微度和均匀度,表示油束喷散雾化的程度,喷散得越细、越均匀则雾化质量越好。

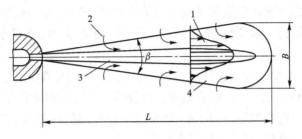

图4-8　油束的形状
1-速度;2-空气;3-核心;4-外缘;β-喷雾锥角;L-射程

(2)喷油迅速,断油干脆,不发生滴漏现象,以保证燃烧过程的正常进行。

(3)喷雾应符合可燃混合气的形成及燃烧过程的要求,燃烧过程所要求的最好的喷油特性是开始喷油少、中期喷油多、后期喷油少的要求,使柴油机工作柔和并改善后期燃烧条件。

二、类型

工程机械用柴油机多采用闭式喷油器,其不喷油时,喷孔被针阀所关闭。闭式喷油器可分为孔式和轴针式两种。

三、孔式喷油器

孔式喷油器主要用于对雾化质量要求较高的统一式燃烧室中,其喷孔的数量一般为 1~8 个,喷孔直径为 0.2~0.8mm,喷孔越多,孔径越小,雾化质量越好,分布也越均匀。但小孔径喷孔使用中易积炭堵塞,同时需要较高的喷油压力。

如图4-9所示,孔式喷油器主要由针阀10、针阀体9、顶杆6、调压弹簧5及喷油器体7等零件组成。

针阀和针阀体是用优质合金钢制造的,经精磨后再配对研磨的精密偶件,两者合称为针阀偶件。为保证喷油压力且能自由滑动,两者的配合间隙要求很严,一般为 0.001~0.0025mm。若间隙过大会增加柴油的泄漏使油压下降,影响喷雾质量;若间隙过小将影响针阀的自由滑动。针阀中部的锥面位于针阀体的环形油腔内以承受油压,造成的轴向推力使针阀上升,因此称该锥面为承压锥面。针阀下端的锥面与针阀体上相应的内锥面配合,起密封作用,称为密封锥面。装在喷油器体上部的调压弹簧5通过顶杆6使针阀紧压在针阀体的密封锥面上,将喷孔关闭。

柴油机工作时,喷油泵供给的柴油经进油管接头 4 进入,经过安装在接头内的滤芯过滤后从油道进入针阀体9下部的环形油腔内。油压作用于针阀的承压锥面上,并产生向上的轴向分力,当该力大于调压弹簧5的预紧力时,针阀10开始向上移动,喷孔打开,高压柴油通过喷孔喷入燃烧

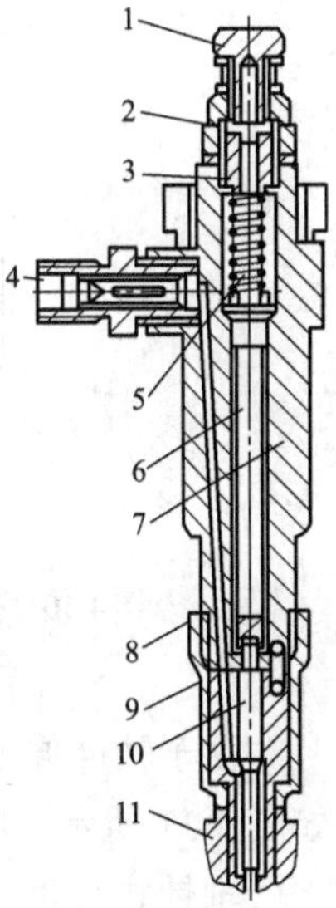

图4-9　孔式喷油器
1-回油管螺栓;2-调压螺钉护帽;3-调压螺钉;4-进油管接头;5-调压弹簧;6-顶杆;7-喷油器体;8-紧固螺套;9-针阀体;10-针阀;11-喷油器锥体

室,如图 4-10a)所示。针阀的升程受喷油器体下端面的限制,一般最大的针阀升程为 0.2～0.4mm。针阀升程的大小,决定了喷油量的多少。

当喷油泵停止供油时,油压突然下降,针阀在调压弹簧的作用下及时复位,将喷孔关闭,喷油结束,如图 4-10b)所示。

喷油器的喷油压力与调压弹簧的预紧力有关,预紧力越大,喷油压力就越高。调压弹簧的预紧力可以通过调压螺钉 3 来调整,旋出,预紧力减小,喷油压力随之减小;旋进,预紧力增加,喷油压力随之增加。

喷油器工作时,会有少量柴油从针阀和针阀体的配合间隙中漏出,这部分柴油对针阀起密封作用,并沿顶杆周围的空隙上升,最后通过回油管螺栓 1 进入回油管,流回柴油箱。

喷油器下端套装的铜质喷油器锥体 11 既可以保证汽缸的密封、调整喷油器的安装高度,又可以减少针阀偶件的受热,提高工作可靠性。

四、轴针式喷油器

轴针式喷油器主要用于对雾化质量要求不高的分隔式燃烧室,它的基本结构和工作原理与孔式喷油器基本相同,所不同的是,其针阀下端的密封锥面以下还延伸出一个轴针,轴针的种类如图 4-11 所示。

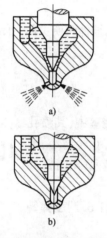

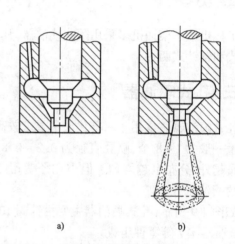

图 4-10　孔式喷油器工作原理示意图
　　　　a)喷油;b)关闭

图 4-11　轴针的种类
　　　　a)圆柱形;b)圆锥形

由于轴针伸出喷孔外,使喷孔成为圆环状的狭缝,故喷油时喷柱将呈空心的锥状或柱状,如图 4-11 所示。喷孔的通过断面与喷雾锥角的大小,主要取决于轴针的升程与形状。

轴针式喷油器一般只有一个喷孔,孔径为 1～3mm,喷孔与轴针之间有微小的间隙,当轴针刚升起时,由于轴针仍在喷孔中,所以喷出的油量较少,直到轴针完全离开喷孔时,喷油量才达到最大;当喷油快结束时,情况正好相反。这样在着火落后期内喷入燃烧室的油量较少,从而使柴油机工作比较平稳。圆锥形轴针的喷油器在开始喷油时的喷油量比圆柱形轴针的喷油量更少,同时,不同角度的轴针还可以改变喷雾锥角的大小,以满足与燃烧室相配合的要求。

轴针式喷油器由于喷孔直径较大,且轴针在喷孔内上下运动,与孔式喷油器相比,喷孔不易堵塞或积炭,同时还有自动排除灰尘和积炭的作用。

第五节 喷 油 泵

一、功用、要求和类型

喷油泵是柴油机供给系中最重要的一个总成,它的工作好坏直接影响柴油机的动力性、燃料经济性和排放性能。

1. 功用

喷油泵的功用是根据柴油机的运行工况和汽缸工作顺序,将一定量的柴油提高到一定的压力,按规定的时间和供油规律供给喷油器而喷入汽缸。

如果每个汽缸都有一套泵油机构,将它们装在同一个泵体上就构成了多缸发动机的喷油泵,如图4-12所示。

2. 要求

(1)定时喷油。根据柴油机燃烧过程的要求以及柴油机的不同工况应该有一定的供油时刻——供油提前角,以保证喷油准时。多缸柴油机各缸供油提前角要相同,相差不得大于0.5°曲轴转角。

(2)定量喷油。根据柴油机负荷的大小,供给相应数量的柴油。

(3)定压喷油。由于柴油机燃烧室形状不同,可燃混合气的形成方法也不同,应通过一定的喷油压力,保证喷油与空气有规律的混合,即均匀分布在燃烧室空间或均匀涂布在燃烧室壁上。

图4-12 A型喷油泵
1-分泵;2-调速器;3-输油泵;
4-驱动轴

(4)均匀供油。各缸供油量应均匀,不均匀度不大于3%~4%。使柴油机运转平稳并能输出最大功率。

(5)按一定规律供油。供油量与供油时间的关系,即供油量随时间(或曲轴转角)的变化关系称为供油规律。柴油机的可燃混合气的形成与燃烧过程不同,对供油规律的要求也不同。

(6)供油迅速,断油干脆。供油迅速可保证准确的供油开始时间。为避免喷油器出现滴油现象,喷油泵供油结束时应立即停止供油。

3. 类型

喷油泵的结构形式很多,工程机械用柴油机的喷油泵按工作原理不同,可以分为以下几类:

(1)柱塞式喷油泵。柱塞式喷油泵应用的历史较长,性能良好,工作可靠,调整方便,为大多数柴油机所使用。

(2)喷油泵—喷油器。这种泵将喷油泵和喷油器合成一体后安装在汽缸盖上,省去了高压油管,能较准确地实现供油规律。但它的驱动机构比较复杂,多用在柱塞运动速度较高的二冲程柴油机上。

(3)转子分配式喷油泵。这种喷油泵只有一对柱塞副,依靠转子的转动实现燃油的分配。它具有体积小、质量轻、成本低、使用方便等特点,多用于小、轻型高速柴油机。

喷油泵的系列化是以柱塞行程、泵缸中心距和结构形式为基础,再分别配以不同尺寸的柱塞,组成若干种在一个工作循环内供油量不等的喷油泵,形成几个系列,以满足各种柴油机的需要。喷油泵的系列化有利于制造和维修。

国产喷油泵有 A、B、P、VE、PDA 等系列。前三种为柱塞式喷油泵,后两种为转子分配式喷油泵。

下面对柱塞式喷油泵和转子分配式喷油泵进行分析。

二、柱塞式喷油泵

柱塞式喷油泵由分泵、油量调节机构、传动机构和泵体几部分组成。

1. 分泵

多缸柴油机喷油泵可以将与柴油机缸数相同的泵油机构装置在同一个壳体内,其中每组泵油机构称为一个分泵,并用一根凸轮轴驱动。

(1)结构分析。分泵由柱塞偶件(柱塞 7 和柱塞套 6)、柱塞弹簧、出油阀偶件(出油阀 3 和出油阀座 4)、出油阀弹簧等组成,如图 4-13 所示。

分泵柱塞由凸轮轴驱动,通过滚轮体,按喷油次序,依次在各自的柱塞套内做往复运动。柱塞为一圆柱体,其上部铣有螺旋槽或斜槽,并利用直切槽或中心孔(轴向孔加径向孔)使斜槽和柱塞上端的高压油腔沟通,以便完成供油任务。柱塞的下部制有安装弹簧座的圆柱体和十字凸块(或压入调节臂,如图 4-13 所示),以便柱塞能旋转运动,调节供油量。柱塞的中部制有环形槽(图 4-13),以便储存少量漏泄的柴油润滑柱塞副的工作表面。

柱塞套内孔与柱塞是精确的滑动配合,其上部开有进油和回油用的小孔,如图 4-13 所示。柱塞套安装在壳体座孔内并用定位螺钉防止其转动。柱塞和柱塞套是一对精密配合的偶件,两者的配合间隙为 0.001～0.003mm,经研磨选配后不能互换。柱塞偶件用耐磨性高的优质合金钢(轴承钢)制成并进行热处理。随着使用时间的增加,配合间隙会因磨损而变大,明显的特征是柱塞偶件漏油和喷油压力不足。因此需要定期检验柱塞偶件的密封性,或及时更换。

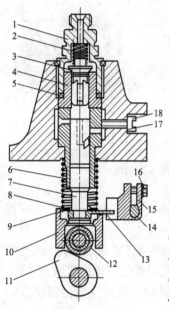

图 4-13 分泵的结构
1-出油阀压紧座;2-出油阀弹簧;3-出油阀;4-出油阀座;5-垫片;6-柱塞套;7-柱塞;8-柱塞弹簧;9-弹簧座;10-滚轮架;11-凸轮;12-滚轮;13-调节臂;14-供油拉杆;15-调节叉;16-夹头螺钉;17-垫片;18-定位螺钉

(2)工作原理。分泵的工作原理分为进油过程、压油过程和回油过程,如图 4-14 所示。

①进油过程。在凸轮轴工作段未顶动柱塞时,柱塞弹簧使柱塞向下运动,泵腔容积增大,压力减小,当柱塞下行至进油孔以下时,如图 4-14a)所示,柴油在内外压差的作用下,自低压油腔经柱塞套上的油孔 4、8 被吸入并充满泵腔。

②压油过程。随着凸轮轴的转动,凸轮在克服柱塞弹簧的弹力的同时,向上顶动柱塞,在柱塞头部未遮住进油孔时,有一部分柴油又被挤回低压油腔,直到柱塞头部的圆柱面将油孔 4、8 完全封闭为止。此后,柱塞继续向上运动(图 4-14b),泵腔容积减小,泵腔内柴油压力迅速升高,当此压力升高到足以克服出油阀弹簧 7 的作用力与高压油管内残余压力之和时,出油阀 6 开始上升,当出油阀的圆柱形环带离开出油阀座 5 时,高压柴油便自泵腔通过高压油管流向喷油器。

③回油过程。当柱塞继续上行至图 4-14c)所示位置时,斜槽 3 同回油孔 8 开始接通,于是

泵腔内的高压柴油便从柱塞的中心孔、横孔、斜槽和油孔 8 流向低压油腔,这时泵腔内油压迅速下降,出油阀 6 在出油阀弹簧 7 及高压油管内残余压力的共同作用下,迅速复位,喷油泵停止供油。此后,柱塞仍上行,但不再供油,直至柱塞运动到上止点。

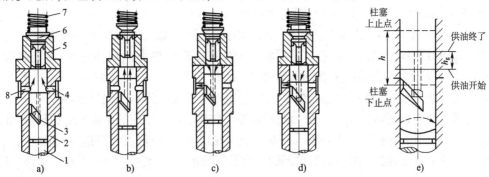

图 4-14 分泵的工作原理
1-柱塞;2-柱塞套;3-斜槽;4、8-油孔;5-出油阀座;6-出油阀;7-出油阀弹簧

由上述泵油过程可知,柱塞向下运动完成进油过程,而柱塞向上运动完成压油和回油两个过程。柱塞由下止点到上止点所经历的行程为柱塞行程 h(图 4-14e),它的大小取决于驱动凸轮的轮廓。分泵的供油过程是发生在凸轮的升弧面上,所以该部位磨损较快,在降弧面及基圆面上只完成供油准备过程;柱塞的下止点应在进油孔以下,上止点应在柱塞套上端面以下 0.4 ~ 1mm处,以便柱塞还有上升的余地。

由分泵工作原理可知,在柱塞上行行程中,只是当柱塞完全封闭油孔 8 之后到柱塞斜槽 3 和油孔 8 开始接通之前这一部分行程(即 h_g,见图 4-14e)内才泵油,h_g 称为柱塞的有效行程。显然,喷油泵每次的泵油量取决于有效行程的长短。因此,要使喷油泵能随柴油机工况而改变供油量,只需要改变柱塞有效行程即可。通常是通过改变柱塞斜槽和柱塞套油孔的相对角位置来实现。如果将柱塞按图 4-14e)中箭头所示的方向转动一个角度,柱塞有效行程就增加,供油量也增加;反之,供油量则减少。当柱塞转动到图 4-14d)所示位置时,柱塞根本不可能封闭油孔 8,因而有效行程为零,即喷油泵处于不泵油状态。

根据斜槽布置形式的不同,调节供油量的方式采用三种方法,如图 4-15 所示。

图 4-15a)为下螺旋式,柱塞顶面为一平面,旋转柱塞,供油始点几乎不变,供油量通过改变供油终点而改变,随着柴油机负荷的增加,供油终点就会越迟。这种方法可使喷油定时接近最佳,在柴油机上应用广泛。
图 4-15b)为上螺旋式,供油终点几乎不变,供油量通过改变始点而改变,可同时实现供油提前角的改变,在部分负荷情况下,由于喷射推迟,可在汽缸内压力温度都比较高时开始。与供油始点几乎不变的方法相比,这种方式缩短了着火落后期,柴油机工作的粗暴程度有所降低。

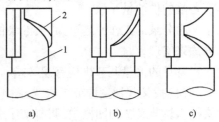

图 4-15 调节供油量的方式
a)改变供油终点;b)改变供油始点;c)同时改变供油始点、终点

图 4-15c)为供油的始点和终点都改变的情况,表示供油量的减少是通过推迟供油和提早停止供油得到的,这种调节方式对于负荷与转速经常变化的柴油机比较有利,但这种柱塞设有上、下两个螺旋斜槽,加工工艺比较复杂。

(3)出油阀的结构。出油阀实质上是一个止回阀并具有减压功能。它在柱塞泵的油压作用下开启,在其弹簧和高压油管中残余油压的作用下关闭,其技术状况的好坏对喷油泵的性能影响很大。

出油阀和出油阀座是喷油泵的一对精密偶件,采用滚动轴承钢或优质合金钢制造。其导向孔、上下端面及座孔经过精密的加工和选配,研磨配对后不能互换。出油阀偶件位于柱塞套的上面,阀座的下端面和柱塞套的上端面是精密加工、严密配合的,如图4-13所示,以规定拧紧力矩拧入出油阀压紧座1,以防止低压油腔内的柴油沿柱塞套外圆面向下泄漏。在出油阀压紧座1与出油阀座4之间安装有一定厚度的铜质高压密封垫片5,以防止高压柴油的漏泄。由于垫片5的厚度影响出油阀弹簧的预紧度,因此不可随意改变。出油阀压紧座1和泵体上端面间还安装有低压密封垫片(尼龙垫片),以防止低压柴油从螺纹处向外泄漏。

出油阀的结构如图4-16所示。出油阀的圆锥部与出油阀座相应的锥面配合,是阀的密封锥面。锥面下有一个短的圆柱面称为减压环带3,它又是出油阀与座孔的径向密封面,它与密封锥面间形成了一个减压容积。出油阀的尾部加工有纵切槽4形成十字形断面,以便使柴油通过。

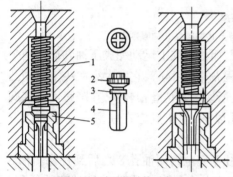

图4-16 出油阀结构示意图
1-出油阀弹簧;2-出油阀;3-减压环带;4-纵切槽;
5-出油阀座

喷油泵不供油时,出油阀在高压油管的油压和弹簧压力的作用下,压紧在出油阀座上。当柱塞上升到封闭柱塞套进油孔时,泵腔内油压升高,克服出油阀弹簧的预紧力后,出油阀开始上升,出油阀的密封锥面离开出油阀座,但此时还不能立即供油,直到减压环带完全离开出油阀座的导向孔,才有柴油由泵腔进入高压油管,使管路油压升高;当柱塞下落时,出油阀在出油阀弹簧的作用下开始复位,减压环带一旦进入导向孔,泵腔与出油管便切断接通,柴油停止进入高压油管,等到出油阀再继续下降到与密封锥面贴合时,由于出油阀体本身所让出的容积,在高压油管内就增加了一部分容积,使油管中油压迅速下降,喷油就可以立即停止。如果没有减压环带,则在出油阀锥面落座时,高压油管中因油管的收缩和柴油的膨胀,存在着瞬间的高压,将使喷油器发生滴漏。

2. 油量调节机构

油量调节机构的功用是根据柴油机负荷和转速的变化,相应地改变喷油泵的供油量,并保证各缸的供油量一致。

由分泵的工作原理可知,喷油泵供油量的改变,可以通过转动柱塞以改变柱塞有效行程的方法来实现。

常见的油量调节机构有拨叉式和齿条式两种,如图4-17所示。

(1)拨叉式油量调节机构,如图4-17a)所示,柱塞2的下端压装着调节臂1,调节臂1的球头插入调节叉7的凹槽中,调节叉用螺钉固定在供油拉杆4上,供油拉杆的两端支撑在喷油泵壳体的衬套中,并用定位导向槽防止转动。供油拉杆的轴向位置由驾驶员或调速器控制。当需要改变分泵循环供油量时,可轴向移动供油拉杆,通过调节叉带动调节臂及柱塞相对柱塞套转动,从而改变柱塞的有效行程,调节了供油量。由于各分泵的调节叉均用螺钉固定在同一个供油拉杆上,所以供油拉杆移动某一距离时,各分泵柱塞旋转相同的角度,各缸供油量做相同的调节。此外,供油拉杆还装有停油销6,搬动停车手柄,通过停油销拨动供油拉杆停止供油,使柴油机熄火。放开手柄,供油拉杆便在弹簧作用下复位。

多缸柴油机要求各缸循环供油量相同,以保证柴油机发出最大功率和曲轴运转平稳。各缸供油均匀性的调整,可通过改变调节叉在供油拉杆上的位置来实现。如某一缸供油量不合适,可松开该缸的调节叉,将其在供油拉杆上移动一个适当的位置,使该缸的柱塞相应转动一个适当的角度,从而改变此缸的循环供油量。

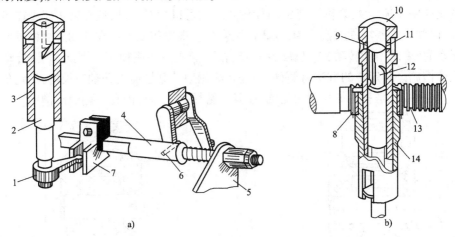

图4-17 油量调节机构

a)拨叉式;b)齿条式

1-调节臂;2、12-柱塞;3、10-柱塞套;4-供油拉杆;5-供油拉杆传动板;6-停油销;7-调节叉;8-齿环;9、11-油孔;13-供油齿条;14-传动套

(2)齿条式油量调节机构,如图4-17b)所示,柱塞12的下端带有凸块,将其嵌入传动套14的切槽中,传动套是松套在柱塞套10上的,在其上部固定有与供油齿条13相啮合的齿环8。供油齿条的轴向位置由驾驶员或调速器控制。当左右移动供油齿条时,通过轮齿啮合,传动套带动柱塞相对于柱塞套转动,便可调节分泵供油量。多缸柴油机的各缸齿环均与同一供油齿条相啮合,因此当供油齿条移动时,各缸循环供油量做相同的改变。

如若某一缸供油量不均匀时,可将其齿环松开转一适当的角度,并带动其柱塞旋转一个适当角度加以调整。

齿条式油量调节机构结构较复杂,制造成本较高,调整不太方便,但传动平稳,工作可靠。拨叉式油量调节机构与齿条式相比较,具有结构简单,制造容易,调整方便等优点,国产Ⅱ号系列喷油泵均采用这种结构。

3. 传动机构

喷油泵的传动机构由凸轮轴和滚轮传动部件组成。其功用是推动柱塞做往复运动,保证喷油泵按一定次序和规律供油。

(1)凸轮轴。凸轮轴是传递动力使柱塞运动,并保证各分泵按柴油机的工作顺序和一定的规律供油。凸轮轴的两端通过圆锥滚子轴承支撑在喷油泵的壳体上,前端装有联轴器,和喷油提前角自动调节器相连,后端与调速器相连。凸轮轴上的凸轮数目与缸数相同,排列顺序与柴油机的工作顺序相同。相邻工作两缸凸轮间的夹角称为供油间隔角,角度的大小与配气机构凸轮轴同名凸轮的排列相同,四缸柴油机为90°曲轴转角,六缸柴油机为60°曲轴转角。

四冲程柴油机喷油泵的凸轮轴转速和配气机构的凸轮轴转速相同,都等于曲轴转速的二分之一,亦即曲轴转两周凸轮轴转一周,各分泵都供油一次。

(2)滚轮传动部件。滚轮传动部件的功用是将凸轮的旋转运动转变为自身的往复直线运动,推动柱塞上行供油。此外,滚轮传动部件还可以用来调整各分泵的供油提前角。为了保证供油提前角的正确性,滚轮传动部件的高度一般都是可调的。其结构形式有两种:调整垫块式和调整螺钉式,如图 4-18、图 4-19 所示。

调整垫块式滚轮传动部件中带有滚轮衬套 3 的滚轮松套在滚轮轴 4 上,滚轮轴支撑在滚轮架 5 的座孔中。滚轮 2、滚轮衬套 3、滚轮轴 4 之间可以相对转动,滚轮轴 4 还可在滚轮体内自由转动,以便使这些零件磨损均匀,提高使用寿命。滚轮传动部件在喷油泵壳体导向孔中上下往复运动时,要求不能转动,否则就会和凸轮相互卡死而造成损坏。因此,滚轮传动部件要有导向定位措施。其定位的方法有两种,一是在滚轮架外圆柱面上开轴向长槽,用定位螺钉的端头插入此槽中;二是利用加长的滚轮轴,使其一端插入壳体导向孔一侧的滑槽中。

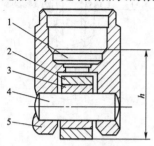

图 4-18　调整垫块式

1-调整垫块;2-滚轮;3-滚轮衬套;4-滚轮轴;5-滚轮架

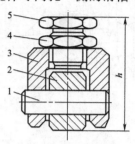

图 4-19　调整螺钉式

1-滚轮轴;2-滚轮;3-滚轮架;4-锁紧螺母;5-调整螺钉

调整垫块 1 安装在滚轮架 5 的座孔中,它的上端面到滚轮下沿的距离称为滚轮传动部件的工作高度 h,可以通过改变此高度来调整供油提前角。为此制有不同厚度的调整垫块,厚度差为 0.1mm,相应的凸轮轴转角为 0.5°,对应的曲轴转角为 1°。更换时,需拆开喷油泵壳体,按规定的高度选用所需厚度的调整垫块。增加调整垫块的厚度,可以使滚轮传动部件的工作高度 h 值增大,供油提前角增大;反之,供油提前角减小。

调整垫块用耐磨材料制成,磨损后可以将垫块翻转继续使用。

图 4-19 为调整螺钉式滚轮传动部件,其特点是在滚轮架 3 上端装有调整螺钉 5,通过将调整螺钉 5 拧进或拧出来改变供油提前角,调整方法简单,但螺钉头部表面易磨损。

实际上,供油提前角的调整方法有两个:一是对单个分泵进行调整,使分泵供油提前角一致,供油间隔角相等;二是对所有分泵进行统一调整,达到柴油机规定的供油提前角的要求。前者是通过改变滚轮传动部件的工作高度来实现的,后者是使喷油泵凸轮轴与柴油机曲轴的相对位置发生变化,一般是通过调整联轴器或通过喷油提前角自动调节器来实现的。

4. 泵体

泵体是喷油泵的装配基础件,供油机构、油量调节机构及传动机构都安装在泵体内。泵体分组合式和整体式两种,多用铝合金铸成。

组合式泵体分为上体和下体两部分,用螺栓连接在一起。在上泵体中安装分泵,同时上泵体有纵向油道与柱塞套周围的低压油腔相通;下泵体安装驱动机构和油量调节机构;下泵体被一水平隔壁分为上下两室,隔壁的垂直孔用来安装滚轮传动部件;下室中装有润滑油,用来润滑传动机构,并与调速器壳体内的润滑油相通。

整体式泵体刚度大,在较高的泵油压力下工作而不变形,但分泵和传动机构等零件的拆装较麻烦。

5. 典型喷油泵的结构介绍

(1)国产Ⅱ号喷油泵。图 4-20 为六缸柴油机用喷油泵。主要由六个分泵、传动机构和泵体组成。

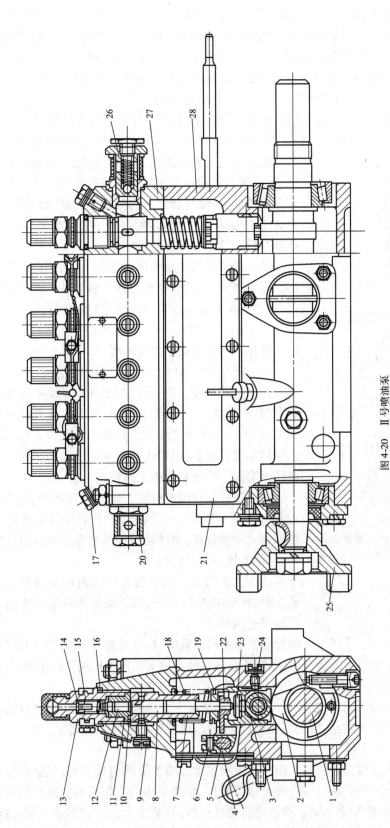

图 4-20　Ⅱ号喷油泵

1-凸轮轴;2-凸轮;3-滚轮体部件;4-调节叉;5-供油拉杆;6-紧固螺钉;7-柱塞套;8-柱塞;9-柱塞套定位螺钉;10-出油阀座;11-高压密封垫圈;12-出油阀;13-出油阀压紧座;14-减容器;15-出油阀弹簧;16-低压密封垫圈;17-放气螺钉;18-柱塞弹簧;19-弹簧下座;20-进油管接头;21-侧盖板;22-调节臂;23-调整垫块;24-滚轮体导向螺钉;25-联轴器从动盘;26-溢油阀;27-喷油泵上体;28-喷油泵下体

75

Ⅱ号喷油泵的泵体为组合式,分为上体和下体两部分。上体内腔与柱塞套外周相通构成低压油腔。由于输油泵的供油量远大于喷油泵的需求量,因此在回油管接头内装有溢流阀。喷油泵的上体设有两个放气螺钉,用以排出低压油腔的空气,保证柴油机的启动或运转。Ⅱ号喷油泵采用直线形斜槽和平孔式柱塞套、拨叉式油量调节机构和调整垫块式滚轮传动部件。喷油泵结构纵向对称,以适应喷油泵在柴油机左右侧的布置。

(2)A型喷油泵。图4-21为A型喷油泵的分泵结构,其工作原理与Ⅱ号喷油泵基本相同,其结构特点有:柱塞为螺旋槽式;采用齿条式油量调节机构和调整螺钉式滚轮传动部件。

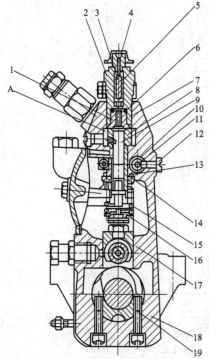

图4-21　A型喷油泵分泵结构
1-出油阀;2-出油阀压紧座;3-减容器;4-护帽;5-出油阀弹簧;6-O形密封圈;7-出油阀座;8-柱塞套;9-柱塞;10-齿环;11-供油齿条;12-齿杆限位螺钉;13-传动套;14-弹簧上座;15-柱塞弹簧;16-弹簧下座;17-滚轮架;18-泵体;19-凸轮轴;A-低压油腔

A型喷油泵采用整体式泵体,由铝合金硬模铸成。分泵、油量调节机构及传动机构都安装在泵体上。泵体上制有低压油腔A,输油泵输出的柴油经柴油滤清器过滤后进入A腔。泵体下部及调速器内腔中装有润滑油,用来润滑喷油泵传动机构和调速器的零件。

分泵的传动机构从壳体的下部装入,因此在壳体的底部设有大螺塞,有的壳体底部用盖板封住。泵体侧面开有窗口,供各个分泵供油量及供油时刻的调整。

(3)国产P型喷油泵。P型喷油泵如图4-22所示。它的工作原理与Ⅱ号喷油泵基本相同。

P型喷油泵在结构上有如下一些特点:

①吊挂式柱塞。柱塞套11和出油阀偶件19都装在凸缘套筒中,形成一个总成部件,用两个螺栓直接固定在泵体上,形成一个吊挂式结构。这种结构改善了柱塞套和喷油泵体的受力状态,拆装也较方便。供油时刻可以通过增减凸缘套筒下面的密封垫来调整。

②钢球式油量调节机构。如图4-23所示,每个柱塞的控制套筒上都装有一个钢球,在供油拉杆上有相应的凹槽。移动供油拉杆,钢球便带动各柱塞控制套筒使柱塞转动,从而实现供油量的调节。

③压力式润滑。用油管与柴油机的润滑系主油道连通,滚轮传动部件14、调速器等均采用具有一定压力的润滑油进行润滑。

④箱形封闭式泵体。采用不开侧窗的整体式密封泵体,只有上盖和下盖,以便拆装分泵和凸轮轴等零件。泵体刚度大大提高,可以防止泵体在较高的泵油压力作用下产生变形,此外还能起到防尘作用,但拆装不方便。

与一般柱塞式喷油泵相比,在安装尺寸不变的情况下,P型喷油泵可以获得较高的供油压力和较大的供油量。因此对柴油机的不断变化和向高速发展有良好的适应性。

6.供油提前角调节装置

喷油提前角的大小对柴油机的工作过程影响很大。喷油提前角较大时,汽缸内空气温度和压力较低,可燃混合气形成条件差,着火落后期长,导致柴油机工作粗暴。甚至活塞在上止点前即形成燃烧高潮,使功率下降。喷油提前角过小时,活塞在上止点前不能开始燃烧,将使燃烧过程延后过多,最高压力较低,热效率显著降低且排气管常有白烟冒出。因此,为获得良好的动力性和经济性,柴油机应选定最佳的喷油提前角。所谓最佳喷油提前角是指在柴油机转速和供油量一定的条件下,能获得最大功率和最小耗油率的喷油提前角。最佳喷油提前角通常由试验确定,一般直喷式燃烧室为28°～35°曲轴转角,分隔式燃烧室为15°～20°曲轴转角。

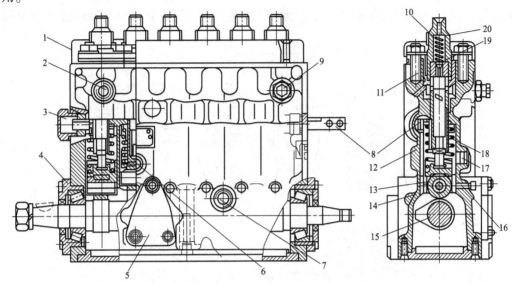

图 4-22 P 型喷油泵

1-顶盖;2-进油孔;3-护帽;4-轴承盖;5-盖板;6-机油进油孔;7-机油回油孔;8-供油拉杆;9-放气螺钉;10-出油阀弹簧;11-柱塞套;12-泵体;13-滚轮;14-滚轮传动部件;15-凸轮轴;16-弹簧下座;17-控制套筒;18-弹簧;19-出油阀偶件;20-出油阀压紧座

对于任何一台柴油机,其最佳喷油提前角都不是常数,而是随柴油机的负荷和转速的变化而变化。负荷越大,转速越高,最佳喷油提前角应相应加大。因为负荷大喷入燃烧室里的柴油量增多,转速提高则燃烧时间所占有的曲轴转角变大,为使上止点附近形成燃烧高潮,故应加大喷油提前角。

喷油提前角的调节,实际上是通过调节喷油泵的供油提前角来实现的。根据喷油泵的工作原理,供油提前角的调节方法有两种:一是改变滚轮传动部件的工作高度,即改变柱塞相对柱塞套的高度;二是改变喷油泵凸轮轴与柴油机曲轴的相对角位置。下面具体介绍几种常用的供油提前角调节装置。

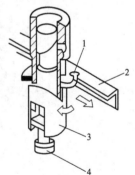

图 4-23 钢球式油量调节机构
1-钢球;2-供油拉杆;3-柱塞控制套筒;4-柱塞

(1)联轴器调节装置。图 4-24 为联轴器调节装置。它主要由固定在驱动轴 6 上的主动凸缘盘 4、中间凸缘盘 3、加布胶木垫盘 7 及固定在凸轮轴 2 上的从动凸缘盘 1 所组成。

主动凸缘盘 4 上的两个弧形孔 c 与中间凸缘盘 3 的两螺钉孔之间用螺钉连接。中间凸缘盘的两个凸块 b 与从动凸缘盘 1 上的两个凸块 a 分别插入加布胶木垫盘 7 上的 4 个切口中。调整时拧松两个螺钉,中间凸缘盘可相对主动凸缘盘转动某一个角度,并通过从动凸缘盘带动喷油泵凸轮轴相对曲轴旋转一个角度,使各缸供油提前角改变。在主动凸缘盘和中间凸缘盘的圆柱面上有刻度,可调节的角度约为30°曲轴转角。

(2)转动花盘调节装置。图 4-25 为 4125A 型柴油机采用的转动花盘的供油提前角调节装置,主要由驱动齿轮 1 和花键盘 2 组成。

驱动齿轮松套在喷油泵凸轮轴的前端,由曲轴正时齿轮通过中间惰齿轮驱动。花键盘2用花键装在花键轴套上,通过一个盲键保证二者的相对角位置。花键轴套用半圆键固定在凸轮轴前端的锥面上。驱动齿轮与花键盘用两个螺钉连成一体。在驱动齿轮轮毂端面上有两组半径不同的孔(每组7个),相邻两孔间夹角为22°30′,花键盘上与其对应也有两组孔,相邻两孔间夹角为21°。安装时,花键盘与驱动齿轮上的记号对正,上下两个对称螺钉孔中用螺钉固定。

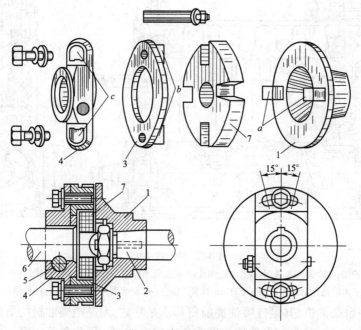

图 4-24　联轴器调节装置

1-从动凸缘盘;2-凸轮轴;3-中间凸缘盘;4-主动凸缘盘;5-销钉;6-驱动轴;7-加布胶木垫盘

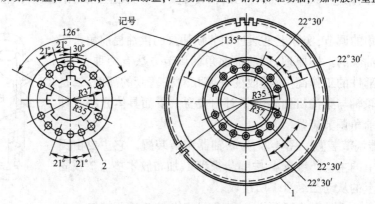

图 4-25　转动花盘调节装置

1-驱动齿轮;2-花键盘

调节供油提前角时,松开两个螺钉,若将其移入相邻一对孔中,必须拨动花键盘,带动凸轮轴转动1°30′,使供油提前角改变了3°曲轴转角。花键盘上有"＋"、"－"记号,固定螺钉向"＋"方向移动时,供油提前角增大;反之,供油提前角减小。与联轴器调节装置相比,转动花盘调节装置结构比较复杂,调整不方便,而且调整的间隔也比较机械。

(3)供油提前角自动调节器。图4-26为离心式供油提前角自动调节器。

自动调节器装在联轴器和喷油泵之间。连接盘1的前端面上有两个凸块,与联轴器加布胶木垫盘连接,因此连接盘实际上是联轴器的从动盘。连接盘的腹板上压装有两个飞块销2,两个飞块3套装在销子上。飞块的另一端压装有滚轮销4,其上松套有滚轮衬套5和滚轮6。从动盘装配部件12固装在喷油泵的凸轮轴上,其结构和工作原理如图4-27所示。

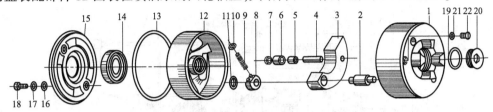

图4-26 供油提前角自动调节器

1-连接盘;2-飞块销;3-飞块;4-滚轮销;5-滚轮衬套;6-滚轮;7、11-垫圈;8-弹簧座;9-弹簧;10-调整垫片;12-从动盘装配部件;13-橡胶圈;14-骨架式橡胶油封;15-盖子焊接部件;16-铜垫圈;17-弹簧垫圈;18-六角头螺钉;19-垫片;20-螺塞;21-密封圈;22-放油螺钉

从动盘的两个平侧面上各压装两个弹簧2,弹簧的另一端支撑在飞块销端的弹簧座上,而从动盘两个弧形侧面则压靠在滚轮上。柴油机工作时,连接盘同飞块在曲轴驱动下沿箭头所示方向旋转。两个飞块在离心力作用下,活动端绕飞块销向外甩,套装在滚轮销上的滚轮迫使从动盘沿箭头方向转动一个角度,使弹簧受到压缩,直至弹簧的弹力和飞块的离心力相平衡为止。当柴油机转速升高时,飞块的活动端便进一步向外甩开,从动盘的转角进一步增大,弹簧则进一步被压缩,直到在新的位置达到新的平衡为止。可见,柴油机转速越高,从动盘的转角就越大,供油提前角随之增加。相反,转速降低时,由于飞块离心力减小,从动盘将在弹簧的作用下退回一个角度,使供油提前角相应减小。

三、转子分配式喷油泵

转子分配式喷油泵简称为分配泵,按其结构不同,分为径向压缩式分配泵和轴向压缩式分配泵两大类。它具有结构简单、质量轻、维修容易、供油均匀及凸轮升程小等特点,因此很适合高速柴油机。

1. 径向压缩式分配泵

图4-28为径向压缩式分配泵的工作原理示意图,其主要零部件如下:

(1)滑片式二级输油泵10,可以使燃油适当增压,保证必要的进油量,并通过调压弹簧15控制输油泵的出口压力。

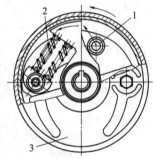

图4-27 供油提前角自动调节器工作原理

1-滚轮销;2-弹簧;3-盖子焊接部件

(2)高压泵,是分配泵的关键组成部件,由分配泵外壳16、分配套筒9、内凸轮6、分配转子8、柱塞3和滚柱5等组成,起进油、泵油和配油的作用。

(3)油量控制阀17,作用是根据柴油机负荷的变化,改变供油量。

(4)供油提前角自动调节机构7,根据二级输油泵输出的油压高低,通过活塞使内凸轮转动一定的角度,使供油提前角随转速或负荷的变化增加或减小,以改善柴油机的性能。

从柴油滤清器来的清洁柴油被滑片式二级输油泵10泵入分配泵的高压泵头,经分配套筒9的轴向油道流入分配转子8的环槽。在此,油流被分为两路:其一流往供油提前角自动调节机构7,用以调节供油提前角;另一路流往油量控制阀17,以改变供油量。从油量控制阀出来的柴油经分配泵外壳16、分配套筒9和分配转子8的径向油道,进入分配转子的轴向中心油道,再流入两个柱塞 3 之间的空腔内,以上这段油路为低压油路。柴油受到柱塞的压缩后产生高压,高压柴油沿分配转子中心油道和分配孔流向喷油器,这段油路为高压油路。

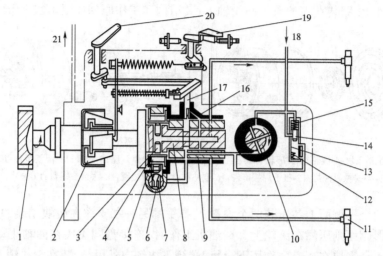

图 4-28 转子分配泵工作原理示意图

1-联轴器;2-飞块;3-柱塞;4-滚柱座;5-滚柱;6-内凸轮;7-供油提前角自动调节机构;8-分配转子;9-分配套筒;10-滑片式二级输油泵;11-喷油器;12-弹簧;13-调压阀;14-滑柱;15-调压弹簧;16-分配泵外壳;17-油量控制阀;18-燃油从细滤器来;19-接加速踏板;20-接停油拉钮;21-润滑用燃油滚回细滤器

分配泵的进油过程和配油过程见图 4-29,它表示四缸柴油机进油与配油过程。在分配转子的一个断面上均匀分布四个进油孔 3,只有当任意一进油孔与分配套筒上的进油道 2 对上时(图 4-29a),柴油才能流入转子的轴向油道。因此转子每转 1 周进油 4 次。图 4-29b)表示配油过程。在转子的另一断面上有一分配孔 4,而分配套筒在该断面上均匀分布 4 个出油孔 5,只有当分配孔与套筒上某一出油孔对上时,高压柴油才能流入喷油器。同样,转子每转 1 周可出油 4 次。分配泵的进油和出油过程是交替进行的。当进油道与进油孔对上时,分配孔与出油孔却是错开的;而分配孔与出油孔对上时,进油道与进油孔则是错开的。

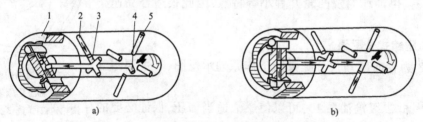

图 4-29 分配泵的进油和配油

a)分配泵进油过程;b)分配泵配油过程

1-内凸轮;2-进油道;3-进油孔;4-分配孔;5-出油孔

分配泵的泵油过程见图 4-30。柱塞 1 紧贴着滚柱座的底部,滚柱座内装着滚柱 4,它们均随转子 2 旋转。内凸轮 5 上有 4 个凸起部分,每个凸起部分分为三段:压油段 b、卸压段 c 和过渡段 d,未凸起部分 a 称为基圆。当分配转子 8(图 4-28)转动时,带动滚柱座、滚柱、柱塞绕其轴线转动,由于固定的内凸轮凸起的作用,使对置的柱塞被推向转子的中心,由于容积的减小使柴油产生高压,此时分配孔 4(图 4-29)恰好与分配套筒相应的出油孔 5(图 4-29)对上,高压柴油被送往喷油器,滚柱到达凸起部分的最高点时压油结束。当滚轮越过内凸轮的凸起后,在离心力的作用下,两柱塞被迅速甩向外端,使两柱塞间的油腔容积增大,油压迅速下降,喷油器

80

针阀随即落座使喷油器断油干脆而不致滴油。由此可见，内凸轮的卸压段起到了柱塞式喷油泵出油阀的部分作用。滚柱到过渡段 d 后，由于内凸轮曲面较陡，两柱塞进一步迅速甩向两端，两柱塞间的空腔内产生真空度。当分配转子上相应的进油孔与分配套筒的进油道对上时，柴油就在二级输油泵压力作用下进入柱塞间的空腔，如图4-30所示。

以上介绍了四缸柴油机所用分配泵的进油、泵油和配油过程。对于二缸、三缸、六缸柴油机用分配泵，进油孔数、出油孔数及内凸轮的凸起数分别为二、三、六，而工作原理则完全相同。

径向压缩式分配泵具有零件数量少、结构紧凑、通用性高、防污性好及用柴油自行润滑和冷却各零件的优点；其缺点是分配转子和分配套筒、柱塞和柱塞孔的配合精度要求较高，滚柱座结构复杂及内凸轮加工不方便等。

2. 轴向压缩式分配泵

（1）结构。轴向压缩式分配泵即 VE 型分配泵是德国波许公司20世纪80年代初期研制出的一种新型分配泵。该泵与径向压缩式分配泵的主要区别在于分配转子的运动状态和调速机构的不同，其结构见图4-31，主要零件有分配柱塞8、平面凸轮盘5、柱塞套10、机械离心式调速器、调速器张力杠杆12、断油阀11、液压式喷油提前器4等。

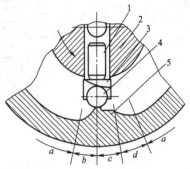

图4-30　泵油过程
1-柱塞；2-转子；3-滚柱座；4-滚柱；5-内凸轮；a-基圆；b-压油段；c-卸压段；d-过渡段

分配柱塞（图4-31c）的中心有中心油孔，其右端与柱塞腔相通，而左端与泄油孔相通。分配柱塞上还加工有柴油分配孔、压力平衡槽和进油槽（数目和汽缸数相同）。

平面凸轮盘5（图4-31b）的一面是平面，紧靠在分配柱塞的左端面上，另一面有与汽缸数相等的凸弧曲面，紧靠在滚轮22上。

柱塞套10的径向均匀排列着与汽缸数相等的分配油道，每个分配油道都连接一个出油阀9和一个喷油器。

若是四冲程柴油机，分配柱塞每转动一周，其进油槽依次与断油阀11下端的进油口接通，而燃油分配孔（图4-31c）则依次接通柱塞套的出油孔，并通过分配泵体的出油道上的出油阀9与各缸喷油器油道接通。

驱动轴1由柴油机曲轴正时齿轮驱动。驱动轴带动二级滑片式输油泵2不断将柴油从油箱吸出，加压使低压柴油进入油泵体腔，并通过调速器驱动齿轮3带动调速器轴旋转。在驱动轴的右端通过联轴器21与平面凸轮盘5连接，利用平面凸轮盘上的传动销带动分配柱塞8运动。分配柱塞弹簧7将分配柱塞压紧在平面凸轮盘上。滚轮轴嵌入静止不动的滚轮架20上。

当驱动轴旋转时，平面凸轮盘与分配柱塞同步旋转，同时在滚轮、平面凸轮和柱塞弹簧的共同作用下，平面凸轮盘还带动分配柱塞8在柱塞套10内做往复运动。分配柱塞的往复运动使柴油增压，而其旋转运动则进行柴油分配。

（2）工作过程。

①进油过程。如图4-32a）所示，在驱动轴的带动下，当平面凸轮盘16转动到其凹下部分与滚轮17接触时，柱塞弹簧使分配柱塞1向左移动，低压柴油经进油道4、柱塞套上的进油孔6（此时断油阀5已打开）被吸入柱塞腔8和中心油孔14内，此时，分配柱塞上的柴油分配孔20与柱塞套18上的出油孔12断开。

②泵油过程。如图4-32b）所示，当平面凸轮盘由凹下部分转至凸起部分与滚轮接触时，在平面凸轮盘的推动下分配柱塞向右移动。在进油槽转过进油孔的同时，分配柱塞将进油孔

封住,这时分配柱塞腔内的柴油开始增压。当分配柱塞右腔的柴油压力足够高时,分配柱塞正好右移到将柴油分配孔与某缸进油道相通。于是,高压柴油从分配柱塞腔经中心油孔 14、柴油分配孔 20、出油孔 12 进入分配油道 11,顶开该缸的出油阀 10 喷入该缸燃烧室。

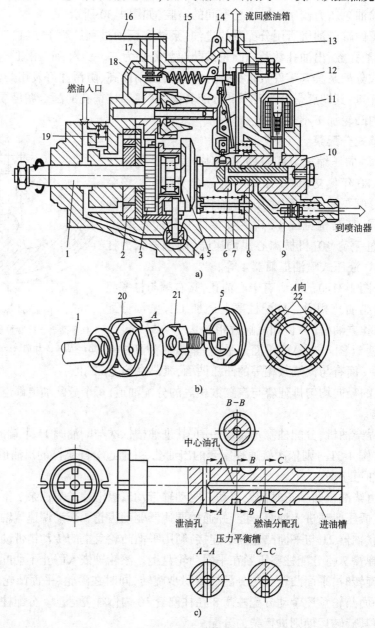

图 4-31　VE 型分配泵

1-驱动轴;2-二级滑片式输油泵;3-调速器驱动齿轮;4-液压式喷油提前器;5-平面凸轮盘;6-油量调节套筒;7-分配柱塞弹簧;8-分配柱塞;9-出油阀;10-柱塞套;11-断油阀;12-调速器张力杠杆;13-溢流节流阀;14-停车手柄;15-调速弹簧;16-调速手柄;17-调速套筒;18-飞锤;19-调压阀;20-滚轮架;21-联轴器;22-滚轮

平面凸轮盘每转 1 周,分配柱塞上的柴油分配孔依次与各缸分配油道接通一次,即向柴油机各缸喷油器供油一次。

③停油过程。如图 4-32c)所示,在平面凸轮盘的推动下,分配柱塞继续右移至最右端时,分配柱塞上的泄油孔 15 移出油量调节套筒 2 并与喷油泵体内腔相通,分配柱塞右腔、中心油

孔和分配油道的油压骤然下降,于是柴油从分配柱塞右腔经中心油孔和泄油孔流进喷油泵体内腔,供油停止。

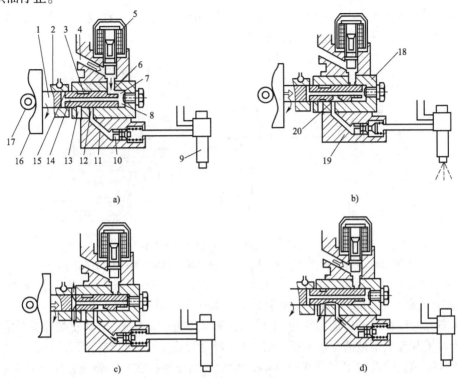

图 4-32 VE 型分配泵的工作过程

a)进油过程;b)泵油过程;c)停油过程;d)压力平衡过程

1-分配柱塞;2-油量调节套筒;3-压力平衡槽;4-进油道;5-断油阀;6-进油孔;7-进油槽;8-柱塞腔;9-喷油器;10-出油阀;11-分配油道;12-出油孔;13-压力平衡孔;14-中心油孔;15-泄油孔;16-平面凸轮盘;17-滚轮;18-柱塞套;19-喷油泵体;20-柴油分配孔

从柱塞上柴油分配孔与柱塞套上的出油孔相通的时刻起,至泄油孔移出油量调节套筒的时刻止,分配柱塞所移动的距离为柱塞的有效行程。显然,柱塞的有效行程越大,供油量越多。移动油量调节套筒即可改变柱塞的有效行程,向左移动油量调节套筒,停油时刻提前,柱塞的有效行程缩短,供油量减少;反之,供油量增加。

油量调节套筒的移动由调速器操纵。

④压力平衡过程。如图 4-32d)所示,分配柱塞上设有压力平衡槽 3,在分配柱塞旋转和移动过程中,压力平衡槽始终与喷油泵体内腔相通。当某一汽缸供油停止之后,且当压力平衡槽转至与相应汽缸的分配油道相通时,分配油道与喷油泵体内腔相通,于是两处的油压趋于平衡。

分配柱塞每转 1 周,各缸分配油道都发生一次与泵腔柴油压力平衡的过程,因此可以保证各缸分配的柴油压力相同,进而保证各缸供油量的均匀性。

(3)断油阀。VE 型分配泵装有电磁式断油阀,如图 4-33 所示。

断油阀有 3 种工作状态。柴油机启动时,将启动开关 2 旋至 ST 位置,来自蓄电池 1 的电流直接流过电磁线圈 4,电磁线圈直接通入较大的电流,强大的电磁吸力使进油阀克服复位弹簧 6 的弹力完全打开,于是较多的柴油进入分配柱塞,并且调速器使分配柱塞有较大的有效压油行程,有利于柴油机启动工况时对较浓混合气的要求。

柴油机进入正常运转时,将启动开关旋至 ON 位置,这时电流经电阻 3 流过电磁线圈,由于加入了电阻，通入电磁线圈的电流略小，电磁吸力下降。但在进油压力作用下，断油阀仍保持开启，向分配柱塞供给正常运转所需要的柴油。

停机时，将启动开关旋至 OFF 位置，这时电路被切断，阀门 7 在复位弹簧 6 的作用下下移，将进油孔 8 堵死，柴油不再进入分配柱塞。

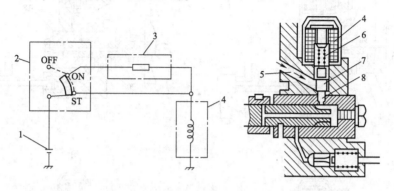

图 4-33　电磁式断油阀电路及其工作原理

1-蓄电池；2-启动开关；3-电阻；4-电磁线圈；5-进油道；6-复位弹簧；7-阀门；8-进油孔

（4）喷油提前器。在 VE 型分配泵上装有液压式喷油提前器 4（图 4-31），其结构见图 4-34，主要由活塞 5、传力销 7、连接销 6 和活塞弹簧 8 等组成。

活塞右腔与输油泵输出油道相通，左腔与输油泵体进油道相通，活塞左端弹簧是活塞复位弹簧。传力销和连接销被活塞推动摆动时，可以带动滚轮 1 及滚轮支持架 2 转动。

液压式喷油提前器的工作原理如图 4-35 所示。当柴油机在某一转速稳定运转时，作用在活塞左右两端的压力相等，活塞处于某一平衡位置（图 4-35a），供油提前角和喷油提前角为某一确定值。

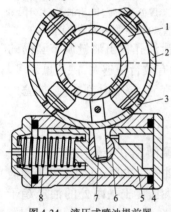

图 4-34　液压式喷油提前器

1-滚轮；2-滚轮支持架；3-滚轮轴；4-壳体；5-活塞；6-连接销；7-传力销；8-活塞弹簧

若柴油机转速提高，输油泵输出压力提高，作用在活塞右端的力随之增加，推动活塞向左移动，并通过连接销 6 和传力销 7 带动滚轮支持架绕其轴线顺时针摆动一个角度（图 4-35b），于是滚轮及滚轮支持架相对平面凸轮盘也顺时针摆动一个角度，平面凸轮盘弧面上升沿与滚轮接触时间提前，即喷油提前角增大。

当柴油机转速降低时，输油泵的出口压力也随之降低，作用于活塞右端的柴油压力减小，在活塞弹簧弹力的作用下活塞向右移动，使传力销逆时针摆动一个角度，带动滚轮及滚轮支持架相对平面凸轮盘也逆时针摆动一个角度（图 4-35c），平面凸轮盘弧面上升沿与滚轮接触时间滞后，使喷油提前角减小。

（5）增压补偿器。在 VE 型分配泵泵体的上部装有增压补偿器，如图 4-36 所示。其作用是根据增压压力的大小，自动加大或减少各缸的供油量，以提高柴油机的功率和降低燃料消耗，并减少有害气体的产生。

在补偿器下体 6 和补偿器盖 4 之间装有橡胶膜片 5，橡胶膜片把补偿器分成上、下两腔，上腔通过管路与进气管相通，进气管中由废气涡轮增压器所形成的空气压力作用在膜片上表面；下腔经通气孔 8 与大气相通，弹簧 9 向上的弹力作用在膜片下支撑板 7 上。膜片与补偿器阀芯 10 固连，补偿器阀芯下部有一个上小下大的锥形体。补偿杠杆 2 上端的悬臂体与锥形体相靠,补偿杠杆下端抵靠在张力杠杆 11 上,补偿杠杆可绕销轴 1 转动。

当进气管中增压压力升高时,补偿器上腔压力大于弹簧 9 的弹力,使膜片连同补偿器阀芯向下运动,补偿器下腔的空气逸入大气中,与阀芯锥形体相接触的补偿杠杆绕销轴顺时针转动,张力杠杆在调速弹簧 13 的作用下绕其转轴逆时针摆动,从而拨动油量控制套筒 12 右移,使供油量适当增加,柴油机功率加大。反之,柴油机功率相应减小。

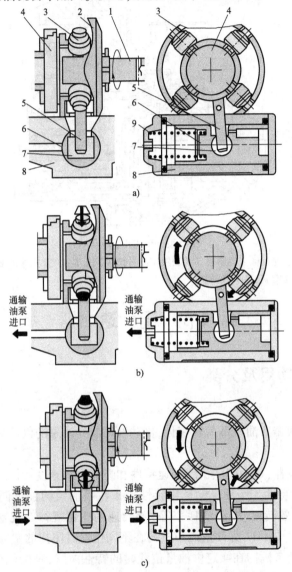

图 4-35 VE 型分配泵喷油提前器工作原理示意图

1-分配柱塞;2-平面凸轮盘;3-滚轮;4-调速器驱动齿轮;5-传力销;6-活塞;7-连接销;8-壳体;9-活塞弹簧

上述供油量补偿过程是根据进气管中增压压力的大小而自动进行的,它避免了柴油机在低速运动时,因增压压力低、空气量不足而造成的可燃混合气过浓、燃烧不充分、燃料经济性下降及有害排放物增加;同时,使柴油机在高速运转时可以获得较大功率输出。

轴向压缩式分配泵的分配转子兼有泵油和配油作用,故其零件数量少、质量小、故障少。另外,端面凸轮易于加工,精度易得到保证。泵体上还装有压力补偿器,其动力性和经济性较好。

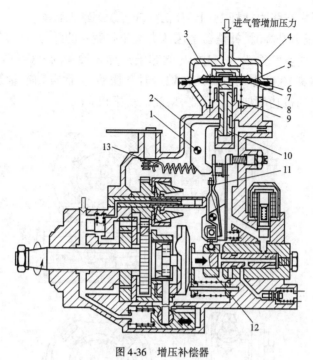

进气管增加压力

3
4
5
6
7
8
9
2
1
13
10
11
12

图4-36 增压补偿器

1-销轴;2-补偿杠杆;3-膜片上支撑板;4-补偿器盖;5-橡胶膜片;6-补偿器下体;7-膜片下支撑板;8-通气孔;9-弹簧;10-补偿器阀芯;11-张力杠杆;12-油量控制套筒;13-调速弹簧

第六节 调 速 器

一、调速器的功用及分类

1.功用

调速器的功用是根据柴油机负荷的变化,自动地调节喷油泵的供油量,以保证柴油机在各种工况下稳定运转。

柴油机要安装调速器,是由柴油机的调速特性和喷油泵的速度特性所决定的。

(1)柴油机的速度特性。柴油机的速度特性是指在喷油泵的油量调节机构位置一定时,柴油机的性能指标(有效转矩、燃油消耗率等)随转速的变化规律。现着重研究有效转矩 T_e 随转速 n 的变化关系。图4-37 为油量调节机构在不同位置时测得的 T_e-n 曲线。

曲线 I 表示油量调节机构在额定供油量位置时的特性曲线,是柴油机允许发出的最大转矩(即全负荷),通常称为外特性曲线;曲线 I′ 为油量调节机构在超额定供油量位置时的特性曲线(超负荷),虽然转矩也有所增加,但由于供油过多,经济性差,燃烧不完全,排气冒黑烟,因此只允许柴油机短期超负荷工况工作;曲线 II、III、IV表示油量调节机构在部分供油位置上,循环供油量是依次减少的,有效转矩也依次降低(部分负荷)。由于喷油泵油量调节机构有无穷多个部分供油位置,故部分负荷速度特性有无穷多条。

由图4-37 可看出,转矩 T_e 随转速 n 的变化是两头低、中间略高、变化平缓的曲线,n_0 是对应各条曲线最大转矩点的转速。

当油量调节机构固定不动时,转矩 T_e 随转速 n 变化的很平缓。这说明,当柴油机的负荷

有较小变化量 ΔT 时,转速的变化量 Δn 却很大,如图 4-38 所示。

这种平缓的转矩特性曲线,表明柴油机任何微小的负荷变化,都将引起其转速的很大波动,无法满足工程机械的工作需要,因为工程机械循环作业频繁,外界情况复杂,工作阻力变化大,若不能及时调节供油量将会使柴油机的转速在很大范围内波动,甚至造成熄火或"飞车"事故。而仅靠驾驶员来及时准确地调节油量调节机构的位置、适应外界负荷的变化、稳定柴油机的转速是不可能的。

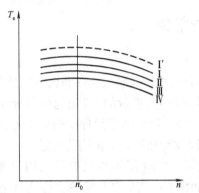

图 4-37　柴油机油量调节机构在不同位置时的速度特性曲线

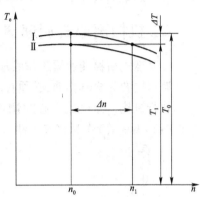

图 4-38　柴油机负荷变化时速度变化的比较

（2）喷油泵的速度特性。喷油泵的速度特性是指油量调节机构位置不变时,喷油泵每循环供油量随转速变化的关系。

理论上,当油量调节机构位置一定时,不论喷油泵转速怎样变化,每循环供油量应该不变。但实际上每循环供油量会随转速的升高而增加。

这是因为,当柴油机转速增加时,喷油泵柱塞的往复运动速度加快,柱塞套上油孔的节流作用增强,当柱塞上行尚未完全遮住油孔时,由于柴油一时来不及从油孔挤出,泵腔内油压增加而使供油开始时刻略有提前;同样道理,在柱塞下行到其斜槽与柱塞套的油孔刚接通时泵腔内油压一时降不下来,使供油停止时刻稍微滞后,即有"早喷晚停"的现象。这样,即使油量调节机构位置不变,随着柴油机转速升高,柱塞的有效行程将将略有增加,供油量略微增大。反之,供油量便略微减少。

喷油泵的速度特性对柴油机转速的稳定是十分不利的。当柴油机怠速时,柴油机的功率仅用来克服各种内部阻力,以维持自身的运转。若内部阻力略有增加(如机油温度降低等),转速便立即下降。此时,即使是油量调节机构位置不变,由于喷油泵的速度特性,使供油量更少了,柴油机转速和供油量如此相互作用的结果,将造成柴油机自动熄火;反之,当柴油机内部阻力稍有减少时,怠速转速将不断升高。当柴油机高速或大负荷工作时,如遇负荷突然减小(如推土机、装载机、挖掘机卸载等),转速将迅速升高,喷油泵转速也将增加,此时由于喷油泵的速度特性,便会自动加大供油量,使柴油机的转速进一步提高,两者相互作用的结果将造成柴油机转速上升过快而出现超速运转(俗称"飞车"),它将引起人身伤亡、机具损坏的恶性事故。

综上所述,柴油机上必须安装一种专门装置——调速器,用来协助驾驶员稳定柴油机的转速,限制怠速和防止超速。

2. 分类

（1）按调速器的作用原理可分为机械离心式、气力式、液压式、复合式和电子式等,其中机械离心式调速器应用最广泛。

（2）按控制调速范围的不同，调速器可分为单速式、双速式和全速式调速器。

单速式调速器主要用在启动用汽油机上，其作用是限制启动机最高转速，防止启动机超速运转；双速式调速器只在柴油机最高转速和怠速时起调节作用，而在中间转速时，调速器不起作用，此时柴油机的转速由驾驶员通过操纵油量调节机构来调节，常用于车用柴油机。全速式调速器不仅能保持柴油机的最低稳定转速和限制最高转速，而且能根据负荷的大小保持和调节在任意选定的转速下稳定工作，它多用于工况多变的工程机械柴油机上。

二、机械离心式调速器的基本工作原理

1. 飞球式机械调速器工作原理

调速器要完成其功能，必须有两个基本组成部分，即转速感应元件和调节油量调节机构位置的执行机构。而机械离心式调速器通常采用具有一定质量的、与调速弹簧相平衡的飞球（或飞锤、飞块等）作为感应元件。当转速发生变化时，利用感应元件旋转时离心力的变化来驱动执行机构以改变油量调节机构的位置。

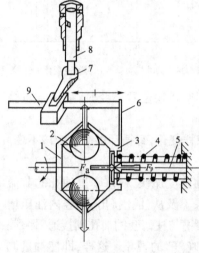

图 4-39 飞球式机械调速器工作原理图
1-传动盘；2-飞球；3-推力盘；4-调速弹簧；
5-支承撑；6-传动板；7-调节臂；8-柱塞；
9-油量调节拉杆

感应元件为飞球 2（图 4-39），执行机构为推力盘 3 和传动板 6。传动盘 1 由喷油泵凸轮轴驱动，推力盘与传动盘凹槽之间装有飞球 2，飞球在随传动盘一起旋转的同时可以沿盘的斜面移动。旋转的飞球由于受到离心力的作用而向外飞开。由于传动盘的轴向移动已被限定，只有推力盘滑套在支撑轴 5 上可以轴向移动。有一定预紧力的调速弹簧 4 压在推力盘上，使之轴向移动受到约束。推力盘 3 上固定有传动板 6，与传动板相连的油量调节拉杆 9 可以转动调节臂 7，以改变柱塞的有效行程，改变循环供油量。传动板左移使循环供油量增加，即" + "号；传动板右移使循环供油量减少，即" − "号。飞球的离心力与喷油泵凸轮轴转速的平方成正比，因此它能较敏感地感受到转速的变化。当喷油泵凸轮轴旋转时，传动盘 1、飞球 2 也一起旋转。这时，在推力盘轴向两侧便受到两个方向相反的作用力：飞球旋转时产生的离心力的轴向分力 F_a 和调速弹簧的作用力 F_p。在 F_a 的作用下，使推力盘有向右移动和带动供油拉杆，减少供油量的趋势；而弹簧力 F_p 总是作用在推力盘上有使它向左移动和带动供油拉杆，增加供油量的趋势。F_p 的大小决定于弹簧的刚度及工作中被压缩的程度。

调速器工作时，F_a 和 F_p 的关系呈现 3 种状态：$F_a = F_p$，$F_a < F_p$ 和 $F_a > F_p$。$F_a = F_p$ 称为平衡状态；$F_a > F_p$ 则为传动板右移，减小循环供油量；$F_a < F_p$ 则为传动板左移，增加循环供油量。

当柴油机工作时，负荷与转速是一个动态变化过程，以上两个力的 3 种关系状态可能会交替变化来自动维持一个相对稳定的转速。两个力的平衡状态是相对的，影响两个力的任何一个因素发生变化都将改变平衡状态，而调速器的工作是在其控制范围内将不平衡状态向平衡状态转化。其工作过程如下：

（1）柴油机不工作时，油量调节拉杆在弹簧力 F_p 的作用下处于最左端位置，此时调速器尚未起调速作用。柴油机开始工作后，曲轴转速逐渐升高，飞球离心力的轴向分力 F_a 也逐渐增

大，但由于小于弹簧力 F_p，因而推力盘并不运动。当柴油机转速上升使 $F_a = F_p$ 时，对应的曲轴转速称为调速器起作用转速。调速弹簧预紧力愈大，调速器起作用转速愈高；反之，转速愈低。

（2）柴油机在调速器起作用转速下工作时，外界负荷减小，曲轴转速升高，F_a 增大，使 $F_a > F_p$，则推力盘右移，调速弹簧被压缩，导致循环供油量减小。由于调速弹簧被压缩使 F_p 增大，直到循环供油量与柴油机负荷相适应时，转速不再增加，离心力不再增大。调速器的两个力在新的条件下重新获得平衡，此时转速略高于上一个平衡转速。当柴油机负荷增加时，转速下降，F_a 减小，$F_a < F_p$，此时推力盘左移，循环供油量增加，增加到与负荷相适应时，循环供油量不再增加，同样，在新的条件下重新平衡，而转速较负荷变化前稍低。

2. 双速式调速器的基本工作原理

双速式调速器的结构特点是调速弹簧有两根：外调速弹簧 4 和内调速弹簧 6，如图 4-40 所示。外调速弹簧刚度较小，紧贴在推力盘 3 上；内调速弹簧刚度较大，弹簧预紧力也较大，且安装时靠在内调速弹簧前座 5 上（内调速弹簧前座与推力盘 3 之间保持一定的距离）。另外，油量调节拉杆 9 除由调速器控制外还可由驾驶员直接操纵，以实现循环供油量的调节。

柴油机不工作时，外调速弹簧的弹力将油量调节拉杆推向循环供油量最大的位置，柴油机启动后，转速上升，由于外调速弹簧刚度低、预紧力小，飞球离心力的轴向分力较快地大于外调速弹簧弹力，则推动油量调节拉杆向减小循环供油量方向（即"-"号方向）移动，调速器开始起作用。当转速继续升高至推力盘 3 与内调速弹簧前座 5 相接触时，由于内调速弹簧刚度大、预紧力大，弹簧力瞬时增大。转速继续升高，离心力的轴向分力仍不足以克服内、外两个弹簧的弹力，调速器停止作用。当转

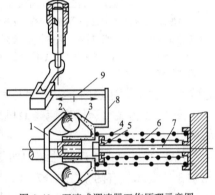

图 4-40　双速式调速器工作原理示意图
1-传动盘；2-飞球；3-推力盘；4-外调速弹簧；
5-内调速弹簧前座；6-内调速弹簧；7-调节螺柱；8-传动板；9-油量调节拉杆

速升高至飞球离心力的轴向分力与内、外两个弹簧的弹力相等时，调速器在高转速下起作用。此时，转速再升高，飞球离心力的轴向分力大于内、外调速弹簧的合力，推力盘将压缩调速弹簧并带动油量调节拉杆向"-"方向移动，减小每循环供油量，控制柴油机转速，防止"飞车"。

综上所述，双速式调速器在低转速时，由软的外调速弹簧控制循环供油量的变化，起调速作用，保证低速时有一个稳定的转速范围；高速时，由内、外调速弹簧联合控制循环供油量，起调速作用，保证高速时稳定工作并防止超速。而高、低速之间，调速器不起作用，由驾驶员根据需要调节循环供油量来控制柴油机的转速。通过改变弹簧的预紧力，可以改变调速器起作用时的柴油机高、低转速。

3. 全速式调速器的基本工作原理

全速式调速器的结构特点是，驾驶员可以根据需要在一定范围内改变内调速弹簧 5 的预紧力，如图 4-41 所示。

在低、高速限制螺钉 8 和 9 的约束下，通过转动操纵摇臂 10，可以使内调速弹簧 5 的预紧力改变。操纵摇臂转动到每一个位置，对应一个调速弹簧预紧力，控制一个调速器起作用的转速。当操纵摇臂转动到与高速限制螺钉 9 相接触时，调速弹簧预紧力最大，相应地使柴油机转速达到额定转速；反之，当操纵摇臂下端与低速限制螺钉 8 靠上时，调速弹簧预紧力最小，此时对应的柴油机转速为怠速转速。柴油机额定转速与怠速转速之间的所有工作转速，调速器均

可起作用,当操纵摇臂处于中间任意位置时,必然有一个对应工况,使飞球产生的离心力的轴向分力与此刻调速弹簧的预紧力相等。若柴油机负荷不变,则保持一个稳定转速。若柴油机负荷增加,则其转速下降,调速弹簧通过其前座、传动板11推动油量调节拉杆12向循环供油量增加的方向移动,形成一个较原来转速稍低的新的平衡状况;若柴油机负荷减小,则油量调节拉杆向循环供油量减小的方向移动,形成一个较原来转速稍高的新的平衡状态。

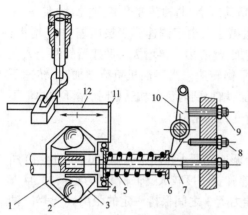

图4-41 全速式调速器工作原理示意图

1-传动盘;2-飞球;3-推力盘;4-调速弹簧前座;5-内调速弹簧;6-调速弹簧后座;7-调节螺柱;8-低速限制螺钉;9-高速限制螺钉;10-操纵摇臂;11-传动板;12-油量调节拉杆

三、RAD 型双速式调速器

对于柴油运输车来说,由于其行驶条件较好,道路平坦,视野宽阔,坡道和障碍等可预见性好,故其负荷的变化幅度和频率都比较小,只需要双速式调速器稳定柴油机的怠速、防止自行熄火以及限制柴油机的最高转速、防止飞车即可,其中间转速范围则由驾驶员通过加速踏板控制喷油泵的循环供油量,这样就省去了调速器的反应过程与时间,使柴油机转速的控制更为及时。

图4-42为载重运输车辆柴油机广泛使用的 RAD 型双速式调速器的结构与工作原理示意图。

RAD 型双速式调速器的结构如图4-42b)所示。调速器用螺钉与喷油泵连接。喷油泵凸轮轴3的端部装有两个飞块17,飞块以飞块座内的销轴为支点可以旋转,其内壁上装有滚轮2。当飞块旋转张开时,滚轮便推动滑套16轴向移动。导动杠杆8的上端铰接于调速器壳体14上,下端紧靠在滑套上,其中部则与浮动杠杆4铰接。浮动杠杆上部通过连杆11与油量调节拉杆7相连,启动弹簧10装在浮动杠杆顶部。浮动杠杆的下端有一销轴,插在支持杠杆18下端的凹槽内。控制杠杆1的一臂与支持杠杆相连,另一臂则由驾驶员通过加速踏板与杆系操纵。速度调定杠杆6、导动杠杆8和拉力杠杆12的上端均铰接于调速器壳体14上。用速度调整螺栓9顶住速度调定杠杆6,使装在拉力杠杆和速度调定杠杆之间的调速弹簧5保持拉伸状态。因此,在所有中间转速范围内,拉力杠杆始终紧靠在齿杆行程调整螺栓15的端头上。在拉力杠杆的中下部位置上有一销轴插在支持杠杆上端的凹槽内,怠速弹簧13装在拉力杠杆的下部,用于控制柴油机的怠速。

RAD 型双速式调速器的工作原理如下:

1. 启动工况

如图4-42b)所示。柴油机静止时,两飞块处于向心极限位置,启动前应将控制杠杆1推至全负荷供油位置Ⅰ。受调速弹簧5的拉动及齿杆行程调整螺栓15的限制,拉力杠杆12的位置保持不动。此时,支持杠杆18绕 D 点向逆时针方向转动,带动浮动杠杆4绕 B 点做逆时针方向转动,浮动杠杆的上端通过连杆11推动油量调节拉杆7向供油增加的方向移动。同时,启动弹簧10也对浮动杠杆作用一个向左的拉力,使其绕 C 点做逆时针方向偏转,带动 B 点和 A 点进一步向左移动,结果滑套16推动飞块17直至处于向心极限位置为止,从而保证油量调节拉杆进入启动最大供油量位置,即启动加浓位置。此时的供油量为全负荷额定供油量的150%左右。

90

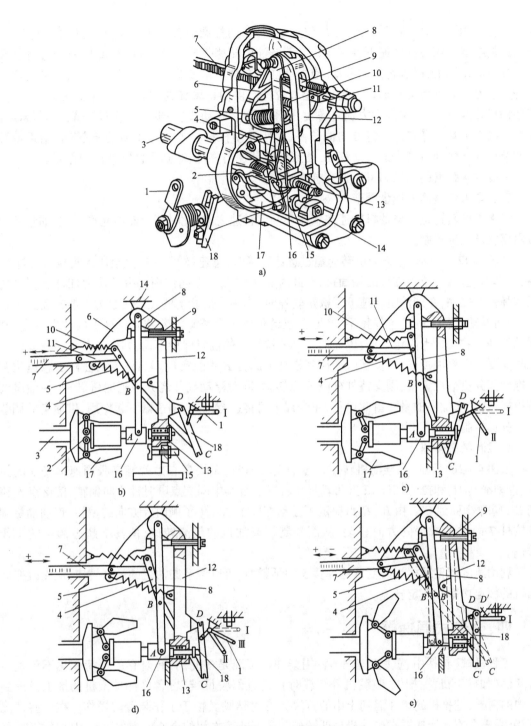

图 4-42　RAD 型双速式调速器

1-控制拉杆;2-滚轮;3-凸轮轴;4-浮动杠杆;5-调速弹簧;6-速度调定杠杆;7-油量调节拉杆;8-导动杠杆;9-速度调整螺栓;
10-启动弹簧;11-连杆;12-拉力杠杆;13-怠速弹簧;14-调速器壳体;15-齿杆行程调整螺栓;16-滑套;17-飞块;18-支持杠杆

2. 怠速工况

如图 4-42c) 所示,柴油机启动后,将控制杠杆 1 拉到怠速位置 Ⅱ,柴油机便进入怠速工况。此时,滑套 16 上作用有 3 个力,飞块 17 的离心力、怠速弹簧 13 的作用力及启动弹簧 10 的作用力。飞块 17 的离心力使滑套右移而压缩怠速弹簧。当飞块离心力与怠速弹簧和启动弹簧的合力相平衡时,滑套便处于某一位置不动,即油量调节拉杆 7 处于某一供油位置不动,柴油机就在某一相应的转速下稳定运转。若柴油机转速降低,飞块离心力减小,在怠速弹簧和启动弹簧的作用下,滑套将向左移动,使导动杠杆 8 绕上端支撑点顺时针偏转,从而带动浮动杠杆 4 绕 C 点逆时针方向转动,使油量调节拉杆向供油量增加的方向移动,柴油机转速回升。若柴油机转速升高,飞块离心力随之增大,使滑套向右移动,进一步压缩怠速弹簧,同时带动导动杠杆绕其上端支撑点逆时针方向偏转,从而使浮动杠杆绕 C 点顺时针方向转动,结果使油量调节拉杆向供油量减少的方向移动,使柴油机转速再降低,起到了稳定怠速的作用。

改变怠速弹簧的预紧力可以调节怠速转速。

3. 正常工作转速的油量调节

正常工作转速是指柴油机转速在怠速和额定转速之间,此时调速器不起作用,供油量的调节由驾驶员人为控制。

如图 4-42d)所示,当柴油机转速超过怠速转速时,怠速弹簧 13 被完全压入到拉力杠杆 12 内,滑套 16 直接与拉力杠杆的端面接触,此时怠速弹簧不再起作用。由于拉力杠杆被很强的调速弹簧 5 拉住,在柴油机转速低于额定转速时,作用在滑套上的飞块离心力不能推动拉力杠杆,因而导动杠杆 8 的位置保持不动,即 B 点的位置不会移动。若控制杠杆 1 的位置一定,则浮动杠杆 4 的位置也固定不动,因而油量调节拉杆 7 的位置保持不动,即供油量不会改变。若此时需要改变供油量,驾驶员需改变控制杠杆 1 的位置才能实现。如将控制杠杆由怠速位置 Ⅱ 推到部分负荷位置 Ⅲ,则支持杠杆绕 D 点转动,同时浮动杠杆绕 B 点逆时针转动,使油量调节拉杆左移,增加供油量。由此可见,在全部中间转速范围内,调速器不起作用,供油量的调节由驾驶员控制。

4. 限制最高转速

如图 4-42e)所示,当柴油机转速超过额定转速时,飞块离心力就能克服调速弹簧 5 的拉力,推动滑套 16 和拉力杠杆 12 并带动导动杠杆 8 绕其中间支点顺时针方向偏转,使支点 B 移到 B',同时 C 移到 C'。由 B'、C' 点决定了浮动杠杆 4 也发生了顺时针方向的偏转,带动油量调节拉杆 7 向供油减少的方向移动,从而限制了柴油机的最高转速,使其不超过额定的工作转速。

利用速度调整螺栓 9 改变调速弹簧 5 的预紧力,可以调节柴油机的最高转速,从而改变柴油机的额定功率和额定转速。

四、全速式调速器

工程机械(包括中、重型运输车辆)用柴油机工况是多变的,有时它的负荷变化不仅发生得突然(如推土机、挖掘机、装载机等卸载时),而且驾驶员难以预料(如推土机的推土铲遇到土中的树根,挖掘机的铲斗遇到土中的石块),有时驾驶员忙于工作装置的操作。在这些情况下,就需要全速式调速器在柴油机最低转速到最高转速之间的全速范围内协助驾驶员控制、稳定柴油机的转速。这里重点介绍Ⅱ号喷油泵调速器的结构和工作原理。

图 4-43 为Ⅱ号泵调速器的结构示意图。

传动轴套 14 装在喷油泵凸轮轴的后端,其上固定有传动盘 12、松套有推力盘 20。在两个盘中间有圆盘状的飞球支架 10,其上径向分布的 6 个切口中,套装有 6 个飞球座部件。每个球座上并排装 2 个飞球 11,其中传动盘一侧的 6 个飞球嵌入盘上 6 个均布的锥形凹坑中,另一侧 6 个飞球顶靠在推力盘光滑的内锥面上。传动盘旋转时,通过嵌入其凹坑中的 6 个飞球带动6个飞球座部件和飞球支架一起转动,并在离心力作用下飞球座部件沿着飞球支架的切口做径向移动,飞球沿着两个斜盘向外滚动,致使推力盘做轴向移动。

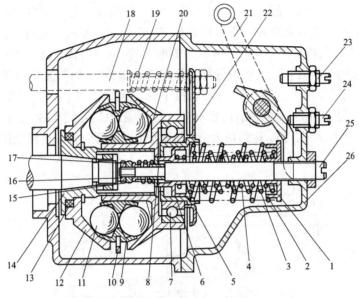

图4-43 Ⅱ号喷油泵的调速器

1-弹簧后座;2-启动弹簧;3-高速调速弹簧;4-低速调速弹簧;5-轴承内座圈;6-调速弹簧前座;7-滚动轴承;8-校正弹簧后座;9-球座;10-飞球支架;11-飞球;12-传动盘;13-橡胶圈;14-传动轴套;15-校正弹簧;16-校正弹簧前座;17-校正弹簧调整螺母;18-供油拉杆;19-拉杆弹簧;20-推力盘;21-操纵手柄;22-供油拉杆传动板;23-高速限制螺钉;24-低速限制螺钉;25-调节螺柱;26-后壳

作用在推力盘上的轴向推力,通过滚动轴承7和供油拉杆传动板22带动供油拉杆18向右移动,使循环供油量减少。可见,飞球的离心力总是力图减少循环供油量。

调节螺柱25旋装在调速器后壳26上,它上面套装有启动弹簧2、高速调速弹簧3、低速调速弹簧4和校正弹簧15。启动弹簧和两个调速弹簧的后端都支撑在可滑动的弹簧后座1上,它们的前端分别支撑在可滑动的、单向分离的启动弹簧前座5和调速弹簧前座6上。启动弹簧和低速调速弹簧较软且安装时有预紧力。高速调速弹簧较硬,安装时呈自由状态。校正弹簧后座8可滑动,校正弹簧前座16是由校正弹簧调整螺母17固定,并可通过调整螺母调整校正弹簧的预紧力。

推力盘的球轴承和启动弹簧前座之间夹持着供油拉杆传动板22,其上部的孔套在供油拉杆18的后端,并用螺母进行定位。供油拉杆传动板向左推供油拉杆时,推力通过弹簧传递,以缓和冲击。驾驶员可通过操纵手柄21改变调速弹簧的预紧力,该力通过弹簧前座作用在供油拉杆传动板上,使供油拉杆向左移动增加循环供油量。用高速限制螺钉23来限制弹簧的最大预紧力,用低速限制螺钉24来限制弹簧的最小预紧力。

1. 调速原理

为便于叙述Ⅱ号泵调速器的工作原理,将图4-43加以简化:省略启动弹簧、校正弹簧,调速弹簧用一根表示,弹簧前座简化为刚性凸肩,如图4-44所示。

操纵手柄21连同喷油泵的供油拉杆18位于一定的位置,若柴油机的有效转矩与外界阻力矩平衡,柴油机就在一定的转速下稳定运转,则飞球离心力的轴向分力 F_A 和调速弹簧的作用力 F_E 相等,供油拉杆传动板22和供油拉杆18处于一定的中间位置并与调节螺柱25的凸肩之间保持一定的间隙 Δ_1;若此时外界阻力矩因故减小,则柴油机转速将相应升高,于是,

$F_A > F_E$，使供油拉杆自动右移，循环供油量减少以相应的减小柴油机的有效转矩，直到柴油机转速不再升高，$F_A = F_E$。此时，柴油机以略高的转速稳定运转，间隙 Δ_1 也稍有增大。反之，若外界阻力矩增加时柴油机转速降低，$F_A < F_E$，使供油拉杆自动左移，增加循环供油量以加大柴油机的有效转矩，直到柴油机转速不再降低为止，F_A 与 F_E 重新平衡。此时，柴油机以略低的转速稳定运转，间隙 Δ_1 也稍有减小。当外界阻力矩增大，使柴油机转速降低到相应于 $\Delta_1 = 0$ 时，供油拉杆便达到最大供油位置，其供油量称为额定供油量，对应的转速称为额定转速，用 n_H 表示。若外界阻力矩继续增大，柴油机转速将继续下降，这时虽然 $F_A < F_E$，但供油拉杆也将保持不动，调速器不再起作用；当操纵手柄位置不变，而外界阻力矩降到零时，由于调速器的作用循环供油量将减到最小，转速与 Δ_1 达到最大值，柴油机便以最高空转转速稳定运转而不飞车。

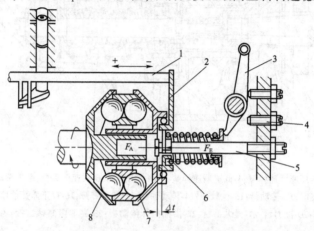

图 4-44　调速器的调速原理示意图（图注同图 4-43）

1-供油拉杆；2-高速限制螺钉；3-操纵手柄；4-低速限制螺钉；5-调节螺柱；6-调速弹簧前座；7-推力盘；8-传动盘

从额定转速至最高空转转速的转速范围，称为调速器的调速范围。额定转速和最高空转转速的数值取决于调速弹簧的预紧力，旋转高速限制螺钉，可以改变调速弹簧的预紧力，从而改变额定转速 n_H 的数值。旋入高速限制螺钉，调速弹簧的预紧力减小，n_H 降低；旋出则 n_H 提高。旋转调节螺柱，可以改变额定供油量，旋入则增加，旋出则减少。低速限制螺钉用来调整怠速转速，旋入低速限制螺钉，调速弹簧的预紧力增加，怠速增加；旋出则怠速减小。

当外界阻力矩保持不变，需要人工选定柴油机转速时，可通过加速踏板改变调速弹簧的预紧力，使 $F_A \neq F_E$，则供油拉杆移动，循环供油量改变，柴油机转速便相应改变。

由于飞球的离心力与转速的平方成正比，若调速弹簧刚度过大将会使低速调速时转速波动过大，同时使怠速转速提高；若调速弹簧刚度过小，则在高速时不能保证正常工作（因各调速元件所需的运动位移量可能超过调速器结构所允许的范围），故最好是调速弹簧的刚度能随转速的升高而变大。为此，Ⅱ号泵调速器采用了低速和高速两根调速弹簧，低速弹簧刚度较小，装配时有一定的预紧力；高速弹簧刚度较大，装配时呈自由状态。低转速时，低速弹簧单独工作，转速提高到一定数值时高速弹簧投入工作，因而调速弹簧的总刚度增加。

2. 校正加浓

工程机械在额定工况下工作时，经常会遇到临时性的超负荷情况，使转速迅速降低以致熄火。为了提高柴油机短时间克服超负荷的能力，Ⅱ号泵调速器内设置了超负荷额外供油的加浓装置，称为校正加浓装置，其工作原理如图 4-45 所示。

图 4-45b）表示调节螺柱前端凸肩是刚性的，在额定工况时 $\Delta_1 = 0$。此时如负荷再增加，则

柴油机转速降低,虽然 $F_A < F_E$,但供油拉杆却不能再移动,供油量不但不能增加,而其受喷油泵速度特性的影响还略有减少。

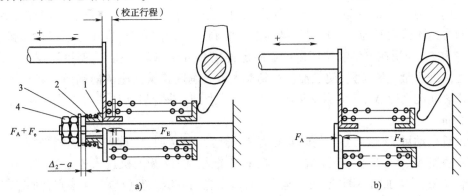

图 4-45　校正加浓装置的工作原理示意图
a)有校正加浓装置的情况;b)无校正加浓装置的情况
1-校正弹簧后座;2-校正弹簧;3-校正弹簧前座;4-校正弹簧调整螺母

如把调节螺柱前端的刚性凸肩改为弹性凸肩,就形成了校正加浓装置,如图 4-45a)所示。它由校正弹簧 2,前、后弹簧座 3、1 和调整螺母组成。两个弹簧座安装时的轴向间隙 Δ_2 应保持在 5.5mm 左右。

当外界阻力矩超过额定转矩时,柴油机在额定转速 n_H 以下工作,使调速弹簧的轴向力 F_E 大于飞球离心力的轴向力 F_A。它们的差值 $F_E - F_A$ 将校正弹簧压缩,使供油拉杆超过额定供油位置再向左移动一段距离,这样就在额定供油量基础上额外增加一部分供油量(称为校正油量),柴油机所发出的转矩比额定转矩要大,以适应超负荷的需要。柴油机超负荷越大,校正弹簧的压缩量越大,校正油量越多。校正弹簧的压缩量,即供油拉杆相应移动的距离 a,称为校正行程。校正行程 a 的大小,意味着校正加浓的供油量的多少,其最大值约为 2.5mm。最大校正行程以及校正弹簧的预紧力可用调整螺母 4 调节。

3. 启动加浓

柴油机冷启动时汽缸内温度较低,柴油蒸发条件差,为了保证柴油机顺利启动,一般启动供油量要比额定供油量多 50% 左右,为此Ⅱ号泵调速器装有启动加浓装置,其工作原理如图 4-46所示。

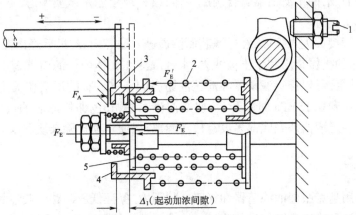

图 4-46　启动加浓装置工作原理示意图
1-高速限制螺钉;2-启动弹簧;3-供油拉杆传动板;4-轴承内座圈;5-调速弹簧前座

启动加浓装置主要部件是一根弹力很弱的启动弹簧。启动时,驾驶员将加速踏板踩到底,使操纵手柄转动到与高速限制螺钉相接触的极限位置。由于启动时柴油机转速为 0,飞球离心力的轴向分力 $F_A = 0$,所以调速弹簧的作用力 F_E 全部作用到校正弹簧上,压缩校正弹簧直到校正行程达到最大时为止。操纵手柄向左压缩调速弹簧的同时,也压缩了启动弹簧。启动弹簧的弹力 F_E' 作用在与供油拉杆传动板固定连接的启动弹簧前座上,使供油拉杆又向左移动一个距离处于最左端位置,使供油量达到最大值。调速弹簧前座的前端面与启动弹簧前座的后端面之间的间隙 Δ_3,称为启动加浓间隙。Δ_3 的大小,决定启动加浓供油量的多少,一般 Δ_3 约为 3.5mm。

柴油机启动后,飞球离心力的轴向分力 F_A 随转速而增加,F_A 首先与 F_E' 相平衡。当 $F_A = F_E'$ 时,启动加浓作用停止。转速进一步提高,F_A 继续增加,柴油机进入校正范围工作。校正加浓行程 a 随 F_A 增加而不断减小,直至 $a = 0$,即恢复到额定工况位置。从该点开始,随着转速的提高,柴油机便在正常调速范围内工作。

第七节　柴油机供给系的辅助装置

一、柴油滤清器

燃料的清洁度及其雾化性质对喷油系统的工作可靠性与寿命有很大的影响。燃料中的杂质主要是灰尘粒子、金属表面的锈蚀物和贴在零件表面上的其他杂质。若储存较久,氧化杂质也会增多。柴油滤清器的作用就是除去柴油中的杂质、水分和石蜡,以减少各精密偶件的磨损,保证雾化质量。

柴油滤清器多用过滤式的,常用的滤芯材料有绸布、毛毡、金属丝及纸质等。由于纸质滤芯是用树脂浸泡制成,具有滤清效果好、成本低等特点,因而得到广泛的应用。

柴油滤清器有粗、细之分。粗滤器一般安装在输油泵之前,细滤器安装在输油泵与喷油泵之间。粗滤器用来清除柴油中较大的杂质,细滤器用来最后清除柴油中的微小杂质,保证柴油在进入喷油泵之前获得可靠的滤清。

滤清器一般有单级式和双联式两种。如图 4-47 所示,双联式滤清器是由两个结构基本相同的滤清器串联而成,两个滤清器盖合制成一体,第一级粗滤是纸质滤芯,第二级细滤是航空毛毡及纺绸滤芯。

柴油经进油管接头进入壳体,经过滤芯而渗透进入滤芯内腔,最后经出油管接头输出。在此过程中,柴油中的机械杂质和尘土被滤去,水分沉淀在壳体内。滤清器盖上有放气螺钉,拧开螺钉,抽动手油泵,可以排除滤清器和低压油路内的空气。有的滤清器盖上装有限压阀,当低压油路的油压达到 0.15MPa 时即开启,使柴油流回油箱,以保持滤芯的过滤能力和保证喷油泵正常工作。在滤清器外壳底部多设有放污螺塞,以便定期排除杂质和水分。

二、输油泵

输油泵的功用是克服柴油滤清器和管路中的阻力,保证低压油路中柴油的正常流动,并以一定的压力向喷油泵输送足够数量的柴油。输油泵的输油量应为柴油机全负荷最大喷油量的 3~4 倍。

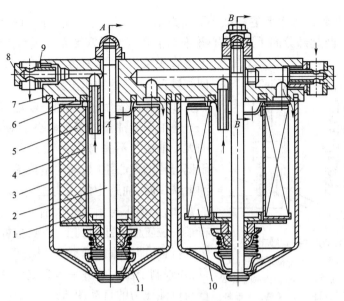

图 4-47 双联式柴油滤清器

1-绸滤布;2-紧固螺杆;3-外壳;4-滤筒;5-毛毡;6-密封圈;7-橡胶密封圈;8-油管接头;9-衬垫;10-纸滤芯;11-滤芯垫

输油泵有活塞式、转子式、滑片式和齿轮式等几种。活塞式输油泵工作可靠,目前应用广泛。

图 4-48 为活塞式输油泵结构,它匹配于柱塞式喷油泵,安装在喷油泵的侧面。活塞式输油泵主要由机械泵总成和手动泵总成组成。

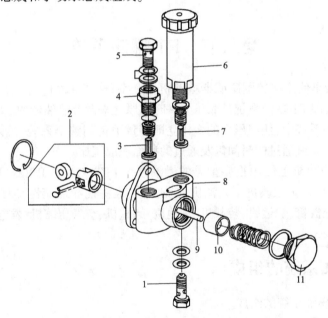

图 4-48 活塞式输油泵

1-进油螺栓;2-输油泵挺柱;3-出油止回阀;4-管接头;5-出油空心螺栓;6-手动油泵;7-进油止回阀;8-输油泵泵体;9-推杆;10-活塞;11-螺塞

机械泵总成由输油泵挺柱 2、推杆 9、活塞 10 和弹簧等组成,其工作原理见图 4-49。

喷油泵凸轮轴 8 转动时,轴上的偏心轮 7 及活塞弹簧 16 使活塞做往复运动。当偏心轮的凸起部分向上时,活塞 13 在活塞弹簧 16 的作用下向上运动。这时活塞下腔的容积增大,压力降低,产生一定的真空度,出油止回阀 15 被关闭,进油止回阀 1 被开启,柴油便被吸入输油泵的下腔。与此同时,输油泵上腔容积减小而压力增加,上腔的柴油经出口被压出,送往柴油滤清器。当偏心轮的凸起部分向下时,偏心轮推动活塞克服活塞弹簧的阻力而向下运动,输油泵下腔容积减小,油压升高,进油止回阀被关闭,出油止回阀被顶开,柴油被压出并经过通道进入输油泵的上腔。如此周而复始,使柴油不断地被吸入、输出。

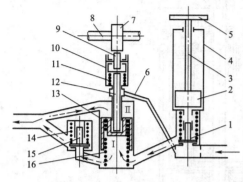

图4-49 活塞式输油泵工作原理示意图
1-进油止回阀;2-手油泵活塞;3-手油泵泵杆;4-手油泵泵体;5-手柄;6-回油道;7-偏心轮;8-喷油泵凸轮轴;9-滚轮;10-滚轮架;11-滚轮弹簧;12-推杆;13-活塞;14-弹簧;15-出油止回阀;16-活塞弹簧

输油泵输油量的多少取决于活塞行程;输油压力的大小取决于活塞弹簧的预紧力。当活塞的行程等于偏心轮的偏心距时,输油量最大。当喷油泵需要的油量减少时,油路中的压力上升,此压力作用在活塞的背面,当油压与活塞弹簧弹力平衡时,活塞即停止在某一位置而不能回到上止点,推杆与活塞之间产生了空行程,即活塞的有效行程减小,从而减少了输油量,并限制了压力的进一步升高。这样就实现了输油量与供油压力的自动调节。

手动油泵由手油泵体4(图4-49)、手柄5、手油泵泵杆3及手油泵活塞2等组成。其作用是当柴油机长期停放后,重新启动时向柴油供给系内供油。使用前,先将喷油泵的放气螺钉拧开,再将手油泵的手柄旋开,然后往复抽按手油泵,即可向柴油供给系内供油,并将其中的空气驱除干净。之后拧紧放气螺钉,旋紧手油泵手柄,再启动柴油机。

第八节 PT 燃油系统

PT 燃油系统最早使用在美国康明斯柴油机上。字母"P"和"T"分别是压力(pressure)和时间(time)的缩写,即 PT 燃油系统是靠压力—时间原理来调节喷油量的。它所依据的液压原理是:在充满流体的系统中,任何压力的变化立即等量地传到整个系统,流体通过某一通道的流量与流体的压力、允许通过的时间以及通过的截面积成正比。

当前,康明斯柴油机上使用很多型号的燃油泵,如 PT(G)型、PT(G)VS 型、PT(G)AFC型、PT(G)VSAFC 型等,大大改进了柴油机的动力性、经济性和适应性,因此康明斯柴油机广泛应用在推土机、挖掘机、铲运机、装载机、平地机、起重机、空气压缩机、发电机组、船舶及载重汽车上。

一、PT 燃油系统的组成

图4-50 为 PT 燃油系统的组成。

PT 燃油系统主要由主油箱7、浮子油箱8、柴油滤清器9、PT 燃油泵10、喷油器5等组成。

(1)主油箱,主要储存柴油,其容量由柴油机用途决定。

(2)浮子油箱,由于总体布置上的需要,大多数工程机械采用高置式主油箱,即主油箱的位置高于柴油机。为了防止停车时柴油经回油管、喷油器流入汽缸和曲轴箱而稀释润滑油,在比喷油器低的地方设一容量较小的浮子油箱,其容量只有8L。同时,浮子油箱中的浮子可以保持恒定的油面高度,使进入燃油泵的进油压力保持一定,有利于燃油泵出油压力和出油量的调节。

(3)柴油滤清器,过滤柴油中的杂质,防止燃油泵和喷油器发生故障。

（4）PT 燃油泵,是一低压油泵,起输油和调整压力的双重作用。它将柴油从柴油箱中吸出并送往喷油器,柴油机负荷和转速变化时相应改变柴油输出压力,使喷油器的喷油量随之变化。

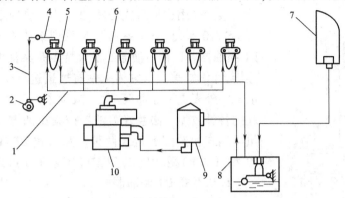

图 4-50　PT 燃油系统的组成
1-柴油分配歧管;2-凸轮轴;3-推杆;4-摇臂;5-喷油器;6-回油歧管;7-主油箱;8-浮子油箱;9-柴油滤清器;10-PT 燃油泵

（5）喷油器,根据燃油泵的柴油输出压力对柴油进行计量,然后依靠喷油器柱塞驱动机构在规定的时刻将柴油加压并喷入燃烧室,剩余的柴油经回油管返回浮子油箱。

（6）喷油器柱塞驱动机构,包括摇臂、推杆、喷油器凸轮轴等。喷油器凸轮与进、排气凸轮同轴,通过此驱动机构对喷油器柱塞施加推力使之下行,柱塞上行复位则依靠喷油器柱塞复位弹簧。

二、喷油器功用形式及调整

喷油器的功用是接受来自 PT 燃油泵的低压柴油,并对柴油进行计量,然后在一定的高压下将柴油以良好的雾状喷入燃烧室,剩余柴油流回浮子油箱。

PT 喷油器可大致分为两种基本形式:一种是具有安装法兰的喷油器,如图 4-51 所示,目前较少使用;另一种是圆筒式的 PT(D)喷油器,如图 4-52 所示。

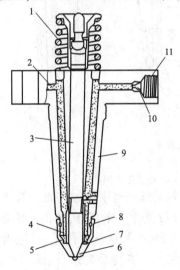

图 4-51　法兰式喷油器
1-柱塞复位弹簧;2-回油孔;3-柱塞;4-回油量孔;5-计量量孔;6-喷嘴头;7-调整垫片;8-O 形密封圈;9-喷油器体;10-进油量孔;11-进油孔

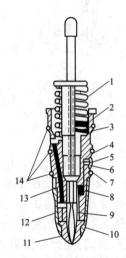

图 4-52　圆筒式喷油器
1-弹簧;2-壳体;3-轴节;4-垫片;5-进油量孔;6-滤网;7-卡环;8-止回球阀;9-柱塞;10-套筒;11-喷油嘴头;12-紧帽;13-销钉;14-O 形密封圈

99

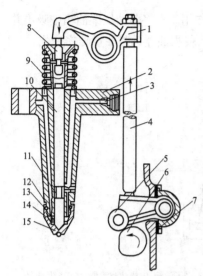

图4-53 喷油器及传动机构
1-摇臂;2-阀体;3-平衡量孔(进油量孔);
4-推杆;5-随动轮;6-凸轮;7-调整垫片;
8-柱塞杆头;9-复位弹簧;10-柱塞;11-环
槽;12-回油量孔;13-计量量孔;14-垫片;
15-喷嘴头

法兰式喷油器是一种老式的喷油器,用于 D80A-12 推土机装配的 NH-220CI 柴油机上。在近些年生产的 PT 燃油系统中很少采用这种形式的喷油器。目前的康明斯 NT855 系列、V1710 系列、小 V 系列及 K 系列柴油机上均采用圆筒式 PT 喷油器。这种喷油器的最大特点是柴油的进出不用明管连接,在汽缸盖和汽缸体上钻有通道进行供油和回油,使柴油机的外表更干净而简单,并减少了由于管路损坏、泄漏引起的各种故障。法兰式喷油器按其供油方式又可分为供油量可调式和选配流量式两种。圆筒式 PT 喷油器又可分为 PT 型、PT(B)型、PT(C)型、PT(D)型和 PT(ECON)型等。

1. 法兰式 PT 喷油器

图 4-53 为喷油器的结构及传动机构。

喷油器主要由喷油器阀体 2、柱塞 10、复位弹簧 9、喷嘴头 15、垫片 14、平衡量孔 3、回油量孔 12、计量量孔 13 等组成,其中平衡量孔是螺纹连接,更换方便。

柴油机工作时,凸轮 6 的凸起顶推随动轮 5,通过推杆 4、摇臂 1 顶压柱塞杆头 8,克服复位弹簧 9 的弹力后,强制将柱塞 10 压下,使其下端锥形油腔内产生高压,把柴油喷入燃烧室。凸轮轴的工作段转过随动轮 5,柱塞便在复位弹簧的作用下上升,将 PT 燃油泵输送来的柴油充入锥形油腔。凸轮和复位弹簧对柱塞的交替作用,使柱塞不断往复运动,不断吸油和喷油。

图 4-54 为喷油器的柴油计量过程。

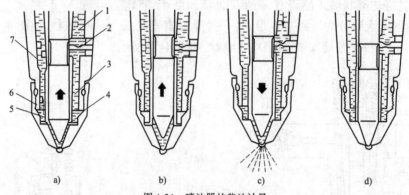

图4-54 喷油器的柴油计量
a)进油;b)计量;c)喷油;d)停止
1、3-油道;2-柱塞环槽;4-环形槽;5-计量量孔;6-回油量孔;7-回油道

图 4-54a)表示喷油器柱塞刚开始上升时,来自燃油泵的柴油经平衡量孔流入阀体油道 1,通过柱塞环槽 2 沿下油道 3 到达环形槽 4。此时,由于计量量孔 5 未打开,柴油只能经回油量孔 6 沿回油道 7 流回浮子油箱;图 4-54b)表示柱塞继续上升,打开计量量孔时一部分柴油进入喷油器的锥形空间,而大部分柴油仍经回油量孔流回柴油箱。在随后的进气、压缩过程中,柴油不断进入锥形空间。计量量孔位于平衡量孔和回油量孔之间,与回油路并联,所以,进入锥形空间的柴油量在计量量孔直径一定的情况下,主要取决于计量量孔的开启时间和油道中平衡量孔和回油量孔间的柴油压力。由于这时柴油油压较低,喷孔直径很小,故柴油不会漏入汽缸。当柴油机进入压缩冲程后期时,有部分高温高压气体压入锥形空间与底部柴油混合;

图4-54c)表示柱塞下降刚关闭计量量孔时,锥形空间内油压急剧升高,柴油在高达100MPa压力作用下以雾状喷入汽缸。先喷入的柴油与空气的混合气,首先着火燃烧,随后喷入的柴油则陆续燃烧;图4-54d)表示柱塞下降到底时柱塞的下锥部占据了整个锥形空间,其中的柴油全部喷入汽缸。此时,柱塞的圆柱面将油道1和柱塞环槽2断开,柴油停止在喷油器体内流动。

喷油器的计量喷油时刻如图4-55所示。

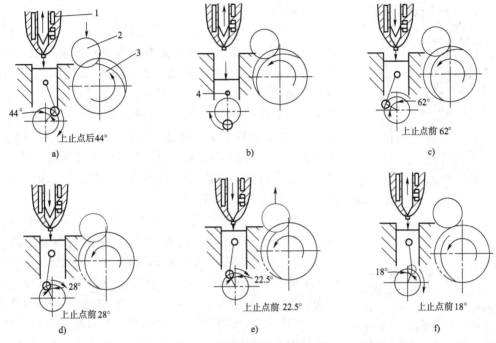

图4-55　喷油器的计量、喷油时刻
1-喷油器;2-随动轮;3-凸轮;4-活塞

图4-55a)表示进气冲程活塞位于上止点后44°曲轴转角的计量开始位置。进气冲程开始后,活塞自上止点向下止点运动,随动轮在凸轮的凹面上滚动,喷油器柱塞在复位弹簧作用下上升,至图示位置,计量量孔开启,柴油进入锥形空间,柴油计量开始;图4-55b)表示计量开始后柱塞上升位置,至60°曲轴转角,柱塞停止上升(停在最高位置);图4-55c)表示压缩冲程上止点前62°曲轴转角位置,柱塞从最高位置开始下降;图4-55d)表示压缩冲程上止点前28°曲轴转角位置,此时柱塞下降关闭计量量孔,计量终了。从计量开始到计量结束,总计量角度为288°曲轴转角。图4-55e)表示压缩冲程上止点前22.5°曲轴转角喷射开始位置;图4-55f)表示做功冲程上止点后18°曲轴转角喷射终了位置,此时柱塞下降到最低位置。喷油角度为40.5°曲轴转角。喷油结束后,凸轮轴稍凹下0.36mm,柱塞稍升起后保持不动,直至排气冲程结束。

凸轮旋转一圈,柴油机在四个冲程内的喷油周期如图4-56所示。

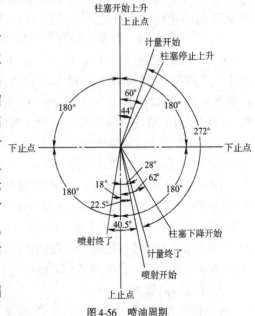

图4-56　喷油周期

2. 圆筒式 PT(D)型喷油器

PT(D)型喷油器的结构见图4-52,由弹簧1、壳体2、轴节3、垫片4、进油量孔5、止回球阀8、柱塞9、套筒10和喷油嘴头11等组成。其工作原理如图4-57所示。喷油器由凸轮轴控制,定时地将柴油以雾状喷入燃烧室。

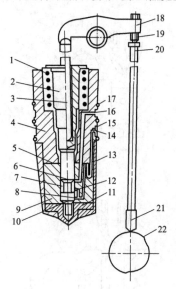

图4-57 PT(D)型喷油器的驱动示意图
1-弹簧;2-柱塞;3-顶杆;4-壳体;5-紧帽;6-回油口;7-上部油槽;8-下进油口;9-套筒;10-下部盆腔;11-喷油嘴头;12-上进油口;13-止回球阀;14-进油量孔;15-滤网;16-回油道;17-O 形密封圈;18-摇臂;19-调整垫片;20-推杆;21-挺杆;22-凸轮

PT(D)型喷油器的工作过程分为旁通、计量、预喷射、喷射四个阶段。

(1)旁通阶段。图4-57为停止供油状态,柱塞2被压至最低位置。此时柱塞上部油槽把喷油器内的进油口12和回油口6连通,来自燃油泵的柴油又从回油道16返回油箱。喷油器的来油和回油由三道O形密封圈17分隔开。当柴油机在做功冲程和排气冲程时,喷油器均处于这种状态。

(2)计量阶段。柴油通过喷油器壳体上一个可调整油量的进油量孔14进入喷油器,在进油量孔14处装有细滤网15,对柴油进行过滤。在进入喷油器油压的作用下,顶开止回球阀13的阀芯,进入下部油道。

当凸轮继续旋转至进气冲程后不久,凸轮外轮廓曲线从 G 点起突然改变,如图4-58所示。柱塞2在柱塞弹簧1的作用下升起,先将油道口6封闭,使其与油道口12切断。凸轮到达 H 点时柴油旁通结束,至 A 点进油量孔14开始计量,柴油通过下进油口8流入下部盆腔10。此时,由于油压低和喷孔直径小,因此喷孔不会泄漏柴油。当柱塞2上升到最高位置后,凸轮外轮廓曲线保持平稳,柱塞2便保持在最高位置不动,直到柴油机进气冲程结束。压缩冲程进行到凸轮曲线的 C 点,外轮廓曲线又有了变化,先是比较缓和,通过挺杆21、推杆20、摇臂18和顶杆3的作用使柱塞逐渐下降,直到柱塞接近封闭下进油口8,凸轮外轮廓曲线上的 D 点,计量才结束。

(3)预喷射阶段。计量阶段即将结束时,柱塞2下行到一定位置,柱塞下部盆腔10及下进油口8产生一定的压力,使止回球阀13落座而关闭了进油量孔14,柱塞继续下行,把下进油口8和下部盆腔10断开,由于柴油机转速很高,计量时间很短,柱塞下部盆腔里未被柴油所充满,所以在此阶段只是在压缩和排除未充满柴油部分的气体。

(4)喷射阶段。在柴油机压缩冲程接近终了时,凸轮外轮廓曲线又突然改变,柱塞快速下行,把下部盆腔10内的柴油以99.5MPa的高压喷入燃烧室。与此同时,柱塞上部的油槽又使油道口6和12相通,柴油开始旁通。凸轮外轮廓曲线到达 F 突变点时喷油即将结束,柱塞2的下锥体落座。

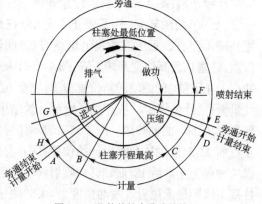

图4-58 凸轮外轮廓曲线结构图

3. 喷油器的调整

(1)喷油量的调整。如上所述,PT喷油泵的喷油量(即进入锥形空间的柴油量)取决于计量量孔的大小、开启时间以及进油压力三个因素,对于一定型号的柴油机,计量量孔的尺寸是确定的,但计量量孔的开启时间却随柴油机转速而变化,即转速高时进油时间短。如果在柴油机转速变化时要保持喷油量不变,可由燃油泵改变喷油器的进油压力,增加通过计量量孔的柴油流量来弥补。

图4-59表示喷油器头部密封垫厚度对计量时刻的影响。柱塞总的行程不变,密封垫越薄,计量开始时刻越提前,计量时间越长。反之,计量时间缩短。因此,各缸计量时刻调好后,各缸的喷油器头部密封垫的厚度不可随意变动,否则会影响各缸喷油量的均匀性。

(2)喷油时间的调整。若要调整喷油时间,必须改变凸轮与随动轮的原始相对位置,其方法是改变随动轮安装垫片的厚度。

图4-60表示随动轮安装垫片的厚度对喷油时间的影响。通过喷油时间检验仪对各缸喷油时间进行检验,若喷油提前角过大,可将垫片减薄,使喷油时刻推迟;反之,喷油时刻提前。

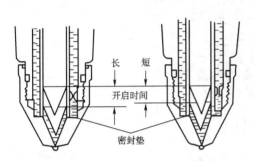

图4-59 喷油器密封垫厚度对计量时刻的影响

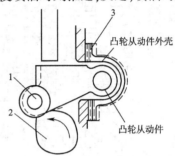

图4-60 随动轮安装垫片的厚度对喷油时间的影响
1-随动轮;2-凸轮;3-垫片

(3)柱塞行程的调整。如果柱塞行程太小,喷油器喷油时柱塞压不到底,锥形空间的柴油不能完全喷射出去,不仅会影响喷油量,而且残余柴油会碳化在喷嘴头底部,影响喷油器正常工作;相反,柱塞行程如果太大,柱塞对锥形喷嘴头的压力过大,易使喷嘴头压脱。因此,柱塞行程应适当。若不适当,可按图4-61所示方法调节调整螺钉,调整时必须使随动轮处于最高位置。

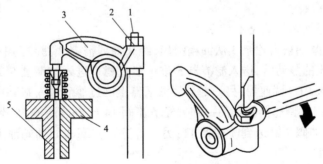

图4-61 柱塞行程的调整
1-调整螺母;2-锁紧螺母;3-摇臂;4-喷油器;5-柱塞

三、PT 燃油泵

1.功用与组成

PT燃油泵的主要功用是根据柴油机不同工况的要求,将柴油从油箱吸出后,以适当的压力(低压)和流量输送给喷油器。

图 4-62 为 PT 燃油泵的结构剖面图。它主要由齿轮泵、稳压器、PTG 调速器、节流阀、MVS 调速器及断油阀等组成。

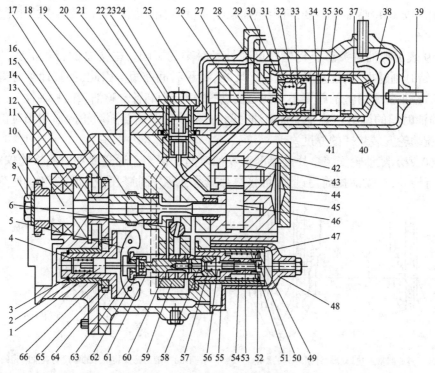

图 4-62　PT 燃油泵的结构剖面图

1-飞块柱塞;2-低速扭矩弹簧;3、14、28、35、49-卡环;4、34、52-调整垫片;5-飞块;6-节流阀;7-螺钉;8-垫片;9-驱动齿轮;10-主轴;11-油封;12-滚动轴承;13-键;15-主动齿轮;16-驱动齿轮壳;17-计时器驱动齿轮;18-泵体;19-下滤网;20、21-油环;22-上滤网;23-弹簧;24-过滤器体;25-MVS 调速器体;26、58-柱塞;27、60-柱塞套;29-断油阀;30-调速弹簧套;31-滑套;32、56-急速弹簧;33-急速弹簧座;36-调速弹簧;37、50-弹簧座;38-双臂杠杆;39-低速限制螺钉;40-MVS 调速器;41-MVS 调速器壳;42-齿轮泵体;43-齿轮泵被动齿轮;44-膜片;45-稳压器体;46-齿轮泵主动齿轮;47-PTG 调速器;48-PTG 调速器壳;51-高速弹簧;53-急速调整螺钉;54-弹簧外套;55-压力控制钮外套;57-压力控制钮;59-柱塞体;61-高速扭矩弹簧;62-销子;63-高速扭矩弹簧座;64-丁字块;65-被动齿轮;66-飞块架

图 4-63 为 PT 燃油泵的油路示意图。

柴油机工作时,柴油被齿轮泵 3 从油箱吸出,经柴油滤清器 2 滤除其中的杂质,再经膜片式稳压器 4 消除油压的脉动后,送入滤清器 5 进一步过滤。进入滤清器 5 的柴油一部分经滤清器下网过滤后输入 PTG 调速器;另一部分经滤清器上网过滤后输入 MVS 调速器 6 柱塞的右端的空腔内。进入 PTG 调速器的柴油一部分经节流阀 14 或急速油道 15 流入 MVS 调速器柱塞的环槽内,再经断油阀 7 输送到喷油器 11;另一部分自柱塞内的轴向油道经柱塞右端的缝隙流回齿轮泵入口处。

(1)齿轮泵和膜片式稳压器。齿轮泵主要用来向整个燃油系统输送压力油。为消除油压的脉动,在齿轮泵的出口处安装膜片式稳压器。脉动油压作用在稳压器空气室的钢质膜片上,借助于气室中空气的弹性对脉动油压起缓冲作用,使油压稳定、油流平顺。

(2)PTG 调速器。PTG 调速器是一个机械离心式双速式调速器,它能稳定柴油机的急速和限制最高转速并能随柴油机转速的变化自动调整供油压力,柴油机中等转速时由驾驶员操纵节流阀直接控制供油量。

(3)节流阀。节流阀用于调节流往喷油器的油压以改变喷油量和柴油机的转矩。在不装

104

MVS 全速调速器的燃油泵中,节流阀通过拉杆与加速踏板相连,踩动加速踏板可直接控制供给喷油器的柴油压力。在安装 MVS 全速调速器的燃油泵中,此节流阀在试验台上经调定后即不动,而靠改变 MVS 全速调速器的操纵手柄来控制供给喷油器的柴油压力。

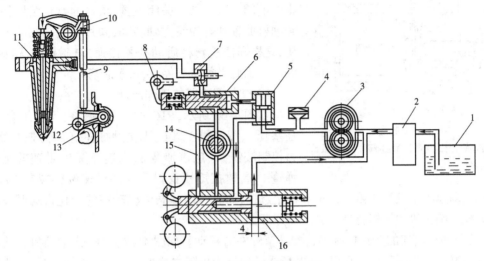

图 4-63　PT 燃油泵的油路示意图

1-油箱;2-柴油滤清器;3-齿轮泵;4-膜片式稳压器;5-滤清器;6-MVS 调速器;7-断油阀;8-调速手柄;9-推杆;10-摇臂;11-喷油器;12-随动轮;13-凸轮;14-节流阀;15-急速油道;16-PTG 调速器

节流阀的结构如图 4-64 所示。加速踏板轴与加速踏板用杆件相连,踩动加速踏板即可控制加速踏板轴转动。当柴油通道时,流向喷油器的柴油压力便降低,喷油量即可减少,柴油机转矩下降。反之,喷油量增加,柴油机转矩上升。节流阀内部有调速器柱塞和调整垫片,增减垫片可改变柱塞位置,从而改变加速踏板全开时的柴油流动阻力,改变该阻力即可调整额定供油量。加速踏板全开时流往喷油器的柴油压力应达到规定压力,使最大喷油量符合规定数值。加速踏板全闭时用限位螺钉使油道微开,让少量柴油流过,这部分柴油叫节流阀泄漏量。泄漏量通常是在燃油泵专用试验台上进行调整,也可在柴油机上检查。节流阀泄漏量过大时会引起柴油机减速缓慢;泄漏量过小时则会引起工程机械在加速踏板关闭后再打开时的反应迟缓。

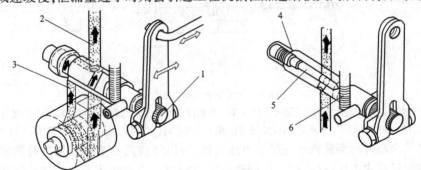

图 4-64　节流阀

1-加速踏板轴;2-主油道(通往喷油器);3-急速油道;4-调整垫片;5-调速器柱塞;6-限位螺钉

(4)MVS 调速器。MVS 调速器是一个全速式调速器,它可使柴油机在不同的转速下稳定运转,多用于负荷变化频繁的工程机械用柴油机上。

(5)断油阀。断油阀也称停车阀,用于切断柴油的供给,使柴油机熄火,通常为电磁式,也可用手操纵。其结构如图 4-65 所示。通电时阀片 3 被吸向右方,断油阀处于开启位置,柴油从进油口经断油阀供向喷油器。断电时阀片在复位弹簧 2 的作用下关闭,停止供油。若断油阀电路发生故障,可旋入手控制螺钉将阀片顶开,停机时可将螺钉旋出使之断油。

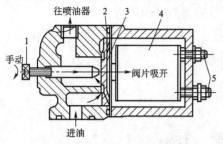

图 4-65 断油阀
1-手控制螺钉;2-复位弹簧;3-阀片;4-电磁铁;
5-接线柱

应该注意,工程机械下坡行驶时如关闭启动开关,则断油阀的阀片处于关闭位置,机械的行走装置将带动柴油机曲轴和燃油泵主轴转动,阀片将受柴油压力的推压,这样即使重新将启动开关接通,电磁铁也无法吸开阀片。因此必须将车停下,再重新启动。

2. PTG 调速器的工作原理

如图 4-66 所示,PTG 调速器主要由飞块组合件 3、柱塞套 5、调速器柱塞 6、飞块助推柱塞 2、怠速柱塞(压力控制按钮)7、怠速弹簧 8、高速弹簧 9、低速转矩校正弹簧 1、高速扭矩校正弹簧 4 和低速调整螺钉 10 等组成。PTG 调速器不仅用来限制高速和稳定怠速,而且还能随柴油机转速的变化自动调节供油压力和校正柴油机的转矩特性。其工作原理如下:

(1)柴油机转速的变化控制调速器柱塞的左右移动。如图 4-67 所示,当柴油机转速增加时飞块在离心力作用下向外甩开,柱塞所受轴向推力也随之增加,柱塞向右移动;反之,飞块离心力减小,柱塞所受轴向推力也减小,在怠速弹簧的作用下柱塞向左移。为使柱塞在套筒中磨损均匀,飞块转动时通过柱塞驱动件和传动销可使柱塞在套筒中旋转。

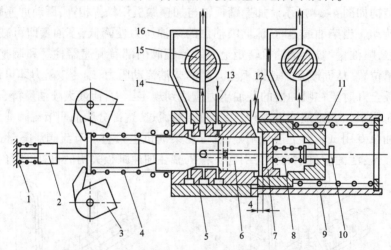

图 4-66 PTG 调速器结构示意图

1-低速转矩校正弹簧;2-飞块助推柱塞;3-飞块组合件;4-高速转矩校正弹簧;5-柱塞套;6-调速器柱塞;7-怠速柱塞;8-怠速弹簧;9-高速弹簧;10-低速调整螺钉;11-弹簧外套;12-旁通油道;13-进油口;14-节流阀通道;15-节流阀;16-怠速油道

因飞块的离心力与柴油机转速的平方成正比,所以飞块离心力所产生的柱塞轴向推力也大致与柴油机转速成正比,这样就可以得到一定的喷油量。柴油压力也就随柴油机转速成正比变化。

(2)柴油压力与调速器柱塞推力成正比地变化。调速器柱塞为中空零件,中部有油道与齿轮泵进油道相通,因而柱塞中部的油压与油道内部的压力相同。柴油机转速升高时,飞块离心力所产生的柱塞轴向推力增大,使怠速柱塞与调速器柱塞的间隙变小,回油量减少,燃油泵输出油压相应提高。虽然喷油器的柴油计量时间缩短,但每循环喷油量不会因转速升高而减小,从而控制柴油机转矩不变。同理,当柴油机转速下降时,柱塞推力相应减小,怠速柱塞与调速器柱塞的间隙变大,回油量增加,柴油压力下降。

PTG 调速器在柴油机的怠速和最高转速之间工作时可以控制工作范围内的转矩,驾驶员可以根据柴油机的负荷变化用旋转式油门操纵杆调节节流阀的开度来直接控制喷油量。

(3)启动工况。柴油机启动时供油量大约比额定供油量多 50%。启动时将加速踏板踩到底,节流阀全开,由于柴油机启动转速很低,只有 0 ~ 100r/min,飞块离心力很小,调速器柱塞在怠速弹簧的作用下,处于极左位置,即旁通油道关闭,节流阀通道和怠速油道全开,此时尽管齿轮泵转速很低,柴油流量及油压很小,但齿轮泵输送的柴油全部送往喷油器,且因转速低,喷油器计量量孔的开放时间长,故可提供足够的启动油量。

(4)怠速工况。启动后,松开加速踏板,节流阀关闭,但怠速通道畅通,提供燃油使柴油机怠速运转。如图 4-68a)所示。

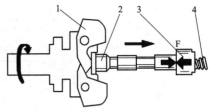
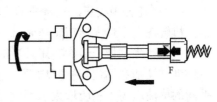

图 4-67　柴油机转速变化时柱塞的动作情况
1-飞块;2-调速器柱塞;3-怠速柱塞;4-怠速弹簧

PTG 调速器能够稳定柴油机的怠速。在怠速工况时,如果由于某种原因使柴油机转速下降,飞块离心力减小,柱塞推力小于怠速弹簧弹力,怠速弹簧便推动调速器柱塞向左移动,怠速油道开度增加,喷油量随之增加,柴油机转速则回升。反之,柴油机转速则下降。因此保证了柴油机在怠速下稳定运转。拧动怠速调整螺钉即可调整柴油机的怠速转速。

(5)最高转速的限制。如图 4-68b)所示,节流阀全开时,柴油机在额定转速下运转。若此时柴油机负荷减小,则转速升高,飞块离心力增大,克服高速弹簧的弹力,使调速器柱塞进一步右移,在接近最高转速时节流阀通道被逐渐关小。由于节流阀作用柴油压力急剧下降,使喷油量减小,转速不再增加。最后柴油几乎断流,大部分柴油从柱塞右端的回油孔经旁通油道流回齿轮泵入口,从而控制了柴油机的最高转速。

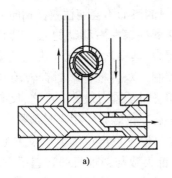

a)

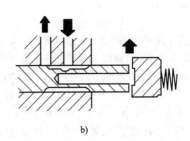

b)

图 4-68　PTG 调速器的工作原理
a)怠速工况;b)最高转速的限制

最高转速由 PTG 调速器调速弹簧的弹力所决定,其大小可利用垫片调整。增加垫片柴油机最高转速升高,减少垫片则最高转速下降。

(6)高速转矩校正。在调速器柱塞左端推力垫圈与调速器套筒之间设有高速转矩校正弹簧,如图 4-69 所示。柴油机在低速时,此转矩校正弹簧处于自由状态,从中速开始高速转矩校正弹簧被压缩。随着柴油机转速不断升高,在飞块离心力的作用下调速器柱塞不断右移,高速转矩校正弹簧不断被压缩,使柱塞受一个向左的推力,因而作用在柱塞上的飞块的轴向推力相应减小,这时与之平衡的柴油压力也相应减小。因此,PTG 调速器提供的柴油压力降低,每循环供油量减小,使转矩随之降低,这样就提高了柴油机高速时的转矩适应性。

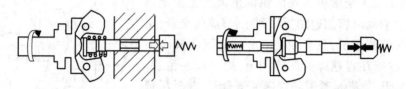

图 4-69　高、低速转矩校正

（7）低速转矩校正。在调速器飞块助推柱塞的左端装有一低速转矩校正弹簧（图 4-69），柴油机转速高于最大转矩转速时,调速器柱塞向右移动,低速转矩校正弹簧处于自由状态。当柴油机转速降到低于最大转矩转速时,调速器柱塞向左移动,压缩低速转矩校正弹簧,弹簧使飞块助推柱塞和调速器柱塞均受一向右推力。由于调速器柱塞所受到的轴向推力增大,与之平衡的柴油压力也相应增大。因此,随着柴油机转速的降低,PTG 调速器提供的柴油压力有所提高,每循环供油量相应增加,柴油机转矩上升,这样就减缓了柴油机低速时转矩减小的倾向,提高了柴油机低速时的转矩适应性。

3. MVS 全速式调速器

在使用条件较差的工程机械柴油机上,其燃油泵内还装有 MVS 全速式调速器,它可使柴油机在驾驶员选定的任意转速下稳定运转,这时将节流阀的位置固定,驾驶员通过加速踏板改变 MVS 调速器中调速弹簧的弹力,以控制柴油机的转速。

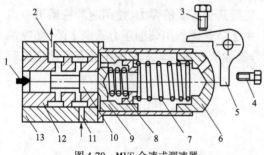

图 4-70　MVS 全速式调速器

1-来自滤油器上滤网的液油;2-通往断油阀的液油;3-高速限位螺钉;4-怠速限位螺钉;5-双臂杠杆;6-高速弹簧座;7-高速弹簧;8-怠速弹簧;9-怠速弹簧座;10-调速器柱塞;11-自节流阀来的柴油;12-柱塞套筒;13-调速器壳

如图 4-70 所示,MVS 全速式调速器由高速限位螺钉 3、怠速限位螺钉 4、双臂杠杆 5、高速弹簧座 6、高速弹簧 7、怠速弹簧 8、调速器柱塞 10 和柱塞套筒 12 等组成。由节流阀进入调速器柱塞 10 环槽的柴油由于环槽左右端的承压面积相同,所以槽里的柴油不会使柱塞做轴向移动。实际上使调速器柱塞左右移动的力是其右侧调速弹簧的作用力,其预紧力的大小由驾驶员通过双臂杠杆来控制。双臂杠杆顺时针转动与高速限位螺钉 3 相碰时预紧力最大。反之,反向转动双臂杠杆与怠速限位螺钉 4 相碰时预紧力最小;调速柱塞左侧主要受油腔柴油压力的作用。由于左腔柴油与齿轮泵出口油道以及 PTG 调速器进口油道均相通,故这几处柴油压力均相等,而且油压也都大致与柴油机的转速平方成正比。弹簧的作用力推动调速柱塞左移时,使调速柱塞与柱塞套筒之间的流通断面增加,因此每循环供油量增加;柴油的压力推动调速柱塞右移时减小流通断面,使供油量减少。随着调速柱塞的左右移动,PTG 调速器提供的柴油压力和供油量自动地得到调整。MVS 调速器和一般机械式全速调速器很像,调速柱塞左侧油腔相当于飞块,调速柱塞相当于供油拉杆。因此当双臂杠杆位置一定、柴油机负荷一定时,柴油机总会在某一转速使弹簧的作用力与柴油压力相等,调速柱塞不动,柴油机便在这一转速下稳定运转。当柴油机负荷增加、转速降低时,柴油压力减小,弹簧力大于柴油压力,调速柱塞左移使供油量增加,阻止柴油机转速继续降低。于是柴油机在比原转速稍低的某一转速达到新的平衡;同理,柴油机负荷减小时,会在比原转速稍高的某一转速重新平衡。

由于 MVS 调速器可以自由地改变弹簧弹力,因而可任意改变柴油机的转速。当双臂杠杆确定在某个位置,高速弹簧就被压缩在某一位置,柴油机就能在怠速与最高转速之间的某一转速下稳定地工作。双臂杠杆位置改变时柴油机就在另一转速下稳定地运转,因此 MVS 调速器是一个全速式调速器。

四、PT 燃喷油系统的特点

与传统的柱塞泵燃油系统相比较,PT 燃油系统具有以下主要特点:

(1)在柱塞泵燃油系统中,低压柴油由输油泵供给,柴油的高压建立与供油时间、供油量调节是在喷油泵中进行。而在 PT 燃油系统中,低压油的油压建立与调节(油量调节)是在燃油泵中进行,柴油的高压建立、计量和定时喷射则在喷油器中进行。

(2)PT 燃油系统取消了高压油管,可采用较高的喷油压力,因此雾化良好,有利于燃烧;同时,也避免了高压系统的压力波动现象对喷油特性的影响,使各缸喷油量均匀稳定。

(3)PT 燃油系统进入喷油器的柴油只有20%左右经喷油器喷入燃烧室,其余80%左右的柴油对喷油器进行冷却和润滑后流回柴油箱。因此,一方面使喷油器得到充分的冷却,另一方面可带走柴油中的空气,提高了燃油系统的工作可靠性及使用寿命。

(4)PT 燃油系统利用断油阀关闭油路切断柴油流动,使柴油机停车操纵简便。

(5)由于 PT 燃油泵的调速器及供油量均靠油压调节,因此在磨损到一定程度时可通过减小旁通油量来自动补偿漏油量,从而可减少检修的次数。

(6)PT 燃油系统结构紧凑,管路布置简单,零件数特别是精密偶件数均比柱塞泵燃油系统少,这一优点在汽缸数较多的柴油机上更为明显。

(7)PT 燃油系统喷油压力大、喷孔直径小,为保证其工作可靠性,对柴油的品质及滤清质量要求严格。同时,零件的材质与加工工艺要先进,并保证其高标准的装配质量与调试精度。

(8)PT 燃油系统的喷油器需要专门的驱动装置,增加了柴油机的零件数目。

第九节　进、排气系统

一、进、排气管

进气管的作用是将新鲜空气较均匀地分配到柴油机的各个汽缸。

排气管的作用是汇集各汽缸的废气,通过排气消声器排出。

确定进、排气管的形状,大小和位置的主要依据之一,是尽可能减小管道的气流阻力。

柴油机通常将进、排气管分装在汽缸体的两侧,以避免进气管受热而减少充气量。进、排气管一般用铸铁制成,有些进气管也用铝合金铸造。

图 4-71 为整体结构的进、排气管,它用螺栓固定在汽缸盖的两侧,在各接合面均有外包铜皮的石棉垫片或石棉橡胶垫,以保证进、排气管的密封性能。在进气管上装有两个空气滤清器。

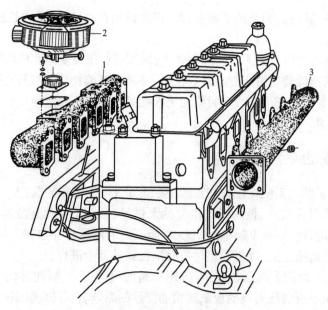

图 4-71　柴油机进、排气管

1-进气管;2-空气滤清器;3-排气管

二、空气滤清器

工程机械经常在尘土很大的场地工作,空气中含有大量尘土和微小砂粒,若随空气进入汽缸,将加速汽缸、活塞、活塞环以及气门等零件的磨损,从而降低柴油机的使用寿命。因此空气滤清器对保证供给柴油机清洁的空气尤为重要。

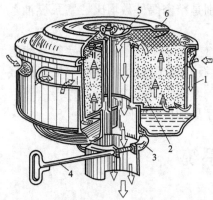

图 4-72　综合式空气滤清器

1-滤清器壳;2-滤芯;3-紧箍;4-紧箍收紧螺柱;
5-拉紧螺柱;6-滤清器盖

图 4-72 为综合式空气滤清器,主要由滤清器盖、滤芯及带有机油盘的滤清器壳等主要零件组成。滤芯可用金属丝、纤维丝或毛毡等材料制成。

进气冲程中,活塞由上止点向下止点运动,由于汽缸内的真空吸力,空气以很高的速度从滤清器盖与壳的缝隙中流入并下行,较大颗粒的杂质以较大的惯性冲向机油表面后被黏附。微小颗粒的杂质随空气转向流向滤芯,被滤芯黏附,并不断被气流溅起的油雾清洗落入机油盘内,故这种滤清器又称作油浴式滤清器。经过两级滤清后,空气中杂质的 95% ~97% 被滤去。已滤清的空气转入中心管道后流向进气管。

近年来,纸质滤清器获得了较大的发展。纸质滤芯具有阻力小、质量轻、经济性好、维护方便等优点。

三、排气消声器

为了减小排气噪声和消除废气中的火焰及火星,在排气管出口处装有排气消声器,使废气经消声器后排入大气。

排气噪声产生的原因有两个:一是排气门刚打开时废气的温度接近 1000℃,压力近

0.4MPa,即具有一定的能量,此能量随废气高速流出时会产生脉动噪声;二是废气流入大气时产生喷射噪声。

消声器的工作原理主要是扩散废气气流的能量,平衡气流的压力波动。具体方法有:多次改变气流的方向;重复地使气流的通过收缩然后又扩大的断面(即节流、胀大);将气流分割为很多小支流,并沿着不平滑的平面流动(即分散、阻抗、反射、过滤);将气流冷却等。

图4-73为一般排气消声器的结构,主要由外壳、内管及隔板组成。外壳1用薄钢板焊制,为延长寿命多采用渗铝处理。圆筒形或椭圆形外壳两端封闭,中间有两道隔板,分割为三个消声室,在两端又插入带孔的进入管2和排出管4,三个消声室分别通过带孔的排气管相互沟通。废气经进入管的小孔进入各消声室,得到膨胀和冷却,再经排出管上的小孔又集中在一起流入大气。经过小孔的分散、节流、阻抗、变向等作用,使废气能量扩散殆尽,噪声大大减小。

柴油机安装排气消声器后,会在一定程度上增加排气阻力,使柴油机功率下降。

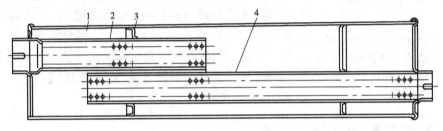

图4-73 排气消声器
1-外壳;2-进入管;3-隔板;4-排出管

第十节 废气涡轮增压

一、增压的作用和方式

柴油机增压就是将进入汽缸的空气预先进行压缩,以提高其密度,并在燃料供给系统的良好配合下,使更多的燃料及时获得充分燃烧,从而提高平均有效压力和功率,同时还可以提高柴油机的经济性,改善排放性能。

按压缩空气时所用能量的来源不同,增压方式有机械增压和废气涡轮增压。早期柴油机多采用机械增压,即由柴油机直接驱动增压器。目前,则广泛采用废气涡轮增压,即由柴油机排气驱动的涡轮增压器来提高进气压力,增加进气量。

在非增压柴油机中,废气带走的能量约占燃油燃烧所放出能量的30%～40%,如果这部分能量重新加以利用,将显著提高柴油机的动力性和燃料经济性。柴油机采用废气涡轮增压后,能使功率明显提高,单位功率的质量减小,外形尺寸缩小,节约原材料。

采用增压技术对于高原地区使用的柴油机尤为重要。因为高原气压低,空气稀薄,导致柴油机功率下降。一般认为海拔每升高1000m,功率下降8%～10%,燃油消耗率增加3.8%～5.5%。而装用废气涡轮增压器后可以恢复柴油机原有功率,减少油耗。

二、废气涡轮增压器的工作原理

废气涡轮增压器主要由涡轮机和压气机(增压器)组成。涡轮机将柴油机排出的废气能量转变为机械能;压气机则利用涡轮输出的机械能,把空气的压力提高,然后送至汽缸,以达到增压的目的。

废气涡轮增压器的工作原理如图4-74所示。

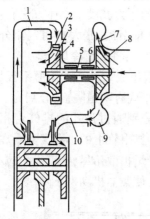

图4-74 废气涡轮增压器工作原理示意图
1-排气管;2-喷嘴环;3-涡轮;4-涡轮壳;
5-转子轴;6-轴承;7-扩压器;8-压气机叶
轮;9-压气机壳;10-进气歧管

将柴油机的排气管1连接在增压器的涡轮壳4的入口处,具有500~650℃高温和一定压力的废气,经涡轮壳入口进入喷嘴环2,由于喷嘴环的通道面积是逐渐收缩的,因而使废气的压力和温度下降,流速提高,使它的动能增加。高速的废气流,按着一定的方向冲击着涡轮3,使涡轮高速旋转。废气的压力、温度和速度越高,涡轮转速也越快,通过涡轮的废气最后排入大气。由于涡轮和压气机叶轮8安装在同一转子轴5上,所以两者同速旋转。经空气滤清器滤清的空气被吸入压气机内。高速旋转的压气机叶轮将空气甩向叶轮的外缘,使其速度和压力增加,并进入扩压器7。扩压器的形状是进口小而出口大,因此气流的速度下降而压力升高。然后气流又经过断面由小到大的环形压气机壳9,使空气流的压力继续升高,这些被压缩的空气经进气歧管10流入汽缸。

三、废气涡轮增压器的分类

(1)按压力升高比(简称压比)可分为低增压、中增压、高增压三种形式。

压力升高比π_K是废气涡轮增压器的一个主要性能指标,它是指压气机的出口压力(即增压压力)p_K与压气机的进口压力p_0之比,即:

$$\pi_K = \frac{p_K}{p_0}$$

低增压式涡轮增压器的压比小于1.4;中增压式的压比在1.4~2.0;高增压式的压比大于2.0。

增压压力p_K较低时,柴油机的功率随p_K增加的增长率较高,而p_K较大时则功率随p_K增加的增长率较低。这是由于空气经压缩后温度升高,但密度并没有随p_K增加而正比的增加。为进一步提高柴油机功率,压比大于1.8的中、高增压式涡轮增压器一般要增设中间冷却器,以降低压气机出口的空气温度,提高进入汽缸的空气密度。

(2)根据涡轮增压器采用的涡轮形式分为径流式、轴流式和混流式三种。

①径流式:废气沿着与涡轮旋转轴线垂直的平面径向流动。

②轴流式:废气沿着涡轮旋转轴线方向流动。

③混流式:废气沿着与涡轮旋转轴线倾斜的锥形面流动。

工程机械用废气涡轮增压器多采用径流式,它比轴流式效率高,加速性能好,结构简单,体积小。

(3)按照柴油机排气管内废气的脉冲能量能否利用,废气涡轮增压器可分为恒压式和脉冲式(或称变压式)。

恒压式增压系统的特点是涡轮前排气管压力基本是恒定的。它将柴油机所有汽缸的排气管都连接于一根排气总管,如图4-75a)所示。排气总管容积较大,起到稳压作用,因而管内压力波动很小,废气以某一平均压力沿着单一的涡轮壳进气道通向整个喷嘴环。这种形式常用于大型高增压柴油机。

脉冲式增压系统的特点是使排气管内的压力尽可能大的波动,可以充分利用废气的脉冲能量。为此涡轮增压器尽量靠近汽缸,将排气管做得短而细,如图4-75b)所示。例如,对做功次序为1-5-3-6-2-4的六缸柴油机,一般将1、2、3缸的排气道连接到一根排气管上,沿涡轮壳上的一条进气道通向半圈喷嘴环;而将4、5、6缸的排气道连接到另一根排气管上,沿涡轮壳上的另一条进气道通向另半圈喷嘴环。这样,各缸排气互不干扰,并能利用压力高峰后的瞬时真空以助于扫气,也可防止某缸排气压力波高峰时将废气倒流到正在吸气的另一缸中去。因此,连在同一根排气歧管的各汽缸做功间隔要求大于180°曲轴转角。

目前,工程机械用柴油机上,普遍采用低、中增压径流脉冲式废气涡轮增压器。

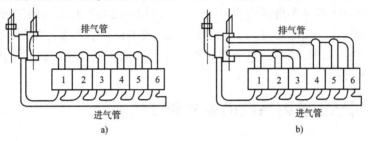

图4-75　涡轮增压系统的基本形式
a)恒压系统;b)脉冲系统

四、涡轮增压器的结构

图4-76为径流脉冲式废气涡轮增压器的结构。它由涡轮壳4、中间壳14、压气机壳9、转子组件和浮动轴承16等主要零件组成。涡轮壳与柴油机排气管连接,压气机壳的进口通过软管与空气滤清器相连,而出口通往柴油机进气管。压气机的扩压器为无叶式,由压气机壳和压气机后盖板13之间的间隙构成,其尺寸可通过二者的选配来调整。转子组件由转子轴10、压气机叶轮11和涡轮2组成,支撑在两个浮动轴承上做高速旋转。涡轮由耐热不锈钢精密铸造,焊接在转子轴上。压气机叶轮为铝合金铸件,用螺钉固定在转子轴上。转子组件在装到增压器之前应进行静平衡和动平衡测定。

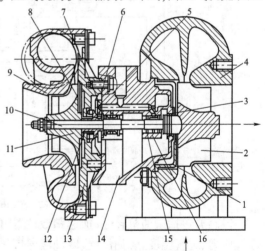

图4-76　涡轮增压器的结构
1-隔热板;2-涡轮;3、12-密封环;4-涡轮壳;5-推力轴承;6-O形密封圈;7-膜片弹簧;8-密封套;9-压气机壳;10-转子轴;11-压气机叶轮;13-压气机后盖板;14-中间壳;15-卡环;16-浮动轴承

为了适应转子组件的高转速工作,增压器采用全浮动轴承支撑。浮动轴承与转子轴和中间壳之间均有间隙,当转子轴高速旋转时,具有一定压力的润滑油充满着两个间隙,对其进行润滑和冷却。在转子轴高速旋转的同时,浮动轴承在内、外两层油膜中随转子轴同向旋转,但其转速比转子轴低得多,从而使轴承对轴承孔和转子轴的相对线速度大大下降。由于有双层油膜,可以进行双层冷却和产生双层阻尼,因此浮动轴承具有工作可靠、抗振性好、加工方便等特点。

废气涡轮增压器所需要的润滑油来自柴油机的主油道,通过细滤器再次滤清后,进入增压器的中间壳,经其下部出油口流回柴油机的油底壳。为了防止润滑油窜入涡轮和压气机叶轮,在转子轴两端安装有密封环3、12以及密封套8。

在中间壳14和涡轮壳4之间装有隔热板1,用以减少高温废气对润滑油的不利影响。

第十一节　电控柴油喷射系统

为了进一步提高柴油机的动力性和燃料使用经济性,减轻其废气中有害气体排放及振动噪声等污染,电子控制系统在现代柴油机上应用发展十分迅速。随着计算机技术、传感器技术以及信息技术的迅速发展,电子产品的可靠性、成本、体积等各方面都已能满足柴油机进行电子控制的要求,并且很容易实现燃油喷射的控制。电控柴油喷射技术开始于20世纪70年代,80年代开始进入市场。进入90年代,电控柴油喷射技术得到了迅猛的发展,相继出现了各种电控高压喷射系统。目前,柴油机电子控制技术在发达国家的应用率已达60%以上,在我国也有较大的应用市场。

一、柴油机电控喷射系统的组成和分类

1. 组成

柴油电控喷射系统由传感器、电控单元(ECU)和执行器组成,如图4-77所示。

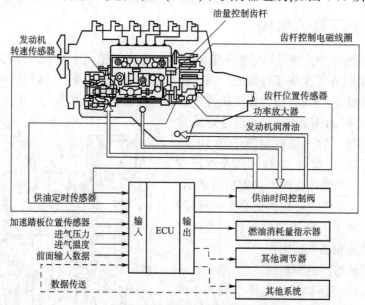

图4-77　柴油电控喷射系统的组成

传感器包括柴油机转速、加速踏板位置、供油齿杆位置、喷油时刻、机械行驶速度、柴油机进气压力、进气温度、燃油温度、冷却液温度等传感器。电控单元(ECU)根据各种传感器实时测到的柴油机运行参数,与ECU中预先已经存储的参数值或参数图谱(称为MAP图)相比较,按其最佳值或计算后的目标值把指令输送到执行器;执行器根据ECU指令控制喷油量(即供油齿杆位置或电磁阀关闭持续时间)和喷油正时(即正时控制阀开闭或电磁阀关闭始点)。

电控柴油喷射系统的ECU还可以和整车装置的ECU、防抱死制动系统(ABS)的ECU及其他系统的ECU互通数据,从而实现整车的电子控制。

2. 分类

(1)根据喷油量的控制方式分类。

①位置控制系统。在原有的柱塞式喷油泵、分配式喷油泵及泵—喷嘴的基础上进行改造，并加装电子控制系统，还保留了喷油泵中的齿条、齿圈、滑套、柱塞上的控油斜槽等控制油量的机械传动机构，只是对齿条或滑套的运动位置由原来的机械调速器控制改为电子控制，使控制精度和响应速度得以提高。它是目前商业化最高的一种产品。

②时间控制系统。时间控制系统是利用高速电磁阀直接控制高压柴油的适时喷射。时间控制系统可以保留原来的喷油泵—高压油—喷油嘴系统，也可以采用新型的产生高压的燃油系统，用高速电磁阀直接控制高压柴油的喷射，一般情况下，电磁阀关闭，执行喷油；电磁阀打开，喷油结束。喷油始点取决于电磁阀关闭的时刻，喷油量取决于电磁阀关闭时间的长短。

③时间—压力控制系统。时间—压力控制系统即电控共轨式供油系统，是目前国际上最先进的燃油系统。共轨喷油系统可分为高压共轨系统和中压共轨系统。共轨喷油系统摒弃了传统的泵—管—嘴脉动供油的方式，而用一个高压油泵在柴油机的驱动下，以一定的速比连续将高压柴油输送到共轨(即公共容器)内，高压柴油再由共轨送入各缸喷油器。高压油泵并不直接控制喷油，而仅仅是向共轨供油以维持所需的共轨压力，并通过连续调节共轨压力来控制喷射压力。采用压力—时间式燃油计量原理，用高速电磁阀控制喷射过程，喷油量、喷射压力及喷油定时均由电控单元(ECU)灵活控制。

(2)根据产生高压燃油的机构分类。

根据产生高压燃油的机构，电控柴油喷射系统可分为电控直列泵喷射系统、分配泵电控喷射系统、泵喷油器(泵喷嘴)电控喷射系统、单缸泵电控喷射系统和共轨式电控喷射系统。

二、电控直列泵喷射系统

电控直列泵喷射系统中，由电子调速器执行机构控制调节齿杆的位置，从而控制供油量；由电子液压喷油提前器执行机构控制柴油机曲轴和喷油泵凸轮轴的相对位置，从而控制喷油时间，属于位置控制系统。其原理如图4-78所示。

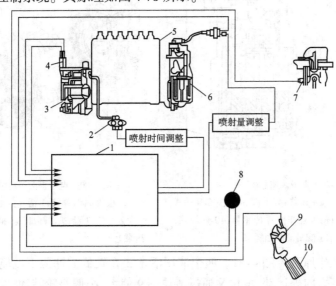

图 4-78　直列泵电控喷射系统原理示意图

1-电控单元；2-电磁阀；3-电子提前器；4-时间传感器；5-喷油泵；6-电子调速器；7-冷却液温度传感器；8-暖风开关和启动开关；9-加速踏板传感器；10-加速踏板

从各个传感器传来的信号,由电控单元1处理,与柴油机负荷及转速状态相适应的信号送往电子调速器6和电磁阀2,使电子调速器和时间控制器3(定时器)动作。另外,在电子调速器和时间控制器中,有检测实际动作值的传感器,把这些传感器传来的反馈信号输入电控单元,以控制最佳的喷油量和喷油时刻。

1. 喷油量的控制

柴油机工作时,电控单元发出指令使电子调速器工作,以控制供油量。

电子调速器的作用相当于飞块,用电磁作用力或电磁液压力代替离心力控制齿杆位移。图4-79为典型的电子调速器的结构。

电子调速器是一个线性直流电动机,上下移动的移动式线圈6位于圆柱形的径向磁场内,通电即可产生使线圈运动的作用力,而改变电流方向,就能改变此作用力的方向,使线圈往复运动。线圈的往复运动转换成连杆8的水平运动,使调节齿杆11移动,进行供油量增减的控制。

2. 喷油时间的控制

电子提前器位于柴油机驱动轴和喷油泵凸轮轴之间,用于调节两轴的相对角位置,并且由它传递喷油泵的驱动转矩。由于调节需要很大的作用力,大多采用液压进行调节。

电子提前器包括大偏心轮6、小偏心轮5、四个沿喷油泵凸轮轴轴向均布的单作用液压油缸等组成,如图4-80所示。液压油缸的工作介质为柴油机的润滑油。

电控单元发出指令使电磁阀动作,用从柴油机机油泵来的润滑油使电子提前器动作,进行喷油时间的控制。

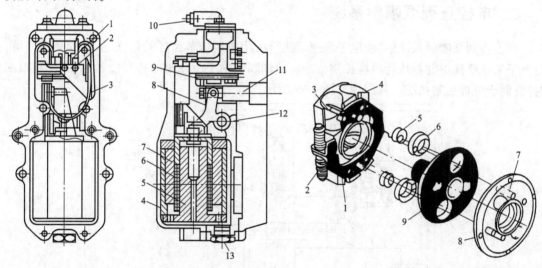

图4-79　电子调速器
1-销子;2-印制电路板;3-扁平电缆;4-外芯;5-内芯;6-移动式线圈;7-永久磁铁;8-连杆;9-齿杆位置传感器;10-外线束;11-调节齿杆;12-连杆轴;13-润滑油回油螺塞

图4-80　电子提前器的结构示意图
1-安装板;2-调时弹簧;3-活塞;4-缸筒;5-小偏心轮;6-大偏心轮;7-盘销;8-圆盘(柴油机上);9-法兰(喷油泵上)

电子提前器的工作原理见图4-81。四个液压活塞3在较低的油压下就能运动,液压活塞推动滑块8克服弹簧力向外运动,滑块又通过滑块销9使大、小偏心轮转动,大、小偏心轮的结构改变了喷油泵驱动轴6与喷油泵凸轮轴1之间的相对角位置,从而实现了喷油时间的调节。由于液压活塞仅是通过斜面来推动滑块,并不是铰链,因此即使液压系统失灵,滑块靠离心力仍可向外运动,像机械式供油提前角自动调节器那样起作用。但这时由于无液压力,会是供油提前角达不到所要求的角度。

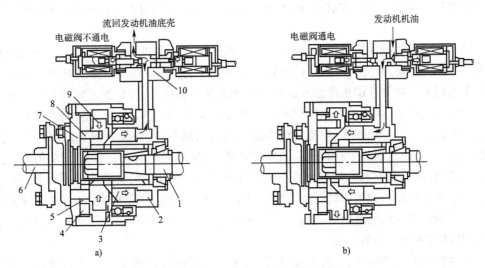

图 4-81　电子提前器的工作原理示意图

1-喷油泵凸轮轴;2-液压腔;3-液压活塞;4-大偏心轮;5-小偏心轮;6-喷油泵驱动轴;7-驱动外壳;8-滑块;9-滑块销;10-电磁阀

三、电控分配式喷油泵

电控分配式喷油泵是在 VE 型机械喷油泵的基础上加装电子控制系统而成的,图 4-82 为电控分配式喷油泵的结构示意图。

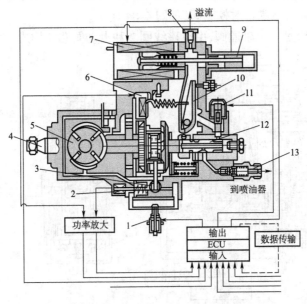

图 4-82　电控分配式喷油泵结构示意图

1-供油时间控制阀;2-供油提前器位置传感器;3-液压式喷油提前器;4-喷油泵驱动轴;5-输油泵;6-柴油机转速传感器;7-溢油阀电磁线圈;8-溢油阀;9-溢油阀位置传感器;10-调速器张力杠杆;11-断油阀;12-分配柱塞;13-出油阀

图 4-82 所示电控分配式喷油泵是用电子调速器取代 VE 型喷油泵的机械调速器,液压式供油提前器增加了供油时间控制阀 1,电控系统包括电控单元(ECU)和各种传感器,VE 型分配泵的其他结构均保留。

1. 电子调速器的工作原理

柴油机供油量的大小控制其转速,而供油量大小又由溢油电磁阀线圈通入电流的大小来控制。

如图 4-83 所示,柴油机正常工作时,驾驶员将加速踏板踩到某一位置,则溢油电磁阀线圈 1 内通入一定的电流,溢油阀阀芯 3 在电磁力的作用下,克服溢油阀弹簧 2 的弹力向左移动。调速器张力杠杆 7 在加速踏板弹簧 6 的拉力作用下逆时针摆动,使分配套筒向右移动,分配柱塞有一定的有效行程,向柴油机汽缸供给一定数量的柴油,柴油机便以一定的转速运转。

若驾驶员稍抬起加速踏板,电磁线圈内通入的电流减小,在溢油阀弹簧的作用下,溢油阀阀芯略向右移动,调速器张力杠杆被溢油阀阀芯推动,略向顺时针方向摆动一个角度,分配套筒略向左移动,使分配柱塞有效行程减小,柴油机供油量便少一些,其转速就要降低一些。

若柴油机负荷略微加大,其转速便降低,此时,电控单元接收到柴油机转速欲下降的信号,马上发出指令使通入溢油电磁阀线圈的电流略微增大,分配套筒即向右移动一点,增加了供油量,阻止柴油机转速下降的趋势。

当柴油机负荷略微减小,其转速便升高,电控单元根据其转速欲上升的信号,立刻发出指令使通入溢油电磁阀线圈的电流略微减小,配套筒即向左移动一点,减少了供油量,阻止柴油机转速上升的趋势。

溢油阀位置传感器 5 可以检测溢油阀阀芯位置即供油量的大小,并将信号反馈给电控单元,实现电子调速器对供油量调节的闭环控制。

2. 喷油提前器

电控分配式喷油泵保留了 VE 型喷油泵的液压式喷油提前器,但增加了供油时间控制阀 1 (图 4-82),该阀又称为电磁正时控制阀,如图 4-84 所示。

电磁正时控制阀是一个单通阀,由电磁线圈 2 和滑动阀芯 5 构成。

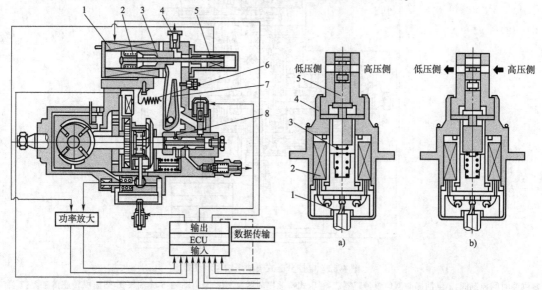

如图 4-83 电子调速器的工作原理图

1-溢油电磁阀线圈;2-溢油阀弹簧;3-溢油阀阀芯;4-溢油阀;5-溢油阀位置传感器;6-加速踏板弹簧;7-调速器张力杠杆;8-分配套筒

图 4-84 电磁正时控制阀

a)电磁线圈不通电;b)电磁线圈通电

1-导线;2-电磁线圈;3-阀芯复位弹簧;4-控制阀外壳;5-滑动阀芯

118

如图 4-84a) 所示，电磁线圈不通电时，滑动阀芯被复位弹簧 3 的弹力向上推移，滑动阀芯将高压侧油道和低压侧油道隔断，供油正时按喷油提前器工作过程控制。

如图 4-84b) 所示，电磁线圈通电时，滑动阀芯被吸引，克服阀芯复位弹簧的弹力向下移动，滑动阀芯环槽使高压侧油道和低压侧油道接通，作用在喷油提前器活塞左右两腔的油压相等，活塞在弹簧作用下复位，带动滚轮架相对于平面凸轮盘转动一个角度，形成一定的喷油提前角。

供油提前器位置传感器 2 (图 4-82) 是用来检测供油提前器活塞位置即喷油提前角大小的，电控单元 (ECU) 根据此信号对供油提前角进行闭环控制。

四、电控共轨式柴油喷射系统

电控共轨式柴油喷射系统是 20 世纪 90 年代研制出的一种全新的、正在发展的燃油喷射系统。如今，在欧洲的品牌轿车上很多都装用共轨式柴油机。

与凸轮轴驱动的柴油喷射系统相比，共轨式柴油喷射系统将柴油喷射压力的产生与柴油喷射过程分开，用电磁阀控制喷油器代替机械喷油器。该系统通过各种传感器检测出柴油机的实际运行状态，通过计算机计算和处理后，对喷油量、喷油时间、喷油压力和喷油率等进行最佳控制。

1. 组成

电控共轨式柴油喷射系统的结构如图 4-85 所示。它主要由喷油泵 1、共轨管 10、喷油器 14、电控单元 7 和各种传感器等组成。

电控共轨式柴油喷射系统分为高压共轨系统和中压共轨系统。在该系统中有一条公共油管，即共轨管 10，用高压 (或中压) 输油泵 3 向共轨管泵油，用电磁阀进行压力调节并由压力传感器进行反馈控制。有一定压力的柴油经共轨分别输入各缸喷油器，喷油器的电磁阀控制喷油量和喷油正时，即输油泵供油与喷油器喷油不直接发生关系，不用一一对应。若是中压共轨系统，喷油器喷出的高压柴油是靠喷油器自己的结构提升的，其压力高达 120～160MPa，甚至 200MPa。

2. 工作原理

如图 4-85 所示，柴油机工作时，输油泵 3 不断将柴油从油箱中吸出供入喷油泵 1，喷油泵再将柴油泵入共轨管 10 中。若共轨压力传感器 9 检测到共轨管内柴油压力过低或过高时，电控单元发出指令，调节共轨管内的柴油量，使其压力保持恒定。当柴油机工作到某缸需要喷油时，电控单元发出指令，使三通阀 11 左口关闭、右口与下口接通，该缸喷油器 14 的电磁阀动作，使其喷油。

3. 主要零部件结构

（1）喷油泵。喷油泵的作用是将低压柴油加压成高压柴油，储存在共轨管内，等待电控单元的指令，将高压柴油分配到各个汽缸，供油压力可以通过压力调节阀进行设定，所以，在共轨系统中可以自由地控制喷油压力。喷油泵结构如图 4-86 所示。

如图 4-86 所示喷油泵类似于传统的直列泵，喷油泵通过凸轮和柱塞机构使柴油增压，各柱塞上方配置有控制阀。凸轮有单作用型、双作用型、三作用型和四作用型等多种形式。图 4-86 采用三作用型凸轮，可使柱塞单元减少到 1/3。向共轨管中供油的频率应和喷油频率相同，可使共轨管中的压力平稳。

喷油泵工作原理如图 4-87 所示。柴油机工作时，从输油泵来的柴油流过安全阀 1，一部分经低压油路2进入柱塞室6,当偏心凸轮转动使柱塞下行时,进油阀7打开,柴油被吸入柱塞室;当偏心凸轮顶起柱塞时,控制阀关闭,柴油被压缩,压力急剧增加,达到共轨压力时,顶开出油阀8,高压柴油被送入共轨管。

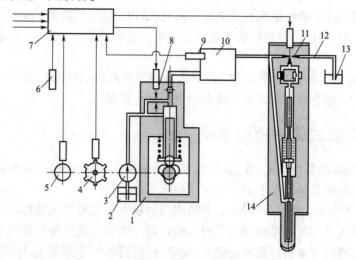

图4-85 电控共轨式柴油喷射系统结构示意图

1-喷油泵;2、13-柴油箱;3-输油泵;4-发动机转速传感器;5-曲轴位置传感器;6-油量控制踏板位置传感器;7-电控单元;8-电磁阀;9-共轨压力传感器;10-共轨管;11-三通阀;12-回油管;14-喷油器

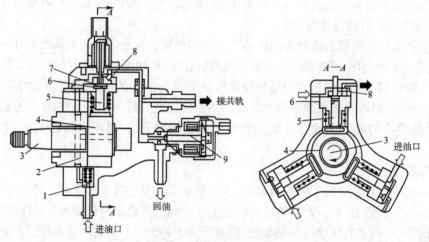

图4-86 喷油泵结构示意图

1-安全阀;2-低压油路;3-驱动轴;4-偏心凸轮;5-柱塞;6-柱塞室;7-控制阀;8-出油阀;9-压力调节阀

如图4-87a)所示,柱塞下行,控制阀开启,低压柴油经控制阀流入柱塞室。

如图4-87b)所示,柱塞上行,但控制阀中尚未通电,控制阀仍处于开启状态,吸入的柴油并未加压,经控制阀流回低压腔。

如图4-87c)所示,电控单元计算发出指令,向控制阀供电使之开启,切断回油路,柱塞室内柴油增压;高压柴油经出油阀压入共轨管内;控制阀开启后的柱塞行程是与供油量对应的。如果使控制阀的开启时间改变,则供油量随之改变,从而可以控制共轨压力。

如图4-87d)所示,凸轮越过最大升程后,柱塞进入下行行程,柱塞室内的压力降低,此时,出油阀关闭,压油停止;控制阀停止通电,则控制开启,低压柴油又将被吸入柱塞室,即恢复到图4-87a)的状态。

（2）电控喷油器。电控喷油器的功用是准确控制向汽缸喷油的时间、喷油量和喷油规律。

在电控共轨喷射系统中，设计及工艺难度最大的部件就是电控喷油器。各种电控喷油器的基本原理相同，结构相似，但外形差别较大。

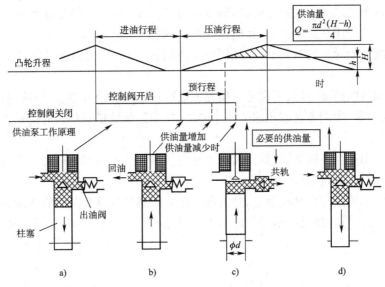

图 4-87　喷油泵工作原理

图 4-88 为带三通阀的电控喷油器，它主要由电磁阀 10、铁芯 8、滑阀 7、止回阀 5 和活塞 4 等组成。

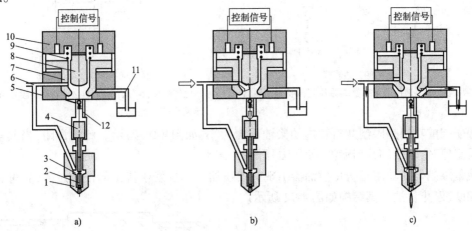

图 4-88　带三通阀的电控喷油器
a）喷油器结构；b）未喷油时；c）喷油时

1-针阀座；2-针阀；3-蓄压室；4-活塞；5-止回阀；6-进油管（高压）；7-滑阀；8-铁芯；9-复位弹簧；10-电磁阀；11-回油管；12-泄流通道

如图 4-88b）所示，喷油器未喷油时，电磁阀 10 不通入控制信号，滑阀 7 在复位弹簧 9 的作用下，将回油管 11 的通道堵住，此时从进油管 6 来的高压柴油，经滑阀上的孔和止回阀 5 作用在活塞 4 的上平面。由于活塞面积大，产生的向下推力可以快速将针阀 2 压到针阀座 1 上，起到快速停止喷油的作用，同时将针阀压紧在阀座上，防止二次喷射或因关闭不严而滴油。

如图 4-88c）所示，当电磁阀 10 通入电控信号时，滑阀在电磁力的作用下向上移动，滑阀上的孔被关闭，回油管 11 的通道被打开，作用在活塞上的高压柴油经回油管流回油箱。作用在针阀上部的压力减小,针阀开始上升,喷射开始。如果持续通电,则针阀上升到最大升程,达到最大喷油率状态。由于泄流通道12的面积较小,对泄流柴油有一定的节流作用,因此活塞上移的初速度较小,针阀初期打开的也较小,可实现喷油量初期较少的目的。

一旦切断通向电磁阀的控制信号,滑阀则在复位弹簧作用下下移,重新将回油管关闭,共轨管内的柴油压力作用在活塞上方,针阀快速关闭,喷油迅速结束。

控制电磁阀开始通电的时间,可以控制喷油正时;控制电磁阀通电时间的长短,可以控制喷油量。

带有三通阀的电控喷油器,不仅可以精确控制喷油定时和喷油量,还能获得良好的喷油规律,即初期喷油量少、中期多且能迅速地停止喷油,从而使柴油机获得较好的动力性和经济性。

(3)共轨管。

共轨管的功用储存高压柴油,保持其压力稳定。共轨管上装有共轨压力传感器2、流量限制器4和限压阀3,如图4-89所示。

共轨压力传感器固定在共轨管上,其内部的压力传感膜片感受共轨管内的柴油压力,通过电路分析,把压力信号转换成电信号并传给电控单元(ECU)进行控制,如图4-90所示。

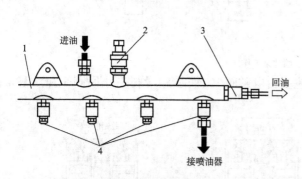

图4-89 共轨管
1-共轨管;2-共轨压力传感器;3-限压阀;4-流量限制器

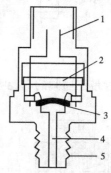

图4-90 共轨压力传感器
1-电气接头;2-分析电器;3-带传感器的膜片;4-高压接头;5-固定螺纹

限压阀的功用是限制共轨管内的柴油压力大小,如图4-91所示。此阀常闭,当共轨压力超过设定值时,限压阀开启泄油,使压力降低。

流量限制器的功用是防止喷油器出现持续喷油。一旦发生流出的油量过多,它可将柴油通路切断,停止供油。其结构如图4-92所示。

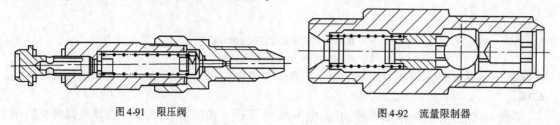

图4-91 限压阀　　　　　　　　　　　图4-92 流量限制器

4.主要特点

电控共轨式柴油喷射系统主要有以下特点:

(1)自由调节喷油压力(共轨压力):利用共轨压力传感器测量共轨内的燃油压力,从而调整喷油泵的供油量、控制共轨压力,使压力在20～200MPa。此外,还可以根据发动机的转速、喷油量的大小与设定的最佳值(指令值)比较,进行反馈控制。

（2）自由调节喷油量：以柴油机的转速及油门开度信息等为基础由 ECU 计算出最佳喷油量，通过控制喷油器电磁阀的通电、断电时刻直接控制喷油参数。

（3）自由调节喷油率形状：根据柴油机用途的需要，设置并控制喷油率形状，比如预喷射、后喷射、多段喷射等。

（4）自由调节喷油时间：根据柴油机的转速和负荷等参数，计算出最佳喷油时间，并控制电控喷油器在适当的时刻开启、在适当的时刻关闭等，从而准确控制喷油时间。

在电控共轨式喷射系统中，由各种传感器实时检测出柴油机的实际运行状态，由 ECU 根据预先设计的计算程序进行计算后，定出适合于该运行状态的喷油量、喷油时间、喷油率等参数，使柴油机始终都能在最佳状态下工作。

第五章 润 滑 系

第一节 概 述

一、润滑系的功用

柴油机工作时,运动零件表面间有高速的相对运动,如曲轴与主轴承、活塞环与汽缸壁、凸轮轴与凸轮轴轴承、气门与气门导管、正时齿轮副的齿轮之间等零件表面,即使在精密加工后仍有一定的粗糙度,在相对运动中就必然要产生摩擦。金属表面的摩擦不仅会增大发动机内部的功率消耗,使零件工作表面迅速磨损,而且由于摩擦所产生大量的热可能使某些工作零件表面熔化,致使发动机无法正常运转。因此,为保证发动机正常工作,必须对相对运动表面加以润滑,也就是在摩擦表面覆盖一层润滑剂(机油或油脂),使金属表面间隔一层薄的油膜,以减小摩擦阻力,降低功率损耗,减轻机件磨损,延长发动机使用寿命。

柴油机的润滑是由润滑系统来实现的,润滑系的功用有:

(1)润滑。连续不断地向摩擦表面提供润滑油,减少零件间的摩擦,保证内燃机正常工作。

(2)清洁。柴油机工作时,会因磨损产生大量的金属微粒,同时吸入的空气可能带入尘土以及燃烧后出现的固体炭质等,这些颗粒若进入零件的工作表面就会形成磨料,大大加剧了零件的磨损。而润滑系通过润滑油的循环流动,将这些磨料从零件的表面冲洗下来,并带回到曲轴箱。大的颗粒杂质沉到油底壳底部,小的颗粒杂质被机油滤清器滤出,从而起到清洁的作用。

(3)冷却。润滑油流经零件表面会带走一定的热量,起到冷却作用。

(4)密封。润滑油可填充活动面的空隙和间隙,起密封作用。

(5)防锈防腐。由于润滑油黏附在零件表面上,避免零件表面与水、空气及燃气的直接接触,起到了防止或减轻零件的锈蚀和化学腐蚀的作用。

(6)降低噪声。零件工作表面之间的润滑油膜能减轻金属零件之间的撞击噪声,此外液体润滑油具有一定的吸振能力。

(7)应力分散。液体润滑油能使局部受到的集中力分散,此外液体润滑油增大了零件的实际承压面积,因此起到缓冲局部峰值压力的作用。

二、润滑方式

柴油机工作时由于各运动零件的工作条件不同,因而所要求的润滑强度和方式也不同。零件表面的润滑按其供油方式可分为以下几种方式:

（1）压力润滑。润滑油被机油泵以一定的压力输送到摩擦表面进行润滑的方式,称为压力润滑。其特点是润滑可靠、润滑效果好并具有良好的清洗和冷却作用。负荷较大及相对运动速度较高的曲轴主轴承、连杆轴承及凸轮轴轴承等采用这种润滑方式。

（2）飞溅润滑。对外露、负荷较小、相对运动速度较低,或采用压力润滑较困难的零件,如活塞销、汽缸壁、凸轮表面、正时齿轮及挺柱等是依靠运动零件飞溅起来的油滴或油雾进行润滑的,这种方式称为飞溅润滑。采用飞溅润滑几乎不需要专门的机件,但润滑强度受到柴油机转速的影响,并且润滑可靠性较差。

（3）定期润滑。对柴油机的某些辅助装置如风扇、水泵、发电机的轴承等,则采用定期润滑,即定期地向其加注润滑脂,以保证润滑。

三、润滑系的组成

图 5-1 为柴油机综合润滑油路,其主要组成及作用如下:

（1）油底壳。储存、收集、冷却和沉淀润滑油。

（2）机油泵。机油泵给机油加压,向摩擦表面强制供油。

（3）集滤器、细滤器、粗滤器。滤去润滑油中的杂质,以减轻零件的摩擦和磨损,防止油路堵塞。集滤器和粗滤器的流动阻力较小,串联在油路中。细滤器能滤掉油中细小杂质,其流动阻力较大,与主油路并联布置,润滑油经细滤器过滤后流回油底壳。

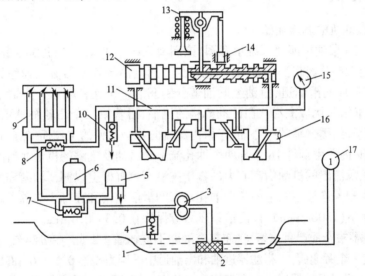

图 5-1　柴油机综合润滑油路

1-油底壳;2-集滤器;3-机油泵;4-限压阀;5-细滤器;6-粗滤器;7-安全阀;8-恒温阀;9-机油冷却器;10-溢流阀;11-主油道;12-凸轮轴;13-摇臂;14-挺柱;15-机油压力表;16-曲轴;17-机油温度表

（4）机油冷却器和恒温阀。在柴油机工作过程中,润滑油将吸收摩擦产生的热量,机油温度升高。润滑油的温度若过高,不仅会加速润滑油的老化变质、缩短润滑油的使用期限,而且也使润滑油的黏度下降、润滑性能变差,导致零件磨损量增大。故在部分柴油机的润滑油路中装有机油冷却器,对润滑油进行适当冷却。并联在机油冷却器两端的恒温阀为一止回阀,用来自动控制润滑油的冷却强度,使润滑油温度保持在最适宜的范围内。当柴油机温度较低时,润滑油的黏度较大,润滑油流过冷却器的阻力增大,润滑油压力升高,此时恒温阀开启,大部分润滑油不经过冷却器而直接由此阀流过,使润滑油温度不致降低;当润滑油的温度升高到一定值时,恒温器关闭,润滑油便全部流经冷却器而得到冷却,从而维持润滑油温度在一个合适的范围内。

（5）限压阀（调压阀），与润滑系主油路并联,用来限制油路的最高油压,防止机油泵过载以及避免密封件损坏等。当主油路机油压力超过规定值时,限压阀打开,让一部分机油流回油底壳。

（6）安全阀（旁通阀）。安全阀通常装在粗滤器上并与滤芯并联。当粗滤器滤芯被污物堵塞时,润滑油流过滤芯的阻力增大、流量减小,就有可能造成摩擦表面得不到良好的润滑,此时粗滤器进油管路中的油压升高,安全阀被打开,润滑油不经粗滤器过滤而直接流向主油道,以保证必要的润滑。柴油机在低温启动时,润滑油黏度大,流动阻力大,安全阀也会开启。

（7）溢流阀,安装在主油道上,用来保证主油道压力不致过高。当油压超过正常值时,溢流阀开启,一部分润滑油流回油底壳。

（8）油压表、油温表分别用来指示主油道的油压和油温。

（9）油管、油道用来输送润滑油。

柴油机的润滑系并不都是全部装有上述装置。如有些柴油机无机油冷却器,而只用油底壳来散热;有的柴油机用限压阀兼作溢流阀;有些柴油机采用手操纵的转换开关来代替恒温阀等。

四、润滑油路

1.6135 型柴油机的润滑油路

图 5-2 为 6135 柴油机润滑系统示意图,该润滑系统中细滤器与粗滤器是并联的,机油泵压出的机油的绝大部分经粗滤器进入主油道,少量的机油经细滤器流回油底壳。整个曲轴是空心的,其空腔形成润滑油道,机油经此油道分别润滑各个连杆轴承。曲轴主轴承是滚动轴承,用飞溅方式润滑。用以润滑气门传动机构的机油,沿着第二个凸轮轴轴承引出的油道,一直通到汽缸盖上气门摇臂轴的中心油道,再由此流向各个摇臂的工作面,然后顺推杆表面上流到杯形的挺杆 16 内。由挺杆 16 下部两个油孔流出的机油及飞溅的机油润滑凸轮工作面。

连杆大头轴承流出的机油借离心力的作用飞溅至汽缸壁上以润滑活塞和汽缸套。由活塞油环刮下的机油溅入连杆小头上的两个油孔内以润滑活塞销和连杆小头轴承。

在标定转速下（1800r/min）,该润滑系压力应保持在 0.3 ~ 0.4MPa。

若机油粗滤器被杂质严重堵塞,将使整个油路不能畅通。因此,在机油泵、主油道以及粗滤器之间并联设置一个旁通阀,当粗滤器进油和出油道中的压力差达 0.15 ~ 0.18MPa 时,旁通阀即被推开,使机油不经过粗滤器滤清面直接流入主油道,以保证对内燃机各部分的正常润滑。

如果润滑系中油压过高（例如,在冷启动时,机油黏度大,就可能出现油压过高现象）,这将增加发动机功率损失,为此在机油泵端盖内设置柱塞式限压阀,当机油泵出油压力超过0.6MPa时,作用在阀上的机油总压力将超过限压阀弹簧的预紧力,顶开柱塞阀而使一部分机油流回机油泵的进油口,在机油泵内进行小循环。弹簧预紧力可用增减垫片数目的办法来调节。

2. 康明斯 NT-855 型柴油润滑油路

康明斯 NT-855 型柴油机润滑系采用全流式机油冷却和旁流式机油滤清。可使润滑油达到较好的净化和滤清效果。其润滑系统油路如图 5-3 所示,机油泵安装在发动前端左下侧外部,为双联齿轮泵。安全阀设在机油泵体上,机油滤清器安装在柴油机左侧。机油粗滤器和水冷式机油散热器连成一体,装于柴油机左侧,冷却器座上还设有高压阀。转向液压油散热器以及离合器油散热器与机油散热器连为一体,分别用来为机油散热。

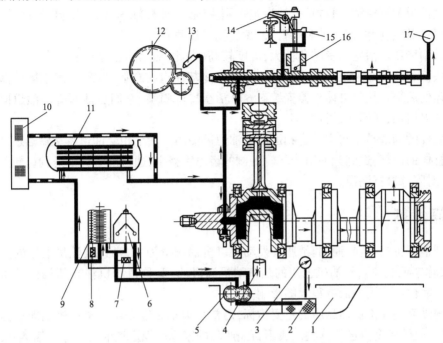

图5-2 6135型柴油机润滑系统示意图

1-油底壳;2-吸油盘滤网;3-油温表;4-加油口;5-机油泵;6-离心式机油滤清器;7-调压阀;8-旁通阀;9-刮片式机油粗滤器;
10-风冷式机油散热器;11-水冷式机油散热器;12-齿轮系;13-齿轮润滑的喷嘴;14-摇臂;15-汽缸盖;16-挺杆;17-机油压力表

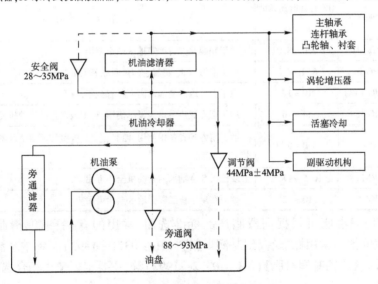

图5-3 NT-855型柴油机润滑系示意图

安全阀的作用是限制润滑系统油压不得过高,其调定压力为890～940kPa。机油泵送出的压力机油,大部分经油管进入散热器座,少部分经细滤器旁路排回油底壳。进入散热器的机油冷却并经精滤器滤清后,再由散热器座送出。调压阀设在散热器座上,调整调压阀可改变系统油压范围,其调定压力为440MPa±40kPa。与粗滤器并连接有一旁通阀,当粗滤器堵塞时可提供润滑油通路,阀压280～350kPa,起安全作用。

经冷却和滤清后的压力机油由散热器座送到主油道,在此,机油开始分流润滑。其中,一路通过供油软管进入增压器,增压器回流的机油通过回油软管流回曲轴箱中。

进入主油道的润滑油,通过钻孔油道被送到主轴承、连杆轴承、活塞销衬套、凸轮轴衬套、凸轮随动臂轴及随动臂、摇臂轴和摇臂等,然后流回油底壳中。

由于采用增压器活塞承受的负荷大,温度较高,因此,对活塞必须进行冷却。活塞冷却是由主油道头部相通的输油道来供油的。一个活塞冷却油道在缸体右侧,自汽缸体前部一直延伸到汽缸体的后部。从汽缸体外侧安装有6个活塞冷却喷嘴,它们自活塞冷却油道向每个活塞的内腔喷射机油,对活塞进行冷却。

传动附件的润滑是由与主轴道相通的输油道供油的。一个相交油道将从输油道来的润滑油引出汽缸体的前部,送到柴油机排气管一侧的齿轮室盖中,通过油管将油送到齿轮及附件传动轴套上,对附件进行润滑。

五、润滑剂

润滑剂包括机油、齿轮油、润滑脂。发动机以机油润滑为主,高速柴油机上用的是柴油机润滑油(又称柴油机油),汽油机上用的是汽油机润滑油(又称汽用机油),机油的品质对内燃机的工作可靠性和使用寿命有很大的影响。

机油的黏度是评价机油品质的主要指标,通常用运动黏度表示。国产机油即根据在温度100℃情况下机油黏度值进行分类。我国石油产品国家标准规定汽油机油分为四类,柴油机油则按国家标准规定分为三类,见表5-1。

机 油 的 分 类 表5-1

机油类别	牌号	100℃时运动黏度 (mm^2/s)	适 用 季 节 和 地 区
汽油机油 (车用机油)	HQ-6D	6.0~8.0	适于我国北方各严寒地区冬季使用
	HQ-6	6.0~8.0	适于淮河以北、新疆、青海、西藏等地区冬季使用
	HQ-10	10~12	适于上述地区夏季及南方各省全年使用
	HQ-15	14~16	适于南方亚热带地区夏季使用,磨损较严重的汽油机尤为合适
柴油机油	HC-8	8.0~9.0	适于南方各省冬季使用;西北、东北、青藏等严寒地区冬季使用低凝点稠化HC-8机油
	HC-11	10.5~11.5	装巴氏合金轴承的柴油机全年可用
	HC-10	10~12	全国在夏季长江以南地区全年可用

内燃机所用润滑脂可根据润滑脂产品标准选用,常用的有《钙基润滑脂》(GB 491—2008)。发动机润滑脂常用标准有《铝基润滑脂》(SH/T 0371—1992)、《钙钠基润滑脂》(SH/T 0368—1992)及《合成钙基润滑脂》(SH/T 0372—1992)等,主要根据使用场合选用。

第二节　润滑系的主要机件

润滑系的主要机件有机油泵、机油滤清器和机油冷却器等。

一、机油泵

机油泵通常采用齿轮式和转子式两种结构形式。

1. 齿轮式机油泵

齿轮式机油泵由泵体、泵盖、主动齿轮、从动齿轮、主动齿轮轴及传动螺旋齿轮等组成,如图5-4所示。当柴油机工作时,凸轮轴的驱动齿轮带动螺旋齿轮而使泵壳内的主动齿轮旋转,主动齿轮又带动从动齿轮做反方向旋转,将机油从进油口沿齿隙与泵壁间送至出油口(图5-5)。在此同时,进油口处形成低压,产生吸力,机油盘内的机油被吸入进油口,出油口处的机油愈积愈多,因而油压增高,机油便不断被泵压送到各摩擦部分去进行润滑。

当齿轮进入啮合时,由于容积变小啮合齿间的机油在齿轮间产生很大的推力。为此,在泵盖上铣出一条卸压槽,使轮齿啮合时齿间挤出的机油可以通过卸压槽流向出油腔。齿轮式机油泵由于结构简单,制造容易,并且工作可靠,所以应用最广泛。

2. 转子式机油泵

转子式机油泵由内转子3、外转子5、油泵壳体等组成,如图5-6所示。

图5-7是转子式机油泵的工作原理图。油泵工作时,内转子带动外转子向同一方向转动。内转子有四个凸齿,外转子有五个凹齿,它们可以看做是一对只相差一个齿的内齿啮合传动,转速比是5:4,故转子泵又称为星形内啮合转子泵。无论转子转到任何角度,内外转子各齿形之间总有接触点,分隔成五个空腔。进油道的一侧的空腔,由于转子脱开啮合,容积逐渐增大,产生真空度,机油被吸入空腔内,转子继续旋转,机油被带到出油腔一侧,这时转子进入啮合,油腔容积逐渐减小,机油压力升高并从齿间挤出,拉压后的机油从出油道送出。

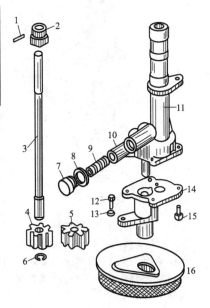

图5-4 齿轮式机油泵

1-销;2-油泵驱动齿轮;3-油泵驱动齿轮轴;4-主动齿轮;5-从动齿轮;6-止动弹簧;7-安全阀螺塞;8-衬垫;9-弹簧;10-安全阀;11-机油泵体;12、15-螺栓;13-垫圈;14-油泵盖;16-机油集滤器

转子式机油泵结构紧凑,吸油真空度较高,泵油量较大,且供油均匀,当油泵安装在曲轴箱外且位置较高时,用此种油泵较为合适。

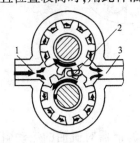

图5-5 齿轮式机油泵工作原理图

1-进油腔;2-卸压槽;3-出油腔

二、机油滤清器

机油在流动输送过程中,所经过的滤清器滤芯越细密、滤清次数越多,将使机油流动阻力越大。为此,在润滑系中一般装用几个不同滤清能力的滤清器——集滤器、粗滤器和细滤器,分别串联和并联在主油路中(与主油道串联的滤清器称为全流式滤清器,与主油道并联的则称为分流式滤清器),这样既能使机油得到良好的滤清,又不致造成很大的流动阻力。

1. 集滤器

为了防止较大的杂质进入机油泵,通常将浮式集滤器安装在机油泵之前,并浮在润滑油面上,浮式集滤器的固定油管装在机油泵上,吸油管一端和浮筒焊接,另一端与固定油管活络连接,这样可以使浮筒自由地随润滑油液面升起或降落。

当机油泵工作时,润滑油从罩板与滤网间的狭缝被吸进机油泵,通过滤网时,杂质被滤去。若滤网被杂质阻塞,机油泵所形成的真空度,将迫使滤网向上,使滤网的环口离开罩板,润滑油便直接从环口进入吸油管,以保证机油的流动不致中断。

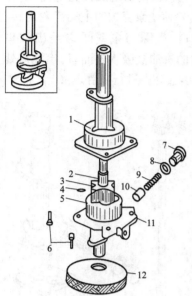

2. 粗滤器

粗滤器用以滤去机油中粒度较大(直径为 0.05 ~ 1.0mm)的杂质,它对机油的流动阻力较小,故一般串联于机油泵与主油道之间,称为全流式滤清器。

粗滤器根据滤芯的不同,通常采用线绕式(图 5-8a),刮片式(图 5-9),纸质式(图 5-10)三种。现代发动机多采用纸质滤芯。

图 5-10 为发动机纸质滤芯式粗滤器。滤清器壳体由铸铁上盖和板料压制的外壳组成。滤芯用经过树脂处理的微孔滤纸制成,滤芯的两端由环形密封圈密封。机油由上盖上的进油孔流入,通过滤芯滤清后,经盖上的出油孔流入主油道。若滤芯被杂质堵塞后,当其内外压差达到 0.15 ~ 0.17MPa 时,旁通阀的球阀被顶开,大部分机油不经过滤芯滤清,直接进入主油道,以保证润滑系统的正常润滑。

滤芯滤纸一般经过酚醛树脂处理,具有较高的强度、抗腐蚀能力和抗水湿性能。因此,纸质滤清器具有质量小、体积小、结构简单、滤清效果好、过滤阻力小、成本低和保养方便等优点,目前在国内外得到了日益广泛的应用。

图 5-6 转子式机油泵
1-上泵体;2-轴;3-内转子;4-销;5-外转子;6-螺栓;7-安全阀螺塞;8-衬垫;9-弹簧;10-安全阀;11-下泵体;12-机油集滤器

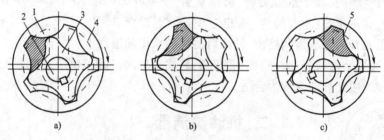

图 5-7 转子式机油泵工作原理图
a)进油;b)压油;c)出油
1-进油腔;2-油泵轴;3-内转子;4-外转子;5-出油腔

3. 细滤器

细滤器用以清除直径在 0.001mm 以上的细小杂质。由于这种滤清器对机油的流动阻力较大,故多做成分流式,与主油道并联,只有小量机油通过细滤器。

细滤器按清除杂质的方法来分,可分为过滤式机油滤清器和离心式机油细滤器两种类型,过滤式机油细滤器存在着滤清能力与通过能力的矛盾。为此,不少发动机采用了离心式机油滤清器。

图 5-8b)为 6135 型柴油机的离心式机油细滤器,它在油路中与主油道并联。在底座 9 上

固定着空心的转子轴8,转子体5套在转子轴上,用螺母把转子盖4与转子体5紧固在一起。整个转子用转子外壳1罩住,转子外壳则用螺母拧紧在转子底座上。在转子中有两根直立管,它的上部装有滤网3,而管的下端有两个水平安装互相反向的喷嘴6。

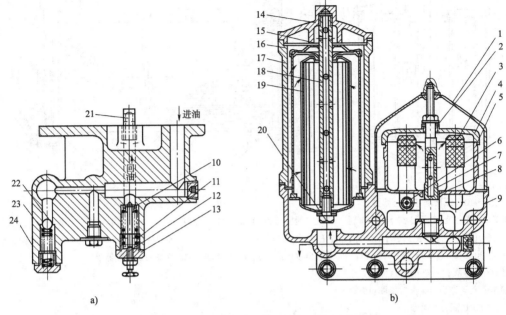

a)　　　　　　　　　　　　b)

图 5-8　6135 系列柴油机机油滤清器(粗滤器为绕线式)

1-转子外壳;2-转子上轴承;3-滤网;4-转子盖;5-转子体;6-喷嘴;7-转子下轴承;8-转子轴;9-底座;10-调压器;11-调压弹簧;12-调节螺钉;13-调压阀外体;14-粗滤器盖;15、16-密封圈;17-粗滤器体;18-粗滤器轴;19-粗滤器芯子;20-螺钉;21-回油管接头;22-旁通阀;23-旁通阀弹簧;24-螺母

当柴油机工作时,机油从进油道经实心的转子轴8进入转子内,然后从滤网3进入直立管中,而后由水平喷嘴6喷出。由于喷射反作用力的作用,使转子以高速旋转,于是机油中的杂质在离心力的使用下,与机油分离而被甩向四周,并沉积在内壁上,由喷嘴喷出的洁净的机油,直接流回油底壳。

三、机油散热器

在功率较大的柴油机上,通常装有机油散热器,它的功用是降低机油的温度,防止机油黏度过低,以保证润滑性能。

机油散热器有风冷式和水冷式两种。

风冷式机油散热器一般与冷却水散热器一起,装在柴油机的前端,借风扇作用而冷却机油。对于工程机械,根据使用要求和总体布置的需要,柴油机有前置、后置之分,因此风冷散热器有吸风散热和排风散热两种。

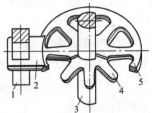

图 5-9　刮片式滤清器的滤芯
1-刮片轴;2-刮片;3-转轴;4-滤片垫;5-滤片

水冷式机油散热器是利用柴油机的冷却水来冷却机油的。图 5-11 为 135 系列柴油机的水冷式机油散热器。装在外壳内的散热器芯子是一组带散热片的铜管;两端与散热器前、后盖内的水室相通。工作时,冷却水在管内流动,而机油则在管外受隔片限制而成曲折路线流动。高温机油的热量通过水管上的散热片传给冷却液而被带走,达到了冷却机油的目的。

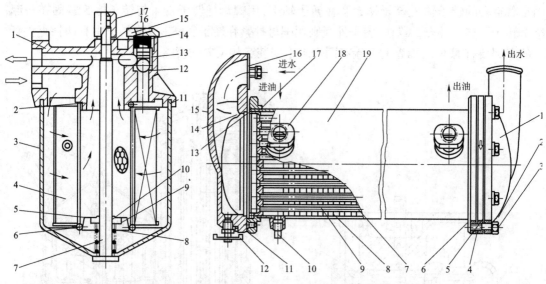

图 5-10　纸质滤芯式粗滤器

1-上盖;2-滤芯密封圈;3-外壳;4-纸制
滤芯;5-托板;6-滤芯密封圈;7-拉杆;
8-滤芯压紧弹簧;9-压紧弹簧垫圈;
10-拉杆密封圈;11-外壳密封圈;12-球
阀;13-旁通阀弹簧;14-密封垫圈;15-阀
座;16-密封垫圈;17-螺母

图 5-11　水冷式机油散热器

1-散热器前盖;2-弹簧垫圈;3-螺钉;4、11、16-垫片;5-芯子凸缘;6-外壳凸缘;
7-冷却管;8-隔片;9-散热片;10-方头螺塞;12-放水阀;13-封油圈;14-封油垫
片;15-散热器后盖;17-芯子底板;18-接头;19-散热器外壳

第三节　曲轴箱通风

柴油机运转时,有极少的工作混合气和废气经活塞和汽缸内壁的间隙流入曲轴箱内。进入曲轴箱内的燃油混合气凝结后将机油变稀,从而减小润滑油的黏度,并使润滑油性能变坏。因此,曲轴箱必须进行通风,使进入的新鲜空气在箱内回旋后,将水蒸气和油蒸气带出去或再加以利用。

曲轴箱通风的方式有三种:自然通风、强制封闭式通风和止回阀通风。

1. 自然通风

在与曲轴箱连通的气门室盖或润滑油加注口接出一根下垂的出气管(图 5-12),管口处切成斜口,切口的方向与车辆行驶的方向相反。由于车辆的前进和冷却系风扇所造成的气流作用,使管内形成真空而将废气抽出,曲轴箱中的气体直接导入大气中去。这种通风方法称曲轴箱的自然通风。

2. 强制封闭式通风

强制封闭式通风装置如图 5-13 所示。进入曲轴箱内的新鲜混合气和废气在进气管真空度作用下,经挺杆室、推杆孔进入汽缸盖后罩盖内,再经小空气滤清器、管路、止回阀进气歧管,与化油器提供的新鲜混合气混合后,进入燃烧室参加再燃烧。新鲜空气经汽缸盖前罩盖上的小空气滤清器进入曲轴箱。为了降低曲轴箱通风抽出的机油消耗,除在汽缸盖后罩盖内装有挡油板外,在后罩盖上部还装有起油气分离作用的小滤清器,在管路中串联曲轴箱止回阀。

当发动机小负荷低速运转时,由于进气管真空度较大,止回阀克服弹簧力被吸住在阀座上,曲轴箱内的废气经止回阀上的小孔进入进气管。随着发动机转速增高、负荷加大,进气管真空度降低,弹簧将止回阀逐渐推开,通风量也逐渐加大。当发动机大负荷工作时,止回阀全开,通风量最大,从而可以更新曲轴箱内的气体。

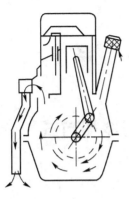

图5-12　自然通风

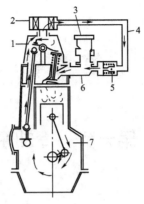

图5-13　强制封闭式通风

1-汽缸盖后罩盖;2-空气滤清器;3-化油器;4-通风管路;5-曲轴箱通风止回阀;6-进气歧管;7-曲轴箱

第六章 冷却系

第一节 冷却系的功用和冷却方式

一、功用

发动机工作时,燃烧室内最高瞬间温度可达2000℃左右,在这样的高温下,受热的零部件将无法正常工作,从而会产生一系列严重后果。

(1)在高温下,零件的力学性能,如刚度和强度会显著下降,以致发生变形和破裂。

(2)由于温度过高会破坏零件间的正常配合间隙,使之不能正常工作,严重时会出现卡死现象。

(3)润滑油在高温下易氧化变质、黏度下降、润滑条件恶化,致使零件磨损加剧、功率消耗增大。

(4)汽缸内温度过高,容比增大,使汽缸充气量减少,从而导致发动机功率下降。

因此,若要发动机正常工作就必须进行冷却。但是,若冷却过度,发动机温度过低也将产生不良后果。

(1)汽缸内温度过低,不利于可燃混合气体的形成和燃烧,使燃油耗量增加。

(2)温度过低,机油黏度增大,运动件间摩擦阻力增大,从而使功率损失增大。

(3)燃烧废气中的水蒸气和硫化物在低温时易凝结成亚硫酸,造成零件腐蚀。

(4)工作温度过低即增加了散热功率,又使转变为机械能的热量减少,从而使发动机的热效率和输出功率降低。

由上述分析可知,要使发动机能正常工作,就必须保证一个正常的工作温度。而冷却系的作用就在于此——使发动机能始终处在最适宜的温度范围内工作。

二、冷却方式

发动机的冷却方式按冷却介质分风冷却和水冷却。

水冷却系以冷却液为冷却介质,热量先由机件传给冷却液,依靠冷却液的循环把热量带走后散入大气中,散热后的冷却液再重新流回到受热机件处。适当调节水路和冷却强度,便能保持柴油机的正常工作温度。此外,可用热水预热柴油机,便于冬季启动。目前,多数公路工程机械用柴油机采用水冷却方式。风冷却系是利用空气流动将高温零件的热量直接散入大气中。

三、正常温度

水冷式柴油机保持正常运转时其冷却液的温度应在353~368K(80~95℃)之间,这样才能保证可燃混合气的形成和正常燃烧并使零件间的配合间隙处于正常工作范围。此时,汽缸壁温度不超过 393～413K(120～140℃);汽缸盖、活塞顶部的温度不超过 573～673K(300～400℃);润滑油的温度在 333～353K(60～80℃),保证了柴油机具有较好的动力性、燃料使用经济性和净化性,使零件的运动和磨损正常。

风冷式柴油机汽缸壁的温度允许为 423～453K(150～180℃),铝汽缸盖则为 433～473K(160～200℃)

第二节　水冷却系

水冷却系根据冷却液循环方式分为自然对流式和强制循环式。

自然对流是以水受热后,热水向上运动而冷水向下运动这种物理现象进行循环的。这种循环冷却液箱必置于发动机之上。由于自然对流冷却不均匀、效果差,故只用在小功率发动机上。

强制循环式水冷却系是利用水泵强制冷却液在发动机的水套和散热器之间进行循环流动。由于这种循环冷却液的流量、循环路径,流经散热器的风力、风量可以调节,故其冷却能力大且冷却强度可调、冷却均匀、工作可靠。目前,在发动机上广泛采用。本节只重点介绍强制循环式水冷却系。

一、强制循环式水冷却系的组成及循环路径

强制循环式水冷却系的组成如图 6-1 所示。它主要由水泵 8、水套 6、散热器 1、分水管 7 及节温器 4 等部件组成。

在水冷发动机的汽缸体和汽缸盖中都铸有储水的连通水套、水管和空间,使循环的冷却液得以接近受热零件吸收并带走热量。在多缸发动机中,为了使各汽缸冷却均匀,在水套中设有分水管。分水管一般为铜制扁管,插入缸体水套中。沿扁管的纵向开有若干个出水孔,离水泵愈远其孔径愈大,冷却液能均匀地分配给各缸水套,从而使各缸能得到充分均匀的冷却。在有的发动机上,为使汽缸盖上高温部分获得较好的冷却,通常在气门座过梁处、气门座与喷油器之间,以及气门座与辅助燃烧室之间设有较大的通水孔或加装专门的喷水管,以加强这部分的冷却。

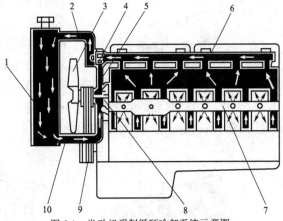

图 6-1　发动机强制循环冷却系统示意图

1-散热器;2-上水管;3-风扇;4-节温器;5-旁通道;6-水套;7-分水管;8-水泵;9-风扇皮带;10-下水管

节温器是一个根据冷却液温度高低可自动调节水循环路径的开关。当发动机冷启动时,或天气寒冷发动机温度较低时,它可自动关闭去散热器的通道,使冷却液由水套出口直接流入水泵入口。

发动机工作时,冷却液的循环路径是:水泵将散热器下水管经过冷却的冷却液泵入分水管,再进入缸体水套、缸盖水套,吸收热量后,再经缸盖出水口流经节温器。当冷却液温度高

时,节温器开启,冷却液经散热器散热后再由下水管流入水泵。当冷却液温度低时,节温器关闭,冷却液不经散热器,直接由旁通管进入水泵。这种冷却液流经散热器的循环称为大循环,不经散热器的循环称为小循环。当节温器处在半开启状态时,大、小、循环同时存在。

在冷却系中,散热器如果是通过溢水管或加水口与大气相通,则称为开式冷却系;如果在散热器盖上,或溢水管处安装有空气蒸汽阀,则称为闭式冷却系。闭式冷却系可以提高冷却液的沸点,特别是在高原地区,大气压力较低时,可保证冷却液不致过早沸腾,从而减少冷却液的消耗量。

二、主要部件的构造

1. 散热器

散热器是将冷却液在机体内吸收的热量传给外界空气,使冷却液降温,以便再次循环对发动机进行冷却。

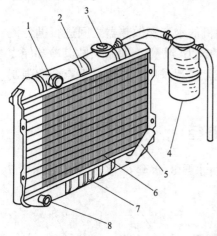

图6-2　散热器

1-进水管;2-上水箱;3-散热器;4-副储水箱;
5-出水口;6-散热器芯;7-下水箱;8-放水开关

散热器的一般构造如图6-2所示,它主要由上水箱、下水箱、散热器芯、散热器盖、放水开关等部件组成。其工作原理如下:由水泵驱动已冷却的冷却液通过缸盖高温处,进行热交换,然后由缸盖出口进入散热器的上水箱,再流经散热器芯,与由风扇吹过的高速、温度较低的气流进行热交换,冷却后的冷却液流入下水箱,再由下水箱出口吸入水泵进口,从而完成一次散热循环。

（1）散热器芯。它是散热器的主要散热元件。在发动机上常见到的散热器芯有管片式（图6-3）和管带式（图6-4）,不管是管片式还是管带式,其冷却管断面大都采用扁管,而很少采用圆管。这是因为,在容积相同的情况下,扁形管散热面积大。同时,当冷却液因冻结膨胀时可借助其横断面的变形而避免破裂。管片式的散热器芯其散热面积大,对气流阻力小,结构刚性好,但制造工艺较复杂;直管带式散热器散热能力较强,制造工艺简单,但结构刚度较差;波纹管带式散热器散热能力强,但制造工艺复杂,现应用较少。

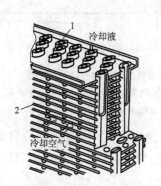

图6-3　管片式散热器芯

1-冷却液管;2-散热片

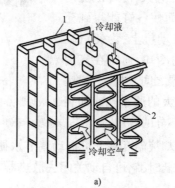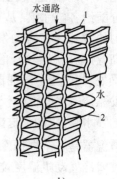

a)　　　　　　　　　b)

图6-4　管带式散热器芯

a)直管带式;b)波纹管带式

1-冷却液管;2-散热带

（2）散热器盖。闭式水冷却系散热器上水箱的加水口平时用散热器盖严密盖住，以防冷却液溅出。但如果冷却系中水蒸气过多、压力过大，可能导致散热器破裂；而当冷却系温度降低时，其中的水蒸气凝结，又会使系统内压力低于外界压力，致使散热器芯冷却管被大气压坏。所以，在闭式水冷却系的散热器盖内，都装有一个根据散热器内蒸汽压力大小而自动开启或关闭的阀门，称为空气—蒸汽阀。当发动机工作温度正常时，阀门关闭，并使系统内压力稍高于大气压力，这样可以提高冷却液的沸点，防止水蒸气过早逸出，减少冷却液的消耗量。这一措施对于在热带、干旱和高原行驶的工程机械尤为有利。

图6-5为带有空气—蒸汽阀的散热器盖，它主要由加水口盖3，蒸汽阀5，空气阀6及蒸汽阀弹簧4和空气阀弹簧7组成。当发动机热状态正常时，蒸汽阀和空气阀各自在弹簧的压力的作用下处于关闭状态。这时系统水路与大气隔开；当冷却系统温度升高，散热器中压力达到一定值（一般为26～27kPa，在此压力下冷却系内水的沸点可达108℃）时，蒸汽阀5克服弹簧4的压力开启，水蒸气从蒸汽阀经通气口排入大气，从而使系统的压力下降到规定值。当冷却液温度下降，系统内的真空度达10～20kPa时，空气阀6在大气压力的作用下，克服空气阀弹簧7的弹力被推开，空气从通气口进入冷却系，以防止散热器芯被大气压坏。

2. 水泵

水泵的作用是对冷却液加压，迫使其在冷却系水路中循环流动。目前，发动机上多采用离心式水泵，如图6-6所示。它主要由泵壳1、泵盖3、叶轮2、水泵轴4、轴承6以及水封5等零件组成。在叶轮和轴承中间装有水封，以防冷却液泄漏而进入轴承。水封是由密封垫、皮碗和弹簧组成。叶轮的叶片一般制成径向和后弯曲的，水泵的工作原理如图6-7所示，当泵轴3转动时，水泵中的冷却液被叶轮2带动一起旋转，并在自身离心力的作用下，向叶轮边缘甩出，然后经水泵壳体1上部与叶轮成切线方向的出水口5被压入发动机缸体水套中。同时，叶轮中心处压力降低，散热器中的冷却液便从散热器下水管经水泵进口4吸入叶轮中心。

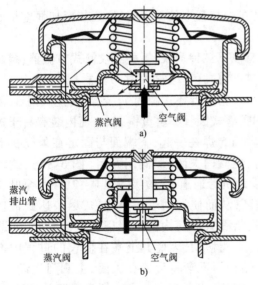

图6-5 带空气—蒸汽阀的散热器盖
a)空气阀开启；b)蒸汽阀开启

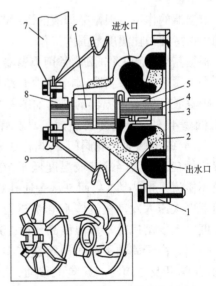

图6-6 水泵结构
1-泵壳；2-叶轮；3-泵盖；4-水泵轴；5-水封；
6-轴承；7-风扇叶片；8-法兰盘；9-皮带轮

离心式水泵结构简单,尺寸小且排量大,当水泵因故停止转动时,冷却液仍可进行自然循环,因而被广泛采用在各类发动机中。

3. 风扇

风扇通常安装在散热器之后、发动机之前,如图 6-7 所示。其作用是加快流经散热器并吹向机体气流的速度,提高散热器的散热能力,并带走发动机表面热量。

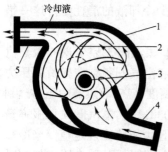

图 6-7 离心式泵工作原理示意图
1-水泵壳体;2-叶轮;3-泵轴;4-进水口;5-出水口

风扇的风量与其转速、风扇直径、叶片数目、形状及安装角度有关。叶片多为薄钢板冲压而成,也有塑料制成的叶片,其翼形断面呈流线型,以提高送风效率,叶片的数目通常为 4～6 片,为了减少旋转产生的噪声,叶片间的夹角一般不相等。

风扇的驱动可借助曲轴动力机械驱动,也可由电动机驱动。

在工程机械中,多用机械驱动风扇,在机械驱动中,风扇一般是安装在水泵轴上,通过三角齿带直接由曲轴驱动。这种形式的驱动,结构简单,工作可靠。由于发动机的温度受环境温度影响很大。在冬季低温时,尽管发动机处在高速运转,但机体温度并不高,这时高速风扇强制通风,会使机体温度过低。在夏季高温时,即使发动机在低速动转它的温度仍会很高,低速运转的风扇不能满足冷却的需要,显然这种简单的机械驱动风扇并不能很好地调节发动机的温度。因此,在很多轿车上采用了硅油风扇离合器和电磁风扇离合器,以便根据机体温度来控制风扇的转速。这不仅保证了发动机经常处于最有利的温度范围内工作,提高了发动机的寿命,同时也减少了风扇所消耗的功率。

电动风扇是用蓄电池作为电源,由直流低压电动机驱动,采用传感器和电气系统来控制风扇的运转。

4. 节温器

节温器的作用是根据冷却液的温度改变其在冷却系中的循环路径,调节冷却强度从而使发动机保持在最佳温度范围内工作。

根据其结构和工作原理,常用节温器一般有以下三种形式:折叠皱纹筒式节温器,蜡式节温器和金属热偶式节温器,本节主要介绍折叠皱纹筒式和节温器蜡式节温器。

折叠皱纹筒式节温器的结构如图 6-8 所示。它由折叠式圆筒 1、支架 7、主阀门 5、侧阀门 2、阀座 4、外壳 9 等零件组成。具有弹性的折叠式圆管 1 由黄铜制成,筒内装有易于挥发的乙醚,筒的上端面与侧阀门 2、阀杆 3 及主阀门 5 焊在一起,下端面与固定在外壳 9 上的支架 7 焊在一起。当冷却液温度低于 70℃时,主阀门关闭,侧阀门开启(图 6-8b),这时冷却液不能流入散热器 14,而是从旁通孔 8 经发动机旁通道 12 被吸入水泵 17,在水泵叶轮的作用下再次压入发动机缸体水套中进行小循环,从而使发动迅速热起来,尽快达到最佳工作温度。当发动机冷却液温度高于时 70℃时,折叠式圆筒内的乙醚因受热而膨胀,使圆筒逐渐伸长。由于筒的下端面固定在支架 7 上,不能移动,因此其上端在伸长的过程中推动侧阀门、阀杆及主阀门一起向上移动,从而使侧阀门逐渐将旁通孔关闭,主阀门逐渐开启。这时一部分冷却液从主阀门流向散热器冷却,小循环水量减少。当冷却液温度升高到 80～85℃时,主阀门全开,侧阀门完全关闭(图 6-8a),冷却液全部流入散热器冷却,然后在水泵作用下进行大循环。

蜡式节温器根据其结构不同,又可分为两通式和三通式两种形式。

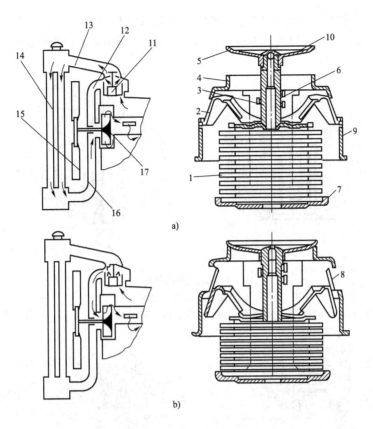

图 6-8 折叠皱纹筒式节温器

a) 大循环;b) 小循环

1-折叠式圆筒;2-侧阀门;3-阀杆;4-阀座;5-主阀门;6-导向支架;7-支架;8-旁通孔;9-外壳;10-通气孔;11-节温器;12-旁通道;13-上水管;14-散热器;15-风扇;16-下水管;17-水泵

(1)两通式蜡式节温器。如图 6-9 所示,两通式蜡式节温器主要由弹簧 4、阀门 5、阀座 6、感温器外壳 1、石蜡 3、反推杆 7、上支架 8 和下支架 2 等组成。上、下支架及阀座焊为一体,装在水道中,将水道分成两部分。反推杆上端顶在上支架上,下端伸入感温器内,感温器内充满着密封的特种石蜡。常温时,石蜡呈现固态,阀门 5 在弹簧的作用下压在阀座 6 上,节温器处于关闭状态(图 6-9a),冷却液不能流入散热器而是经发动机旁通道流回水泵入口,在水泵的作用下进行小循环。当冷却温升高时,蜡体积膨胀,对反推杆下端产生向上推力,由于反推杆上端顶在上支架上,不能上移,所以迫使感温器外壳克服弹簧压力向下运动,并带动阀门向下移动,离开阀座,逐渐开启阀门,一部分冷却液从阀门流向散热器,冷却后再由水泵压入水套进行大循环。与折叠皱纹筒式节温器相比,蜡式节温器对冷却系的工作压力不敏感,但工作可靠、结构简单、制造方便、使用寿命长、成本低,所以得到广泛采用。两通式蜡式节温器通常用于常通式旁通道的冷却系水路中。

(2)三通式蜡式节温器。三通式蜡式节温器的结构如图 6-10 所示。这种节温器在其感温器壳的下端装有一个旁通阀 7,与旁通道入口阀座相配合控制流往水泵的冷却液。当冷却液温度低于某一规定值时,顶阀 3 处于关闭状态,这时旁通阀开启如图 6-10a)所示,来自水套的冷却液直接从旁通道流回水泵入口,在水泵的作用下进行小循环。当冷却液温度升到某一规定值时,顶阀开始打开,旁通道逐渐关闭。这时流入旁通道的冷却液减少,一部分冷却液从顶阀流入散热器冷却,然后在水泵的作用下进行大循环,如图 6-10b)所示。当冷却液温度达到某一限定值时,顶阀全开,旁通阀完全关闭,冷却液全部经顶阀流入散热器进行大循环,以加速发动机的冷却。

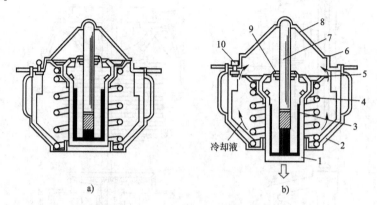

图 6-9　两通式蜡式节温器
a)关闭状态;b)开启状态
1-感温器外壳;2-下支架;3-石蜡;4-弹簧;5-阀门;6-阀座;7-反推杆;8-上支架;9-密封圈;10-钩阀

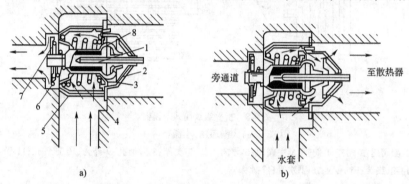

图 6-10　三通式蜡式节温器
1-反推杆;2-上支架;3-顶阀;4-顶阀弹簧;5-下支架;6-旁通阀弹簧;7-旁通阀;8-感温器外壳

第三节　冷却液和冷却系的清洗及防冻液

一、冷却液及冷却系的去垢

发动机冷却系使用的冷却液应为清洁的软水。硬水中含有大量矿物质,如铁、钙、硫化物等,这些物质在高温作用下会从水中沉析出来,形成水垢,积附在水套、水路管道及散热零件壁面上,造成管道堵塞,发动机水套及散热器等零件导热系数下降,影响冷却系的散热效果,导致发动机容易过热等。所以,硬水不能直接用来冷却发动机。需要用时,必须进行软化处理。常用的软化处理方法是在需用的每升硬水中加入 0.5 ~ 1.5g 碳酸钠,或 0.5 ~ 0.8g 氢氧化钠,或加入 10% 的重铬酸钢溶液 30mL,待生成的杂质沉淀后取上面的清水加入冷却系内。

发动机使用一定时间以后,冷却系内会产生水垢,必须定期加以清除,否则堵塞水路会妨碍冷却液的循环。常用清除方法有碱性处理和酸性处理两种,目前一般多采用酸性处理。酸性处理采用 8% ~ 10% 盐酸溶液。盐酸溶液有很强的腐蚀作用,应加入缓蚀剂。清洗时,先将冷却系内的冷却液放出,并拆除节温器,然后把酸性溶液加入冷却系内,启动发动机并使之保持怠速运动 20 ~ 30min,再放出清洗液,用清水冲洗冷却系水路 1 ~ 2 次。对于铝制发动机,可采用 0.3% ~ 0.5% 的磷酸三钠溶液清洗。为了防止冷却系积垢、生锈、漏水、漏气,现代汽车厂建议使用冷却液添加剂。一般采用的添加剂有冷却系保证剂 C、S、P 和冷却系密封剂 C、S。

二、防冻液

我国大部分地区冬季最低气温都在水的冰点以下,且会保持的时间较长,如不注意,就会发生发动机因冷却系内冷却液冻结、体积膨胀而使缸体或缸盖胀裂的现象。

车用发动机冷却系常用的防冻液一般采用在冷却液中加入适量的、可降低水的冰点、提高沸点的乙二醇或酒精配制而成,随着加入冷却液的乙二醇或酒精比例的增加,冷却液的冰点随之降低。当加入的乙二醇的比例为 54.7% 时,其冷却液的冰点可达 −40℃,同时由于乙二醇本身沸点较高、易挥发、冰点易升高。酒精含量愈高、着火性愈大,在一般情况下,酒精含量不宜超过 4%。采用乙二醇配制的防冻液,使用时蒸发损失的是水,因此在使用时应及时补充水,以调节其浓度。乙二醇有毒,在配制或使用时防止吸入体内。同时,乙二醇还容易氧化生成酸性物质,腐蚀金属,所以一般在配制时每升防冻液中加入 2.5 ~ 3.5g 磷酸氢二钠和 1g 糊精,以防冷却系统腐蚀。乙二醇吸水性强,易渗漏,要求系统密封性好。

在防冰液中加入少量添加剂(如亚硝酸钠、硼砂、磷酸三丁酯),可以延长使用时间并具有防锈作用。

第四节　风冷却系

风冷却是以空气作为冷却介质,借助于空气相对于受热零件的流动将热量传送出去。采用风冷却方式的内燃机不仅与采用水冷却方式的内燃机在冷却系的结构组成上完全不一样,而内燃机机体、缸盖等也有很大差别。风冷却方法可分为自然冷却和强制冷却两种。

自然冷却法是靠发动机本身移动,以致汽缸与其周围空气产生相对运动,而使热量通过散热片传给冷却空气的。当车辆长时间停止行驶,而发动机继续工作时,不能应用这种冷却方式。

强制冷却是靠风扇将冷却空气吹向受热部分,或抽吸热空气,借以使冷却空气持续不断地流向汽缸和汽缸盖外面的散热片而带走必要的热量。

图 6-11 为一直列四缸风冷柴油机冷却系示意图。该系统就属于吹风冷却。轴流风扇将冷空气压入导风罩,导风罩做成一定形状,基本将各个汽缸围起来。在出风侧留出导风出口,这样在导风罩的引导作用下,冷却空气就能与汽缸周围的散热片全面而均匀地接触,保证冷却效果。

风冷却系的主要部件是冷却风扇,一般采用离心式风扇或轴流风扇。风扇的传动形式可以分为两种:一种是机械传动,风扇直接由曲轴前端 V 带传动;另一种是液力传动,液力传动式通过液力耦合器的涡轮带动风扇叶片转动,这种传动可以随柴油机汽缸的温度不同而自动调节风扇转速来改变风量。

虽然风冷却系与水冷却系比较,具有结构简单、质量轻、故障少,无需特殊维护等优点,但是缺点是冷却不够可靠,功率消耗大、工作噪声大。在行驶速度较慢并且经常在大荷载下运行的工程机械内燃机,不采用风冷却系。

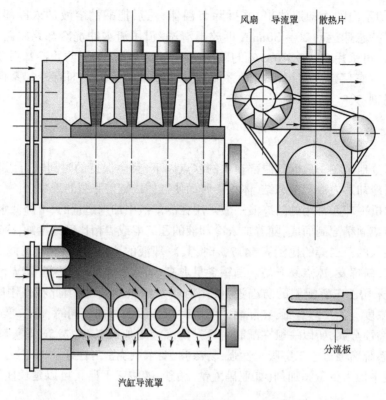

风扇　导流罩　散热片

分流板

汽缸导流罩

图 6-11　风冷却系示意图

142

第七章 启动装置

第一节 概述

发动机由静止状态进入运转状态,必须借助外力使曲轴以一定的转速连续运转,带动活塞不断往复运动,直至汽缸内形成的可燃混合气体被压燃或点燃后,发动机才能转入正常的工作循环而正常运转。因此,发动机必须要有启动装置。

发动机由静止状态转入运转状态时,输入的能量必须能足以克服各种启动阻力所做的功。启动阻力包括:各种机件之间的摩擦阻力,运动件的惯性阻力,压缩行程的压缩阻力,吸气行程的吸气阻力等。而摩擦阻力又与润滑状态有关,与机油的黏度有关,温度低则黏度大,摩擦阻力就大。因此,发动机冬季比夏季启动困难。压缩阻力又与压缩比有关。由于柴油机的压缩比比汽油机的压缩比大,即压缩阻力大,这也是柴油机比汽油机启动困难的原因之一。惯性阻力是变化的,由静止到开始运动初始时,惯性力最大,而后逐渐减小。

能使发动机启动所必需的曲轴最低转速称为启动转速。一般车用汽油机要求启动转速为 $50 \sim 70 \text{r/min}$。若启动转速过低,则压缩行程内的热量损失过多,且进气流速过低,使汽油雾化不良,导致缸内混合气不易着火。柴油机的启动转速必须保证压缩终了时汽缸内空气温度高于柴油机的自燃温度,并使喷油泵能建立起必要的喷油压力。否则,启动转速低会使压缩行程的漏气和散热损失增加,压缩终了温度低,气流速度低,则柴油的喷散雾化差,从而使柴油机不易启动。因此,柴油机的启动转速比汽油机启动转速要高。通常,启动转速对于统一式燃烧室为 $100 \sim 150 \text{r/min}$,对于分隔式燃烧室因其壁面散热面积大,启动转速为 $150 \sim 250 \text{r/min}$。

第二节 发动机的启动方式

发动机的启动方式很多,常用的启动方式有下列四种:

一、人力启动

人力启动即是借用人力作为启动能源,主要借助摇把、手柄或拉绳等方式直接转动曲轴或飞轮。由于人力是有限的,因此它只能用于小功率发动机上。人力启动这种启动方式,结构简单、成本低,但启动不便且劳动强度大,并有一定的不安全因素,故目前多作为后备启动方式。

二、电力启动

电力启动主要由蓄电池和电力启动机组成。用蓄电池的电源驱动电力启动机,再由电力启动机启动发动机,这种启动装置结构紧凑,操作方便,是发动机最常用的启动方法,工程机械上应用广泛。

电力启动机主要由直流串激式电动机、传动机构和控制装置三大部分组成。

1. 启动机的分类

(1)按传动机构分。

①惯性啮合式启动机。它启动时是靠惯性力将驱动齿轮与飞轮齿环啮合动起后,驱动齿轮又靠惯性力自动与飞轮齿环脱开。这种启动机工作可靠性差,现已很少使用。

②电枢移动式启动机。这种启动机是靠电动机内部辅助磁极的电磁吸力,吸引电枢做轴向移动,使驱动齿轮啮入飞轮齿环。启动后复位弹簧使电枢复位,于是驱动齿轮便与飞轮齿环脱开。这种启动机结构复杂,仅用于一些大功率柴油机上。

③强制啮合式启动机。这种启动机是靠人力或电磁力拉动拨叉,强制地使驱动齿轮与飞轮齿环啮合。这种启动机结构简单,工作可靠,操作方便,所以现被广泛使用。

(2)按控制装置分。

①直接操纵式启动机,即由驾驶员利用脚踏板或手拉直接操纵机械式启动开关接通或切断启动机电流。

②电磁控制式启动机,即由驾驶员借助启动按钮或点火开关控制启动电磁开关(或启动继电器),再由电磁开关的电磁力控制启动主电路的接通与断开。

③此外,还有齿轮移动式启动机,减速式启动机等。

在工程机械用柴油机中,经常使用的是电磁强制啮合和电磁控制式启动机。电磁强制啮合式启动机根据启动机齿轮与电机轴之间单向离合器的结构可分为:摩擦片式单向离合器、弹簧式单向离合器和滚柱式单向离合器等。

2. 启动机的工作原理

图 7-1 为 ST614 型启动机,它的电气原理如图 7-2 所示。在黄铜套 18 上绕有吸引线圈 6 和保持线圈 5,吸引线圈与启动机内部电路相串联,保持线圈一端搭铁,另一端与吸引线圈同接于接线柱上。在黄铜套内,装有电磁铁 4,它与拨叉相连接;挡铁 12 的中心装有推杆,其上套有铜质接触盘 13。启动时,接通总开关 9 按下启动按钮 8,则吸引线圈和保持线圈电路接通,电磁铁心在吸引和保持线圈电磁吸引力作用下克服拨叉复位弹簧弹力右移,带动拨叉顺时针摆动使电动机驱动齿轮在缓慢旋转下与飞轮齿环啮合。当齿轮啮入后,接触盘即将接线柱 14、15 接通,于是蓄电池便以大电流向电动机磁场绕组和电枢绕组放电,使电动机正常旋转带动曲轴旋转启动发动机。与此同时,吸引线圈则被短路,电磁铁心靠保持线圈的电磁铁吸引力保持在吸合位置。

启动后,放松启动按钮,保持线圈中的电流经吸引线圈构成回路。此时,吸引线圈和保持线圈所产生的磁场方向相反,互相抵消。活动铁心在复位弹簧的作用下恢复原位。驱动齿轮退出,接触盘复位,切断电动机电路,启动机停止转动。

3. 单向离合器

单向离合器是启动机的飞散保护装置。它能在启动时将电枢轴的转矩传递给发动机曲轴,启动后齿轮未脱开时能自动打滑,以保护启动机电枢轴不被飞轮带动高速旋转而损坏,即具有单向传递动力的功能。下面分别介绍几种常见的单向离合器。

(1)摩擦片式单向离合器。图 7-3 为摩擦片式单向离合器的结构和工作原理图,花键套筒 10 套在电枢轴的螺旋花键上,在花键套筒的外表面上有三线螺旋花键,而内接合鼓 9 则套在它的上面。内接合鼓上有四个槽,用来插放主动摩擦片 8 的内凸齿。被动摩擦片 6 的外凸齿则插放在与驱动齿轮一体的外接合鼓1的切槽中,主、被动摩擦片相间地排列。在螺母2与摩擦片之间还装有弹性圈3、压环4和调整片5。组装好的单向离合器,摩擦片之间应无压紧力。

当启动机带动曲轴旋转时,内接合鼓沿螺旋线左移,使主、被动摩擦片紧压在一起,利用摩擦传力,使电枢的转矩传给曲轴,实现发动机启动。

发动机启动后,启动机齿轮被飞轮带动旋转,其转速高于电枢轴转速,内接合鼓靠惯性沿螺旋线右移,于是主、被动摩擦片松开打滑,使发动机转矩不能从驱动齿轮传给电枢,从而防止了电枢超速飞散的危险。

当启动机超载时,弹性圈在压环4凸缘的压力下弯曲,当弯曲到其中心顶住内接合鼓继续向左移动,于是单向离合器开始打滑,从而避免了因负载过大烧坏启动机的危险。

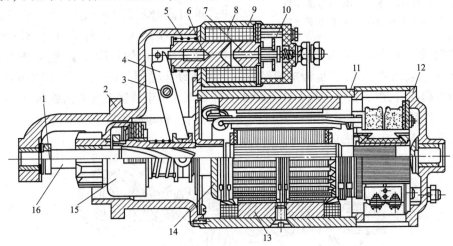

图7-1 ST614型启动机

1-止推螺母;2-后端盖;3-拨叉轴;4-拨叉;5-弹簧;6-电磁铁芯;7-挡铁;8-电磁开关线圈;9-电磁开关;10-启动机开关接触盘;11-机壳;12-前端盖;13-磁极;14-电枢;15-摩擦片式离合器;16-启动机轴

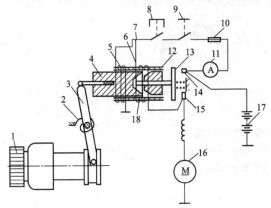

图7-2 ST614型启动机电气原理图

1-驱动齿轮;2-复位弹簧;3-拨叉;4-电磁铁;5-保持线圈;6-吸引线圈;7、14、15-接线柱;8-启动按钮;9-启动总开关;10-熔断器;11-电流表;12-挡铁;13-接触盘;16-电动机;17-蓄电池;18-黄铜套

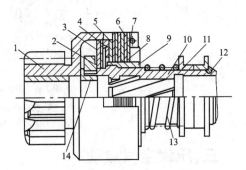

图7-3 摩擦片式单向离合器

1-驱动齿轮及外接合鼓;2-螺母;3-弹性圈;4-压环;5-调整垫片;6-被动摩擦片;7、12-卡环;8-主动摩擦片;9-内接合鼓;10-花键套筒;11-移动衬套;13-缓冲弹簧;14-挡圈

(2)弹簧式单向离合器。其结构如图7-4所示,连接套筒6套在启动机轴的螺旋花键上,启动机驱动齿轮及齿轮柄则套在轴的光滑部分,在两套筒的对接处装有两个月形圈3,使两者

之间只能做相对转动而不能做轴向移动。传动弹簧4套装在两个套筒的外面,并利用弹簧两端较小内径的一圈分别紧箍在两个套筒上,防护圈5和垫圈7将传动弹簧封闭,以防灰尘进入。

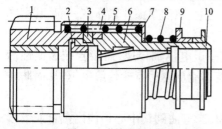

图7-4　弹簧式离合器

1-驱动齿轮;2-挡圈;3-月形圈;4-传动弹簧;5-防护圈;6-连接套筒7-垫圈;8-缓冲弹簧;9-移动衬套;10-卡环

当启动机带动曲轴旋转时,传动弹簧在扭紧的同时抱紧齿轮柄和连接套筒,并借助于摩擦力传递转矩,发动机启动后,驱动齿轮被飞轮带着高速旋转,传动弹簧放松,摩擦力急剧减小使离合器打滑,从而防止了电枢超速飞散的危险。

(3)滚柱式单向离合器,如图7-5所示。滚柱式单向离合器的工作原理如下:

滚柱式单向离合器的外壳2与十字块3之间的间隙宽窄不等,呈楔形槽。当启动机电枢轴旋转时,转矩由传动套筒6传到十字块3,使十字块随同传动套筒和电枢轴同步旋转,则滚柱便滚入楔形槽窄的一端而被卡住,于是转矩便经滚柱传给驱动齿轮使发动机启动(图7-6a)。

发动机启动后,由于驱动齿轮1在飞轮5的带动下和十字块运动同方向旋转,且速度大于十字块,于是滚柱滚入楔形槽宽的一端(图7-6b)。这样,转矩就不能从驱动齿轮传给电枢轴,从而防止了电枢超速飞散的危险。

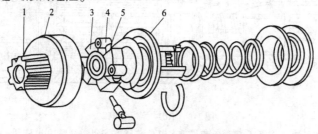

图7-5　滚柱式单向离合器结构图

1-驱动齿轮;2-外壳;3-十字块;4-滚柱;5-压帽弹簧;6-传动套筒

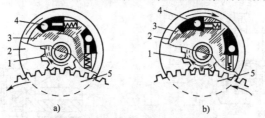

a)　　　　　　　　b)

图7-6　滚柱式单向离合器工作示意图

a)发动机启动时;b)发动机启动后

1-驱动齿轮;2-处壳;3-十字块;4-滚柱;5-飞轮

三、压缩空气启动

压缩空气启动,把压缩空气按照柴油机各缸的工作次序依次送入各缸,推动活塞带动曲轴旋转,使发动机启动。这种启动方式可获得非常大的启动转矩,对温度不敏感。因此,启动可靠,但其结构复杂,需要有压缩空气的储存与生产装置,故仅用于较大型的柴油机上。

四、辅助汽油机启动

在有些功率较大的工程机械柴油机上还专门安装一个小型汽油机用于启动,即先将易于

146

启动的小汽油机启动后,通过动力传动装置带动柴油机启动。这种启动方式的优点是启动次数不受限制,启动时拖动时间长,并具有足够的启动功率。同时,还可以利用启动机冷却液和废气对柴油机进行预热,在温度较低时也能启动柴油机。这种启动方式的缺点是结构庞大复杂,操作不便,启动时间长,机动性差。

第三节　启动辅助装置

一、减压机构

减压机构的功用是在柴油机启动时将气门保持在开启位置(一般是进气门),使汽缸内空气能够自由进出不受压缩,从而减小压缩阻力。这样,在启动开始时,只需克服惯性阻力和摩擦阻力。当发动机转速升高后,惯性阻力减小了,摩擦阻力也因摩擦表面机油温度升高、黏度降低而减小,此时再将减压机构扳到不起作用位置上,气门恢复正常工作。尽管有了压缩阻力,但总的启动阻力减小,因此有利于启动。另外,在调整气门间隙和供油时间时,操纵减压机构便于摇转曲轴。

减压机构的结构形式有多种,如抬升气门挺杆或推杆、抬升气门摇臂及压气门摇臂等,但作用结果都是使气门不受配气凸轮的控制而保持在开启位置上。

图7-7为NT855—C型柴油机的减压机构。它是靠减压轴抬升气门推杆,使进气门保持在开启状态,实现减压的。

减压轴9是一根长圆杆件,通过支架(图中未示出)纵向水平安装在汽缸体上部的推杆室一侧,可以转动。前端加工有环槽,由定位螺钉8定位,防止轴向窜动。在对应各缸的进气门推杆的外圆面处加工有水平凹陷面,相应的各进气门推杆7上镶嵌有金属环12,圆环坐落在减压轴的凹陷面上,当发动机正常工作时,二者之间有一定间隙,防止气门关闭不严。减压轴后端用锁紧螺钉4固定着减压杆2,与减压杆的槽形断面处对应的缸体后端面上铸有圆柱凸台3,称为限位销,限制减压杆的摆动量。减压杆通过复位弹簧1拉紧在不工作位置。

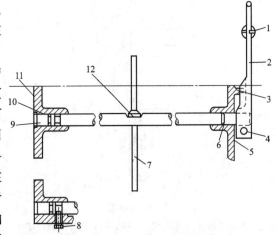

图7-7　NT855—C型柴油机减压机构

1-复位弹簧;2-减压杆;3-限位销;4-锁紧螺钉;5-缸体后端;6、10-密封圈;7-进气门推杆;8-定位螺钉;9-减压轴;11-缸体前端;12-嵌环

减压时扳动减压杆2,减压轴9转动一个角度,轴上的凹陷面被转向一侧,外圆面则推动进气门推杆7上的嵌环12,抬起推杆,打开进气门,使汽缸减压。

减压轴安装时的正确位置应该在它刚开始减压时,限位销3刚好对正减压杆2上的槽中心。否则,应松开锁紧螺钉4,转动减压轴,调整它们与减压杆的相对位置。

二、预热装置

预热装置的功用是加热进气管或燃烧室中的空气,改善可燃混合气的形成与燃烧条件,使之易于启动。预热的方法和类型很多,常见的有以下几种:

1. 电热塞

电热塞是采用最多的一种预热方法。通常将电热塞安装在分隔式燃烧室的副燃烧室中，启动时接通电路，预热燃烧室中空气。

电热塞可分为:闭式电热塞——电热丝是包在发热体钢套内,如图7-8所示。开式电热塞——电热丝裸露在外,如图7-9所示。

现以开式电热塞为例,由镍铬合金钢制成的电阻丝1,其一端和中心电极3连接另一端和电极管4连接,电极管与外壳5及中心电极3之间均由绝缘体2隔开。启动时通过电阻丝,产生800～1000℃的高温,加热周围空气,使喷入汽缸的柴油易着火。

2. 电火焰预热器

电火焰预热器通常装在进气管道中,对流经进气管的空气进行加热。

图7-10为6135型增压柴油机上所采用的电火焰预热器。其主体是热膨胀阀管2,其绝缘层的表面上绕着电阻丝1,电阻丝一端接壳体搭铁,另一端经接线螺柱4通启动开关。膨胀球阀组3通过扁断面螺栓头拧在膨胀管2中,其末端焊有球阀5,封闭在膨胀管的阀座上。

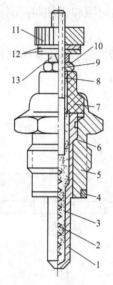

图7-8　电热塞

1-发热体钢套;2-电阻丝;3-填充剂;4-密封垫圈;5-外壳;6-垫圈;7-绝缘体;8-胶合剂;9-中心螺杆;10-固定螺母;11-压线螺母;12-压线垫圈;13-弹簧垫圈

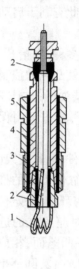

图7-9　电热塞

1-电阻丝;2-绝缘体;3-中心电极;4-电极管;5-金属外壳

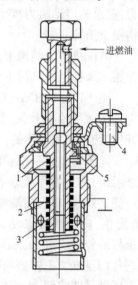

图7-10　电火焰预热器

1-电阻丝;2-热膨胀阀管;3-膨胀球阀组;4-接线螺柱;5-球阀

启动时,电阻丝通电被烧红,膨胀管和膨胀球阀组均受热膨胀,由于二者材料不同,前者比后者膨胀量大,因此球阀即离开阀座,柴油经此流入膨胀管内腔,被加热、蒸发、雾化,再由球阀组的扁断面螺栓头两则通道喷出,被炽热的电阻丝引燃,火焰喷入进气管加热进气。当电源切断后,火焰熄灭,膨胀管冷缩,球阀重新封闭阀座。

除上述两种预热装置外,NT855—C型柴油机上采用乙醚喷射装置。当冷天启动时,预热装置向进气管内进行乙醚喷雾,随空气一起进入汽缸,在较低的压缩温度下即能着火燃烧。

在195型柴油机上则采用纸媒助燃,即在涡流室一侧钻有纸媒孔,用螺塞封闭。当气温低,启动困难时,可往孔内插入燃烧的纸媒,用以助燃。

此外,有的柴油机采用专门的机油加热装置,或者向冷却系内加注热水,从而提高汽缸温度、降低机油黏度,以利启动。

第二篇

底　　盘

第八章　传动系概述

第一节　传动系的功用和类型

工程机械的动力装置和驱动轮之间的传动部件总称为传动系。

传动系的功用是将动力装置的动力按需要传递给驱动轮和其他工作装置。

传动系的类型有：机械式、液力机械式、全液压式和电动轮式四种。在铲土运输机械中，多数为机械式或液力机械式传动系。液压挖掘机上多采用全液压式传动系。由电动机直接装在车轮上的电动轮式传动系仅用于矿用汽车等个别设备。

目前，工程机械大多数采用柴油机作为动力装置。由于柴油机的输出特性具有转矩小、转速高、转矩和转速变化范围小的特点，与工程机械运行或作业时所需的大转矩、低速度以及转矩、速度变化范围大之间存在矛盾。为此，传动系的功用之一就是将发动机的动力按需要降低转速增加转矩后传到驱动轮上，使之适应工程机械运行或作业的需要。

另外，为了满足各类作业的需要，传动系还应有具备切断动力、减速增矩、实现机械换向行驶及动力输出等功用。

第二节　传动系的组成与基本原理

传动系的组成部件因类型和设备用途不同而不同。

一、机械式传动系

机械式传动系因其价格低廉、维修方便、传动效率高等特点，主要应用于中小型工程机械。现以推土机为例，说明其组成及各部件功用。

图 8-1 为 T132 型履带推土机传动系简图。

这是一种典型的履带式机械传动系的布置形式。从图 8-1 中可以看到，柴油机 1 纵向前置，与主离合器 2 相连接，动力经离合器通过联轴器 3 把动力传给变速器 4，变速器是斜齿轮常啮合滑套换挡机械式变速器，前进五挡、倒退四挡。变速器输出轴和主传动器（也称中央传动）的主动锥齿轮做成一体，动力经过一对常啮合锥齿轮，即主传动器 5，旋转 90°后经转向离合器 6、最终传动 7 传给了驱动链轮。如图 8-1 所示，主传动器、转向离合器都在一个壳体里，统称为驱动桥。另外，变速器输入轴后端可将动力直接输出至驱动桥外，用来驱动其他附件。

各部件的基本功用如下：

(1)离合器：由驾驶员操作，可根据需要在各种工况下切断或接合发动机与传动系之间的动力传递,以满足机械起步、换挡与发动机不熄火停车等需要。

(2)变速器:通过变速器的不同齿轮副的接合与分离来改变从前面传来动力的转速和转矩,使之适合作业工况的需要。变速器还设有倒挡机构,以实现倒车的需要。

(3)主传动器:由一对常啮合锥齿轮组成。将纵置发动机的动力旋转方向转过90°,与驱动轮的旋转方向一致,同时具有进一步减速增扭的作用,以满足机械使用性能的需要。

(4)转向离合器:为了满足履带式机械差速转向的需要,在驱动桥中安装了两个转向离合器,可根据机械转向的需要分别切断左侧或右侧驱动链轮的动力。

(5)最终传动:通常由两对圆柱齿轮或一副行星机构组成。对传动的动力进一步增矩减速。

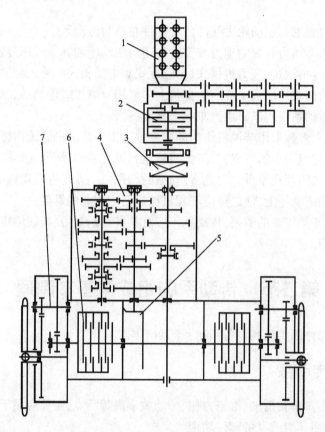

图 8-1　T132 型履带推土机传动系简图
1-柴油机;2-主离合器;3-联轴器;4-变速器;5-主传动器;6-转向离合器;7-最终传动

二、液力机械式传动系

液力机械式传动系具有动力传递柔和的特点,可根据负荷自动调整输出转矩及转速、传动效率较高等特点,在大中型工程机械中得到了广泛的应用。

图 8-2 为 ZL50 型轮胎装载机的液力机械式传动系简图,它是这种类型传动系的典型布置。纵向后置柴油机 1 通过液力变矩器 2 将动力传给行星式动力换挡变速器 3。有两个前进挡和一个倒退挡。变速器 3 经万向传动装置 4、6 将动力传给前后驱动桥 5、7,经最终传动(也

称轮边减速器)8,最后把动力传给前、后驱动车轮9。

变矩器的作用是利用工作油液作为发动机动力传递介质,使传递动力的转速和转矩可根据工程机械作业工况的变化而自动调整,使之适合不同工况的需要,实现一定范围内的无级变速功能,使机械起步、运行更平稳,操作更简便,从而提高工作效率。

该系统采用双变矩器两级涡轮分别传出动力,与超越离合器结合形成自动变速,既可使高效率范围宽。又可以获得到较大的变矩系数,实际效果相当于变矩器加上一个二挡自动变速器,随外荷载变化自动换挡。

差速器的作用是,当左右车轮在相同时间内所滚过的路程不相等时自动调节左右车轮的转速。保证车轮处于纯滚动状态,防止因车轮滑移或滑转产生轮胎磨损、转向困难等现象。因此,左右驱动轮不是装在同一根轴上由主传动器来直接驱动,而是将轴分为左右两段(称作半轴)、通过差速器将两根半轴连接起来,再由主传动器来驱动差速器。主传动器、差速器和半轴装在一个共同的壳体中成为一个整体,称为驱动桥。

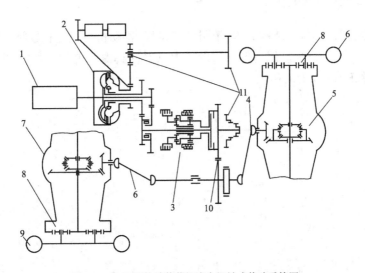

图 8-2　ZL50 型轮胎装载机液力机械式传动系简图

1-柴油机;2-液力变矩器;3-变速器;4、6-万向传动装置;5、7-前、后驱动桥;8-最终传动;9-驱动车轮;10-分动箱;11-"三合一"机构

三、全液压式传动系

全液压式传动系具有结构简单、质量小、操纵轻便、工作效率高、容易改型等优点。近年来,随着液压技术不断完善,全液压式传动系在挖掘机和一些小型的工程机械上得到了广泛的应用。

图 8-3 为一台小型液压装载机的传动系示意图。柴油机 1 通过分动箱 2 直接带动 5 个液压泵,其中两个双向变量柱塞泵 8 供行走装置的柱塞马达 4 用,由柱塞马达 4 通过减速箱 7 来驱动四个行走轮 6。两个辅助齿轮泵 9 作为行走装置液压系统补油用,驾驶员通过手柄直接控制两侧柱塞马达的转速和旋转方向,以实现机械的前进、后退和转向。另外一个齿轮泵 5 供工作装置用。

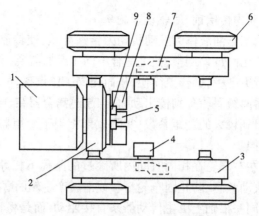

图 8-3　全液压传动系示意图

1-柴油机;2-分动箱;3-行走减速箱;4-柱塞马达;5-齿轮泵;6-行走轮;7-减速箱;8-双向变量柱塞泵;9-辅助齿轮泵

四、电动轮式传动系

电动轮式传动系效率高、结构简单、牵引性能良好,发动机可稳定在经济工况下运转,操作简便,维修工作量小,寿命长。但电传动质量较大,造价高,由于电动机尺寸和质量的限制,仅应用于装载质量在 80t 以上的矿用汽车上。

第九章 液力耦合器和液力变矩器

液力耦合器和液力变矩器均是利用液体作为工作介质来传递动力的工作装置,即液体在循环流动过程中通过液流动能的变化来传递动力。这种传动称为液力传动。

现代的工程机械、重型矿用自卸柴油车以及特种车辆都广泛地采用液力传动,尤其是车辆的传动系采用液力变矩器后,使车辆具备了自动增大牵引力、降低了传动系动荷载以及能无级变速等优良性能。

液力耦合器和液力变矩器是液力传动的两种基本类型。下面分别叙述其结构和工作原理。

第一节 液力耦合器的结构和工作原理

一、液力耦合器的基本结构

图 9-1 为液力耦合器的结构示意图。

耦合器的主要零件是两个直径相同的叶轮,称为工作轮(图 9-1 中的泵轮 3、涡轮 2)。在工作轮的半圆环状壳体中,径向排列着许多叶片。

内燃机曲轴通过输入轴 4 驱动的叶轮 3 称为泵轮,与从动轴 5 相连的叶轮 2 称为涡轮。与泵轮相连的轴又称为泵轮轴,与涡轮相连的轴称为涡轮轴。涡轮装在密封的外壳之中,其端面与泵轮端面相对,二者之间留有一定的间隙(2~5mm)。它们的内腔共同构成环状空腔,此环状空腔的断面略呈圆形,称为循环圆。环状空腔内充满液压油。

通常将液力耦合器的泵轮与涡轮的叶片数制成不相等的形式,这样可避免液力冲击引起的振动,使耦合器工作更为平稳。耦合器工作轮的叶片常制成平面径向,工作轮大多用铝铸成,但也有用冲压和焊接方法制造的。

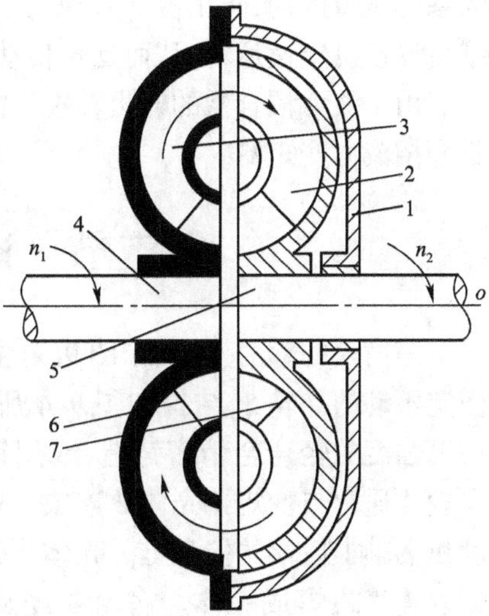

图 9-1 液力耦合器

1-泵轮体;2-涡轮;3-泵轮;4-输入轴;5-输出轴;6、7-尾端切去一块的叶片

二、液力耦合器的工作原理

发动机通过泵轮轴带着泵轮一起旋转时,其中的液压油被叶片带着一起旋转,液体除绕泵轮轴旋转外,在离心力的作用下还沿着叶片由内缘向外缘流动。因此,在叶片外缘处压力较高,而内缘处压力较低,其压力差取决于泵轮的半径和转速。

由于泵轮和涡轮叶片的半径相等,故当泵轮的转速大于涡轮转速时,泵轮叶片外缘的液压大于涡轮叶片外缘的压力,而涡轮叶片内缘的压力又大于泵轮叶片内缘的压力。因此,工作液压油不仅绕着工作轮轴线做圆周运动并且在液压差作用下,在循环圆内沿箭头方向做环流运动,液体质点的流线形成环形螺旋线(图9-2)。

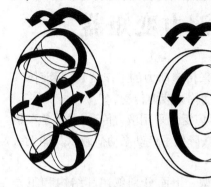

图9-2　耦合器工作油液流线示意图

循环圆中循环流动的液体质点,在从泵轮叶片内缘流向外缘的过程中,泵轮对其做功,使其圆周速度和动能逐渐增大;而在从涡轮叶片外缘流向内缘的过程中,其圆周速度和动能逐渐减小。在这个循环流动过程中,发动机驱动泵轮产生旋转力矩,使耦合器壳内的液压油获得动能,在冲击涡轮时,将液压油的一部分动能传递给涡轮,使涡轮带动涡轮轴旋转,输出机械能。因此,液力耦合器实现动力传动必须是工作液压油在泵轮与涡轮之间有循环流动。这种循环流动的产生,需要两个工作轮叶片的外缘及内缘处产生液压差,而液压差由两个工作轮的转速不等可得到。转速差愈大,压力差愈大,液压油所传递的动能也愈大。当然,液压油所能传递给涡轮的转矩,最大只能等于泵轮从发动机那里得到的转矩,且发生在涡轮开始旋转的瞬间。当涡轮转速与泵轮转速相等时,液压油只随工作轮绕轴线做圆周运动。液力耦合器也就不能传递动能。

由于液力耦合器用液体作为传动介质,泵轮和涡轮之间没有刚性联系,二者之间允许有很大的转速差。因此,装用液力耦合器可以保证工程机械平稳地起步和加速,衰减发动机传给传动系的扭转振动,防止传动系和发动机过载,还可以减少换挡次数以及在暂时停车时不减挡而维持发动机怠速运转,从而延长传动系和发动机有关部件的寿命。

由于液力耦合器的输出转矩不能大于输入转矩,因此在工程机械中用得不多。本章将着重介绍液力变矩器。

第二节　液力变矩器的原理和结构

最简单的液力变矩器(图9-3)主要由三个工作轮组成,即可旋转的泵轮4和涡轮3以及固定不动的导轮5,结构如图9-4所示。各工作轮通常用高强度的轻合金精密铸造,或用钢板冲压焊接而成。泵轮4通常与变矩器壳体2连成一体,用螺栓固定在发动机曲轴1后端的接盘上。壳体2做成两半,装配后用螺栓连接或焊成一体。涡轮3经从动轴7传出动力。导轮5则固定在不动的套管6上。所有工作轮在变矩器装配好以后,共同形成环形的内腔。

液力变矩器与液力耦合器的相同点是,工作时储于环形内腔中的工作液,除有绕变矩器轴的圆周运动以外,还有在循环圆中沿图9-2中箭头所示方向的循环流动,故能将转矩从泵轮传到涡轮上。

液力变矩器在工作原理上不同于液力耦合器,液力

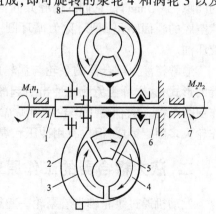

图9-3　液力变矩器示意图
1-发动机曲轴;2-变矩器壳体;3-涡轮;4-泵轮;
5-导轮;6-导轮固定套管;7-从动轴;8-启动齿圈

耦合器只能传递转矩,不能增加力矩,而液力变矩器不仅能传递转矩,而且能在泵轮转矩不变的情况下,随着涡轮转速的不同(反映工程机械作业或运行时的阻力),改变涡轮输出的力矩数值,起到增矩的作用。

液力变矩器之所以能改变输出转矩,是由于其在结构上比液力耦合器多了一套固定不动的导轮。在液体循环流动的过程中,固定不动的导轮经液流给涡轮一个反作用力矩,使涡轮输出的转矩可大于由泵轮输入的转矩。

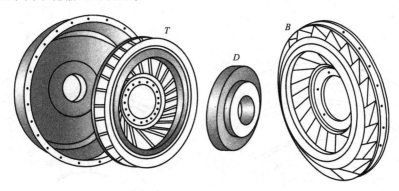

图9-4　变矩器元件外形图
B-泵轮;T-涡轮;D-导轮

下面用变矩器工作轮的展开图来说明液力变矩器的工作原理(图9-5)。可以将循环圆上的中间流线展开成一直线,从而使各工作轮的叶片角度在纸面上清楚地显示出来。

为便于说明,设发动机转速及负荷不变,即液力变矩器泵轮的转速 n_b 及力矩为常数。

起步之前,涡轮转速 n_w 为零,此时工况如图9-6a)所示。工作液在泵轮叶片带动下,以一定的绝对速度沿图中箭头 1 的方向冲向涡轮叶片。因为涡轮静止不动,液流将沿着叶片流出涡轮并冲向导轮,液流方向如图中箭头 2 所示。然后液流再从固定不动的导轮叶片沿图中箭头 3 所示方向回流入泵轮中。液流流过叶片时,由于受到叶片的作用,方向发生变化。设泵轮、涡轮和导轮对液流的作用力矩分别为 M_b、M'_w 和 M_d,如图2-6a)所示,根据液流受力平衡条件,得:

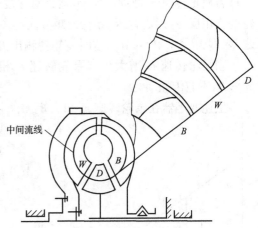

图9-5　液力变矩器工作轮展开示意图
B-泵轮;W-涡轮;D-导轮

$$M'_w = M_b + M_d$$

由于液流对涡轮的冲击力矩 M_w(即变矩器输出转矩)与涡轮对液流的作用力矩 M'_w 方向相反,大小相等,因此:

$$- M_w = M'_w = M_b + M_d$$

显然,此时涡轮力矩从数值上大于泵轮力矩,液力变矩器起了增大力矩的作用。

当液力变矩器输出的力矩经传动系传到驱动轮上产生的牵引力足以克服工程机械启动的阻力时,机械即起步并加速,与之相关的涡轮转速 n_w 也从零逐渐增加。这时,液流在涡轮出口处不仅具有沿叶片方向的相对速度 w,而且具有沿圆周方向的牵连速度 u,因此冲向导轮叶片的液流的绝对速度,应是二者的合成速度,如图9-6b)所示。因原来假设泵轮转速不变,故循环圆中液流在涡轮出口处的相对速度 w 不变。因涡轮转速在变化,故牵连速度 u 起变化。由图可见,冲向导轮叶片的液流的绝对速度 v 将随着牵连速度 u 的增加(即涡轮转速 n_w 的增加)而逐渐向左倾斜,使导轮上所受力矩值逐渐减小。当涡轮转速增大到某一数值,由涡轮流出的液流(图9-6b 中 v 所示方向)正好沿导轮出口方向冲出导轮叶片时,液流流经导轮时方向不改变,故导轮力矩 M_d 为零,于是泵轮对液流的作用力矩 M_b 与液流作用于涡轮的力矩 M_w 数值相等,即 $M_w = M_b$。

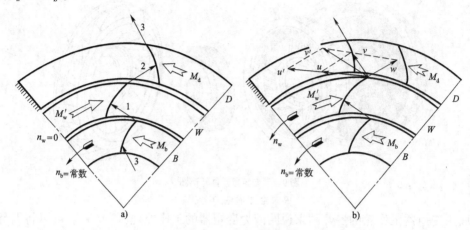

图9-6 液力变矩器工作原理图

a)当 n_b = 常数、n_w = 0 时;b)当 n_b = 常数、n_w = 0 逐渐增加时

若涡轮转速 n_w 继续增大,液流绝对速度 v 方向继续向左倾,如图中 v 所示方向,液流对导轮的作用反向,形成背压,导轮力矩方向与泵轮力矩方向相反,则涡轮力矩为泵轮与导轮力矩之差,即 $M'_w = M_b - M_d$,这时变矩器输出力矩 M_w 反而比输入力矩 M_b 小。

当涡轮转速 n_w 增大到与泵轮转速 n_b 相等时,由于工作液在循环圆中的循环流动停止,$M_w = 0$,不能传递动力。

上述变矩器在泵轮转速 n_b 和力矩 M_b 不变的条件下,涡轮力矩 M_w 随其转速 n_w 变化的规律,可用图9-7表示,此即液力变矩器的特性。

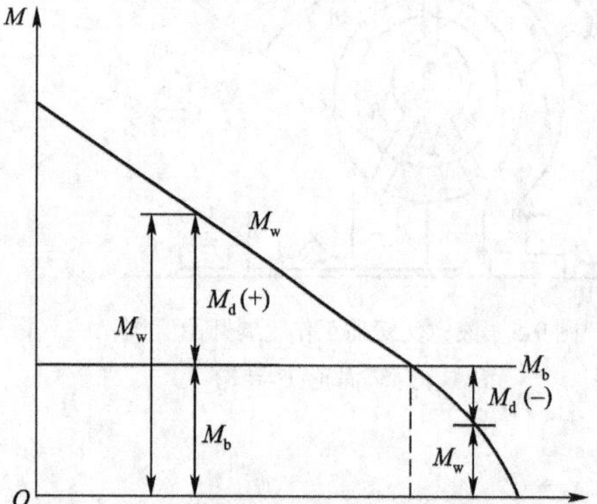

液力变矩器的传动比 i 指输出转速(即涡轮转速 M_w)与输入转速(即泵轮转速 n_b)之比,即:

$$i = \frac{n_w}{n_b} < 1$$

这一点与机械传动传动比 i 的定义恰好相反。

液力变矩器输出力矩(即涡轮力矩 M_w)与输入力矩(即泵轮力矩 M_b)之比称为变矩系数,一般用 K 表示,即:

$$K = \frac{M_w}{M_b}$$

图9-7 液力变矩器特性(n_b = 常数)

图9-7 中的 M_w 随转速 n_w 变化的特性曲线,也反映了在泵轮力矩 M_b 和转速 n_d 不变的情况下,变矩系数 K 与涡轮转速 n_w(或传动比 i)之间的变化关系。

由图9-8可见,当工程机械起步、上坡或作业中遇到较大的运行阻力时,如果发动机的转速和负荷不变。车速将降低,即涡轮转速降低,于是变矩系数相应增大,因而使驱动轮获得较大的驱动力矩,以保证工程机械能克服增大的阻力而继续行进,所以液力变矩器是一种在一定范围内能随工程机械运行阻力或作业阻力的不同而自动改变变矩系数 K 的无级变速器。此外,液力变矩器与液力耦合器相同,也具备保证机械平稳起步、衰减传给传动系的扭转振动,防止过载等功能。

显然,变矩器的效率 η 应为输出功率与输入功率之比,即:

$$\eta = \frac{M_w n_w}{M_b n_b} = Ki$$

将变矩器效率变化绘于图 9-7 上,即得图 9-8 的液力变矩器特性图。

由图 9-9 可见,当涡轮转速 n_w 较低时,$M_w = M_b + M_d$,亦 $M_w > M_b$;随着 n_w 增大,M_d 逐渐减小,当 $n_w = OA''$ 时,$M_d = 0$,这时 $M_w = M_b$;当 $n_w > OA''$ 时,$M_d < 0$,这时 $M_w < M_b$。

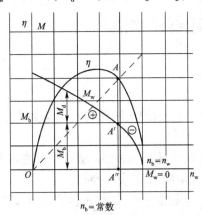

图 9-8 液力变矩器特性

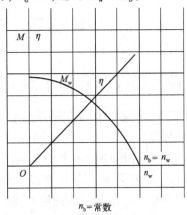

图 9-9 液力耦合器特性

液力耦合器即为液力变矩器去掉导轮,即 $M_d = 0$,即:

$$-M_w = M_b$$

可见,液力耦合器输出转矩与输入转矩总是相等的,不能变矩,即变矩系数 $K = 1$。

液力耦合器的效率为:

$$\eta = Ki = i$$

由上式可以看出,其效率曲线为一条通过坐标原点、夹角为 45° 的直线,其特性如图 9-9 所示。

如果把液力耦合器的效率曲线画到图 9-8 中,即图中虚线所示,可以看出,当 $n_w < OA''$ 时,变矩器的效率总是大于耦合器的效率。当 $n_w > OA''$,即 $M_d < 0$ 时,变矩器的效率迅速下降,而相应的耦合器的效率则直线上升,总是高于变矩器效率。如果能有一种液力变矩器,在 $M_d > 0$ 时,以变矩器工况工作,在 $M_d < 0$ 时,以耦合器工况工作,也就可以在涡轮各种转速条件下都得到比较高的效率值,这就是综合式液力变矩器应用于实践的基本理由。其特性如图 9-10 所示。图 9-11 为其原理简图。

如图 9-11 所示,要想得到综合式液力变矩器,只要在导轮上装单向离合器(自由轮)即可,当 $M_d > 0$ 时,液流作用于导轮的方向,正好使单向离合器楔在固定不动的套管上,使导轮固定不动。这时综合式液力变矩器只能在变矩器工况下工作。当 $M_d < 0$ 时,液流作用于导轮的方向相反,单向离合器脱开,导轮在液流作用下可在套管上自由转动,实际上 $M_d = 0$,这时,综合

式液力变矩器便在耦合器工况下工作。

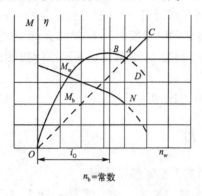

图 9-10　综合式液力变矩器特性

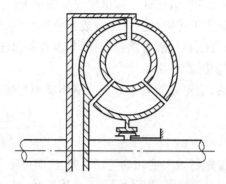

图 9-11　综合式液力变矩器原理简图

第三节　液力变矩器的类型

一、按叶轮在循环圆中的旋转方向分

液力变矩器按各工作轮在循环圆中的排列顺序,分为 123 型(正转变矩器)和 132 型(反转变矩器)两类。

从液流在循环圆中的流动方向看,123 型导轮在泵轮前,而 132 型导轮则在泵轮后,如图 9-12 所示。如前所述,习惯上都以 1 表示泵轮、2 表示涡轮、3 表示导轮。

123 型变矩器在正常运转条件下,涡轮旋转方向与泵轮一致,故称正转变矩器,132 型变矩器在正常运转条件下涡轮旋转方向与泵轮相反,故称反转变矩器。

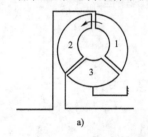

图 9-12　单级液力变矩器简图
a)123 型;b)132 型
1-泵轮;2-涡轮;3-导轮

二、按照涡轮叶栅的数目分

液力变矩器按照插在其他工作轮翼栅间的涡轮翼栅的列数,分为单级、二级和三级液力变矩器。多级变矩器涡轮由几列依次串联工作的翼栅组成,每两列涡轮翼栅之间插入导轮翼栅,各列涡轮翼栅彼此间刚性连接并和从动轴连接,而各列导轮翼栅则和固定不动的壳体连接。图 9-13a) ~ 图 9-13c)为二级液力变矩器简图,是由一个泵轮、两列翼栅的涡轮和一列或两列翼栅的导轮组成。图 9-13d) ~ 图 9-13f)为三级液力变矩器简图,是由一个泵轮、三列翼栅的涡轮和两列或三列翼栅的导轮组成。

多级液力变矩器在小传动比范围可以得到高的变矩系数,并可以扩大高效率的工作范围。其变矩系数的提高是液流连续作用在两列或三列涡轮翼栅上达到的,使油液的动能和势能得到充分的利用。

多级液力变矩器启动变矩系数 $K_0 = 5 \sim 7$,最高效率 $\eta_{max} = 0.80 \sim 0.85$,最高效率工况下的传动比 $i'' = 0.2 \sim 0.4$。

多级液力变矩器结构复杂、成本高,而在中小传动比范围内,变矩系数和效率提高又不大,因此近来多级液力变矩器用得越来越少,而被效率较高的单级液力变矩器(单相或多相)所代替。

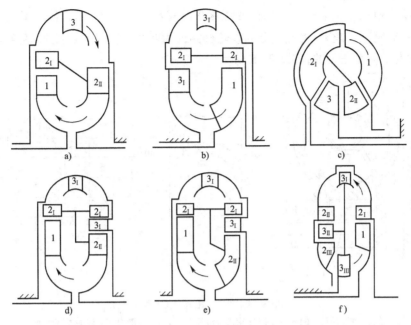

图 9-13　多级液力变矩器简图

a)二级液力变矩器;b)二级液力变矩器;c)二级液力变矩器;d)三级液力变矩器;e)三级液力变矩器;f)三级液力变矩器
1-泵轮;2_I-第一列涡轮翼栅;2_{II}-第二列涡轮翼栅;2_{III}-第三列涡轮翼栅;3_I-第一列导轮翼栅;3_{II}-第二列导轮翼栅;3_{III}-第三列导轮翼栅

三、按单级液力变矩器的工作状态数分

单级液力变矩器根据其可能的工作状态数(如反作用力件数、导轮固定求自由转动),又可分为单相、二相、三相。

1. 单级二相液力变矩器

把变矩器和耦合器的特点综合到一台变矩器上,称为综合式液力变矩器。

图 9-14a)为单级二相液力变矩器示意图。图 9-14b)表示不同工况下导轮入口液流的来流方向。

导轮 3 是通过单向离合器 7 支撑在壳体 5 上,传动比 i 在 $0 \sim i_M(K=1)$ 范围内时,$K = M_2/M_1 > 1$,即从动轴转矩大于主动轴转矩,从涡轮 2 流出的液流冲向导轮 3 叶片的工作面。此时液流力图使导轮朝泵轮相反的方向转动。但是由于单向离合器在这一旋转方向下楔紧,使导轮固定在壳体上不转,使整个系统按照变矩器特性工作,增大转矩。

当从动轴负荷减小而涡轮转速大大提高时,即 $i > i_M$ 时,从涡轮流出的液流方向改变,冲向导轮叶片的背面(图 9-14b 箭头所示),使导轮与泵轮同向旋转。在这一旋转方向下,单向离合器松脱,导轮自由地与泵轮同向旋转。这时由于在循环圆中没有固定的导轮,不变换转矩,整个系统按照耦合器的特性工作,导轮自由旋转,减小了导轮入口的冲击损失,因此效率提高。其工作特性如图 9-14c)的曲线所示。

单级二相液力变矩器在工程机械、汽车和拖拉机上得到广泛应用,因为这类机械工作或行驶时阻力变化较大,变矩器经常运行在高速轻载工况(即 $i > i_M$),所以采用单级二相液力变矩器,以提高 $i > i_M$ 工况下的效率,有其经济价值。

2. 单级三相液力变矩器

某些启动变矩系数 K 大的单级二相变矩器在最高效率工况 i'' 到耦合器工况 i_M 区段效率显著降低。为了克服这个缺陷,将变矩器的导轮分割成为两个,每个导轮分别装在各自的单向离合器上,这种变矩器是三相的,如图9-15所示。

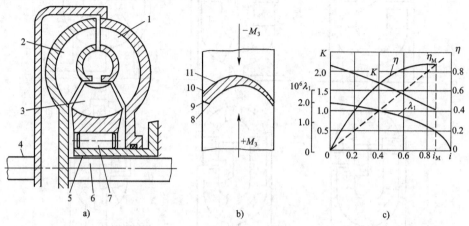

a)   b)   c)

图9-14 单级二相液力变矩器

a)液力变矩器简图;b)不同工况导轮入口液流来流方向;c)液力变矩器原始特性曲线

1-泵轮;2-涡轮;3-导轮;4-主动轴;5-壳体;6-从动轴;7-单向离合器;8、9、10、11-分别相应于 $i = 0$、$t = i''$、$i = i_M$ 和 $i > i_M$ 传动比时,液流作用于导轮叶片入口处的方向

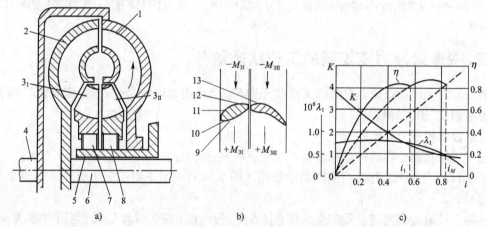

a)   b)   c)

图9-15 单级三相液力变矩器

a)液力变矩器简图;b)不同工况导轮入口液流来流方向;c)液力变矩器原始特性曲线

1-泵轮;2-涡轮;3_I-第一导轮;3_{II}-第二导轮;4-主动轴;5-壳体;6-从动轴;7、8-单向离合器;9、10、11、12、13-分别相应于 $i = 0$、$i = i_1$、$i = i_1$、$i = i_2$ 和 $i = i_M$ 时导轮入口处的液流来流方向

在传动比 $i = 0 \sim i_1$ 区段,从涡轮流出的液流沿导轮叶片的工作面流进,液流作用在导轮上的力矩使单向离合器7、3楔紧,两个导轮均不转,液力变矩器的工作按双导轮三工作轮变矩器的特性曲线工作。

外阻力减小,涡轮转速提高,传动比, $i = n_2/n_1$ 增大,从涡轮流出的液流方向改变。当传动 $i \geqslant i_1$ 时,第一导轮 3_I 上液流作用形成的力矩使单向离合器7松脱,第一导轮 3_I 开始自由旋转,此时第一导轮不起变换力矩的作用,变矩器按单导轮三工作轮变矩器的特性曲线工作。

162

由于第二导轮叶片入口角总是小于第一导轮叶片入口角,那么在大传动比时,使导轮入口液流冲击损失减小,效率提高。

外阻力进一步减小,涡轮转速继续提高,传动比继续增大,当 $i > i_M$ 时,液流方向进一步改变,液流作用到第二导轮上形成的力矩使第二导轮单向离合器 8 松脱,第二导轮 3_{II} 开始自由旋转,这变矩器在耦合器工况下工作。

单级三相液力变矩器的特性由两个变矩器特性和一个耦合器特性结合而成,如图 9-15c)所示。

传动比在 $i = 0$ 到 $i = i_1$ 区段,两个导轮固定不转,二者的叶片连接起来视为一体,就像一个弯曲严重的叶片,保证了大的变矩系数,减小了低传动比下液流的冲击损失。

传动比在 $i = i_1$ 到 $i = i_M$ 区段工作,第一导轮自由旋转,不起导轮作用,液力变矩器就像一个带有弯曲较小叶片的导轮参与工作,使在这个区段下得到高的效率。

传动比在 $i = i_M$ 到 $i = 1$ 区段,第一导轮 3_I 和第二导轮 3_{II} 都自由旋转,不起导轮作用,变矩器就如耦合器工作,不变换转矩,而效率按线性规律增长。

四、单级液力变矩器按照涡轮在循环圆内的位置分

单级液力变矩器按照涡轮在循环圆内的位置还可分为向心涡轮、轴流涡轮和离心涡轮液力变矩器(图 9-16)。

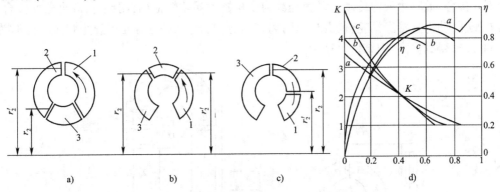

图 9-16 变矩器循环圆中的涡轮配置形式

a)向心涡轮;b)轴流涡轮;c)离心涡轮;d)相应的原始特性曲线

1-泵轮;2-涡轮;3-导轮

(1)向心涡轮液力变矩器的涡轮入口半径 r_1 大于出口半径 r_2,变矩器具有能容大、效率高、透穿数大和在高速比时能自动卸载等特点,所以应用较广。

向心涡轮液力变距器具有如下优点:

①最高效率 η_{max} 高,现有的向心涡轮液力变矩器的 η_{max} 达 $0.90 \sim 0.92$。

②可以在耦合器工况下工作,耦合器工况最高效率 $\eta_{max} = 0.94 \sim 0.97$。

③能容大。

④透穿系数变化范围较大,可根据不同机器的不同使用条件,选择满足使用要求的不同透穿性的液力变矩器。

⑤虽然启动变矩系数 K_0 较小,但工作区段变矩系数 K 较大,如图 9-18d)中 K 曲线所示,机器行驶或工作时,大部分时间是在液力变矩器的工作区段,因此,向心涡轮液力变矩器并不降低机器的加速动力性,在工程机械得到广泛应用。

（2）轴流涡轮液力变矩器的涡轮入出口半径 $r_1 \approx r_2$，通常用于挖掘机上。

（3）离心涡轮液力变矩器的涡轮入口半径小于出口半径 r_2，这种变矩器具有大的零速工况变距系数和基本不透穿特性。用于内燃机车、起重机等。

第四节　液力变矩器的典型结构

一、带闭锁离合器的液力变矩器

为了在大传动比范围内提高效率，液力变矩器上装置有一个把泵轮和涡轮直接连在一起的闭锁离合器，即成为闭锁式变矩器。这可以提高机械高速行驶时的效率，满足机械运行中的特殊要求。原理如图9-17a）所示，泵轮 1 和涡轮 2 之间装有片式摩擦离合器 5。当闭锁离合器接合后，泵轮和涡轮同速转动，导轮在单向离合器 4 的作用下在液流中自由旋转，发动机的功率直接传递给传动系，变成纯机械传动，效率很高。

应用闭锁离合器，还可便于工程机械拖启动或下坡时利用发动机的排气制动装置而帮助制动。

图9-17b）是带闭锁离合器的液力变矩器原理图，是在输入轴与涡轮轴和输入轴与泵轮之间各装一个摩擦离合器 5、6，涡轮和涡轮轴之间装有单向离合器。不闭锁时，离合器 5 脱开，离合器 6 接合，此时为液力传动。动力经液力变矩器由涡轮轴输出；闭锁时，离合器 5 接合，离合器 6 脱开，动力直接经涡轮轴输出，单向离合器分离，液力变矩器处于静止状态。此时为机械传动，效率得到提高，但结构复杂。

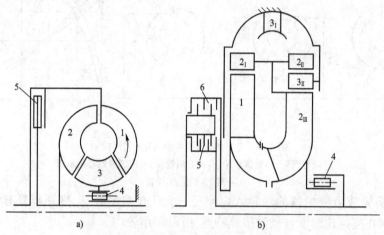

图9-17　带闭锁离合器的液力变矩器原理图

a)有风损；b)无风损

1-泵轮；2-涡轮；3-导轮；4-单向离合器；5-摩擦离合器；6-摩擦离合器

二、单级三元件液力变矩器

日本小松的 085A-18 型、D85A-12 型推土机、WA380 型装载机；美国 Caepillar 厂生产的966D 型装载机及国产的 W220 型推土机等所用的液力变矩器结构相差不大，都采用三元件单级单相液力变矩器。下面以 966D 型装载机的变矩器为例介绍此类变矩器的结构。图9-18 为966D 型装载机变矩器。

变矩器泵轮 2 的外缘用螺钉固定在旋转壳体 1 上,泵轮内缘用螺钉与油泵齿轮 3 相连,并通过轴承安装在支撑轴 8 上,支撑轴 8 则用螺钉固定在变矩器壳体 6 上。旋转壳体 1 则用螺钉固定在接盘 12 上,接盘 12 通过花键与飞轮相固连,发动机通过飞轮驱动泵轮旋转,这就是变矩器的主动部分。

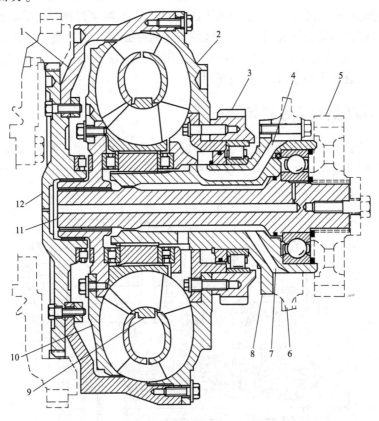

图 9-18　966D 型装载机变矩器

1-旋转壳体;2-泵轮;3-齿轮;4-油液进口;5-输出齿轮;6-变矩器壳体;7-油液出口;8-支撑轴;9-导轮;10-涡轮;11-涡轮轴;12-接盘

涡轮 10 用螺钉与涡轮轮毂相连,涡轮轮毂通过花键与涡轮轴(即输出轴)11 左端相连,并通过涡轮鼓轴颈用滑动轴承支撑在接盘 12 的座孔内,涡轮轴 11 的右端则通过滚珠轴承安装在支撑轴 8 上,并通过花键与输出齿轮 5 相连,变矩器的动力即由此输出,这是变矩器的从动部分。

变矩器的导轮 9 通过花键固定在支撑轴 8 的端部,在两元件之间用止推轴承起轴向定位作用,支撑轴上有油液进口 4 与出口 7。

这种变矩器的最高效率和涡轮转速为零时的变矩比较高;但当传动比较高或较低时,效率很低,容易发热,通常与挡数较多的动力变速器配合使用。

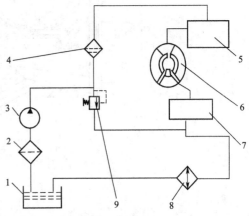

图 9-19　966D 型装载机变矩器的液压系统简图

1-油箱;2-滤网;3-油泵;4-滤清器;5-变速器控制阀;6-变矩器;7-限压阀;8-冷却器;9-安全阀

966D 型装载机变矩器的液压控制系统：

如图 9-19 所示，该变矩器的液压控制系统由油箱 1、滤网 2、滤清器 4、限压阀 7、冷却器 8 及连接管路组成。

油液经油泵 3 送入滤清器 4 滤清后，经变速器控制阀 5 送入变矩器 6 内循环工作，由于油液与流道相摩擦生热，温度升高，一般要求不超过 120℃，当温度过高时，则部分油液经出口流入冷却器 8 进行冷却降温后，流回油箱，再经油泵送入变矩器。变矩器油液出口处的限压阀 7 控制变矩器内的油压接近 415kPa，安全阀 9 的功用是当高压油路内因某种原因堵塞时，安全阀自动打开，使油液流回油箱，以保护液压系统。

三、单级四元件液力变矩器

国产 ZL50 装载机的变矩器是属于此类变矩器，如图 9-20 所示。ZL50 装载机的变矩器是双涡轮变矩器，两个涡轮 6、8 分别与变速器中的两个齿轮相连，从而扩大了变速范围。

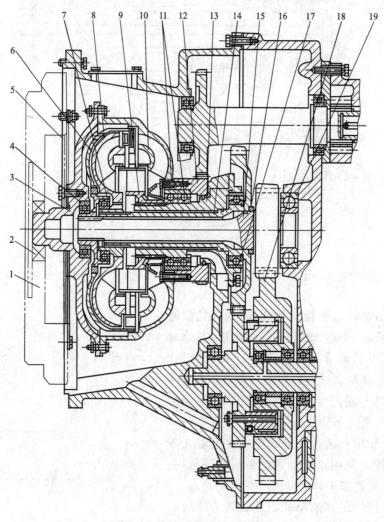

图 9-20　ZL50 型装载机变矩器

1-飞轮；2-轴承；3-旋转壳体；4-轴泵；5-弹性板；6-第一涡轮；7-轴承；8-第二涡轮；9-导轮；10-泵轮；11-轴承；12-齿轮；13-导轮轴；14-第二涡轮轴；15-第一涡轮轴；16-隔离环；17-轴承；18-单向离合器外环齿轮；19-轴承

166

柴油机的动力由弹性板 5 传给变矩器,弹性板 5 的外缘用螺钉与飞轮 1 相连,内缘用螺钉与变矩器旋转壳体 3 相连。与齿轮 12 连在一起的泵轮用螺钉与旋转壳体 3 相连,以上各件组成了变矩器的主动部分。主动部分的左端用轴承 2 支撑在飞轮中心孔内,右端用两排轴承 11 支撑在与壳体固定在一起的导轮轴 13 上。

第一涡轮 6 以花键套装在第一涡轮轴 15 上,第一涡轮轴 15 右端装有齿轮,通过该齿轮将从第一涡轮传来的动力输入变速器,第一涡轮轴 15 左端以轴承 4 支撑在旋转壳体 3 内,右端以轴承 19 支撑在变速器中,第二涡轮 8 以花键套装在第二涡轮轴 14 上,轴 14 与齿轮制成一体。第二涡轮轴 14 的左端用轴承 7 支撑在第一涡轮轮毂中,右端用轴承 17 支撑在导轮轴 13 内,第二涡轮的动力由第二涡轮轴 14 上的齿轮输入变速器内,以上就是变矩器的从动部分。

导轮 9 用花键套装在与壳体固定在一起的导轮轴 13 上。从图 9-20 可见,变矩器通过第一涡轮轴与第二涡轮轴及其上的齿轮将动力输入变速器,变速器中与第一、第二涡轮轴 15、14 上的齿轮相啮合的两齿轮间装有单向离合器。

当变矩器传动比较低时,单向离合器处于楔紧状态,这时两个涡轮同时起作用。特性如图 9-21 中"1"所示。

随外阻力的减小,第二涡轮的转速逐渐增高,使单向离合器分离,这时动力只通过第二涡轮传给变速器,此时变矩器的特性曲线如图 9-21 中"2"所示。

由曲线可见,双涡轮变矩器在较大的传动比范围内,效率较高,即高效区较宽。因此,可以与结构简单、挡位较少的变速器匹配。例如,ZL50 装载机就采用了只有两个前进挡和一个倒挡行星式变速器。

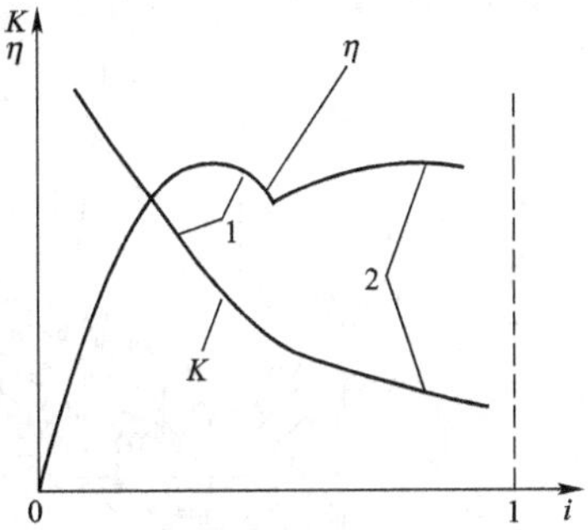

图 9-21　ZL50 型装载机变矩器的特性曲线

四、单级三相四元件变矩器

国产 CL7 自行式铲运机和 PY160 型平地机变矩器是单级三相四元件,如图 9-22 所示、它在结构上具有以下两个特点。

一是它具有两个导轮,这两个导轮通过单向离合器与固定的壳体相连。根据不同的工况可实现两个导轮固定或一个导轮固定、另一个导轮空转以及两个导轮都空转三种工作状态,故称为三相。另一特点是带有自动锁紧离合器,可以将泵轮和涡轮刚性连起来变成机械传动。

柴油机的动力由连接盘 1 输入,连接盘与驱动盘 4 的轴颈花键连接,泵轮 15 外缘用螺钉与驱动盘 4 外缘相连接;泵轮内缘与油泵的驱动套 17 相连,支撑圈 11 与驱动盘 4 通过键 30 相连;在驱动盘 4 上有 12 个均布的驱动销 7 插入活塞 8 的相应孔中,使活塞既能随驱动盘、泵轮等一起转动,又能沿驱动销 7 做轴向移动,以上各件组成了变矩器的主动部分,主动部分左端通过滚动轴承 3 支撑在变矩器外壳 2 上,右端通过滚动轴承 16 支撑在导轮轴 18 上。

涡轮 12 的内缘与齿圈 10 花键套 26 铆在一起,套在涡轮轴 5 上,在齿圈上套有锁紧摩擦盘 9(其两边烧结有铜基粉末冶金衬片),以上各件组成变矩器的从动部分。从动部分左端通过滚动轴承 6 支撑在驱动盘 4 的内孔中,右端通过滑动轴承支撑在变速器轴孔内。

第一导轮 13 与单向离合器外圈 21、挡圈 23、限位块 20 铆在一起,同样,第二导轮 14 与单向离合器外圈 24、挡圈铆在一起;两个导轮外圈 21、24 通过两排滚柱 22、29 装在单向离合器内圈 25 上,离合器内圈通过花键与固定在壳体上的导轮轴 18 连接,两个限位块 20、28 用来控制导轮与泵轴和涡轮之间的位置。隔离环 27 用铜基粉末冶金制成。其作用是保证两导轮之间

167

有一定间隙。同时,当两导轮有相对转动时起减磨作用。

单向离合器的结构如图9-23所示,其原理是利用各元件工作面之间由于滚子1的楔紧作用而产生的摩擦力来起到单向锁定作用。图中8个滚子1在弹簧3和销2的作用下,卡在内圈4和外圈9之间,内圈4与滚子接触面为带有锥度的外圆柱面,弹簧3的弹力很小,不足以产生楔紧力。在变矩器正常工况下,导轮受到油液的冲击,带动与导轮在固定在一起的外圈沿顺时针方向旋转,由于滚子1卡在内外圆组成的楔形槽的狭窄部位4处,使内外圆被楔紧,从而将导轮单向锁定。当涡轮转速升高到某一数值时,油液冲导轮叶片的背面,使导轮逆时针方向旋转,滚子便移向楔形槽的宽阔部位,从而失去楔紧作用,使导轮与外圆等在内圆的外圆柱面上空转,这时单向离合器处于分离状态。

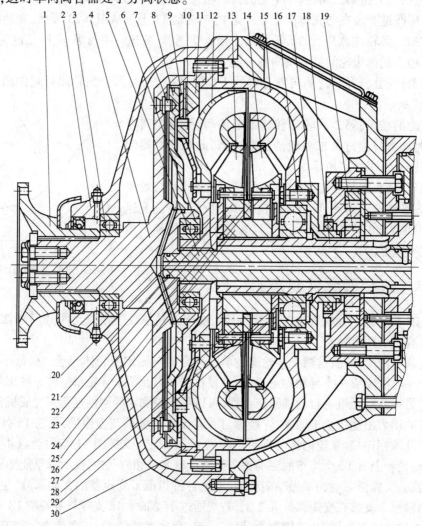

图9-22 CL7自行式铲运机变矩器

1-连接盘;2-变矩器外壳;3-滚动轴承;4-驱动盘;5-涡轮轴;6-滚动轴承;7-驱动销;8-活塞;9-锁紧摩擦盘;10-齿圈;11-支撑圈;12-涡轮;13-第一导轮;14-第二导轮;15-泵轮;16-滚动轴承;17-驱动套;18-导轴;19-油泵主动齿轮;20-限位块;21-单向离合器外圈;22-滚柱;23-挡圈;24-单向离合器外圈;25-单向离合器内圈;26-花键套;27-隔离环;28-限位块;29-滚柱;30-键

CL7自行式铲运机变矩器中的锁紧离合器的作用是,将变矩器的泵轮和涡轮刚性地连一起,就像一个刚性联轴器一样;可满足铲运机在高速行驶时提高传动效率、下坡时利用发动机排气制动以及拖启动的需要。

锁紧离合器由液压操纵,当液压油通过涡轮轴5(图9-22)的中心孔进入活塞8的左边时,可推动活塞8右移,把套在涡轮齿圈上的摩擦盘9压紧在活塞8和支撑圈11之间,离合器接合,将泵轮和涡轮锁为一体。

CL7型自行式铲运机变矩器特性曲线如图9-24所示。由于这种变矩器采用了两个导轮,并由于单向离合器的作用(图9-23),因此当不同的导轮被单向锁定时,或两个导轮全空转时,整个变矩器就相当于两个变矩器与一个耦合器的综合工作,故其效率特性曲线由三段(1、2、3)组成。

传动比i较低时,从涡轮出来的油液冲击导轮叶片的正面,使两个导轮固定,这时效率曲线具有图9-24中曲线1的形状,而变矩比K变化较快,效率较低,适用于铲运机起步和低速时的工况。

当传动比i增加到某值范围内时,从涡轮流出的油液方向变为冲向第一导轮背面,使第一导轮空转,由于第二导轮叶片入口角小于第一导轮叶片入口角,在较大的传动比下导轮入口油流损失较小,效率提高,这时变矩器效率曲线按曲线2变化。

当传动比i继续增大,油液冲向第二导轮叶片背面,使第二导轮也空转,于是变矩器成为一个耦合器,故效率按耦合器效率变化,如图9-24中曲线3(直线)所示,效率进一步提高,这种变矩器的特性相当于两个变矩器和一个耦合器的特性的综合。

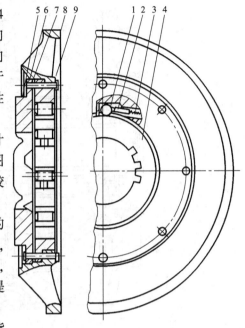

图9-23　单向离合器

1-滚子;2-销;3-弹簧;4-内圈;5-限位块;6-铆钉;
7-挡圈;8-第一导轮;9-外圈

五、双泵轮液力变矩器

美国CAT988B装载机变矩器如图9-25所示。它有内外两个泵轮,由驾驶室内操纵手柄和脚开关控制液压离合器的接合或分离,可以实现内泵轮单独工作、内外泵轮同时工作或相对工作等。进而实现变矩器有效直径和特性的变化,使变矩器所吸收和输出的功率可以在相当大的范围内进行无级调节,使装载机的牵引力、铲掘力和柴油机功率三者均能随工况变化而获得较理想的匹配。

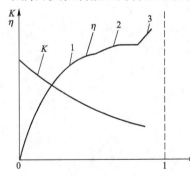

图9-24　CL7自行式铲运机双导轮液力
变矩器特性曲线

该变矩器的两个泵轮是内泵轮6和外泵轮4;液压离合器由圆盘13、从动盘12和活塞11等组成,齿轮1和变矩器壳3制成一体,并与柴油机飞轮啮合;变矩器壳3和内泵轮6用螺栓与离合器壳5连接,圆盘13和活塞11通过销钉10与离合器壳5相连;变矩器壳3、离合器壳5、内泵轮6和发动机一起旋转,以上是变矩器的主动部分。

导轮14与支座8连接,支座8与变矩器盖连接,导轮14与支座8均不转动。变矩器由液压控制装置控制,当系统在最大油压时,压力控制阀使离合器完全接合,内外泵轮同时工作,变矩输出功率最大。当系统油压减小,离合器打滑,则变矩器输出功率减小。当系统在最小油压时,外泵轮与内泵轮脱离接合,变矩器输出功率为最小。

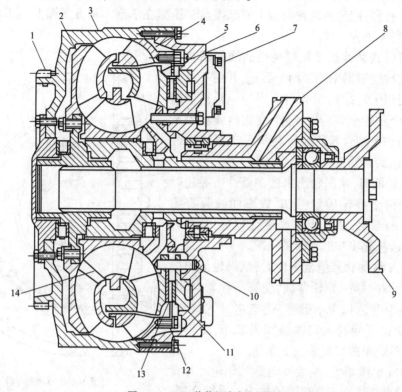

图 9-25　988B 装载机液力变矩器

1-齿轮;2-涡轮;3-变矩器壳;4-外泵轮;5-离合器壳;6-内泵轮;7-盖;8-支座;9-连接盘;10-销钉;11-活塞;12-从动盘;13-圆盘;14-导轮;输出轴

第十章 主离合器

第一节 概　述

一、功用

主离合器是底盘机械传动系中用于连接发动机的重要部件,一般位于发动机之后、变速器(或传动轴)之前,主要用来根据传动需要及时接合或切断发动机传给传动系的动力,以便机械实现起步、换挡变速、短暂停车、空载启动等。在部分采用非动力换挡变速器的液力机械传动系中,为便于换挡,一般也设有主离合器。主离合器的基本功能如下:

(1)能迅速、彻底地把发动机动力和传动系分离,以防止在变速器换挡时换挡齿轮产生冲击。

(2)能把发动机动力和传动系柔和地接合,使自行式工程机械能平稳起步。

(3)当外界负荷急剧增加时,可以利用主离合器打滑,以防止传动系和发动机零件超载。

(4)利用主离合器分离,可以使自行式工程机械短时间停车。

由主离合器的基本功能可见,离合器必须是主动部分和从动部分可以暂时分离、又可逐渐接合,并且在传动过程中还能相对转动的传动机构。因此离合器的主动部分和从动部分不能刚性连接,而是借二者接触面间的摩擦作用来传递转矩(摩擦式离合器),或是主动部分借液体的动能对从动部分作用而传递转矩(液力耦合器),或是主动部分借电磁作用将转矩传到从动部分(电磁式离合器)。其中摩擦式离合器在自行式工程机械和汽车上采用最为广泛,本章主要介绍摩擦式离合器。

二、基本要求

摩擦式主离合器一般应满足以下基本要求:

(1)离合器应能可靠传递发动机的最大转矩,在完全接合工况下不打滑。为此,离合器能传递的摩擦力矩应大于发动机的最大转矩。

(2)离合器应接合平顺、柔和。即要求离合器所传递的转矩能缓慢地增加,以免车辆起步冲击或抖动,使传动系各部件受到冲击荷载,以及使操作者不舒适。

(3)离合器分离应迅速、彻底。传动系换挡时若离合器分离不彻底,则飞轮上的转矩将继续有一部分传入变速器,会使变速器换挡困难,引起齿轮的冲击。

(4)离合器从动部分的转动惯量应小。离合器的功用之一是当变速器换挡时中断动力传递以减轻变速器齿轮间的冲击。如果与变速器主动轴相连的离合器从动部分的转动惯量大,当变速器换挡时,虽然分离了离合器使发动机与变速器之间的联系脱开,但离合器从动部分较大的惯性力矩仍然输入给变速器,其结果相当于离合器分离不彻底,因此就不能很好地起到减轻变速器轮齿冲击的作用。

(5)离合器散热要良好。机械在作业或运输过程中,驾驶员操纵离合器很频繁,这就使离合器的主、从动部分摩擦面间频繁地相对滑动,产生大量的热,且离合器接合越柔和滑动摩擦时间越长,产生的摩擦热量也越大。这些热量如不及时散出,将导致摩擦零件因温度过高而烧伤,或因摩擦系数下降而打滑,严重影响离合器的正常工作。

此外,离合器还应操纵轻便,以减轻驾驶员的疲劳;摩擦衬面要耐高温、耐磨损;摩擦衬面的磨损在一定范围内能通过调整使离合器恢复正常工作。

三、基本工作原理及机构

摩擦式离合器的基本工作原理,是利用在两个摩擦圆盘间产生的摩擦力来传递力矩。而要在两个圆盘之间产生摩擦力,首先,必须在它们之间施加压紧力,然后才能实现摩擦传动;其次,要能实现"分离"和"接合",并能互相转换,则在结构上必须具备如下三个基本部分(图10-1)。

(1)产生摩擦力的机构。这是使离合器获得"接合"的必要条件,它由摩擦元件和压紧元件组成。

摩擦元件包括主动摩擦面(主动部分)和从动摩擦面(从动部分)。主动摩擦面由飞轮1的表面"A"及压盘4的表面"B"组成。压盘4通过固定在离合器罩2上的数个传动销7,靠飞轮1带动旋转。同时,它可以相对飞轮做轴向移动。从动摩擦盘12由铆在从动盘钢片两面的石棉摩擦衬片3组成。从动盘12以花键与离合器轴11相连接,并可在轴上做轴向移动。

压紧元件由弹簧13和压盘4组成,弹簧常用数个螺旋弹簧或碟形弹簧。压盘4的作用是使弹簧所产生的压力均匀分布在摩擦面上。

离合器具备了摩擦元件和压紧元件便能够"接合"了,因为弹簧13的压力通过压盘4,将从动摩擦盘12夹紧在飞轮1和压盘4之间。这样,由于它们之间的摩擦作用,发动机的动力就从飞轮传到与变速器的输入轴相连的离合器轴11上。

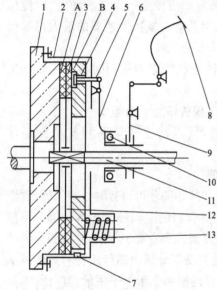

图10-1 摩擦式离合器简图
1-飞轮;2-离合器罩;3-摩擦衬片;4-压盘;5-拉杆;6-分离杠杆;7-传动销;8-踏板;9-杆件;10-分离轴承;11-离合器轴;12-从动摩擦盘;13-弹簧;A-飞轮摩擦面;B-压盘摩擦面

(2)分离机构。它是使离合器产生"分离"的必要条件,由拉杆5、分离杠杆6、分离轴承10和操纵杠杆系统9组成。

当驾驶员踩下踏板8时,经过操纵杠杆系统9使分离轴承10左移压向分离杠杆6,分离杠杆通过拉杆5将压盘4向右拉,使弹簧13进一步压缩,从而去掉飞轮1、从动摩擦盘12、压盘4之间的压紧力,使摩擦传动无法实现,这时离合器就由"接合"转换为"分离"。

(3)保证正常工作的辅助机构。这一机构包括分离杠杆的反压弹簧,轴承的润滑装置,离合器的通风散热装置和挡油装置,操纵杠杆的复位弹簧等。

不同类型的离合器,上述各机构的具体结构形式可能有所不同,但至少会包括主动部分、从动部分、压紧机构、分离机构四大基本部分。

四、类型

摩擦式主离合器的分类方法较多,常见的有如下几种。

(1)按工作状态分:经常接合式、非经常接合式两类。

(2)按摩擦表面形状分:片式、锥式、鼓式等。

(3)按摩擦片数量分:单片式、双片式、多片式等。

(4)按摩擦面工作条件分:干式、湿式两类。

(5)按压紧机构分:弹簧压紧式、杠杆压紧式、油缸压紧式等。

(6)按操纵方式分:人力操纵式、液压助力式、气动助力式等。

其中,单片式摩擦离合器具有结构简单、散热性好、分离彻底、从动部分转动惯量小及调整方便等优点,在汽车及小型工程机械上应用较多。双片和多片式离合器由于增加了摩擦面数,传递转矩能力大,且在结构空间一定的情况下,采用的摩擦片越多离合器所能传递的转矩越大,因而在需传递较大转矩的重型汽车和工程机械上应用较多。

干式离合器结构简单,其一般采用铜丝石棉摩擦衬片,干摩擦系数大,但耐磨性较差,且摩擦面工作在干摩擦状态,散热条件差,磨损较快,一般主要用于汽车及中小型工程机械上。湿式离合器采用由粉末冶金或陶瓷摩擦材料制成的摩擦衬片,工作中通过油液对摩擦面进行冷却和润滑,其散热性和耐磨性均比干式离合器好,使用寿命很长(一般为干式摩擦衬片的 5~6 倍)。虽然湿式离合器摩擦系数小,但其摩擦片所能承受的单位压力较高,因而为了可靠地传递转矩,需要加大压紧力,这样易引起操纵困难,故湿式离合器一般均采用液压或气压助力操纵。

弹簧压紧式离合器一般为经常接合式离合器,采用脚踏操纵。即在放松离合器踏板时,利用弹簧的压力使之处于常接合状态;而踏下脚踏板时通过杠杆力使之临时分离。此种结构形式的优点是当摩擦衬片磨损后,弹簧的弹力可以进行一定程度的补偿,从而保证离合器可靠地工作。此外,由于脚踏操纵方便驾驶员用手操纵转向盘、换挡或工作装置,因而广泛应用于汽车及轮式工程机械。但它的分离必须依靠外力才能维持,这对于需要较大操纵力的大中型履带式工程机械很不方便,因而应用较少。

杠杆压紧式离合器一般为非经常接合式,用手操纵。此类离合器在不操纵时可长期处于分离或接合状态,在变速器挂挡的情况下也可以做较长时间的停车。因此,较适于在履带式工程机械上应用。

油缸压紧式离合器是利用液压油缸的活塞或缸体来压紧离合器的,因其油缸精度较高且接合过程不易控制,在主离合器上很少被采用。但由于其结构紧凑,适于在动力换挡变速器的换挡离合器及转向离合器中应用。

第二节　经常接合式主离合器

在离合器不操纵时经常处于接合状态的离合器,叫经常接合式离合器。经常接合式主离合器普遍采用弹簧压紧干式摩擦片,脚踏操纵分离,广泛应用于汽车及轮式工程机械上。下面主要以 PY160A 平地机及重型载货汽车离合器为例进行介绍。

一、PY160A 平地机主离合器

PY160A 平地机的主离合器(图 10-2)安装在液力变矩器和变速器之间,为单片、干式、弹簧压紧、经常接合式摩擦离合器。该离合器由主动部分、从动部分、压紧机构和分离机构等组成。

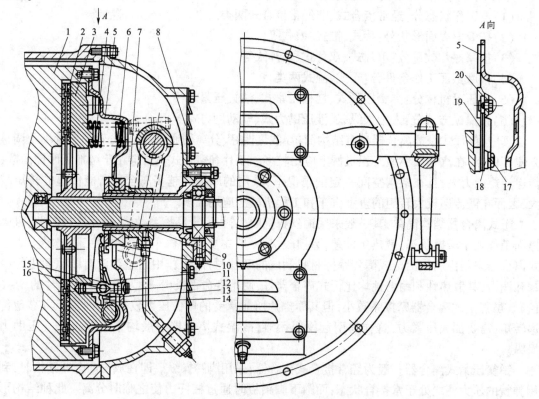

图 10-2　PY160A 平地机主离合器

1-主动盘;2-从动盘;3-压盘;4-压紧弹簧;5-离合器罩;6-分离轴承;7-滑动套;8-百叶窗;9-离合器轴;10-分离盘;11-反压弹簧;12-拉杆;13-分离板;14-分离杠杆;15-调整螺母;16-分离杆销;17-螺栓;18-压套;19-连接片;20-铆钉

(1)主动部分。主动部分由主动盘 1、离合器罩 5 和压盘 3 等组成,主动盘 1 与液力变矩器的输出轴连接,离合器罩 5 由薄板钢板冲压而成,它与主动盘用螺栓固定在一起。压盘 3 是通过四组沿圆周均布的连接片 19 来定位与连接的。每组连接片有三片弹性钢片,其一端铆接在离合器罩上;另一端用压套 18 和螺栓 17 固定在压盘上。这样压盘既可随主动盘一起旋转,又可沿轴向做一定距离的移动。

(2)从动部分。从动部分主要由从动盘 2 和离合器轴 9 组成。

从动盘的结构如图 10-3 所示,圆盘钢片 2 用薄钢板制成,铆接在带有内花键的轮毂 3 上,在圆盘钢片的两面是烧结有粉末冶金的衬片 1,用来增大摩擦系数及保证材料间的正常接触摩擦。轮毂套在离合器输出轴的花键上,并可在花键上轴向移动,离合器轴的左端支撑在主动盘中心孔内的滚动轴承上,右端支撑在主离合器壳上的滚动轴承上。

(3)压紧机构。在离合器罩 5 和压盘 3 之间装有 12 组压紧弹簧 4,每组压紧弹簧由内、外两个弹簧套在一起,两个弹簧螺旋方向相反,以防卡在一起。由于压盘 3 和从动盘 2 都可以做轴向移动,它们在弹簧的作用下与主动盘 1 压紧在一起而处于接合状态。当主动盘 1 转动时,压盘随着一起转动,通过摩擦作用将动力传到从动盘2和离合器轴9上。

（4）分离机构。该机构由滑动套7、分离轴承6、分离盘10、分离杠杆14、拉杆12、分离杆销16、分离板13等组成。沿圆周均布的四个分离杠杆14,其内端用弹簧与分离盘10连接在一起。外端用分离板13卡在压盘3的凸台内,杠杆的中部用分离杆销16与拉杆12铰接在一起。拉杆12的左端插在压盘的孔内,孔的深度留有足够的余量,允许压盘向右移动,保证分离彻底;拉杆12的右端制有螺纹并穿过离合器罩上的孔后安装着调整螺母15,调整螺母15用来调节拉杆的轴向位置并承受分离杠杆14作用在拉杆上的力。

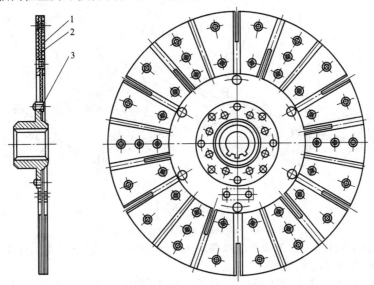

图10-3　离合器从动盘

1-摩擦衬片;2-圆盘钢片;3-轮毂

当需要离合器分离时,通过操纵机构推动滑动套7,带着分离轴承6向左移动,分离轴承推动分离盘10使分离杠杆14的内端左移,分离杠杆便以分离杆销16为支点摆动,在分离杠杆的外端形成杠杆作用、通过分离板13使压盘向右移动,12组压紧弹簧被进一步压缩,使离合器处于分离状态。

（5）辅助机构。反压弹簧11是用来保证分离杠杆的外端紧紧顶住压盘的凸缘,以免杠杆随意摇动,但弹力不大,不会对压盘的压紧力产生影响。分离杠杆内端的分离盘与分离轴承之间有适当的间隙,该间隙若太小,在使用中由于从动盘2上的摩擦片会不断磨损,使得压盘与主动盘逐渐靠近,分离盘与分离轴承之间间隙会不断缩小。如果完全没有间隙,则分离盘就压在分离轴承上,压紧弹簧的压紧就被分离轴承承担,使离合器不能正常接合,分离轴承也会加速磨损。如果间隙太大,则意味着分离滑套移动同样长度的情况下,压盘移动的距离会缩短,可能会使离合器分离不彻底,因此必须对此间隙进行定期的检查调整。拉杆的四个调整螺母15的调节要均匀,否则会导致主动盘和压盘磨偏、接合不均匀或分离不彻底。由于主离合器工作过程中摩擦面会不断地发生滑摩而产生大量热,所以在离合器外壳上装有通风散热的百叶窗8。

（6）操纵机构。PY160平地机主离合器操纵方式为脚踏式（图10-4）。当踩下踏板1时,推动推杆3,使摇臂5带动轴4(轴4插入离合器内,轴的两端支撑在离合器壳体上)和分离叉9转动,推动滑动套8带着分离轴承移动以实现离合器的分离;当接合时,松开踏板,踏板在复位弹簧2的作用下回位,在踏板的拐角A处用限位挡板限位。

滑动套上的分离轴承与分离盘之间要保持适当的间隙(调节时取2.5mm),可通过调节推杆3的长度实现,调好后用螺母7锁紧。实际调节时有时测量比较困难,也可通过踏板行程来控制。踩下踏板时应有一小段无负荷行程(也叫自由行程),自由行程的距离按传动比推算大约为3cm。

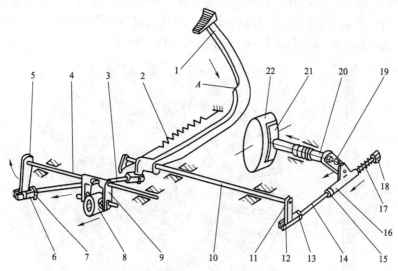

图 10-4 PY160A 平地机主离合器操纵系统

1-踏板;2-复位弹簧;3-推杆;4、10-轴;5、11-摇臂;6、12-接叉;7、13、15、18-螺母;8-滑套;9-分离叉;14-拉杆;16-套杆;17-弹簧;19-螺栓;20-曲柄螺杆;21-制动闸;22-制动鼓

当离合器分离、变速器换挡的时候,为了避免换挡时齿轮间因相对转速不同而产生冲击,在变速箱内装有小制动器。当平地机行进或停下来时,利用小制动器使主离合器输出轴转速降低或停下来以便进行换挡。小制动器的操纵部分(图10-4,部件11～22)与主离合器操纵部分连在一起。当踩下踏板1,使主离合器分离时,轴10也驱动摇臂11转动,带动接叉12、拉杆14左移,拉杆通过弹簧17带动套杆16左移,并使曲柄螺杆20顺时针方向转动,曲柄螺杆推动制动闸21压向制动鼓22,在摩擦力作用下使离合器输出轴减速。套杆16套在拉杆14上,左端顶在螺母15上,右端由弹簧17压紧,弹簧的作用可使制动闸的制动作用柔和。

离合器分离与小制动器制动应有先后顺序,以避免在主离合器没有分离或未完全分离情况下制动。小制动器的调整方法是:踩下离合器踏板1,当主离合器彻底分离后,调节螺栓19,使制动闸21在压紧制动鼓22的情况下,螺母15与套杆16之间有1.5～2mm间隙。一般不应以调节螺母13、15来获得这个间隙,因为这样做会改变曲柄螺杆的转角位置。在踏板放松复位情况下,曲柄螺杆的曲柄与垂线夹角为34°左右。这一般是机器装配时的一次性调整,正常使用过程中不需调节。

必须说明,在其他行驶速度较高的轮式工程机械上不应设置小制动器,因为其行驶速度较高,换挡时离合器虽已分离,并使变速器换入空挡,但因机械惯性作用并不能马上停车,变速器的齿轮仍在转动,如果此时将离合器迅速制动,挂挡时会产生打齿现象。

二、车用中央弹簧式离合器

这种离合器安装在发动机飞轮端,为双片、干式、经常接合式摩擦离合器(图10-5),离合器的压紧弹簧只有一个,且位于离合器的中央。该离合器也是由主动部分、从动部分、压紧分离机构等组成。

(1)主动部分。离合器的主动部分包括飞轮6、离合器盖10、压盘8及中压盘2。传动键块1的尾部压入飞轮内圆面上的径向孔中,而其头部则插入中压盘2边缘的切口内。离合器盖10的内表面有凸起部,嵌入压盘相应的切口中。发动机的动力一部分从飞轮传动键块1传给中压盘,另一部分由飞轮经离合器盖传给压盘。

(2)从动部分。离合器的从动部分由两片从动盘4、5及离合器轴等组成,从动盘和离合器轴由滑动花键相连,从动盘4位于飞轮和中压盘之间,从动盘5位于中压盘与压盘之间。当离合器接合时,可形成四对摩擦面,从而使其传递转矩的能力增大,从动盘上装有扭转减振器3,以衰减传动系传来的扭转振动。

(3)压紧分离机构。压紧分离机构由中央压紧弹簧12、分离轴承座11、压紧-分离杠杆15、支撑销14和平衡盘13等机件组成。中央压紧弹簧12的前端通过一个由钢板冲压制成的支撑盘支于离合器盖上,其后端则抵靠着分离轴承座11。装在离合器盖上的三根传动杆,其两端分别与三根压紧-分离杠杆15的内端和分离轴承座11相连接。压紧-分离杠杆15以固定在离合器盖上的支撑销14为支点,其外端与压盘8相接触。于是中央弹簧的压紧力便通过分离轴座11、传动杆和压紧-分离杠杆15,将离合器的主动部分和从动部分压紧。

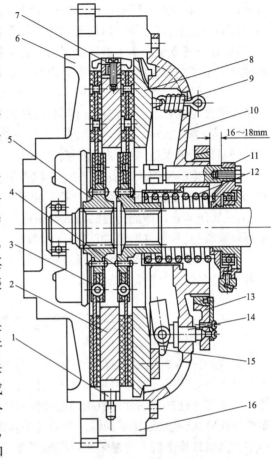

图10-5 车用中央弹簧离合器

1-传动键块;2-中压盘;3-扭转减振器;4、5-从动盘;6、16-飞轮;7-中压盘分离机构;8-压盘;9-压盘复位弹簧;10-离合器盖;11-分离轴承座;12-压紧弹簧;13-平衡盘;14-支撑销;15-压紧-分离杠杆

为使中央弹簧的压紧均匀分配到三根压紧杠杆上,设有自动平衡机构。支撑销14顶住平衡盘13,平衡盘13与调整环以球面相配合。调整环借螺纹固定在离合器盖上,假如三根压紧-分离杠杆所传递的压紧力不相等,则通过三根支撑销作用在平衡盘上的力便不平衡。而使平衡盘沿球面摆动,直至三根压紧-分离杠杆传力相等时为止。

当驾驶员踩下离合器踏板时,通过离合器的操纵机构将分离轴承座11推向前方(左),进一步压缩中央弹簧,同时通过传动杆将压紧-分离杠杆内端向前(左)推动,则压紧-分离杠杆以支撑为支点,其外端后(右)移,解除中央弹簧对压盘的压紧力,于是压盘便在复位弹簧9的拉力作用下离开从动盘。

为保证离合器分离彻底,在中压盘上装有分离机构7。它由分离摆杆和卷簧组成,分离摆杆的轴销插在中压盘的径向孔内,其中装有卷簧,使分离摆杆紧紧抵靠在飞轮的端面上。当中央弹簧压紧力消除,压盘后(右)移时,分离摆杆便在卷簧弹力作用下转动,使中压盘后(右)

移,并保证中压盘在飞轮和压盘之间的正中位置,从而使两个从动盘都有同样的轴向间隙。

(4)特点。中央弹簧离合器的特点之一是离合器分离时,压缩中央弹簧所需的力较小。这是因为压紧-分离杠杆的内臂比外臂长得多。中央弹簧的压紧力是经过压紧-分离杠杆放大后才传到压盘上,这样便可以用较软的弹簧而获得较大的压紧力。由于中央弹簧具有这一优点,所以在一些重型汽车上被广泛采用。为了获得尽可能大的杠杆比,该车用离合器的三根分离杠杆不是径向布置的,而是沿压盘内圆的切线方向布置。

中央弹簧离合器的另一个特点是中央弹簧的压紧力是可以调整的。从图10-5可知,调整环是借螺纹与离合器盖相连接。因此,转动调整环,使之向前(左)移动,平衡盘及支撑销也被推向前(左)移。此时,压紧-分离杠杆以其外端与压盘的接触点为支点而转动,其内端便通过传动杆将分离轴承座向前(左)推移,进一步压缩中央弹簧。

当从动盘的摩擦片磨损后,在接合状态下,压盘的轴向位置比磨损前略微前(左)移。同时,分离轴承座也相应地向后(右)移一定距离。这就使压紧弹簧的工作长度增加,而压紧力减小,从而使离合器所能传递的最大转矩值也下降。由于中央弹簧离合器中央弹簧的压紧力是可以调整的,故通过调整,可以使压紧弹簧的工作长度恢复到原有的标准值。

另外,由于压紧弹簧不与压盘直接接触,因此可以避免压盘的热量直接传给压紧弹簧,可使其不致因过热而使弹性受到影响。

第三节　非经常接合式主离合器

离合器在机械不做业时处于非接合状态的称为非经常接合式主离合器。该类离合器不操纵时既可以处于接合状态也可以处于非接合状态,其主、从动盘间压紧力不是由弹簧提供,而是由一套带弹性杆件的杠杆机构通过弹性杆件的变形来产生,该杠杆机构同时也起分离作用,属杠杆压紧式,通常采用手操纵。非经常接合式主离合器广泛应用于履带式工程机械上,特别是中大型履带推土机上普遍采用杠杆压紧非经常接合湿式摩擦离合器。

一、工作原理

非经常接合湿式离合器与非经常接合干式离合器工作原理相同,结构上也基本相同,所不同的是一般湿式增加了液压助力机构和冷却系统。图10-6为该类主离合器的工作原理图。

(1)基本结构。飞轮9以其内花键连有主动盘11和压盘12,随飞轮一起旋转,烧结有粉末冶金摩擦材料的从动盘10与主动盘11相间安装,从动盘的内花键连有离合器轴2,摩擦力就是由主、从盘之间的压紧力而产生。而压紧与分离的作用,是由肘节式杆件机构来实现的。

重锤压紧杠杆4铰接在离合器盖5的C点上,后者与飞轮用螺钉沿圆周固定,随飞轮一同旋转。弹性推杆8的下端以其销轴分别与滚轮7、重锤杠杆4铰接于B点;分离滑套1的左端与弹性推杆8铰接于A点,右端由拨叉3来操纵;分离滑套1可在离合器轴2上左右滑动,从而实现离合器的分离与接合的要求。

(2)接合过程。离合器的接合过程是由图10-6c)的分离位置,逐步过渡到图10-6a)的接合位置。当拨叉3推动滑套1左移时(图10-6b、c),弹性推杆8与重锤杠杆的夹角∠ABC逐渐加大,弹性推杆8由倾斜位置变为垂直位置,滚轮7在弹性推杆8的推力下,除绕B点自转之外,又绕C点公转而产生由右向左的运动,从而压迫施压盘6、压盘12致使主动盘11、从动盘10压向飞轮9,于是产生摩擦力,实现传递动力。当机构运动到图10-6b)位置时,连杆8处于垂直状态,这时,滚轮 7 的压紧力最大。但是,这种位置,连杆处于不稳定状态,稍有振动,整个机构就会退回到分离位置。因此,必须再继续推动分离滑套 1 到图 10-6a)位置。这样,压紧力虽稍有下降,但连杆 8 处于稳定状态,这个位置就是离合器的稳定接合位置。

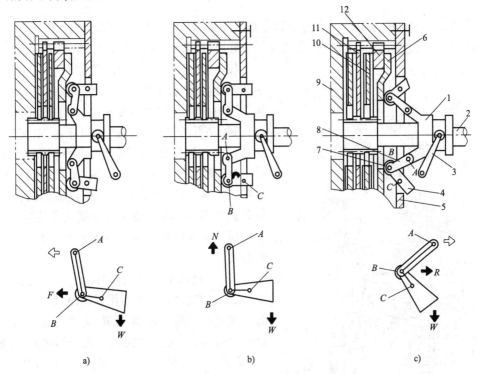

图10-6 非经常接合式主离合器工作原理图
a)接合位置;b)不稳定位置;c)分离位置

1-分离滑套;2-离合器轴;3-拨叉;4-压紧杠杆;5-离合器盖;6-施压盘;7-滚轮;8-弹性推杆;9-飞轮;10-从动盘;11-主动盘;12-压盘

(3)分离过程。只要用拨叉 3 推动分离滑套 1 右移,整个机构即由图 10-6a)回到图 10-6c)的位置,使滚轮 7 脱离离合器盖 5,则主、从动盘便脱离接触,于是摩擦力消失,动力被切断,这个位置称为分离位置。

压紧杠杆 4 重心的配置,无论在图 10-6 的哪种位置,总是位于固定铰点 C 的右方。这样,当离合器分离时(图10-6c),压紧杠杆 4 由于飞轮圆周运动所引起的离心力 W 将绕 C 点转动,致使弹性推杆 8 的 A 端推动分离滑套 1 右移,造成滚轮 7 试图远离离合器盖 5,这样有利于离合器的彻底分离。当离合器接合时(图10-6a),离心力 W 使弹性推杆 8 的 A 端推动分离滑套 1 左移,这样有利于离合器保持在接合位置,防止其自动分离。

非经常接合式主离合器的压紧机构还有其他类型,如 TY120 推土机主离合器采用了杠杆压紧机构,但一般都是兼顾压紧、分离两种功能。杠杆压紧机构的优点是结构紧凑,分离可靠,在变速器挂挡的情况下,只需分离主离合器,就可使机械停车,这在经常接合式主离合器上则不可能实现。但其杆件压紧机构弹性变形小,摩擦衬片磨损后压紧力会急剧下降,可能导致离合器打滑,所以必须经常进行调整。

非经常接合式主离合器的摩擦衬片虽有干式、湿式之分,但近年来由于摩擦材料的改进,大型机械多用湿式摩擦片。这种摩擦衬片由粉末冶金材料制成,可承受的比压大,高温下耐磨性能好,摩擦系数稳定,使用寿命长;但其存在摩擦系数小,传递转矩小等缺点;一般通过增加压紧力及增加摩擦盘数目来补偿,因此,应用日益广泛。下面以 T220 推土机主离合器为例进

179

行介绍。

二、T220 推土机主离合器

国产 T220 推土机主离合器为液压助力操纵湿式多片非常接合式离合器(图 10-7)。它安装在发动机与变速器之间,由主动、从动、压紧、分离、调整、制动、操纵七部分组成。

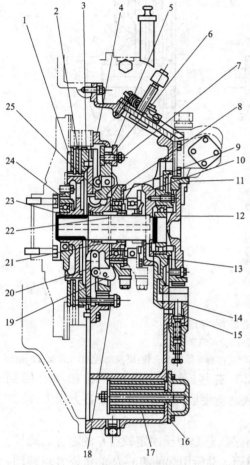

图 10-7 T220 型推土机主离合器

1-从动盘;2-主动盘;3-后压盘;4-离合器盖;5-弹簧;6-锁销;7-锁板;8-分离座;9-圆盘;10-轴承座盖;11-小制动鼓;12-离合器轴;13-后轴承座;14-阀体;15-阀芯;16-凸缘;17-滤清器;18-分离弹簧;19-压紧杠杆;20-施压盘;21-移动套;22-双金属套;23-从动轮毂;24-前轴承壳;25-调整盘

(1)主动部分。主动部分由发动机飞轮、两个主动盘 2、后压盘 3 等组成。主动盘、后压盘以其外齿与飞轮凸缘上的内齿相啮合,它们既可随飞轮一起旋转,又可沿飞轮内齿做轴向移动,以实现主、从动盘的结合与分离。施压盘 20 用销子与后压盘连接,另一侧与压紧滚轮相接触,其作用是使离合器平顺地接合,起缓冲作用。后压盘沿周向所连的三根分离弹簧 18 均布地安装在离合器壳上,后压盘上的压力去除后能保证后压盘自动回位,迫使离合器分离。

(2)从动部分。从动部分由三片从动盘 1、从动轮毂 23 和离合器轴 12 等组成。从动盘与主动盘交替地安装在飞轮与压盘之间,从动盘通过内齿与从动毂的外齿套合,从动轮毂和离合器轴通过花键连接,从而将动力传到离合器轴上。离合器轴左端通过轴承支撑在前轴承壳 24 内;右端又以滚柱轴承支撑在后轴承座 13 上;轴承的外端面装有密封装置,防止润滑油溢出和泥水浸入。离合器轴的中心有油道,助力器的液压油经发动机右侧的冷却器冷却后经离合器壳体从后轴承壳上的油道进入离合器轴内的油道去润滑各运动件,且润滑油经从动轮毂沿着主、从动盘表面的槽做径向流动,使主、从动盘之间得到冷却和润滑。

从动盘(图 10-8)以钢片 2 为骨架,在两块钢片之间夹有四个均布的蝶形弹簧 3,在各碟形弹簧的间隔之处用铆钉铆接,形成一个独立的整体结构。在碟形弹簧的作用下从动盘的表面形成具有四个波峰和波谷的凹凸表面,离合器结合时不平的表面逐渐被压平,减轻了压紧机构的冲击,增加了离合器结合时的柔和性。离合器分离时它又能使各摩擦盘均匀地分开,使离合器彻底分离。钢片的外侧烧结有铜基粉末冶金的摩擦材料,在摩擦材料的表面上开有螺旋和径向沟槽。离合器接合时可破坏摩擦表面的大块油膜,使其处于临界摩擦状态,提高摩擦系数;离合器分离时又可使油流畅通,对摩擦面起了冷却和冲刷排屑作用。

(3)压紧、分离机构。压紧和分离机构(图 10-7)由移动套 21、压紧杠杆 19、弹性推杆、调整盘 25、飞轮端盖 4 和分离弹簧 18 等组成。调整盘与飞轮端盖通过螺纹连接,压紧杠杆用销轴安装在调整盘上,压紧杠杆外端重锤在离心力的作用下保持接合位置的稳定。另一端安装两个滚轮并通过弹性推杆与移动套相连,移动套以滑动方式安装在离合器轴上。压紧杠杆、滚轮、弹性推杆成组地均布在调整盘与移动套上,形成肘节式杆件压紧机构。

当离合器操纵杆向后拉时,通过操纵机构使分离座 8 带动移动套前(左)移,则压紧杠杆使滚轮压向后压盘,离合器逐渐结合。当压紧杠杆处于水平位置时,滚轮对后压盘的压紧力最大,但这个位置不稳定,稍有振动就容易分离。因此,正确接合位置应使重锤杠杆越过水平位置 3mm 左右;当操纵杆向前推时,移动套后(右)移使滚轮离开后压盘,则后压盘在三个复位弹簧作用下回到原来位置,使离合器分离。

(4)调整部分。由于弹性推杆刚度较大,压紧时的变形稍微减少就会引起压紧力的下降,所以摩擦衬片磨损后会使离合器摩擦盘因压紧力不足而产生打滑、发热等现象,严重时使摩擦衬片烧蚀而不能正常工作。因此,需经常对离合器的压紧力进行检查、调整。调整时,首先分离离合器(图 10-7),然后松开锁销 6 的固定螺母,反复旋转调整盘,并进行接合、分离试验,各摩擦片之间达到合适的压紧力后拧紧锁销 6 的固定螺母,这时飞轮端盖 4 与调整盘 25 连接为一体,调整完毕。

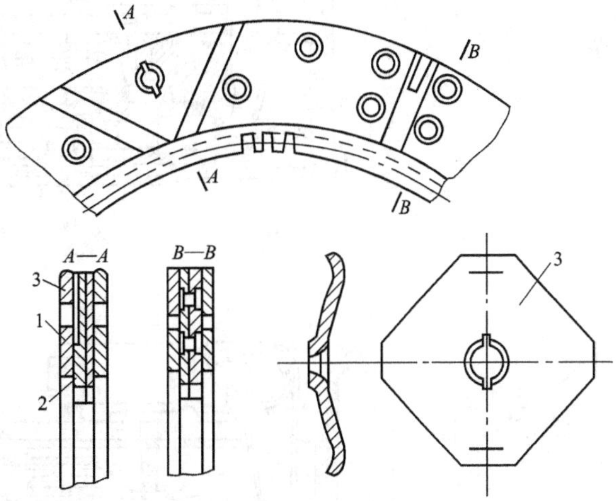

(5)制动机构。履带式工程机械一般

图 10-8　从动盘
1-粉末冶金片；2-钢片；3-碟形弹簧

采用停车换挡,为了快速换挡和避免换挡时齿轮发生冲击,离合器轴上需装制动装置。T220 型推土机离合器上采用了带式制动器,其制动机构(图 10-9)主要由小制动鼓 7、制动带 8 和制动杆 5 等组成。制动鼓与离合器轴用螺钉固定在一起,随离合器轴转动。制动带左端通过托架固定在离合器壳上,另一端与制动杆相连,制动带与制动鼓之间的间隙可通过调整螺钉 6 进行调整。复位杠杆 1 通过销轴安装在离合器盖板上并可绕销轴摆动,复位杠杆的上端通过复位弹簧拉靠在盖板上,其下端与制动杆接触。

离合器分离时助力器操纵杆上的调整螺钉 3 推动制动杆 5 绕其支点逆时针转动,制动带便抱紧制动鼓,使离合器轴迅速停止转动。与此同时,制动杆也推动复位杠杆绕其销轴顺时针旋转,使复位弹簧拉紧;离合器接合时助力器操纵杆上的调整螺钉与制动杆脱离接触,在复位弹簧的作用下,复位杠杆推动制动杆顺时针转动,使制动带脱离制动鼓,从而解除制动作用。

制动带与制动鼓之间应保持 0.8mm 间隙,当摩擦衬片磨损造成间隙过大使变速器产生打齿时,应及时通过调整螺钉 6 进行调整。

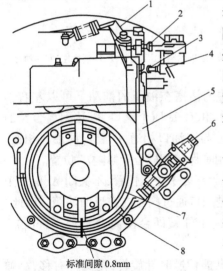

标准间隙 0.8mm

图 10-9　推土机离合器小制动器
1-复位杠杆；2-限位螺钉；3、6-调整螺栓；4-操纵杆；5-制动杆；7-小制动鼓；8-制动带

（6）液压助力机构。由于大功率推土机离合器传递的转矩大,离合器压紧机构产生的压紧力也很大,分离、接合时所需操纵力较大。因此,为了减轻驾驶员的劳动强度,在离合器的操纵机构中设置液压助力器,利用发动机的动力来帮助驾驶员操纵离合器。

液压助力器位于离合器壳体的上方,是一个液压随动机构(图10-10)。它主要由助力器阀体3、活塞2、阀杆1、拨叉摇臂9及大、小弹簧5、4等组成。阀杆的左端通过拨叉摇臂与离合器的分离机构相连,阀杆右端与驾驶室的离合器操纵杆相连,中间部分是随动滑阀部分。

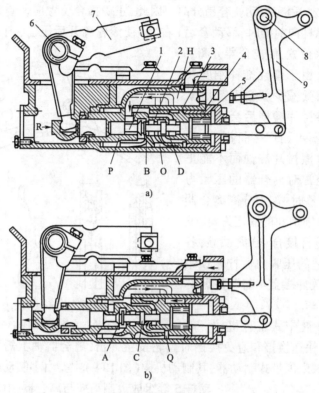

图10-10　液压助力器
a)接合位置;b)分离位置

1-阀杆;2-活塞;3-阀体;4-小弹簧;5-大弹簧;6-轴;7-拨叉摇臂;8-轴;9-摇臂;H-进油腔;O-回油腔;P、Q-活塞左、右端油腔;
A、B、C、D-阀口

阀体(即油缸)固定于离合器的壳体上,位于阀体中的活塞在油压的推动下可以左右移动。阀杆位于活塞的中心,中部有两个凸台,用来启闭A、B、C、D四个阀口,以达到离合器的接合和分离。阀体与活塞构成H、O、P、Q四个油腔,H腔与进油口相通,O腔与回油口相通,Q、P两腔为推动活塞左右移动的油腔。大、小弹簧的作用是保持阀杆位于"中立"位置。

当驾驶员不操纵摇臂时,在大、小弹簧的平衡作用下阀杆处于中立位置,不关闭A、B、C、D任何一个阀口,进油腔H与回油腔O直通,油液直接由进油口通过阀体内腔流回油箱。因此,在离合器接合或分离过程中,只要驾驶员停止操纵,大、小弹簧即会使离合器处于"中立"位置。

离合器接合时(图10-10a),拉动离合器操纵杆,操纵摇臂逆时针旋转,则阀杆右移、小弹簧受压缩,阀杆上的两个凸台正好关闭B、D阀口。此时,Q腔与回油腔O相通,P腔与进油腔H相通。由于H腔处于封闭状态,油压升高,推动活塞右移,离合器开始接合。若操纵杆停止在某一位置,阀杆不动,则活塞在油压作用下继续右移,直到阀口B开启,H、O腔接通,P腔泄

182

油,压力下降,离合器在小弹簧作用下回到"中立"位置。如此原理,阀杆移动多少、活塞也移动多少,这种动作关系称为"随动"。由于活塞的移动,拨叉摇臂可使离合器完全接合。这种机构使驾驶员只需用轻微的操纵力操纵阀杆,液压油便可产生较大的推力而推动活塞,操纵离合器接合。

离合器分离时(图10-10b),推动离合器操纵杆,大、小弹簧受压缩,阀杆左移,阀杆上的两个凸台关闭阀口 A、C 后,P 腔与回油腔 O 腔接通,Q 腔与进油腔 H 相通。根据上述随动原理,Q 腔建立起油压,迫使活塞左移,推动拨叉摇臂旋转,离合器分离。

当液压油路出现故障或发动机停止运转时,油路提供不了高压油,助力器将不起作用。此时,阀杆可直接推动活塞左移或通过凸台带动活塞右移,离合器的接合、分离将以机械传动方式实现,但会大大增加驾驶员体力。

在液压助力器的壳体内设有安全阀(图中未示出),它安装在助力器的进油道内,其作用是:若大、小弹簧失效,离合器接合后倘若离合器操纵杆仍保持在接合位置,助力器中的阀杆将使阀口保持在关闭状态,封闭了油泵的排油通道,结果会使油泵出口油压迅速升高,有可能导致液压助力器或油泵损坏。为防止这种情况发生,当油压超过 4.23MPa 时,安全阀将打开卸压。

(7)离合器液压系统。T220 推土机主离合器液压系统如图 10-11 所示,离合器壳内的油液在油泵 3 的作用下经滤油器 2 吸入油泵,然后送到离合器壳体右上侧的油口,经壳体内的通道输入助力器 5,通过助力器的作用以较小的力操纵离合器的接合与分离。助力器的回油自离合器内通道流出后,输送到装在发动机右侧的冷却器 6,经冷却后分成两路分别送入离合器和动力输出装置各润滑点,最后都流回离合器壳(油箱)。当助力器与冷却器的进口油压分别超过 4.23MPa 和 0.40MPa 时,相应的安全阀 4 与润滑溢流阀 7 便自动开启,从而保证液压系统安全工作。

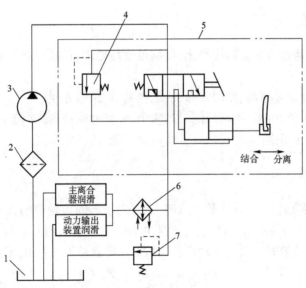

图 10-11　离合器液压系统图

1-离合器壳(油箱);2-滤油器;3-油泵;4-安全阀;5-液压助力器;6-冷却器;7-溢流阀

第十一章 变 速 器

第一节 概　述

一、功用

变速器是工程机械传动系中的主要总成,一般位于主离合器(或液力变矩器)之后,传动轴(或驱动桥)之前,主要用于解决发动机输出转矩和转速变化范围较小,不能满足工程机械在各种工况下牵引力和行驶速度变化范围要求大这一矛盾。其基本功能如下:

(1)改变传动比,即改变发动机和驱动轮间的传动比,使机械的牵引力和行驶速度适应各种工况的需要,并且使发动机尽量在有利的工况下工作。

(2)实现倒挡,使机械能够前进与倒退。

(3)实现空挡,可切断传动系的动力,实现在发动机运转情况下,机械能较长时间停车,便于满足发动机启动和动力输出等的需要。

二、基本要求

(1)具有足够的挡位与合适的传动比,以满足使用要求,使机械具有良好的牵引性和燃料经济性,以及高的生产率。

(2)工作可靠、传动效率高、使用寿命长、结构简单、维修方便。

(3)操纵简单、轻便、可靠,不出现同时挂两个挡、自动脱挡和跳挡等现象。

(4)动力换挡变速箱换挡时,换挡离合器接合平稳、传动效率高。

三、基本原理

工程机械变速器变速(换挡)的基本原理,是借助于不同齿轮的啮合传动实现的。由机械原理可知,当两齿轮啮合传动时,其传动比 i 是主动齿轮转速 n_1 与从动齿轮转速 n_2 之比,也等于从动齿轮齿数 Z_2(或直径 D_2)与主动齿轮齿数 Z_1(或直径 D_1)之比,即:

$$i = \frac{n_1}{n_2} = \frac{D_2}{D_1} = \frac{Z_2}{Z_1}$$

由上式可见,只要主动齿轮齿数 Z_1 小于从动齿轮齿数 Z_2,即从动齿轮大于主动齿轮,则可实现减低转速,增加转矩的作用;反之若 Z_1 大于 Z_2,则可实现增加转速、减小转矩的作用。因此,不同传动比的齿轮啮合传动,即可实现减速增扭的换挡功能。

图 11-1a)、b)、c)为变速器变速(换挡)原理图。双联主动齿轮 2、3 与主动轴 1 为花链连接,并可在轴上滑动;从动齿轮 5、6 则固定在从动轴 4 上。

（1）空挡：当主动齿轮2、3处在不啮合的中间位置时（图11-1a），则主动轴1上的动力不传给从动轴4，动力被切断，称为空挡。

（2）低挡：当主动齿轮2、3左移使齿轮2、6相啮合（图11-1b），则轴1的动力经齿轮2、6传给从动轴4，得到一个较大传动比，输出轴转速较低，称为低挡。

（3）高挡：当主动齿轮2、3右移使齿轮3、5相啮合（图11-1c），则轴1的动力经齿轮3、5传给从动轴4，得到一个较小传动比，输出轴转速较高，称为高挡。

（4）倒挡：为了实现机械倒退行驶，则须改变从动轴4的转向，为此，只要在主动轴1与从动轴4之间再增加一次齿轮啮合，从动轴4的方向就反过来了。如图11-1d)所示，设前进挡经一对齿轮2、5啮合，若主动轴1为顺时针，则从动轴4为逆时针；如图11-1e)所示，倒退挡为三个齿轮两次啮合，主动轴1顺时针旋转，而从动轴4则变为顺时针旋转，即从动轴转向与前进挡时相反，此即倒挡。

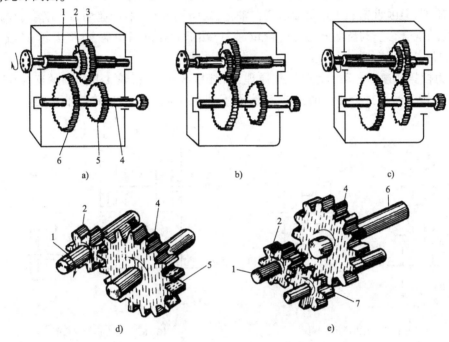

图11-1　变速器工作原理图
a)空挡；b)低挡；c)高挡；d)前进挡；e)倒挡
1-主动轴；2、3-主动齿轮；4-从动轴；5、6-从动齿轮；7-中间齿轮

由上可见，齿轮变速器随着挡数增多，则齿轮对数相应增多，结构也随之复杂。因此，齿轮变速器的挡数是有限的，各挡传动比之间有一定间隔，故称它为有级式变速器。

在工程机械上，为了实现较大范围内变速，以满足机械不同作业工况的需要，通常变速器采用多对齿轮组成不同的传动比（即不同排挡），并通过操纵机构来按需要变换传动比（即换挡）。

四、类型

变速器分类方法很多，常见的分类方法有如下几种。

（1）按传动比的变化方式分，变速器可分为有级式、无级式和综合式三类。

①有级式变速器：变速器的挡位是有限的，有几个可选择的固定传动比，各挡传动比之间

有一定的间隔,采用齿轮传动。

②无级式变速器:传动比可以在一定范围内连续变化的变速器。按变速的实现方式,又可分为液力变矩式无级变速器、机械式无级变速器和电力式无级变速器。

③综合式变速器由有级式变速器和无级式变速器共同组成,其传动比可以在最大值与最小值之间几个分段的范围内作无级变化。

(2)按换挡操纵方式分,变速器可分为人力换挡变速器和动力换挡变速器两类。

①人力换挡(或称非动力换挡)变速器。人力换挡变速器是依靠人力通过一套机械机构来拨动齿轮或啮合套实现换挡的,故也称为机械换挡变速器。其工作原理,如图11-2所示。

如图11-2a)所示为拨动滑动齿轮换挡,双联滑动齿轮a-b用花键与轴相连接,拨动该齿轮使齿轮副a-a'或b-b'相啮合,从而改变了传动比,实现换挡。

如图11-2b)所示为拨动啮合套换挡,齿轮c'、d'与轴相固接;齿轮c、d分别与齿轮c'、d'为常啮合齿轮副,但因齿轮c、d是用轴承装在轴上,属空转连接,不传递动力。啮合套与轴相固连,通过拨动啮合套上的齿圈分别与齿轮c(或d)端部的外齿圈相啮合,将齿轮c(或d)与轴相固连,从而实现了换挡。

②动力换挡变速器。动力换挡工作原理,如图11-3所示,齿轮a、b用轴承支撑在轴上,与轴是空转连接。通过接合相应的换挡离合器,分别将不同挡位的齿轮与轴相固连,从而实现换挡。

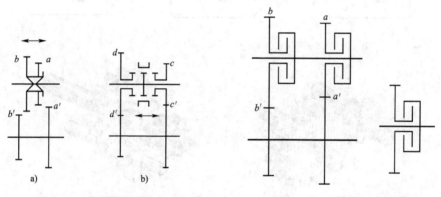

图11-2　人力换挡原理图
a)滑动齿轮换挡;b)啮合套换挡

图11-3　动力换挡示意图

换挡离合器的分离与接合,一般是液压操纵;液压油是由发动机带动的油泵供给,可见换挡的动力是由发动机提供,故有动力换挡之称。动力换挡操纵轻便,换挡快;换挡时切断动力的时间很短,可以实现带负荷不停车换挡,对提高生产率很有利。

由于工程机械的工况复杂,换挡频繁,特别需要改善换挡操作。因此,虽然动力换挡变速器结构较复杂,传动效率较低,但它在工程机械上的应用仍日益广泛。

(3)按变速传动机构所采用的轮系形式分,变速器可分为定轴式变速器和行星式变速器两类。

①定轴式变速器:变速器中所有齿轮都有固定的旋转轴线,故称为定轴式变速器。其按前进挡时参加传动的轴数不同,又可分为二轴式、平面三轴式、空间三轴式与多轴式等多种类型。定轴式变速器换挡方式有人力换挡和动力换挡两种。

②行星式变速器:变速器中有些齿轮在空间旋转,既有公转,又有自传,称为行星轮,故这种变速器称为行星式变速器。其换挡方式只有动力换挡一种。

第二节　人力换挡变速器

人力换挡变速器无论是二轴式、平面三轴式、空间三轴式还是多轴式均由两部分组成。一是起传递动力和改变传动比的变速传动机构;二是拨动齿轮(或啮合套)进行换挡的换挡操纵机构。此外,部分变速器还设有便利换挡机构。

一、变速传动机构

(1)平面三轴式变速器。图11-4为平面三轴五挡变速器结构简图。这类变速器的特点是输入轴1与输出轴5布置在同一轴线上,可以获得直接挡。由于输入轴1、输出轴5和中间轴7处在同一平面内,故称为平面三轴式变速器。

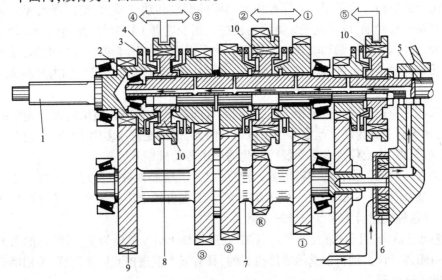

图11-4　平面三轴式变速器结构简图

1-第一轴;2-轴承;3-接合齿圈;4-同步环;5-第二轴;6-油泵;7-中间轴;8-接合套;9-中间轴常啮合齿轮;10-花键毂

①变速器的结构。此变速器有五个前进挡和一个倒挡,主要由壳体、第一轴、第二轴、中间轴、倒挡轴、各轴上齿轮及操纵机构等几部分组成。

第一轴和第一轴常啮合齿轮为一个整体,是变速器的动力输入轴。第一轴前部花键插于离合器从动盘毂中。

在中间轴上制有(或固装有)6个齿轮,作为一个整体而转动。最左面的齿轮9与第一轴常啮合齿轮相啮合,从离合器输入第一轴的动力经过这一对常啮合齿轮传到中间轴各齿轮上。向右依次称各齿轮为中间轴三挡、二挡、倒挡、一挡和五挡齿轮。

在第二轴上,通过花键固装有三个花键毂,通过轴承安装有第二轴各挡齿轮。其中,从左向右,在第一和第二花键毂之间装有三挡和二挡齿轮,在第二和第三花键毂之间装有一挡和五挡齿轮,分别与中间轴上各相应挡齿轮相啮合。在三个花键毂上分别套有带有内花键的接合套,并设有同步机构。通过接合套的前后移动,可以使花键毂与相邻齿轮上的接合齿圈连接在一起,将齿轮动力传给第二轴。其中,在第二个接合套上还制有倒挡齿轮。第二轴前端插入第一轴常啮合齿轮的中心孔中,两者之间设有轴承。第二轴后端是变速器的输出端。

②变速器的动力传动路线。动力由离合器传给第一轴,经常啮合齿轮传至中间轴,中间轴

187

上各挡齿轮又带动第二轴上相应各挡齿轮转动。未挂挡时，各接合套都位于花键毂中央，第二轴上各挡齿轮都在轴上空转，第二轴不输出动力，变速器处于空挡状态。当变速器操纵机构将第二轴上某一挡齿轮的接合齿圈按图11-4所示的方向拨动与其邻近的花键毂接合时，已传到中间轴齿轮的动力经过中间轴和第二轴上的这一对齿轮、接合套及花键毂传到第二轴上，变速器便处于该挡工作状态。当最左面的花键毂通过接合套与第一轴常啮合齿轮的接合齿圈接合时，来自输入轴的动力直接传到输出轴上，这时变速器的传动效率最高，这一挡位称为直接挡，也即四挡。五挡为超速挡，变速器处于超速挡工况时传动比小于1。在路况良好、汽车不需要频繁加减速的情况下，使用超速挡能让发动机工作在最经济工况附近。倒挡齿轮通过轴承活套在倒挡轴上(图中未画出)。当第二啮合套位于中间位置时，其上边的齿轮正好与中间轴倒挡齿轮相对。用换挡拨叉把倒挡齿轮拨到与这两个齿轮相啮合位置，中间轴上的动力就会经倒挡齿轮、第二接合套上的齿轮和第二花键毂传到第二轴上输出，从而实现倒挡。

③变速器的润滑。为了减少因摩擦引起的零件磨损和功率损失，变速器的壳体内一般要加入一定容量的齿轮油，以保证变速器润滑良好。当变速器工作时，浸在油内的齿轮把齿轮油飞溅到各处，润滑各齿轮、轴和轴承的工作面。为了保证第一轴和第二轴之间的轴承及第二轴上的滑动或滚针轴承的良好润滑，该变速器专设了油泵，将齿轮油经第二轴内的油道输送给各个轴承。

二轴式与平面三轴式变速器相类似，它们的共同特点是组成各挡位的齿轮副中的公用齿轮较少，这就限制了其传动比范围和挡位数目。因此，这类变速器多用于作业工况较简单的汽车和中、小型机械上，或仅要求有高低挡变化的液压传动机械上。

为了扩大传动比范围和增加挡位数，自然可以通过增加轴数来实现。但由于多轴式变速器的结构复杂，体积也不紧凑，故一般大型车辆或工程机械上广泛采用空间三轴组合式变速器，下面将以这种变速器为重点作详细介绍。

(2)空间三轴式(组合式)变速器。以T220履带推土机变速器为例，其结构如图11-5a)所示。它是由箱体、齿轮、轴和轴承等零件组成的，具有五个前进挡和四个倒挡，采用啮合套换挡的空间三轴式变速器。

①变速器的结构。T220推土机变速器共有三根轴：输入轴、中间轴和输出轴。这三根轴呈空间三角形布置，以保证各挡齿轮副的传动关系。

输入轴50：前端有万向接盘1，由此接盘通过万向节与主离合器相连。后端伸出箱体外，伸出端上有花键，作为动力输出用。

前进挡主动齿轮11和倒挡主动齿轮12通过花键固装在输入轴50上，五挡主动齿轮14通过双金属滑动轴承17支撑在花键套15上，花键套通过花键固装在轴上。啮合套毂19通过花键固装在轴上，其啮合齿上套着啮合套18。

中间轴31：前进挡从动齿轮38、倒挡从动齿轮37和一、二、三、四挡主动齿轮29、32、34、36都通过双金属滑动轴承支撑在轴的花键套上，轴上还有三个啮合套。

输出轴25：输出轴和主动螺旋锥齿轮制成一体。一、二、三、四、五挡从动齿轮26、21、20、13、16通过花键固装在轴上。前进挡双联齿轮9通过两个轴承装在轴上。该轴的轴向位置可用调整垫片47来进行调整，以保证主传动螺旋锥齿轮的正确啮合。

三根轴都是前端用双列球面滚子轴承支撑，后端用滚柱轴承支撑。前端支撑可防止轴向移动；后端支撑允许轴向移动，以防止受热膨胀而卡死。采用双列球面滚子轴承还可以自动调心，允许内外圈有较大的偏斜($<2°$)，对轴线偏差起补偿作用。

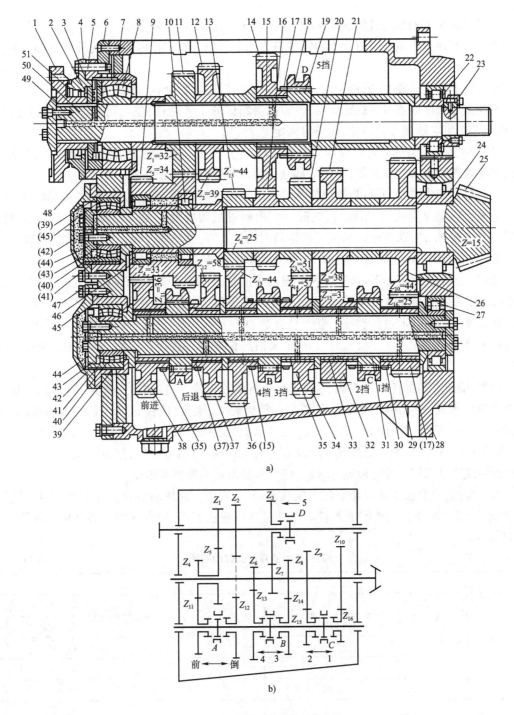

图 11-5　T220 推土机变速器构造图

a) 结构; b) 传动路线

1-万向接盘; 2-挡板; 3、7、39、41、43、48-密封圈; 4-轴承压盖; 5、45-轴承座; 6-前盖; 8、40-双列球面滚柱轴承; 9-双联齿轮; 10、22、24、27、46-滚柱轴承; 11-前进挡主动齿轮; 12-倒挡主动齿轮; 13-四挡从动齿轮; 14-五挡主动齿轮; 15、30、33、35-花键套; 16-五挡从动齿轮; 17-双金属滑动轴承; 18-啮合套; 19-啮合套毂; 20-三挡从动齿轮; 21-二挡从动齿轮; 23-定位螺母; 25-主动螺旋锥齿轮; 26-一挡从动齿轮; 28-箱体; 29-一挡主动齿轮; 31-中间轴; 32-二挡主动齿轮; 34-三挡主动齿轮; 36-四挡主动齿轮; 37-倒挡从动齿轮; 38-前进挡从动齿轮; 42-轴承盖; 44-挡油盘; 47-调整垫片; 49-固定板; 50-输入轴; 51-油封

189

双列球面滚子轴承通过轴承座 45 装在前盖 6 上,这样装配较方便。三根轴的后端滚柱轴承的外圈分别通过卡簧或销钉加上紧固螺钉作固定。前盖 6 和箱体 28 上的轴承孔都是通孔,加工方便。

所有轴上的定位隔套,通过键或花键与轴连接,以防止轴套相对轴转动。

变速器体采用前盖可卸式筒状结构,以改善箱体的工艺性;前盖 6 和箱体 28 通过止口定心,用一个销钉在圆周方向定位,用螺钉固定。

②T220 推土机变速器传动路线分析(图 11-5b):从变速器变速传动的特点来看,T220 推土机变速器属于组合式变速器,其传动部分由换向与变速两部分组成。

换向部分工作原理如下:当操纵机构的换向杆推到前进挡位置时,即拨动中间轴上的啮合套 A 左移与前进从动齿轮 Z_{11} 啮合,这时动力由前进主动齿轮 Z_1 经输出轴上齿轮 Z_5、Z_4 传至中间轴上齿轮 Z_{11},实现前进。当换向杆推到倒挡位置时,拨动啮合套 A 右移与倒挡齿轮 Z_{12} 啮合。此时,由倒挡主动齿轮 Z_2 与中间轴上倒挡齿轮 Z_{12} 啮合传动而实现倒退挡。

变速部分工作原理如下:通过变速杆拨动中间轴上的啮合套 C 右移(或左移)与齿轮 Z_{16}(或 Z_{15})相啮合而实现一、二挡传动比。当拨动啮合套 B 右移(或左移)与齿轮 Z_{14}(或 Z_{13})相啮合而实现三、四挡;通过拨动输入轴上啮合套 D 左移与齿轮 Z_3 啮合即可实现前进五挡。由于五挡不经过中间轴齿轮,动力直接由输入轴经齿轮 Z_3、Z_7 而传至输出轴,故五挡只有前进挡。

例如,前进一挡的传动路线如下:将换向杆推到前进位置,拨动啮合套 A 与齿轮 Z_{11} 啮合,再将变速杆推到一挡位置,使啮合套 C 与一挡齿轮 Z_{16} 啮合,使齿轮 Z_{16} 与 Z_{10} 参与传动。这时,动力由输入轴通过齿轮 Z_1、Z_5、Z_4、Z_{11}、Z_{16}、Z_{10} 传至输出轴。

若要换前进二挡,则只要拨动啮合套 C 左移与齿轮 Z_{15} 啮合,则二挡齿轮副 Z_{15} 与 Z_{14} 参与传动而实现前进二挡。此时齿轮 Z_{16} 因与啮合套分离而不能参与传动。

与上类似,只要拨动啮合套 B 即可实现前进三、四挡。而拨动啮合套 A 右移,再拨动啮合套 B 或 C,即可实现相应的倒退各挡。总共可实现前进五挡、倒退四挡。各挡传动路线列于表 11-1 中。

T220 推土机变速器传动路线 表 11-1

方　　向	挡　位	传动齿轮的组合	
前进	1挡	Z_1—Z_5—Z_4—Z_{11}	Z_{16}—Z_{10}
	2挡		Z_{15}—Z_9
	3挡		Z_{14}—Z_8
	4挡		Z_{13}—Z_6
	5挡	Z_3—Z_7	
倒退	1挡	Z_2—Z_{12}	Z_{16}—Z_{10}
	2挡		Z_{15}—Z_9
	3挡		Z_{14}—Z_8
	4挡		Z_{13}—Z_6

由上述可见,该变速器换向部分的齿轮同时具有换向与变速的功能,它们在除五挡以外的前进(或倒退)、一、二、三、四各挡传动路线中是公有的;在前进挡时齿轮 Z_1、Z_5、Z_4、Z_{11} 等公用;而倒退挡时齿轮 Z_2、Z_{12} 公用。这样,便可以用较少的齿轮得到较多的排挡,使变速器的结

构较简单紧凑。因此,组合式变速器应用十分广泛。

③T220 推土机变速器的润滑和密封。该变速器中各空转齿轮的双金属滑动轴承和前盖上的三个轴承采用强制润滑。润滑油从油泵经滤清器、冷却器进入变速器前盖,经前盖上的孔道流到各轴承座,又经轴承座上的通路流至轴的端部轴承盖 42 处,然后经各轴中心油路流至各齿轮的双金属滑动轴承处和双联齿轮 9 的滚柱轴承处进行润滑。

中间轴和输出轴前端有挡油盘 44 和合金铸铁密封圈 43 挡油,防止大量润滑油经双列球面滚子轴承而流失(回变速器底部)。挡油盘上设有节流小孔,适量的润滑油可经此小孔去润滑双列球面滚子轴承。

三根轴后端的滚柱轴承和所有齿轮,都是通过飞溅的润滑油来润滑。

为了防止变速器漏油,所有可能外泄的静止接合面都用 O 形橡胶密封圈来密封。前端伸出箱体外的输入轴用自紧橡胶油封来密封。花键与万向节接盘连接处用 O 形橡胶密封圈和橡胶垫来防止漏油。

综上可见,T220 推土机变速器采用啮合套换挡,常啮合斜齿轮传动,故换挡操作轻便、传动平稳、噪声较小。采用强制润滑,效果较好,可延长使用寿命。因此,这种类型变速器已成为应用较广泛的机械式变速器。

二、变速操纵机构

变速操纵机构包括换挡机构与锁止装置,其功能是保证按需要顺利可靠地进行换挡。对操纵机构的要求一般是:保证工作齿轮正常啮合;不能同时换入两个挡;不能自动脱挡;在离合器接合时不能换挡;要有防止误换到最高挡或倒挡的保险装置。对于每一种机械的变速器操纵机构,应根据不同的作业和行驶条件来决定对它的要求,不一定都包括上述各点。

(1)换挡机构。换挡机构(图 11-6a)主要由变速杆 1、滑杆 6、拨叉 7 等组成。变速杆 1 用球头 2 支撑在支座内,由弹簧将球头 2 压紧在支座内;球头 2 受销子限制不能随意旋转,以防止变速杆转动。拨叉 7 用螺钉固定在滑杆 6 上;滑杆上有 V 形槽可由锁定销 5(属锁定装置)锁定在某一位置上;滑杆端有凹槽 4,变速杆下端可插入其中进行操纵。换挡时,操纵变速杆通过滑杆 6 和拨叉 7 拨动滑动齿轮 8 以实现换挡;每根滑杆可以控制两个不同挡位,根据挡位的数目确定滑杆数量。

(2)锁止装置。对变速器操纵机构的要求,主要由锁止装置来实现。锁止装置一般包括锁定机构(自锁装置)、互锁机构、联锁机构以及防止误换到最高挡或倒挡的保险装置。

①锁定机构(自锁装置)。锁定机构用来保证变速器内各齿轮处在正确的工作位置,在工作中不会自动脱挡。如图 11-6a)所示、在每根滑杆上铣有三个 V 形槽,具有 V 形端头的锁定销 5 在弹簧压力下嵌在 V 形槽中,锁定了滑杆 6 的位置,以防止自动脱挡。

当拨动滑杆换挡时,V 形槽的斜面顶起锁定销 5,然后滑杆 6 移动直至锁定销 5 再次嵌入相邻的 V 形槽中,V 形槽之间的距离保证了滑杆在换挡移动时的距离,从而保证了工作挡齿轮的正常啮合位置。滑杆上的三个 V 形槽实现了两个挡和一个空挡位置。

锁定销也可采用钢球,但在滑杆上应制出半圆形的凹坑,如图 11-6b)所示。

②互锁机构。互锁机构用来防止同时拨动两根滑杆而同时换上两个挡位。常用的互锁机构有框板式、摆架式和锁销式三种。

框板式互锁机构(图 11-6a 中零件 3),如图 11-7 所示,它是一块具有"王"字形导槽的铁板,每条导槽对准一条滑杆。由于变速杆下端只能在导槽中移动,从而保证了不会同时拨动两根滑杆,也就不会同时换上两个挡。

摆架式互锁机构(图 11-8)是一个可以摆动的铁架,用轴销悬挂在操纵机构壳体内。变速杆下端置于摆架中间,可以做纵向运动。摆架两侧有卡铁 A 和 B,当变速杆 1 下端在摆架 2 中间运动而拨动某一根滑杆 3 时,卡铁 A 和 B 则卡在相邻两根滑杆 3 的拨槽中,因而防止了相邻滑杆也被同时拨动,故而不会同时换上两个挡。

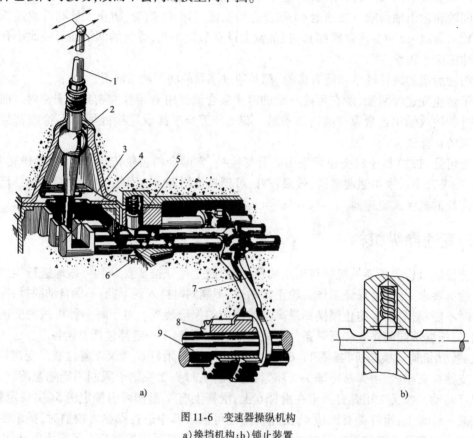

图 11-6　变速器操纵机构

a)换挡机构;b)锁止装置

1-变速杆;2-球头;3-导向框板;4-换向滑杆凹槽;5-锁定销;6-滑杆;7-拨叉;8-滑动齿轮;9-变速器轴

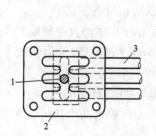

图 11-7　框板式互锁机构

1-变速杆;2-导向框板;3-滑杆

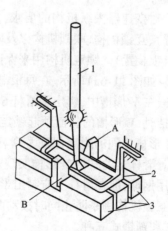

图 11-8　摆架式互锁机构

1-变速杆;2-摆架;3-滑杆;A、B-卡铁锁销式互锁装置如图 11-9 所示,由互锁钢球 4 和互锁销 6 组成。每根滑杆朝向互锁钢球的侧表面上均制出一个深度相等的凹槽,任一滑杆处于空挡位置时其侧面凹槽都正好对准钢球。两个互锁钢球的直径之和正好等于相邻两滑杆表面之间的距离加上一个凹槽的深度。中间滑杆上两个侧面凹槽之间有孔相通,孔中有一根可以滑移的互锁销 6,销的长度等于滑杆的直径减去一个凹槽的深度。

当变速器处于空挡时,所有滑杆的侧面凹槽同钢球、互锁销都在一条直线上。当移动中间滑杆 3 时(图 11-9a),滑杆 3 两侧的内钢球从其侧凹槽中被挤出,而两外钢球 2 和 4 则分别嵌入滑杆 1 和 5 的侧面凹槽中,因而将滑杆 1 和 5 刚性地锁止在其空挡位置。若要移动滑杆 5,则应先将滑杆 3 退回到空挡位置(图 11-9b),于是在移动滑杆 5 时,钢球 4 便从滑杆 5 的凹槽中被挤出,同时通过互锁销 6 和其他钢球将滑杆 3 和 1 均锁止在空挡位置。同理,当移动滑杆 1 时,则滑杆 3 和 5 被锁止在空挡位置(图 11-9c)。

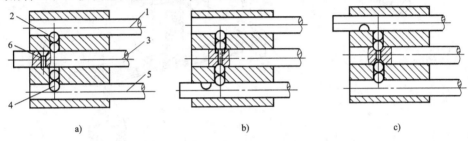

图 11-9　锁销式互锁装置
a)移动滑杆 3 时;b)移动滑杆 5 时;c)移动滑杆 1 时
1、3、5-滑杆;2、4-互锁钢球;6-互锁销

③联锁机构。如图 11-10 所示,联锁机构用来防止离合器未彻底分离时换挡。在离合器踏板(或操纵杆)4 上用拉杆 3 连接着摆动杠杆 1,摆动杠杆 1 固定在可以转动的联锁轴 2 上。联锁轴 2 上沿轴向制有铣槽 8,当离合器踏板完全踩下,也就是离合器完全分离时,通过拉杆推动联锁轴 2,使其上的铣槽 8 正好对准锁定销 5 的上端。此时锁定销 5 才可能被顶起,滑杆 6 才可能被拨动,实现换挡(图 11-10a)。

当离合器接合时(图 11-10b),联锁轴 2 上的铣槽 8 将转过而用其圆柱面顶住锁定销 5 的上端,使插入滑杆上 V 形槽的锁定销 5 不能向上移动,这时滑杆 6 也就不能被拨动,自然就不能换挡。

④倒挡锁装置。当机械在前进行驶中,若换挡时由于疏忽而误换入倒挡,将会使轮齿间产生很大的冲击而损坏。此外,若机械起步时误挂倒挡,则容易发生事故。为防止误挂倒挡,操纵机构中应设有倒挡锁。

图 11-11 为平面三轴式五挡变速器的倒挡锁装置。它是由一、倒挡拨块 3 中的倒挡锁销 1 及弹簧 2 组成。当驾驶员要挂一挡或倒挡时,必须用较大的力使变速杆 4 下端压缩弹簧 2,将锁销 1 推入锁销孔内才能使变速杆下端进入拨块 3 的凹槽内,以拨动一、倒挡滑杆而挂入一挡或倒挡。由此可见,倒挡锁的作用是使驾驶员必须对变速杆施加更大的力,方能挂入倒挡,起到警示注意作用,以防误挂倒挡。

(3)典型工程机械变速器操纵机构。图 11-12 为 T220 推土机变速器的操纵机构,它由变速杆 9、换向杆 19、一、二挡滑杆 32、三、四挡滑杆 31、换向滑杆 30、五挡滑杆 28 及四个拨叉等零件组成。通过变速杆或换向杆操纵拨叉拨动相应的啮合套进行换挡。三个变速拨叉由变速杆 9 拨动,而另一个换向拨叉则由换向杆 19 拨动。变速杆与换向杆的换挡位置如图 11-13 所示。

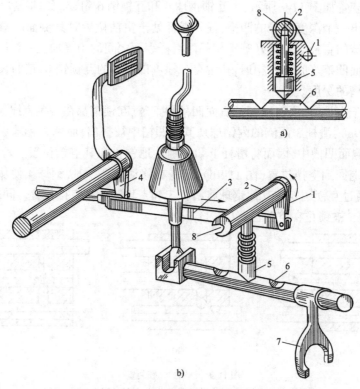

图 11-10　变速器连锁机构

a)离合器分离时;b)离合器接合时

1-摆动杆;2-联锁轴;3-拉杆;4-离合器踏板;5-锁定销;6-滑杆;7-拨叉;8-铣槽

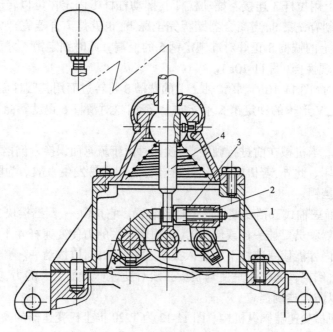

图 11-11　倒挡锁装置

1-倒挡锁销;2-倒挡锁弹簧;3-倒挡拨块;4-变速杆

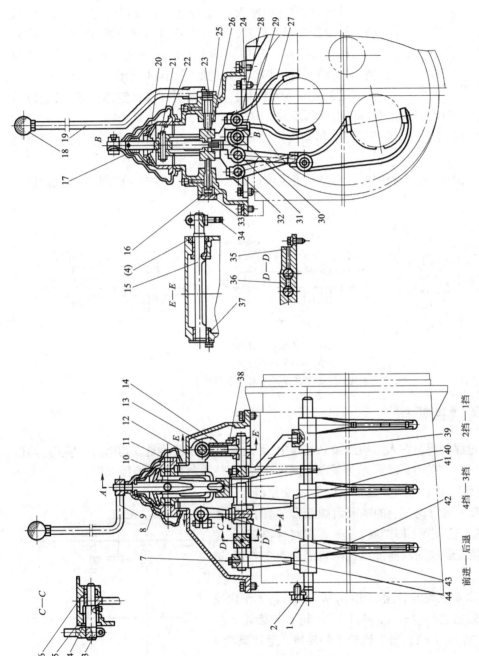

图 11-12 T220 推土机变速器操纵机构

1-滑杆;2,16-O形密封圈;3-轴;4-油封;5,6-滚子轴承;7-定位螺栓;8-盖;9-变速杆;10-衬套;11-螺栓;12-拨叉室;13-锁定销;14,17,23-弹簧;15-联锁轴;18-换向手柄;19-换向杆;20-拨叉室上盖;21,22,36-销;24-滑杆后座;25-止动销;26-保险卡;27-五挡拨叉;28-五挡拨叉;29-换向叉室;30-换向叉头;31-三,四挡滑杆;32-一,二挡滑杆;33-塞;34-联锁杠杆;35-滑杆前座;37-联锁衬套;38-限位板;39-一,二挡拨杆;40-拨杆;41-三,四挡拨叉;42-拨叉;43-换向拨叉;44-拨叉头

前进─后退   4挡─3挡   2挡─1挡

操纵机构中装有四个锁定销 13 定位,以防止自动跳挡。采用保险卡 26（即摆架）作为互锁机构,以防止同时换上两个挡。

联锁机构由联锁轴 15、杠杆 34 及锁定销等组成,其工作原理同前。

另外,在滑杆前座 35 中装有起互锁作用的定位销 36,以限制五挡滑杆 28 与倒挡滑杆 30 的相对移动位置,以避免同时换上五挡与倒挡而出现中间轴上的齿轮产生过高的相对空转转速,对传动不利。其作用原理如图 11-14 所示。

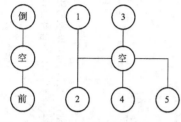

图 11-13　换挡位置图

图 11-14a）：换向滑杆与五挡滑杆都在空挡位置时,定位销在两根滑杆槽中的相对位置,两滑杆均可移动。

图 11-14b）：换五挡时,五挡滑杆 4 移动将定位销顶入换向滑杆槽中,使之不能向倒挡位置移动。

图 11-14c）：换倒挡时,换向滑杆 1 移动将定位销顶入五挡滑杆槽中,使之不能向五挡位置移动。

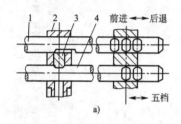
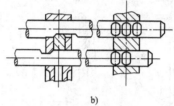
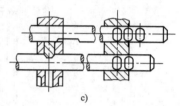

a)　　　　　　　　　　b)　　　　　　　　　　c)

图 11-14　互锁机构原理图

a)空挡；b)五挡；c)倒挡

1-换向滑杆；2-滑杆前座；3-销；4-五挡滑杆

三、便利换挡机构

（1）换挡过程分析。在人力换挡操纵过程中,无论是拨动齿轮还是拨动啮合套换挡,都很难避免换挡冲击。如图 11-15 所示为某汽车两轴变速器三、四挡之间的换挡过程。

①从低速挡（三挡）换入高速挡（四挡）。变速器在三挡工作时,啮合套 3 与齿轮 2 上的啮合齿圈接合,它们的转速是相等的。在从三挡换入四挡时,首先要踩离合器踏板,使离合器分离,接着通过变速器操纵机构将啮合套 3 右移,进入空挡位置。

由于齿轮 2 与齿轮 6 转速之比（$n_2/n_6 = z_6/z_2$）大于齿轮 4 与齿轮 5 转速之比（$n_4/n_5 = z_5/z_4$）,而齿轮 6 与齿轮 5 的转速又是一样的（$n_6 = n_5$）,所以齿轮 2 的转速永远比齿轮 4 的转速高,即 $n_2 > n_4$。在啮合套 3 与齿轮 2 刚分离这一时刻,两者转速还是相等的,即 $n_3 = n_2$,由此可以得出 $n_3 > n_4$,即啮合套 3 的转速大于齿轮 4 上啮合齿圈转速的结论。这时如果立即推动啮合套 3 与齿轮 4 上的啮合齿圈接合,就会发生打齿现象。

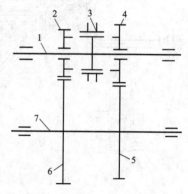

图 11-15　变速器三、四挡齿轮示意图

1-输入轴；2-输入轴三挡齿轮；3-啮合套；

4-输入轴四挡齿轮；5-输出轴四挡齿轮；

6-输出轴三挡齿轮；7-输出轴

196

此时,由于变速器处于空挡,啮合套 3 和齿轮 4 之间没有联系,离合器从动盘又与发动机脱离,所以啮合套 3 与齿轮 4 的转速在分别逐渐降低。因为齿轮 4 与齿轮 5、输出轴、万向传动装置、驱动桥、行驶系以及整个汽车联系在一起,惯性很大,所以 n_4 下降较慢;而啮合套 3 只与输入轴和离合器从动盘相联系,惯性很小,故 n_3 下降较快。因为 n_3 原先大于 n_4,n_3 下降得又比 n_4 快,所以过一会儿后,必然会有 $n_3 = n_4$(同步)的情况出现。最好能在 $n_3 = n_4$ 的时刻使啮合套右移而挂入四挡。与啮合套 3 联系的一系列零件的惯性越小,则 n_3 下降的越快,达到同步所需时间越少,并且在同样速度差的情况下,齿间的冲击力也越小。因此离合器从动部分转动惯量应尽可能小一些。

②从高速挡(四挡)换入低速挡(三挡)。变速器在四挡工作时,啮合套 3 与齿轮 4 上的啮合齿圈接合,在刚从四挡推到空挡时,啮合套 3 与齿轮 4 的转速相同,即 $n_3 = n_4$,同时又有 $n_2 > n_4$,所以 $n_2 > n_3$。进入空挡后,由于 n_3 下降得比 n_2 快,所以在啮合套 3 停下来之前,随着时间的推移,两者转速的差值将越来越大。为了使啮合套 3 与齿轮 2 的转速达到相同,驾驶员应在此时重新接合离合器,同时踩一下加速踏板,使变速器输入轴及啮合套 3 的转速高于齿轮 2 的转速,即 $n_3 > n_2$。然后再分离离合器,等待片刻,到 $n_3 = n_2$ 时,即可让啮合套 3 与齿轮 2 上的啮合齿圈相接合,从而挂入三挡。

上述相邻挡位相互转换时,应该采取不同操作步骤的道理同样适用于移动齿轮换挡的情况,只是前者的待接合齿圈与啮合套的转动角速度要求一致,而后者的待接合齿轮啮合点的线速度要求一致,但所依据的速度分析原理是一样的。

以上变速器的换挡操作,尤其是从高挡向低挡的换挡操作比较复杂,而且很容易产生轮齿或花键齿间的冲击。为了简化操作,并避免齿间冲击,现在生产的汽车一般在变速器换挡装置中均设置了便利换挡装置——同步器。

(2)同步器。同步器有常压式、惯性式和自行增力式等多种,这里仅介绍目前广泛采用的惯性式同步器。

惯性式同步器是依靠摩擦作用实现同步的。它是通过专门的机构来保证啮合套与待接合的花键齿圈在达到同步之前不可能接触,从而避免齿间冲击。惯性式同步器又分为锁环式和锁销式两种,前者多用于轿车和轻型货车上,后者多用于中型及大型载货汽车上。下面以锁销式惯性同步器为例说明其结构及工作原理。

图 11-16 为锁销式惯性同步器,两个有内锥面的摩擦锥盘 2 分别固定在带有外花键齿圈的第一轴齿轮 1 和第一轴四挡齿轮 6 上。与之相对应的是两个有外锥面的摩擦锥面环 3。在啮合套 5 凸缘的同一圆周上均匀开有六个轴向孔,与孔配合的两个锁销 8 和三个定位销 4 相互间隔地从孔中自由穿过。锁销 8 的两端与摩擦锥环 3 相铆接,定位销 4 的两端贴于摩擦锥环 3 的内侧面,与其略有间隙。锁销 8 的中部与啮合套 5 凸缘相对处比较细,在其直径变化处和啮合套 5 上相应的销孔两端有角度相同的倒角——锁止角。只有在锁销与啮合套孔对中时,啮合套方能沿锁销轴向移动。在啮合套上定位销孔中部钻有斜孔,内装弹簧 11,把钢球 10 顶向定位销中部的环槽(见 A-A 剖面图),以保证同步器处于正确的空挡位置。

在空挡位置时,摩擦锥环 3 与摩擦锥盘 2 之间有一定间隙。由四挡换入五挡时,啮合套 5 受到拨叉的轴向推力作用,通过钢球 10 和定位销 4 带动摩擦锥环 3 向左移动,当啮合套 5 还没有和第一轴齿轮 1 上的花键齿圈相接合时,摩擦锥环 3 的外锥面与对应的摩擦锥 2 内锥面相接触并压紧。由于摩擦锥环 3 与摩擦锥盘 2 具有转速差,所以一经接触就产生摩擦,使摩擦环 3 连同锁销 8 一起相对啮合套转动,直至锁销 8 中部较细的圆柱面贴于啮合套 5 凸缘的锁销孔壁上,锁销轴线与锁销孔轴线相互偏移,此时锁销中部倒角与销孔端的倒角互相抵触,啮合套不能继续前移。啮合套 5 凸缘上锁销孔倒角面对锁销倒角面作用有法向压紧力 N,N 的轴向分力 F_1 使摩擦锥环 3 与摩擦锥盘 2 压紧,因而啮合套与待接合的花键齿圈迅速达到同步。N 的切向分力 F_2 对与锁销 8 连为一体的摩擦锥环 3 形成一个拨环力矩 T_2,这一力矩力图使锁销与锁销孔重新对正,但摩擦锥盘 2 对摩擦锥环 3 的摩擦力矩 T_1 使锁销 8 紧压在啮合套 5 凸缘的锁销孔壁上。在摩擦锥环 3 和摩擦锥盘 2 达到同步时,相互转动趋势迅速降低,摩擦力矩 T_1 也迅速降低。当拨环力矩 T_2 大于摩擦力矩 T_1 时,摩擦锥环 3 相对于啮合套 5 转动,锁销相对于锁销孔移动并对中。在摩擦锥环 3 的摩擦带动下,摩擦锥盘 2 和齿轮 1 也相对于啮合套转过一个角度,于是啮合套便能克服定位销 4 凹槽对钢球 10 的阻力沿销移动,直至与齿轮 1 的花键齿圈接合,实现挂挡。

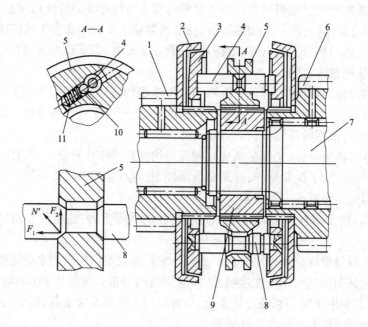

图 11-16 锁销式惯性同步器

1-第一轴齿轮;2-摩擦锥盘;3-摩擦锥环;4-定位销;5-啮合套;6-第二轴四挡齿轮;7-第二轴;8-锁销;9-花键毂;10-钢球;11-弹簧

第三节 动力换挡变速器

一、定轴式动力换挡变速器

采用定轴式动力换挡变速器的机械较多,其原理基本相同。

图 11-17 为小松常林工程机械有限公司生产的 WA380-3 型轮式装载机液力机械传动结构图。其中,液力变矩器采用常见的单级三元件结构形式;变速器采用定轴式动力换挡变速器,变矩器的动力输出轴也就是变速器的动力输入轴。变矩器和变速器组装在一起构成了该装载机的液力机械传动。

WA380-3 装载机的定轴式变速器是平行四轴常啮合齿轮式,可实现前进四挡和倒退四挡。在输入轴 3 上安装了组合式离合器 1、2,该两离合器是实现换向的离合器。离合器 2 接合实现前进挡,离合器 1 接合实现倒退挡。在中间轴 13、11 上分别安装了组合式离合器 14、5和 12、6,分别称作为一、三挡离合器和二、四挡离合器。轴 8 为输出轴,在该轴上安装了全盘多片式制动器 9(即中央制动器),在输出轴两端安装了联轴器 10、7,动力经该两联轴器分别带动前、后桥驱动。

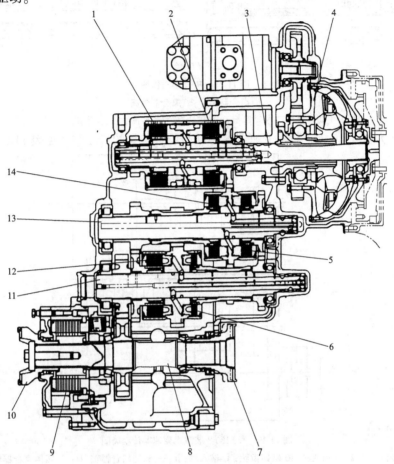

图 11-17　WA380-3 装载机液力机械传动图

1-倒挡离合器;2-前进挡离合器;3-输入轴;4-液力变矩器;5-三挡离合器;6-四挡离合器;7-后联轴节;8-输出轴;9-制动器;
10-二、四轴;11-中间轴;12-二挡离合器;13-一、三挡轴;14-一挡离合器

该变速器是通过液压操纵离合器进行换挡,其换挡原理如图 11-18a)、b)所示,离合器的外壳与缸体(即离合器壳)和轴 1 固定连接,其中在离合器外壳内圆面上加工有花键齿,主动摩擦片以花键形式与离合器外壳相连。离合器齿轮 4 通过轴承套装于轴 1 上,并在齿轮的延长毂外圆面上加工有外花键齿,从动摩擦片以花键形式与离合器齿轮相连,主、从动摩擦片相间排列。活塞 6 装于缸体内,其端面压向摩擦片。来自变速操纵阀的高压油通过轴 1 内侧的油通道进入缸体的油腔内,推动活塞,将离合器主、从动摩擦片压紧,使轴 1 和离合器齿轮形成一个整体而传递动力。此时,从排油孔 5 排油,但不影响离合器的操作,因为排出的油比供应的油少。松开离合器时,变速操纵阀切断压力油路,作用在活塞 6 背面的油压力便下降,活塞通过波状弹簧 7 返回到原来的位置,致使轴 1 和离合器齿轮 4 分离。当离合器分离时,活塞背面的油便凭着离心力通过排油孔 5 排出,以防止离合器保持局部啮合。

199

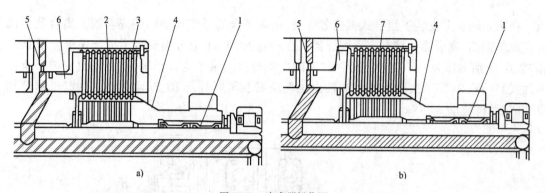

图 11-18　离合器操作图

a) 离合器结合；b) 离合器分离

1-轴；2-主动摩擦片；3-从动摩擦片；4-离合器齿轮；5-排油孔；6-活塞；7-波状弹簧

图 11-19 为 WA380-3 装载机变速器的传动简图。各挡的传动路线见表 11-2。

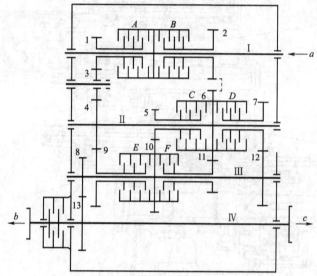

图 11-19　WA380-3 装载机变速器传动简图

1、2、3、4、5、7、8、9、11、12、13-齿轮；6、10-缸体齿轮；Ⅰ-输入轴；Ⅱ-一、三挡离合器轴；Ⅲ-二、四挡离合器轴；Ⅳ-输出轴；A、B-前进、倒退离合器；C、D-一、三挡离合器；E、F-二、四挡离合器

WA380-3 转载机各挡传动路线　　　　　　　　　　　　　　　　表 11-2

方　向	挡　位	接合的离合器	传动路线
前进	一	B、C	2—6—5—10—8—13
	二	B、E	2—6—4—9—8—13
	三	B、D	2—6—7—12—8—13
	四	B、F	2—6—11—8—13
倒退	一	A、C	1—3—4—5—10—8—13
	二	A、E	1—3—4—9—8—13
	三	A、D	1—3—4—7—12—8—13
	四	A、F	1—3—4—6—11—8—13

综上所述,该变速器采用了将两个离合器组合在一起的结构,并将所有离合器安装在变速器体内。具有离合器轴受载较好、结构较紧凑的优点,但保养维修则不太方便。

200

二、行星式动力换挡变速器

行星齿轮式动力换挡变速器(简称行星变速器)是由简单行星排组成。由于具有结构紧凑、荷载容量大、传动效率高、齿间负荷小、结构刚度好、输入输出轴同心以及便于实现自动换挡等优点,所以在工程、矿山、起重等作业机械和汽车上,获得广泛的应用。

(1)简单行星排。如图11-20所示,简单行星排是由太阳轮 t、齿圈 q、行星架 j 和行星轮 x 组成。其中图11-20a)、b)是带有单行星轮的行星排,图11-20c)是带有双行星轮的行星排。由于行星轮轴线旋转与外界连接困难,故在行星排中只有太阳轮 t,齿圈 q 和行星架 j 三个元件能与外界连接,并称之为基本元件。在行星排传递运动过程中,行星轮只起到传递运动的隋轮作用,对传动比无直接关系。

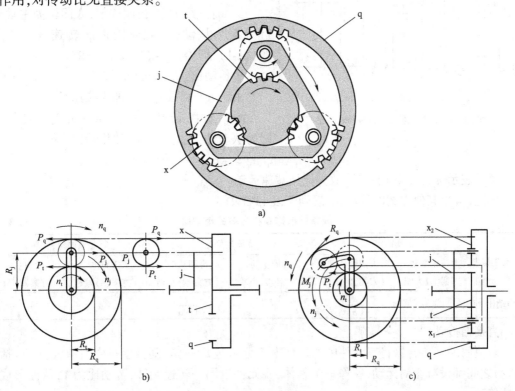

图11-20　简单行星排简图

a)单行星轮行星排;b)单行星轮行星排传动简图;c)双行星轮行星排传动简图

由机械原理中对单排行星传动的运动学分析可得出,行星排转速方程(也称特征方程)为:

单行星轮行星排 $\qquad n_t + \alpha n_q - (1 + \alpha) n_j = 0 \qquad$ (11-1)

双行星轮行星排 $\qquad n_t - \alpha n_q + (\alpha-1) n_j = 0 \qquad$ (11-2)

综合为 $\qquad n_t \pm \alpha n_q - (1 \pm \alpha) n_j = 0 \qquad$ (11-3)

式中:　n_t——太阳轮转速;

$\qquad n_q$——齿圈转速;

$\qquad n_j$——行星架转速;

$\alpha = Z_q / Z_t$——行星排特性参数;为保证构件间安装的可能性,α 值的范围是:$4/3 \leqslant \alpha \leqslant 4$;

$\qquad Z_q$——齿圈的齿数;

201

Z_j——太阳轮的齿数。

通过对单排行星传动的运动学分析可知,这种简单的行星机构具有三个互相独立的构件,而仅有一个表征转速关系的三元一次线性方程,故而其具有两个自由度。当以某种方式(如应用制动器制动)固定某一元件后,则行星排变成一自由度系统,即可由转速方程式(11-3)确定另外两构件的转速比(即行星排传动比)。这样,通过将行星排三个基本构件分别作为固定件、主动件、从动件或任意两构件闭锁,则可组成六种方案(对于单行星轮行星排)(图11-21)。由式(11-1)不难求得这些方案的传动比。

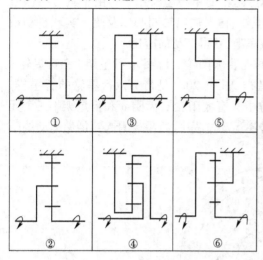

图11-21 简单行星排的六种传动方案

例如:方案①中,齿圈固定,太阳轮为主动件,行星架为从动件,此时因齿圈转速 $n_q = 0$,由式(11-1),即得:$n_t - (1+\alpha)n_j = 0$。

故传动比:$i_{tj} = n_t/n_j = 1 + \alpha$

由于 $\alpha > 1$,故 $i_{tj} > 1$,即为减速运动。

方案⑤中,行星架固定,太阳轮为主动件,齿圈为从动件,此时,$n_j = 0$,故传动比:

$$i_{tq} = n_t/n_q = -\alpha$$

负号表示 n_t 与 n_q 转向相反,故为倒挡减速运动。

同理,可得其他方案的传动比,现列于表11-3中。

简单行星排 6 种方案的传动比   表11-3

传动类型	齿圈固定		太阳轮固定		行星架固定(倒转)	
	太阳轮主动(方案①)大减	太阳轮从动(方案②)大增	齿圈主动(方案③)小减	齿圈从动(方案④)小增	太阳轮主动(方案⑤)减速	齿圈主动(方案⑥)增速
传动比	$1 + \alpha$	$\dfrac{1}{1+\alpha}$	$\dfrac{1+\alpha}{\alpha}$	$\dfrac{\alpha}{1+\alpha}$	$-\alpha$	$-\dfrac{1}{\alpha}$

直接挡传动:

若使用闭锁离合器将三元件中的任何两个元件连成一体,则行星排中所有元件(包括行星轮)之间都没有相对运动,就像一个整体,各元件以同一转速旋转,传动比为1,从而形成直接挡传动。

这也可用式(11-1)得到证明,例如使太阳轮和齿圈连成一体,则 $n_t = n_q$,由式(11-1)即得:

$$n_j = (n_t + \alpha n_t)/(1 + \alpha) = n_t = n_q$$

同理,当 $n_t = n_j$ 或 $n_q = n_j$ 时,都可得出同一结论。

如果行星排中三个基本元件都不受约束,则各元件处于运动不定的自由状态,此时行星排不能传递运动,为空挡。

如果把双行星轮行星排的齿圈固定,太阳轮为主动件,行星架为从动件,由式(11-2)即得:

$$n_t + (\alpha - 1)n_j = 0$$
$$i_{tj} = n_t/n_j = -(\alpha - 1)$$

由于 $\alpha > 1$,故 $i_{tj} < 0$,即该机构可实现倒挡。

由上述可见,一个简单行星排可给出六种传动方案,但其传动比数值因受特性参数 α 值的限制,尚不能满足机械的要求,因此,行星变速通常是由几个行星排组合而成,以便得到所需的传动比。

（2）ZL50型装载机行星式动力换挡变速器。ZL50装载机是我国装载机系列中的主要机种，系列中其他机种的结构与之相似。

①ZL50装载机行星变速器结构。如图11-22所示，与该变速器配用的液力变矩器具有一级、二级两个涡轮（称双涡轮液力变矩器），分别用两根相互套装在一起并与齿轮做成一体的一级、二级输出齿轮（轴），将动力通过常啮合齿轮副传给变速器。由于常啮合齿轮副的速比不同，故相当于变矩器加上一个两挡自动变速器，它随外荷载变化而自动换挡。又由于双涡轮变矩器高效率区较宽，故可相应减少变速器挡数，以简化变速器结构。

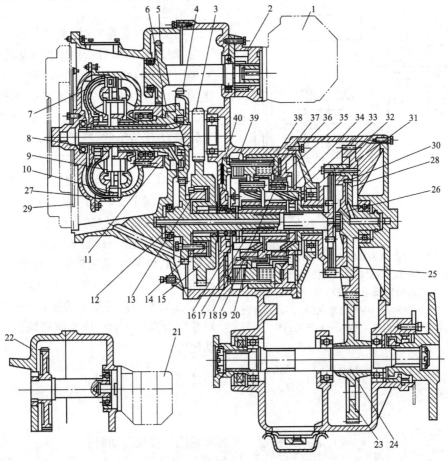

图11-22　ZL50装载机液力机械传动图

1-工作油泵;2-变速油泵;3-一级涡轮输出齿轮;4-二级涡轮输出齿轮;5-变速油泵输入齿轮;6-导轮座;7-二级涡轮;8-一级涡轮;9-导轮;10-泵轮;11-分动齿轮;12-变速器输入齿轮及轴;13-大超越离合器;14-大超越离合器凸轮;15-大超越离合器外环齿轮;16-太阳轮;17-倒挡行星轮;18-倒挡行星架;19-Ⅰ挡行星轮;20-倒挡内齿圈;21-转向油泵;22-转向油泵输入齿轮;23-变速器输出齿轮;24-输出轴;25-输出齿轮;26-Ⅱ挡输入轴;27-罩轮;28-Ⅱ挡油缸;29-弹性板;30-Ⅱ挡活塞;31-Ⅱ挡摩擦片;32-Ⅱ挡受压盘;33-倒挡、Ⅰ挡连接盘;34-Ⅰ挡行星架;35-Ⅰ挡油缸;36-Ⅰ挡活塞;37-Ⅰ挡内齿圈;38-Ⅰ挡摩擦片;39-倒挡摩擦片;40-倒挡活塞

ZL50装载机的行星变速器，由于上述特点而采用了结构较简单的方案，由两个行星排组成，只有两个前进挡和一个倒挡。输入轴12和输入齿轮做成一体，与二级涡轮输出齿轮4常啮合;二挡输入轴26与Ⅱ挡离合器摩擦片31连成一体。前、后行星排的太阳轮、行星轮、齿圈的齿数相同。两行星排的太阳轮制成一体，通过花键与输入轴12、Ⅱ挡输入轴26相连。前行星排齿圈与后行星排行星架、Ⅱ挡离合器受压盘32三者通过花键连成一体。前行星排行星架

和后行星排齿圈分别设有倒挡、一挡制动器 39、38。

变速器后部是一个分动箱,输出齿轮 25 用螺栓和 Ⅱ 挡油缸 28、Ⅱ 挡离合器受压盘 32 连成一体,同变速器输出齿轮 23 组成常啮齿轮副,后者用花键和前桥输出轴 24 连接。前、后桥输出轴通过花键相连。

②ZL50 装载机行星变速器的传动路线。如传动简图 11-23 所示,该变速器两个行星排间有两个连接件,故属于二自由度变速器。因此,只要接合一个操纵件即可实现一个排挡,现有二个制动器和一个闭锁离合器共可实现三个挡。

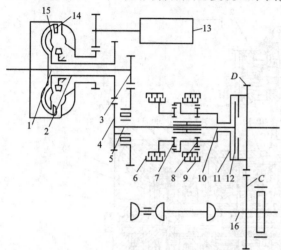

图 11-23 ZL50 装载机液力机械传动简图
1—一级涡轮输出轴;2-二级涡轮输出轴;3-一级涡轮输出减速齿轮副;4-二级涡轮输出减速齿轮副;5-变速器输入轴;6、9-制动器;7、8-齿轮副;10-Ⅱ 挡输入轴;11-Ⅱ 挡受压盘;12-闭锁离合器;13-转向油泵;14-一级涡轮;15-二级涡轮;16-输出轴

前进一挡:

当接合制动器 9 时,实现前进一挡传动。这时,制动器 9 将后行星排齿圈固定,而前行星排则处于自由状态,不传递动力,仅后行星排传动。动力由输入轴 5 经太阳轮从行星架、Ⅱ 挡受压盘 11 传出,并经分动箱常啮合齿轮副 C、D 传给前、后驱动桥。

由于只有一个行星排参与传动,故速比计算很简单。这里是齿圈固定,太阳轮主动,行星架从动,属于简单行星排的方案①,由表11-3 即得前进一挡行星排的传动比 $i_1' = 1 + \alpha$。

因为该变速器的输入端有两对常啮合齿轮副 3、4,由两个涡轮随外荷载的变化,通过不同的常啮合齿轮副 3、4 将动力传给变速器输入轴 5,变速器的输出端还有分动箱内的一对常啮合齿轮 C、D,故变速器前进一挡总传动比为:

$$i_1 = i_4 \times i_1' \times \frac{Z_C}{Z_D} \quad （当齿轮副 4 参与传动时）$$

或

$$i_1 = i_3 \times i_1' \times \frac{Z_C}{Z_D} \quad （当齿轮副 3 参与传动时）$$

式中:i_3、i_4——分别为齿轮副 3 或 4 的传动比;

Z_C、Z_D——分别为齿轮 C、D 的齿数。

前进二挡:

当闭锁离合器 12 接合时,实现前进 Ⅱ 挡。这时闭锁离合器将输入轴 5、输出轴和 Ⅱ 挡受压盘 11 直接相连,构成直接挡,此时行星排传动比 $i_2' = 1$,故变速器前进 Ⅱ 挡总传动比为:

$$i_2 = i_4 \times 1 \times \frac{Z_C}{Z_D} \quad （当齿轮副 4 参与传动时）$$

或

$$i_2 = i_3 \times 1 \times \frac{Z_C}{Z_D} \quad （当齿轮副 3 参与传动时）$$

倒退挡:

当制动器 6 接合时,实现倒退挡。这时制动器将前行星排行星架固定,后行星排空转不起作用,仅前行星排传动。因为行星架固定,太阳轮主动,齿圈从动,属于简单行星排方案⑤,由表 11-3 得行星排传动比 $i_倒' = -\alpha$,故得变速器倒退挡总传动比为:

$$i_倒 = i_4 \times i_倒' \times \frac{Z_C}{Z_D} \qquad (当齿轮副 4 参与传动时)$$

或

$$i_倒 = i_3 \times i_倒' \times \frac{Z_C}{Z_D} \qquad (当齿轮副 3 参与传动时)$$

下面根据已知齿数计算各挡传动比值,设齿轮副 4 参加传动,其齿数为 33 与 39,则:

$$i_4 = 33/39 = 0.8461。$$

行星排特性参数

$$\alpha = Z_q/Z_t = 60/22 = 2.72$$

因而

$$i_1' = 1 + \alpha = 3.72, i_倒' = -\alpha = -2.72$$

又

$$Z_C/Z_D = 53/62 = 0.8548$$

代入以上各式可得齿轮副 4 参加传动时的各挡传动比为:

$$i_1 = 2.69 \quad i_2 = 0.72 \quad i_倒 = -1.98$$

(3)TY220 履带推土机行星式动力换挡变速器。

①TY220 行星变速器的组成和构造。国产 TY220 履带推土机采用行星式动力换挡变速器与简单二元件液力变矩器相配合组成液力机械传动,日本 D155A 履带推土机及上海 320 履带推土机的变速器均是这种结构。

如图 11-24 所示,该变速器由四个行星排组成,前面第一、二行星排构成换向部分(或称前变速器),这里行星排Ⅱ是双行星轮行星排,当其齿圈固定时,则行星架与太阳轮转向相反而实现倒退挡;后面第三、四行星排构成变速部分(或称后变速器),整个变速器实际上是由前变速器与后变速器串联组合而成。采用四个制动器与一个闭锁离合器实现三个前进挡与三个倒退挡,通过液压系统操纵进行换挡。

变速器各行星排结构与连接特点是:输入轴Ⅰ与行星排Ⅱ的太阳轮制成一体,通过滚动轴承支撑在箱体前后箱壁的支座上,在其上经花键装有行星排Ⅰ的太阳轮;输出轴以其轴孔套装在输入轴上,在其上通过花键装有行星排Ⅲ、Ⅳ的太阳轮以及减速机构的主动齿轮;整个输出轴总成用两个滚动轴承支撑定位在后箱壁上;输出轴还通过连接盘以螺栓固连着闭锁离合器的从动鼓;行星排Ⅰ、Ⅱ、Ⅲ的行星架为一体,经一对滚动轴承支撑在输入轴和箱壁支座上,行星排Ⅳ的行星架前端通过齿盘外齿与行星排Ⅲ的齿圈固连,而后端则经销钉、螺栓与闭锁离合器主动鼓相连,并通过滚动轴承支撑在输出轴上;闭锁离合器的主动鼓与从动鼓的齿形花键上交错布置着内外摩擦片,在施压活塞与主动鼓间还装有分离离合器的蝶形弹簧。

在各行星排齿圈的外花键齿鼓上,分别装着四组多片摩擦制动器的从动片,制动器主动片、施压油缸和活塞压盘等均以销钉与箱体定位;此外在制动器压盘与止推盘间以及主动摩擦片间,均装有分离复位螺旋弹簧。以上制动器及闭锁离合器均以油压控制,用制动齿圈或两元件闭锁连接来实现换挡。

值得指出,制动器与闭锁离合器均属于一种多片式离合器,通过油压推动活塞压紧主、从动片而接合工作。但由于这里的制动器是连接箱体(固定件)与某一运动件,当制动器接合时，则使某运动件被固定而失去自由度。而闭锁离合器是连接两个运动件，当闭锁离合器接合时，则使两个运动件连成一体运动而失去一个自由度。另外，制动器的油缸是固定油缸；而闭锁离合器的油缸是旋转油缸，对密封要求更严格；可见两者在功能上有所不同，为区别起见而有制动器与闭锁离合器之称。

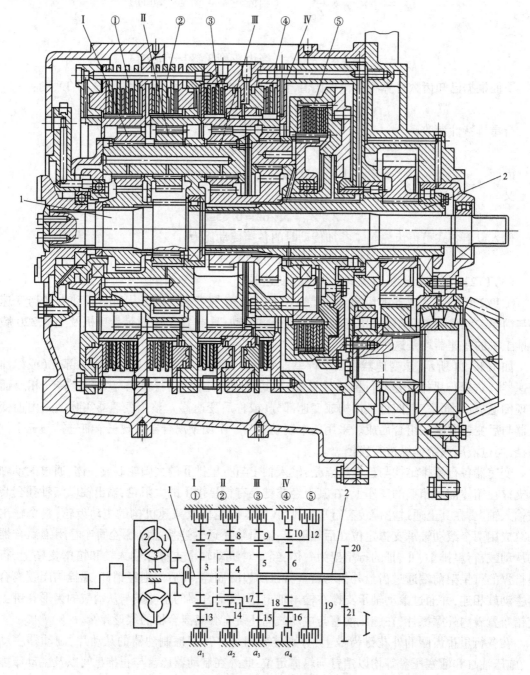

图 11-24　TY220 推土机行星变速器

1-输入轴；2-输出轴；3、4、5、6-太阳轮；7、8、9、10、11-行星轮；12、⑤-闭锁离合器；13、14、15、16-齿圈；17、18-行星架；19-轮毂；20-输出轴主动齿轮；21-输出被动齿轮；Ⅰ、Ⅱ、Ⅲ、Ⅳ-各行星排；①、②、③、④-各行星排制动器

②TY220 行星变速器的传动路线和传动比计算。

a. 变速器的自由度和挡数分析。自由度分析：如前所述，一个行星排有三个基本元件，但应满足一个运动方程式；故一个行星排只有二个自由度，若限制某一元件不动（加约束），则由运动方程可得另两元件的转速比（即得到一个传动比）。

如图 11-24b）所示，该变速器除二、三排之间有一个连接件之外（称串联）；其余各排之间有两个连接件（称并联）。这表明第一、二行星排组成一个二自由度变速器（称前变速器），这是因为二个行星排共有 4 个自由度，但有两个连接件（即太阳轮 3 与 4 相连，两行星排的行星架 17 相连），又失去 2 个自由度，故属于二自由度变速器。同理，第三、四行星排也是二自由度变速器（称后变速器）。可见整个变速器是由两个二自由度变速器串联组成。

挡数分析：前变速器中将第一行星排制动器①接合，使齿圈 13 被固定而实现前进挡；当第二行星排制动器②接合，使齿圈 14 被固定，则实现倒退挡（由于该行星排是双行星轮结构，齿圈固定，太阳轮主动，行星架从动，太阳轮和行星架旋转方向相反），即前变速器是换向部分。

后变速器中只要接合一个制动器或闭锁离合器即可实现一个挡位，两个制动器与一个闭锁离合器，共可实现三个挡位。可见只要前、后变速器各接合一个操纵件即可使变速器成为一自由度而实现某一挡位，故总共可实现前进三挡与倒退三挡。

b. 变速器的传动路线。下面结合前进一挡与倒退三挡具体说明传动路线。

前进一挡传动路线：

当接合制动器①与闭锁离合器⑤时，实现前进一挡。此时，第一行星排齿圈 13 被固定，闭锁离合器的接合把输出轴 2 与行星架 18 连在一起。输入轴 1 通过第一排太阳轮 3，带动行星轮 7 在齿圈 13 内旋转，从而带动第一、二、三排行星架 17 按同方向旋转，实现前进挡；行星架 17 使第三排行星轮 9、齿圈 15 与太阳轮 5 旋转，齿圈 15 带动第四排行星架 18 旋转，行星架 18 带动第四排行星轮 10、齿圈 16 和太阳轮 6 及闭锁离合器主动毂旋转；而第三、四排太阳轮与闭锁离合从动毂都与输出轴 2 相连，其转速相同。这是由于闭锁离合器接合，从而使行星架 18 通过闭锁离合器带动输出轴旋转。可见前进一挡时，输入轴 1 的动力是经第三排太阳轮 5、第四排太阳轮 6 和行星架 18 分二路传至输出轴 2 的。实际上，由于闭锁离合器的作用使变速部分的传动比为 1。此时，第二排不参与传动。

倒退三挡传动路线：

当接合制动器②和③时，实现倒退三挡。此时，第二排齿圈 14 与第三排齿圈 15 被固定；输入轴 1 带动第二排太阳轮 4 与行星轮 11 和 8，由于是双行星轮，使行星架 17 反向旋转，实现倒挡。行星架 17 带动第三排行星轮 9 与太阳轮，从而将动力传给输出轴 2。此时，只有二、三排参加传动。

c. 变速器传动比计算。TY220 行星变速器是由换向部分与变速部分串联组成，故其传动比是两部分传动比的乘积。限于篇幅，下面结合前进一挡与倒退三挡进行计算。

符号说明：

n_{t1}、n_{t2}、n_{t3}、n_{t4}——分别表示各行星排的太阳轮转速；

n_{q1}、n_{q2}、n_{q3}、n_{q4}——分别表示各行星排的齿圈转速；

n_{j1}、n_{j2}、n_{j3}、n_{j4}——分别表示各行星排的行星架转速；

α_1、α_2、α_3、α_4——分别表示各行星排的特性参数。

换向部分传动比计算：换向部分由行星排一、二组成，由传动图 11-24b），可列出其转速方程式及反映两行星排间的连接关系式如下：

$$\begin{cases} n_{t1} + \alpha_1 n_{q1} - (1 + \alpha_1) n_{j1} = 0 & (11\text{-}4) \\ n_{t2} - \alpha_2 n_{q2} - (1 - \alpha_2) n_{j2} = 0 & (11\text{-}5) \\ n_{t1} = n_{t2} & (11\text{-}6) \\ n_{j1} = n_{j2} & (11\text{-}7) \end{cases}$$

当接合制动器①时为前进挡,此时第一排参加传动,因 $n_{q1} = 0$,由式(11-4)即得:

$$n_{t1} - (1 + \alpha_1) n_{j1} = 0$$

故前进挡传动比为:

$$i_{前} = n_{t1}/n_{j1} = 1 + \alpha_1$$

当接合制动器②时为倒退挡,则 $n_{q2} = 0$,此时第二排参加传动。由式(11-5)即得:

$$n_{t2} - (1 - \alpha_2) n_{j2} = 0$$

故倒退挡传动比为:

$$i_{倒} = n_{t2}/n_{j2} = -\alpha_2 + 1$$

变速部分传动比计算:

变速部分由行星排三、四组成,由简图11-24b)可列出各排转速方程式与各排间的连接关系如下:

$$\begin{cases} n_{t3} + \alpha_3 n_{q3} - (1 + \alpha_3) n_{j3} = 0 & (11\text{-}8) \\ n_{t4} + \alpha_4 n_{q4} - (1 + \alpha_4) n_{j4} = 0 & (11\text{-}9) \\ n_{t3} = n_{t4} & (11\text{-}10) \\ n_{q3} = n_{j4} & (11\text{-}11) \end{cases}$$

当接合闭锁离合器时实现一挡,此时有 $n_{t3} = n_{t4} = n_{j4} = n_{q3} = n_{q4} = n_{j3}$,使变速部分的传动比等于1。另外输出齿轮传动比为 i_s,故前进一挡的传动比为:

$$i_{前1} = i_{前} \times 1 \times i_s = (1 + \alpha_1) \cdot i_s$$

当接合制动器③时实现三挡,此时仅第三排参加传动,因 $n_{q3} = 0$,由(11-8)式得:

$$n_{t3} - (1 + \alpha_3) n_{j3} = 0$$

故第三挡时变速部分传动比为:

$$i'_3 = n_{j3}/n_{t3} = 1/(1 + \alpha_3)$$

最后可得倒退三挡传动比为:

$$i_{倒3} = i_{倒} \times i'_3 \times i_s = [(1 - \alpha_2)/(1 + \alpha_3)] \cdot i_s$$

以上介绍了 TY220 行星变速器前进一挡与倒退三挡传动比计算方法,同理可得其他各挡的传动比,各挡位时操纵件的组合情况与各挡传动比见表11-4。

TY220 履带推土机行星变速器各挡位操纵件组合情况与传动比 表 11-4

方向	挡位	接合的制动器或闭锁离合器	传 动 比
前进	1	①和⑤	$i_1 = (1 + \alpha_1) i_s$
	2	①和④	$i_2 = \dfrac{(1 + \alpha_1)(1 + \alpha_3 + \alpha_4)}{(1 + \alpha_3)(1 + \alpha_4)} i_s$
	3	①和③	$i_3 = \dfrac{1 + \alpha_1}{1 + \alpha_3} i_s$
倒退	1	②和⑤	$i_1 = (1 - \alpha_2) i_s$
	2	②和④	$i_2 = \dfrac{(1 - \alpha_2)(1 + \alpha_3 + \alpha_4)}{(1 + \alpha_3)(1 + \alpha_4)} i_s$
	3	②和③	$i_3 = \dfrac{1 - \alpha_2}{1 + \alpha_3} i_s$

由上述可见,TY220 行星变速器属于一种组合式变速器,其传动方案是由换向与变速两部分组成,在前进与倒退挡时,变速部分是公用的。从而可用较少的行星排实现较多的挡位,这就简化了结构,降低了成本,提高了工效,是一种较好的传动方案。这种变速器可与结构较简单的三元件液力变矩器配合使用,以便提高传动效率并简化变矩器结构。因此,这种传动方案得到了广泛应用。

三、动力换挡变速器操纵控制系统

动力换挡变速器操纵控制系统作为液力机械传动系操纵控制的主要部分,与液力变矩器等控制组成一个操纵控制系统。而液力机械传动系的控制有纯液压控制和电液控制两种形式,但无论哪种形式,最终都归结为对变速器的换挡操纵、液力变矩器循环油液的控制与冷却以及变速器与变矩器中需要润滑的零件的润滑等任务。下面对几种典型的控制系统作简要介绍。

(1)ZL50 装载机液力机械传动的液压控制系统。图 11-25 为 ZL50 装载机液力变矩器——变速器液压控制系统,该系统主要是由油底壳、变速泵、滤油器、调压阀、切断阀、变速操纵分配阀、变矩器入口压力阀、背压阀、散热器及管路等组成。

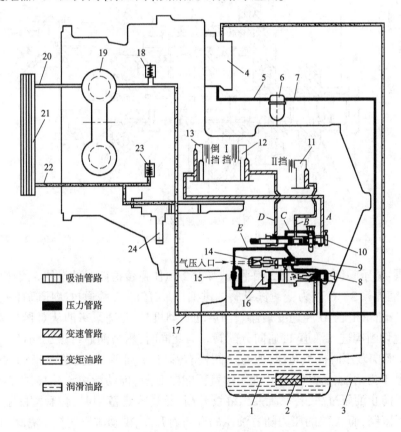

图 11-25　ZL50 装载机变矩器——变速器液压控制系统图

1-油底壳;2-滤网;3、5、7、20、22-软管;4-变速泵;6-滤油器;8-调压阀;9-离合器切断阀;10-变速操纵分配阀;11-Ⅱ挡油缸;12-Ⅰ挡油缸;13-倒挡油缸 14-气阀;15-单向节流阀;16-滑阀;17-箱壁埋管;18-压力阀;19-变矩器;21-散热器;23-背压阀;24-大超越离合器

变速泵 4 通过软管 3 和滤网 2 从变速器油底壳 1 吸油。泵出的压力油从箱体壁孔流出经软管 5 到滤油器 6 过滤（当滤芯堵塞使阻力大于滤芯正常阻力时,里面的旁通阀开启通油),再经软管 7 进入变速操纵阀。自此,压力油分为两路:一路经调压阀 8(1.1 ~ 1.5MPa),离合器切断阀 9 进入变速操纵分配阀 10,根据变速阀杆的不同位置分别经油路 D、B 和 A 进入 Ⅰ、Ⅱ 和倒挡油缸,完成不同挡位的工作;另一路经箱壁埋管 17 进入变矩器 19 传递动力后流出,通过管 20 输送入散热器。压力阀 18 保证变矩器进口油压最大为 0.56MPa,出口油压最大为 0.45MPa,背压阀 23 保证润滑油压最大为 0.2MPa,超过此位即打开泄压。

变速操纵阀是该装载机液力机械传动液压控制系统的关键所在,因此,下面着重介绍变速操纵阀的结构和工作原理。

变速操纵阀主要由调压阀、切断阀、分配阀、弹簧蓄能器及阀体组成(图 11-26)。

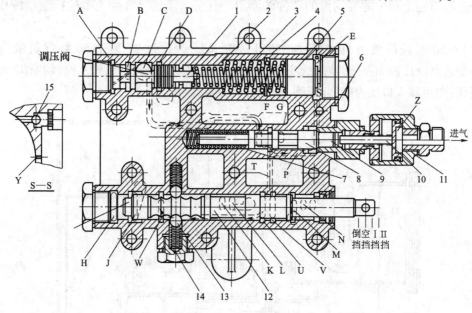

图 11-26 变速操纵阀

1-减压阀杆;2、3、7、14-弹簧;4-调压圈;5-滑块;6-垫圈;8-制动阀杆;9-圆柱塞;10-气阀杆;11-气阀体;12-分配阀杆;13-钢球;15-节流阀

①调压阀:减压阀杆 1 和弹簧 2 相平衡,弹簧 2 顶住弹簧蓄能器的滑块 5,滑块 5 除压缩弹簧 2 外,还压缩弹簧 3。C 腔为变速操纵阀的进油口,A 腔和 C 腔通过减压阀杆 1 中的小节流孔相通,B 腔与油箱相通,D 腔通变矩器。当启动发动机时,变速泵来油从 C 腔进入调压阀,油从油道 F 通过切断阀进入油道 T,通向分配阀。与此同时,压力油通过减压阀杆 1 中小节流孔到 A 腔,从 A 腔向减压阀杆 1 施压,使减压阀杆右移,打开油道 D,变速泵来油的一部分通向变矩器。油道 T 内的油,还经油道 P 进入弹簧蓄能器 E 腔,推动滑块 5 左移,控制调压阀的压力。调压圈 4 防止油压过高,若系统油压继续升高,超过规定范围时,弹簧蓄能器的滑块 5 将被调压圈 4 所限制,而 A 腔的压力随着油压的升高而升高,推动减压阀杆 1 右移,打开油道 B、C 腔,油部分流回油箱,压力随之降低,使系统压力保持在规定范围,减压阀杆 1 又左移,关闭油道 B,调压阀既起调压的作用,又起着安全阀的作用。

②分配阀:分配阀杆 12,由弹簧 14 及钢球 13 定位,扳动分配阀杆,可分别接合 Ⅰ 挡,Ⅱ 挡或倒挡。M、L、J 腔分别与 Ⅰ、Ⅱ 及倒挡油缸相通,N、K、H 分别与油箱相通。U、V、W 腔,始终

与油道 T 相通。各挡位进油口及回油口见表 11-5。

③弹簧蓄能器：弹簧蓄能器的作用是保证摩擦片离合器迅速而平稳地接合。

分配阀各挡位进油口及回油口表　表 11-5

挡位	进油口	回油口
I	M	N
II	L	K
倒	J	H

弹簧蓄能器 E 腔，通过止回节流阀 15 的节流孔 Y 及止回阀，与压力油道 P 相通。换挡时，油道 T 与新接合的油缸相通，显然刚接合时，油道 T 的压力很低，因而不仅调压阀来的油通向油道 T 进入油缸，而且弹簧蓄能器 E 腔的压力油，打开止回阀钢球，由油道 P，经油道 T 也进入油缸，由于两条油路的压力油同时进入油缸，使油缸迅速充油，油压骤增，油道 T 的压力也随之增加，弹簧蓄能器起着加速摩擦片离合器接合的作用。假如这时仍按上述情况继续对油缸充油，就有使离合器骤然接合而造成冲击的趋势。由于弹簧蓄能器 E 腔油流入油缸，压力已降低，滑块 5 右移，减压阀杆亦右移。当油液充满油缸之后，T 油道的油压回升，经 P 油道，使单向阀关闭，油从节流孔 Y 流进弹簧蓄能器 E 腔，使压力回升缓慢，从而使挂挡平稳，减少冲击。当摩擦片离合器接合后，油道 T 与 E 腔的压力也随之达到平衡，为下一次换挡准备着能量。

④切断阀：由弹簧 7、制动阀杆 8、圆柱塞 9、气阀杆 10、气阀体 11 等组成。

一般情况下（非制动），制动阀杆 10 在图示位置，油道 F 与 T 相通，阀体内的 G 腔与油箱相通。

当制动时，从制动系统来的压缩空气，进入 Z 腔，推动气阀杆 10 左移，圆柱塞 9、制动阀杆 8 亦被推向左移，压缩弹簧 7，使油道 F 切断，同时使油道 T 与 G 腔打通，工作油缸的油经 T、G 迅速流回油箱，因而摩擦片离合器分离，自动进入空挡，有助于制动器的制动。

当制动结束时，Z 腔与大气相通，在弹簧力的作用下，气阀杆 10 右移，圆柱塞 9、制动阀杆 8 在弹簧 7 的作用下，恢复到原来的位置，油道 T 与 G 腔隔断，同时接通 T 与 F，调压阀来的压力油经 F、T 进入工作油缸，使摩擦片离合器自动接合。装载机恢复正常运转，制动过程全部结束。

（2）TY220 履带推土机液力机械传动的液压控制系统。如图 11-27 所示，为 TY220 履带推土机的液力机械传动的液压控制系统，该系统主要由后桥箱（油箱）、粗滤器、细滤器、变速泵、变速操纵阀、溢流阀、调节阀、冷却器、润滑阀、回油泵等组成，组成了一个相互关联的液压系统。

变速泵 2 由齿轮箱驱动，从后桥箱 20 内经滤油器 1 吸出油液，通过第二滤油器 3 将压力油送至变速器控制系统。压力油进入调压阀 4 后分三路分别通往液力变矩器 11、变速换向操纵阀 7、方向阀 8 以及转向离合器。从调压阀分出的压力油经溢流阀 10 到调节阀 13 和润滑阀 15 去的油路为主油路。

由于调压阀 4 具有限压作用，它可限制进入变速器控制系统的油压在一定的范围内，超过限定压力的油液经溢流阀 10 的限制后进入变矩器（所超出油压流回油室）。由变矩器 11 内排出的压力油经调节阀 13 减压后进入冷却器冷却，后经润滑阀 15 而进入变速器 16 和分动箱 17 作润滑用。

图 11-28 为变速操纵阀。该变速操纵阀主要由调压阀、急回阀、减压阀、变速阀、换向阀、安全阀等组成。

调压阀和急回阀的作用是保证换挡离合器油缸中油液的工作压力及进行离合器的转矩容

量调节,使换挡离合器油缸的油压缓慢上升,离合器能平稳地接合,保证推土机不产生变速冲击,能平稳地变速和起步。

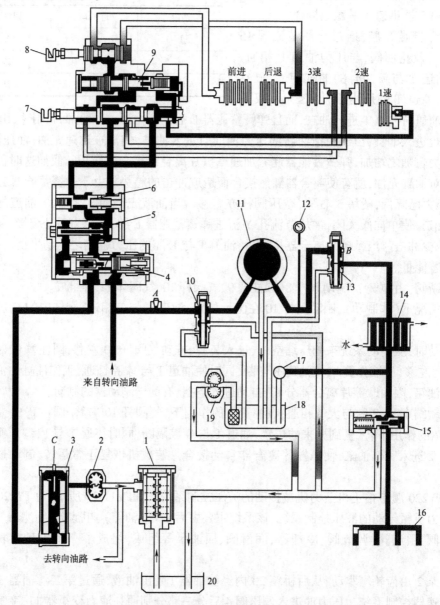

图 11-27 TY220 履带推土机液力机械传动的液压控制系统图

1-粗滤器;2-变速泵;3-细滤器;4-调压阀;5-急回阀;6-减压阀;7-速度阀;8-方向阀;9-安全阀;10-溢流阀;11-变矩器;12-油温计;13-调节阀;14-油冷却器;15-润滑阀;16-变速器润滑;17-分动箱润滑;18-变矩器壳体;19-回油泵;20-后桥箱;A-变矩器进油压力测量口;B-变矩器出油压力测量口;C-操纵阀进油压力测量口

在升压过程中,压力油推动急回阀右移,使压力油沿急回阀节流孔进入调压阀阀套背室而产生节流效应。此节流效应使调压阀产生背压,背压的作用使调压阀阀套压缩弹簧和阀杆一起左移,关闭了溢流口,使压力上升;压力升高,使阀杆继续左移,重新开启溢流口。同时阀套背压也相应增大,继续推动阀套随阀杆左移,再关闭溢流口使压力又一次上升。如此下去,油压不断上升,直至阀套移到左边锁止位置,不再移动,油压保持工作压力的定值。

方向阀有前进与倒退两个工作位置,当在前进挡位置时,它配合着速度阀向第五离合器作低压的供油。

在倒挡位置时,它不但可以满足自己所需的压力油,同时还可以保持第一速离合器的稳压油液。总之,方向阀不论在任何位置上,它总要保持给一个换向离合器的充足供油,而不会阻断油路,也就是说,它不会使变速器成为空挡。空挡只有当速度阀只供给第五离合器或同时阻断了去安全阀的油路时才会发生。

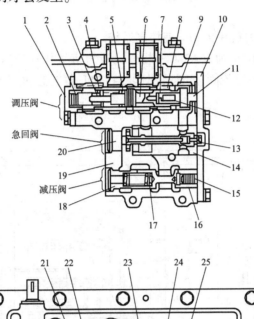

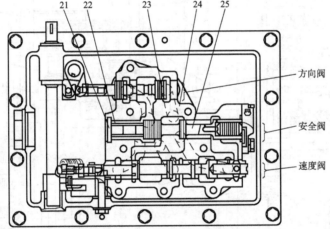

图 11-28 TY220 履带推土机变速操纵阀

1-盖;2、5、12-阀杆弹簧;3-座;4-阀套弹簧;6、25-阀杆;7、9、13、14-阀芯;8-滑阀;10-阀端盖;11、20、21-挡块;15-柱塞;16-减压阀芯;17-减压弹簧;18-弹簧座;19-上阀体;22-弹簧;23-进退阀杆;24-下阀体

速度阀是通过连杆的杠杆系统和方向滑阀 8 装在同一根变速杆上,因此两阀是联动的。变速杆的前后拨动是选择高低挡位置,而变速杆的左右拨动便可改变推土机的行驶方向。

安全阀位于方向滑阀 8 和速度阀之间,在变速器换挡时,它对油压的改变反应很灵敏。其作用是在某种情况下(例如推土机在工作或行驶中,当发动机熄火后要再启动,但此时的变速滑阀和换向滑阀都仍停留在某挡的工作位置上),自动阻断压力油进入第二变速挡及方向滑阀的通道,从而使推土机仍不能起步,以免发生发动机的启动与推土机的起步同时进行的不安全现象。

减压阀位于调压阀至急回阀的回油路中,作用是因液压控制系统整个管路的设定压力为

2.5MPa,当内部压力到达 1.25MPa 时,第一速离合器管路将通过减压阀而被关闭。在空挡时,随着发动机的开动,从油泵输出的压力油由减压阀流入一速离合器填满油缸。这是为了在推土机进行起步时,缩短液压油首先填满油缸(Ⅰ和Ⅱ离合器)所需的时间。当变速及换向杆由空挡转为前进一速时,压力油不但能填满Ⅰ离合器的油缸,而且当由前进一速转变为二速时,因Ⅰ离合器油缸已填满,故只需把液压油充满Ⅱ离合器油缸即可。所以当在空挡时,一速离合器油缸的液压油始终保持在设计要求范围内的压力,当在需要变速换向时一切都能顺利地进行工作。

(3)WA380-3 装载机液力机械传动电液控制系统。

①液压控制系统。图 11-29 为 WA380-3 装载机液力机械传动液压控制系统。该系统主要由油箱、变速泵、滤油器、主溢流阀、变速操纵阀、电磁阀、蓄能器、驻车制动阀等组成。

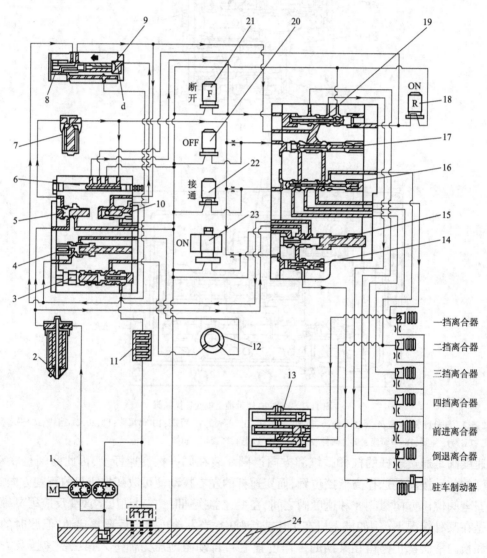

图 11-29　WA380-3 装载机液力机械传动电液控制系统图

1-变速泵;2-滤油器;3-液力变矩器出口压力阀;4-主溢流阀;5-先导减压阀;6-紧急驻车阀;7-先导油过滤器;8-调制阀;9、13-蓄能器;10-快速复位阀;11-油冷却器;12-液力变矩器;14-驻车制动阀;15-顺序阀;16-范围选择阀;17-H-L 选择阀;18-倒退挡电磁阀;19-方向选择阀;20、21、22-电磁阀;23-驻车制动器电磁阀;24-油箱

来自泵的油通过滤油器进入变速器控制阀。油通过顺序阀进行分配,然后流入先导回路、驻车制动器回路以及离合器操纵回路。顺序阀控制油流,以使油按顺序流入控制回路和驻车制动器回路,保持油压不变。流入先导回路的油压力由先导压力减压阀进行调节,这就是当电磁阀接通和断开时,制动前进/倒退、H-L、范围和驻车制动器滑阀的油压力。流入驻车制动器回路的油,通过驻车制动器阀控制驻车制动器释放油的压力。通过主溢流阀流入离合器操作回路的油,其压力用调制阀调节,该路油用来制动离合器。由主溢流阀释放的油,供应给液力变矩器。当通过快速回流阀和蓄能器阀的动作换挡时,调制阀平稳地增高离合器的油压,因此就减小了齿轮换挡时的冲击。安装蓄能器阀的目的是减小在齿轮换挡时的延时和冲击。变速操纵阀分为上阀和下阀,其结构如图11-30所示。

　　a. 变速器电磁阀(图11-31a、b)。

　　功能:当操作齿轮换挡操纵杆做前进或倒退运动时,电气信号便发送到安装在变速器挡位阀上的4个电磁阀上,根据打开的和关闭的电磁阀的组合,启动前进/倒退、H-L或范围选择滑阀。

　　操作:

　　电磁阀断开:来自先导减压阀1的油流至H-L选择器滑阀2和范围选择器滑阀3的端口a和b。在a和b处,因油被电磁阀4和5堵住不能流向排放回路,致使选择器滑阀2和3按箭头方向移动到右边。结果来自泵的油便流至二挡离合器。

　　电磁阀接通:当操作速度操纵杆时,电磁阀4和5的排放端口打开。在选择器滑阀2和3端口a和b处的油便从端口c和d流到排放回路。因此,在端口a和b处的回路中的压力便下降,滑阀便利用复动弹簧6和7按箭头方向移动到左边。结果,在端口e处的油便流到四挡离合器,并从二挡转换到四挡。

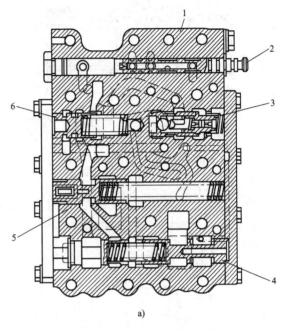

a)

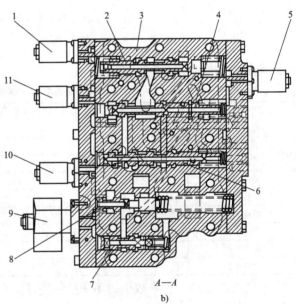

A—A

b)

图11-30　变速操纵阀

a)上阀

1-上阀体;2-紧急手动滑阀;3-快速恢复阀;4-液力变矩器出口阀;5-先导减压阀;6-减压阀

b)下阀

1-前进挡电磁阀;2-方向选择阀;3-下阀体;4-H-L选择阀;5-倒退挡电磁阀;6-范围选择阀;7-驻车制动;8-顺序阀;9-驻车制动电磁阀;10-范围选择电磁阀;11-H-L选择电磁阀

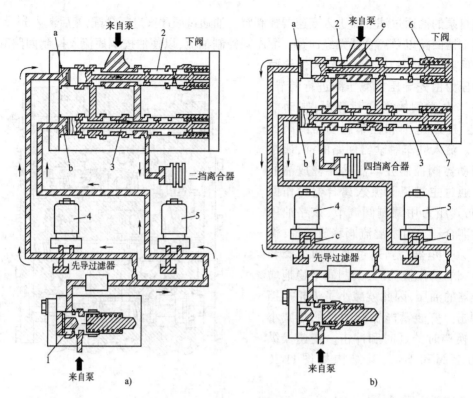

图 11-31　变速器电磁阀功能图

a) 电磁阀断开; b) 电磁阀接通

1-减压阀; 2、3-滑阀; 4、5-电磁阀; 6、7-复动弹簧

电磁阀和离合器的制动见表 11-6。

电磁阀与离合器的制动表　　　　　　　　　　　　　表 11-6

挡　　位	前进电磁阀	倒退电磁阀	H-L 电磁阀	范围电磁阀
前进 1 挡	○			○
前进 2 挡	○			
前进 3 挡	○		○	
前进 4 挡	○			○
空挡				
倒退 1 挡		○		○
倒退 2 挡		○		
倒退 3 挡		○	○	
倒退 4 挡		○	○	○

　　b. 先导减压阀。先导减压阀用来控制使方向选择阀滑阀、范围选择阀滑阀以及驻车制动阀动作的油压。

　　c. 主溢流阀。主溢流阀调节流至离合器回路的油压,并分配离合器回路的油流量。

　　d. 液力变矩器出口阀。液力变矩器出口阀安装在液力变矩器的出口管路中,用来调节液力变矩器的最高压力。

　　e. 顺序阀。顺序阀调节泵的压力,并提供先导油压及驻车制动器释放油压。

　　如果回路中的压力达到高于测量的油压水平,压力控制阀便起溢流阀的作用,降低压力以保护液压回路。

　　f. 快速复位阀。为了能使调制阀平稳地升高离合器压力,快速复位阀传送蓄能器中的压力,作用在调制阀滑阀上,当变速器换挡时,可使回路瞬间进行排放。

g. 方向选择阀(图 11-32a、b)。当处于中间状态时(图 11-32a),电磁阀 4 和 5 断开,排放端口关闭,油从先导回路通过紧急手动滑阀中的油孔注入方向滑阀的端口 a 和 b。在这种状态中,P_1 + 弹簧力(1) = P_2 + 弹簧力(2),所以保持平衡。因此,在端口 c 处的油决不会流至前进或倒退离合器。

当处于"前进"状态时(图 11-32b):电磁阀 4 便接通,排放端口 d 打开,注入端口 a 的油被排掉,所以 P_1 + 弹簧力(1) < P_2 + 弹簧力(2)。当发生这种情况时,方向滑阀移到左边,端口 c 处的油流至端口 e,然后供给"前进"离合器。

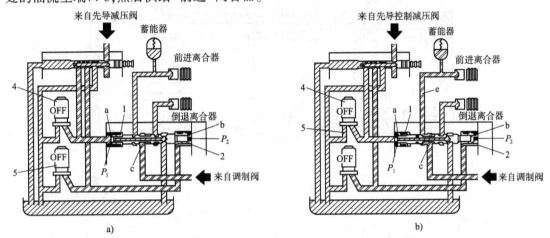

图 11-32　方向选择阀工作图(图注同图 11-31)

h. H-L 选择阀和范围选择阀(图 11-33a、b)。功能:当操作齿轮换挡操纵杆时,电信号便发送到与 H-L 选择阀及范围选择阀配对的电磁阀,H-L 选择阀和范围选择阀根据电磁阀的组合而操作,使其可以选择速度(一挡到四挡)。

操作:

二挡速度:当电磁阀 1 和 2 断开,排放口关闭时,来自先导回路的油 P_1 克服 H-L 选择滑阀 4 及范围选择滑阀 5 的弹簧 3 的力,使滑阀 4 和 5 向左移动,离合器回路中的油从 H-L 选择滑阀 4 端口 a 通过范围选择阀 5 端口 b,供应给二挡离合器。

四挡速度:当电磁阀 1 和 2 接通,排放口打开时,来自先导回路的油通过电磁阀 1 和 2 排放,致使 H-L 选择滑阀 4 和范围选择滑阀 5 借助弹簧 3 的力向右移动,离合器回路中的油从 H-L 选择滑阀 4 的端口 c 通过范围选择滑阀 5 的端口 d,供应给四挡离合器。

一挡速度:电磁阀 1 断开,电磁阀 2 接通,离合器回路中的油从 H-L 选择滑阀 4 的端口 a 通过范围选择滑阀 5 的端口 e,供应给一挡离合器。

三挡速度:电磁阀 1 接通,电磁阀 2 断开,离合器回路中的油从 H-L 选择滑阀 4 的端口 c,通过范围选择滑阀 5 的端口 f,供应给三挡离合器。

i. 调制阀(图 11-34a、b、c)。由加注阀和蓄能阀组成,它控制流到离合器的油的压力和流量,并提高离合器的压力。

从前进挡换到倒退挡时(图 11-34a):当方向操纵杆从前进转换到倒退时,离合器回路的压力降低,而油注入倒退离合器,使快速复位阀 2 向左移动,这就导致蓄能器中的油从快速复位阀 2 的端口 a 排出。此时 b 室和 c 室中的压力降低,弹簧 3 的力使加注阀向左移动,端口 d 打开,端口 d 处的油流入离合器回路。

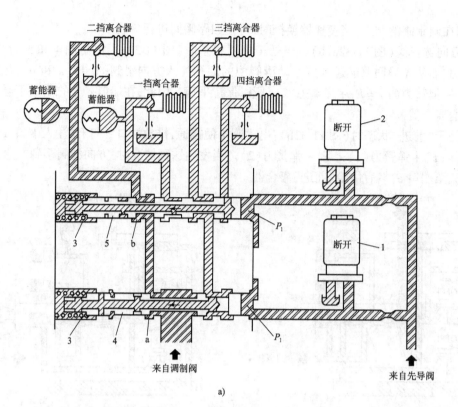

a)

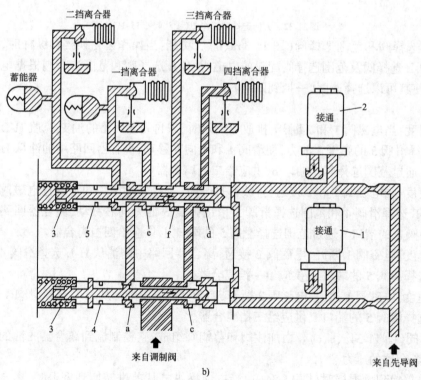

b)

图 11-33　H-L 选择阀和范围选择阀

a)电磁阀断开;b)电磁阀接通

1、2-电磁阀;3-弹簧;4、5-滑阀

离合器的压力开始升高(图 11-34b、c):当来自顺序阀的油加至离合器活塞时,离合器回路中的压力开始升高。快速复位阀 2 向右移动,关闭蓄能器中的排放回路。当快速复位阀的排放回路关闭时,已经通过端口 d 的油便通过加注阀 4,然后进入端口 b,使室 b 的压力 P_2 开始升高。此时,蓄能器部分的压力 P_1 和 P_2 之间的关系为:$P_2 > P_1 + P_3$(相当于弹簧 3 张力的油压力)。加注阀 4 向右移动,关闭端口 d,以防止离合器压力突然升高。由于 $P_2 > P_1 + P_3$,于是油便同时通过快速复位阀 2 的节流孔 e 流入蓄能器的 c 室,压力 P_1 和 P_2 升高。在保持 $P_2 = P_1 + P_3$(相当于弹簧 3 张力的油压力)的关系时,重复这一动作,离合器的压力逐步升高。

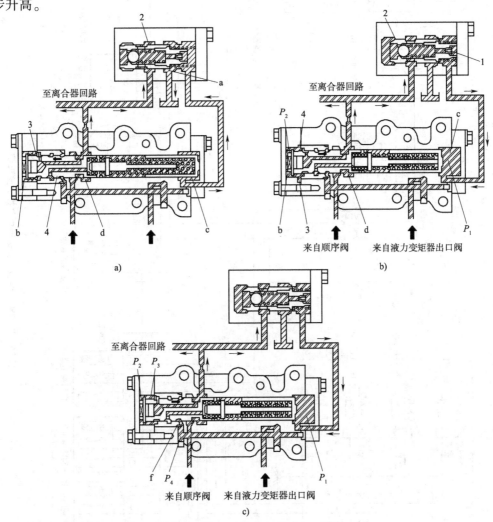

图 11-34 调制阀功能图

1-调制阀;2-复位阀;3-弹簧;4-加注阀

液力变矩器出口处的压力释放到加注阀的端口 F。那么,由于 $P_2 = P_1 + P_3 + P_4$(端口 f 处根据发动机速度而变化的压力)的关系,压力 P_2 的变化量与压力 P_4 的变化量相同,压力 P_2 的升高量与压力 P_4 的升高量相同。因此,液力变矩器出口处的压力根据发动机的速度而改变,就可以建立相应发动机速度的油压力的特性。

②变速器电气控制。如图 11-35 所示,为该装载机变速器的电气控制原理图。该电控系统可实现速度选择、方向选择、自动降速、变速器切断等功能。

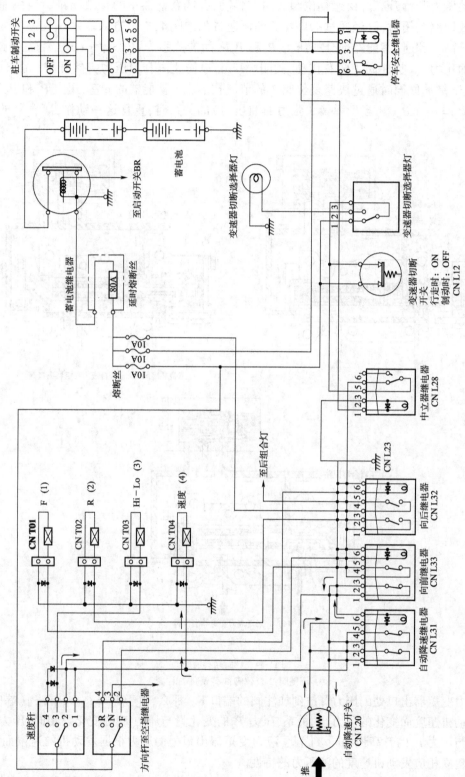

图 11-35　WA380-3 装载机变速机变速器电气控制原理图

第十二章　万向传动装置

第一节　概　　述

由于总体布置上需求,工程机械传动系都装有万向传动装置,其功用是用于不同轴线的两轴之间传递动力。例如:

(1)在发动机前置、后轮驱动的机械上(图 12-1a)常将发动机、主离合器和变速器组装成一体安装在车架上,而驱动桥则通过弹性悬架与车架连接。在机械行驶或作业过程中,由于路面不平而引起悬架中弹性元件变形,使驱动桥输入轴与变速器输入轴的相对位置经常变化,所以在变速器和驱动桥之间必须采用万向传动装置。在两者距离较远的情况下,一般将万向传动装置中的传动轴分成两段并加设中间支撑结构。

(2)在多桥驱动的机械(如全轮驱动的载货运输车辆)上,其分动箱与驱动桥之间或驱动桥相互之间也必须采用万向传动装置(图 12-1b)。

(3)由于车架变形也会造成两传动部件轴线间相对位置的变化,图 12-1c)为发动机与变速器之间装用万向传动装置的情况。

(4)在采用独立悬架的机械上(图 12-1d),车轮与差速器之间的相对位置经常变化,因此也必须采用万向传动装置。

(5)转向驱动桥的半轴分成两段,其转向节处用万向节连接(图 12-1e),以适应机械行驶时的半轴各段的交角不断变化的需要。

(6)在机械的动力输出和转向操纵机构中也常采用万向传动装置(图 12-1f)。

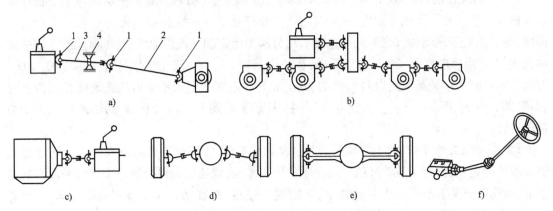

图 12-1　万向传动装置在机械上布置

a)变速器与驱动桥之间;b)变速器与分动箱之间、分动箱与驱动桥之间、驱动桥之间;c)发动机与变速器之间;d)车轮与差速器之间;e)转向驱动桥内外半轴之间;f)转向盘与转向器之间

1-万向节;2-传动轴;3-前传动轴;4-中间支撑

万向传动装置由万向节和传动轴组成。

第二节 万 向 节

万向节是实现变角度动力传递的部件,位于需要改变传动轴线方向的地方。按万向节轴方向上是否有明显的弹性可分为刚性万向节和挠性万向节两类,其中的刚性万向节又可分为不等角速万向节(如常用的普通十字轴万向节)、准等角速万向节(如双联式和三锁式万向节)和等角速万向节(如球叉式和球笼式万向节)三种。

一、不等速万向节

工程机械传动系中用得较多的是普通十字轴式万向节(图12-2)结构简单、工作可靠、两轴间夹角(安装角)允许大到15°~20°,其缺点是当两轴夹角 α 不为零时不能等角速传动,固而因此而得名。它有一个十字轴6、两个万向节叉4和8、四个滚针轴承2等组成。两个万向节叉上的孔分别套在十字轴的两对轴颈上,主动轴传动时从动轴即可随之转动,又可绕十字轴

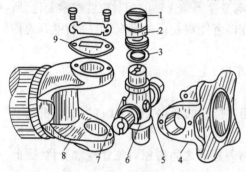

图12-2 十字轴刚性万向节

1-套筒;2-滚针;3-油封;4-万向节叉;5-安全阀;6-十字轴;7-油嘴;8-万向节叉;9-轴承盖

中心在任意方向上摆动。为了减少摩擦损失、提高传动效率,在十字轴轴颈和万向节叉孔间装有滚针轴承。为了防止在离心力作用下脱出,套筒1用轴承盖9与螺栓固定在万向节叉上并用锁片将螺钉锁止。为了滑动轴承,十字轴做成中空已储存润滑油并由各油孔通向各轴颈,润滑油从油嘴7注入。为了防止润滑油流出及尘土进入轴承,在十字轴的轴颈上套装着毛毡油封3,在十字轴中部装有安全阀5,若十字轴内腔润滑油压大于规定值,安全阀即被顶开,部分润滑油外溢,使油封免遭损坏。

普通刚性万向节运动原理(图12-3)。

(1)主动叉在垂直位置,并且十字轴平面与主动轴垂直(图12-3a)。主动叉与十字轴连接点 a 的线速度 v_a 在十字轴平面内,从动叉与十字轴连接点 b 的线速度 v_b 在与主动叉平行的平面内,并且垂直于从动轴。在 b 的线速度 v_b 可分解为十字轴平面内速度 v'_b 和垂直十字轴平面的速度 v''_b。由速度直角三角形可以看出,在数值上 $v_b > v'_b$。由于十字轴是对称的,即 $O_a = O_b$,万向节转动时十字轴是绕定点 O 转动的,其上 a、b 两点在十字轴平面内的线速度在数值上应相等,即 $v'_b = v_a$,因此 $v_b > v_a$。由此可知,当主、从动叉转到上述位置时,从动轴的转速大于主动轴的转速。

(2)主动叉在水平位置,十字轴平面与从动轴垂直(图12-3b)。此时主动叉与十字轴连接点 a 线速度 v_a,在平行于从动叉的平面并垂直于主动轴,线速度 v_a 可分解为十字轴平面内的速度 v'_a 和垂直于十字轴平面内的速度 v''_a。根据上述道理,在数值上 $v_a > v'_a$,而 $v_a = v_b$,因此 $v_a > v'_b$,即主从动叉转到所述位置时从动轴转速小于主动轴转速。

(3)转角差与主动轴转角的关系。上述两个特殊情况的分析表明,普通十字轴万向节在传动过程中主、从轴的转速是不相等的。设主动叉由图12-3a)初始位置转过 Φ_1 角、从动叉相应转过 Φ_2 角,由机械原理可知两者的关系是:$\tan\Phi_1 = \tan\Phi_2 \cdot \cos\alpha$。在万向节两夹角 α 固定

情况下,当主动叉转角 Φ_1 由 0°～180°内变化时,可以求出一系列从动叉相应转角 Φ_2。以主动叉转角 Φ 为横坐标,主动叉转角和从动叉转角之差($\Phi_1 - \Phi_2$)为纵坐标,可以画出($\Phi_1 - \Phi_2$)随 Φ_1 变化曲线。由图 12-3c)可见,主动轴转角 Φ_1 从 0°到 90°,从动轴转角相对主动轴是超前的,即 $\Phi_2 > \Phi_1$ 且两差值在 Φ_1 为 45°时最大值,随后差值减小,即在此区间从动轴转速先快后慢。当主动轴转过 90°时,从动轴也转过 90°;当 Φ_1 从 90°到 180°范围内,从动轴转角相对主动轴是滞后的,即 $\Phi_2 < \Phi_1$ 且两角差值 Φ_1 为 135°时达最大值,随后差值减小,即在此区间从动轴转速先慢后快。当主动轴转过 180°时,从动轴也转过 180°,后半情况与前半情况相同。由此可见,如果主动轴等角速转动而从动轴则时快时慢,这就是普通十字轴万向节传动的不等速性。两者夹角 α 越大,则转角差($\Phi_1 - \Phi_2$)越大,即万向节不等速性越严重,传动效率越低。

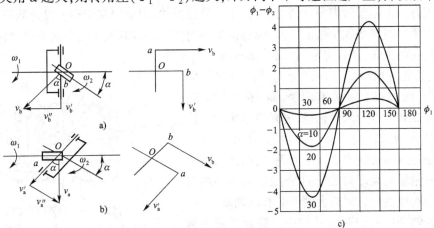

图 12-3　普通刚性万向节运动原理
a)主动叉在垂直位置;b)主动叉在水平位置;c)转角差与主动转轴角的关系

普通十字轴万向节传动的不等速性使从动轴以及其相连的传动件产生扭转振动,从而产生附加的反复荷载,影响零件的使用寿命。为了克服此缺点,可增加一个万向节和第一个万向节相对安装,并且第一个万向节两轴间夹角 α_1 与第二个万向节两轴间夹角 α_2 相等,第一个万向节的从动叉与第二个万向节的主动叉在同一平面内,则经过双万向节传动后就可以近似地使第二个万向节从动轴与第一个万向节主动轴一样等速传动。

二、准等角速万向节

采用万向传动虽能近似地实现等速传动,但在某些情况下如转向驱动桥,由于受到空间位置的限制,要求万向传动装置结构紧凑、尺寸小,又要求两侧转向轮直线行驶时作等速传动,因此需要采用单个准等速万向节或等角速万向节。准等角速万向节结构形式很多,常见的有双联式、凸块式额三销式三种。其中的凸块式万向节因磨损严重、传动效率低,目前已很少使用。

(1)双联式万向节。双联式万向节实际上是一种传动轴长度缩短到最小的万向节等速传动装置,如图 12-4 所示的双联叉 3 相当于两个在同一平面上的万向节叉。欲使轴 1 和轴 2 的角速度相等,应保证 $\alpha_1 = \alpha_2$,为此在双联式万向节中设有分度机构使双联叉的对角线平分所连两轴的夹角。

如图 12-5 所示为国产 SX2150 重型载货运输车转向驱动桥用双联式万向节结构,在万向节叉 6 的内端有球头和球碗 9 的内圆面配合,球碗座 2 则镶嵌在万向节叉 1 的内端,球头与球碗的中心、十字轴中心重合。当双向节叉 6 相对万向节叉 1 在一定角度范围内摆动时,双联叉

（又称复式叉）5 也被带动偏转相应角度，使十字轴中心连线与两万向节叉的轴线的交角 α_1、α_2 差值减小，从而保证两轴角速度接近相等。

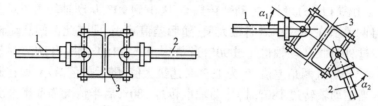

图 12-4　双联式万向节

1、2-轴；3-双联叉

双联式万向节用于转向驱动桥时，可以不设分度机构，但必须在结构上保证双联式万向节中心位于主销轴线与半轴轴线的交点，以保证准等速传动。双联式等速万向节的结构简单，允许两轴有较大的夹角，工作可靠，传动效率较高。

（2）三销式万向节。三销式万向节由双联万向节演变而来（图 12-6），主要有两个偏心轴叉 1 和 3、两个三销轴 2 和 4 以及六个轴承、密封等组成，主、从动偏心轴叉分别与转向驱动桥的内、外半轴制成一体。叉孔中心线与叉轴中心线空间垂直，两叉有两个销连接。三销轴的大端有贯通的轴承孔，其中心线与小端轴颈中心线重合。靠近大端两侧有两轴颈，其中心线与小端轴颈中心线垂直并相交。装合时每一偏心轴叉的两孔与一个三销轴的端两轴颈配合，而后两

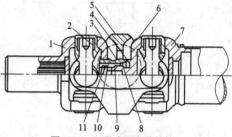

图 12-5　双联式万向节结构

1、6-万向节叉；2-球面座；3-衬套；4-防护圈；5-双联叉；7-油封 8、10-垫圈；9-球碗；11-弹簧

个三销轴的小端轴颈互相插入对方的大端轴承内孔，这样变形成了 $Q_1\text{-}Q_1'$、$Q_2\text{-}Q_2'$、$R\text{-}R'$ 三根轴线。在与主动偏心轴叉相连的三销轴 4 的两个轴颈的端面和轴承座 6 之间装有推力垫片 10，其余各轴颈端面均无推力垫片且端面与轴承座之间留有较大的空隙，以保证转向时三销式万向节不致发生运动干涉现象。传动时转矩由主动轴经主动偏心轴叉、轴 $Q_1\text{-}Q_1'$、轴 $R\text{-}R'$、轴 $Q_2\text{-}Q_2'$ 从偏心轴叉传到车轮。

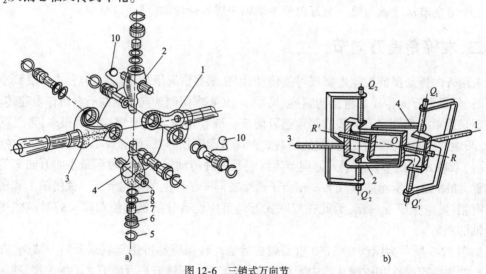

图 12-6　三销式万向节

1、3-主、从动偏心轴叉；2、4-三销轴；5-卡环；6-轴承座；7-衬套；8-毛毡圈；9-毛毡圈罩；10-止推垫片

224

三销式万向节虽然形状复杂,但制造并不困难,其特点是允许相邻两轴交角可达45°,但它的几何尺寸较大。

三、等角速万向节

公路工程机械用等角速万向节由球叉式和球笼式两种。

(1)球叉式等角速万向节。如图12-7所示,球叉式等角速万向节的工作情况与一对大小相等、结构相同的锥齿轮传动相似,其传动点永远位于两轴夹角平分面上,使两个万向节叉等角速传动。

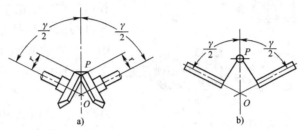

图12-7　球叉式万向节工作
a)锥齿轮传动;b)球叉式万向节传动

球叉式等角速万向节的结构如图12-8a)所示,主、从动叉3和4分别与内外半轴制成一体,各有四个曲面凹槽,组合后形成两个相交的环形槽,作为传动钢球2的滚道。四个传动钢球放在环形槽中,中心钢球(又称分度球)1放在两个叉中心的凹槽内起定心作用。为了能够将第四个传动钢球装入凹槽,中心钢球上铣出一凹面,凹面中央有一深孔。组装时先将定位销5装入从动叉槽内,再将中心钢球的凹面对准未放钢球的凹槽,以便放入第四个传动钢球。而后将中心钢球的孔对准从动叉孔,提起从动叉使定位销插入球孔内,最后将锁止销6插入从动叉上的与定位销垂直的孔中,以限制定位销轴向移动,保证中心钢球的相对位置。

球叉式万向节等角速传动的条件是,主、从动叉凹槽中心线以 O_1 和 O_2 为圆心的两个半径相等的圆,圆心 O_1 和 O_2 与万向节中心 O 距离相等,如图12-8b)所示。因此在主、从动轴处于任何交角的情况下都可保证传动钢球位于两圆的交点上,即所有传动钢球都位于此交角平分面上,因而保证了等角速传动。

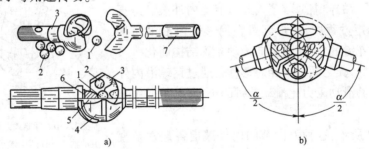

图12-8　球叉式等速万向节
a)结构;b)工作原理
1-中心钢球;2-传动钢球;3、4-主、从动叉;5-定位销;6-锁止销;7-半轴

球叉式万向节在正、反方向旋转时分别有两个传动钢球参与传动,因此钢球和曲面凹槽之间的接触压力大,要求其硬度高且耐磨,曲面凹槽加工也较复杂。其优点是结构紧凑,允许两轴的交角较大(可达32°~33°)。

（2）球笼式万向节的结构如图12-9所示。星形套7以内花键与主动轴1相连，其外表面有六条弧形凹槽，形成内滚道。球形壳8的内表面有相应的六条弧形凹槽，形成外滚道。六个钢球6分别装在由六组内外滚道所围成的空间里，并被保持架4限定在同一个平面内。动力由主动轴1及星形套7，经钢球6传至球形壳8输出。

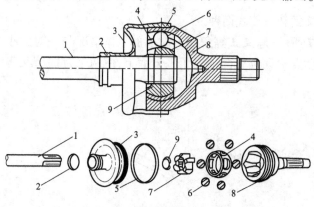

图12-9　球笼式等速万向节

1-主动轴；2、5-钢带箍；3-外罩；4-保持架（球笼）；6-铜球；7-星形套（内滚道）；8-球形壳（外滚道）；9-卡环

球笼式万向节的等速传动原理见图12-10。外滚道的中心 A 与内滚道的中心 B 分别位于万向节中心 O 的两边，且与 O 等距离。钢球在内滚道中滚动和钢球在外滚道中滚动时，钢球中心所经过的圆弧半径是一样的。图中钢球中心所处的 C 点正是这样两个圆弧的交点，所以有 $AC = BC$。又由于有 $AO = BO，CO = CO$，这就可以导出 $\triangle AOC \cong \triangle BOC$。因而 $\angle AOC = \angle BOC$，也就是说当主动轴与从动轴成任一夹角 α（当然要一定范围内）时，C 点都处在主动轴与从动轴轴线的夹角平分线上。处在 C 点的钢球中心到主动轴的距离 a 和到从动轴的距离 b 必然是一样的（用类似的方法可以证明其他钢球到两轴的距离也是一样的），从而保证了万向节的等速传动特性。

在图中上、下两钢球处，内、外滚道所夹的空间都是左宽右窄，钢球很容易向左跑出，为了将钢球定位设置了保持架。保持架的内外球面、星形套的外球面和球形壳的内球面均以万向节中心 O 为球心，并保证六个钢球球心所在的平面（主动轴和从动轴是以此平面为对称面的）经过 O 点。当两轴交角变化时，保持架可沿内外球面滑动，这就限定了上下两球及其他钢球不能向左跑出。

球笼式等速万向节内的六个钢球全部传力，承载能力强，可在两轴最大交角为 42°情况下传递转矩，同时其结构紧凑、拆装方便，因而得到广泛应用。

图12-11所示的伸缩型球笼式万向节的内外滚道是直槽的，在传递转矩过程中，星形套可在筒形壳内沿轴向移动，能起到滑动花键的作用，使万向传动装置结构简化。又由于星形套与筒形壳之间轴向相对移动是通过钢球沿内外滚道滚动实现的，滑动阻力比滑动花键的小，所以很适用于断开式驱动桥。

如图12-12所示，这种万向节的内外滚道各是六条直槽，钢球在星形套或筒形壳的六条直槽中移动的球心轨迹都可以看做圆柱面上的六条均布的母线，并且两圆柱面的直径是相同的。当从动轴和主动轴不在一条直线上时，两

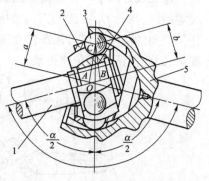

图12-10　球笼式万向节的等速性

1-主动轴；2-保持架（球笼）；3-钢球；4-星形套（内滚道）；5-球形壳（外滚道）；O-万向节中心；A-外滚道中心；B-内滚道中心；C-钢球中心；α-两轴交角（指钝角）

圆柱面相贯交出一个椭圆（就像取暖炉烟筒的弯头那样）。在钢球的作用下，两圆柱面上的母线两两相交于此椭圆上，钢球球心处在椭圆上的这些交点上。从动轴轴线和主动轴轴线的交点也在椭圆所在的平面内，实际上就是这一椭圆的中心。钢球（图12-11中上面的钢球）中心

C 处在从动轴轴线与主动轴轴线夹角(图 12-12 中 $\angle O_1OO_2$)的平分线上,C 点到两轴线距离相等(用类似的方法可以证明其他钢球到两轴的距离也是一样的),从而保证万向节作等角速传动。

与一般球笼式等速万向节相类似,在图 12-11 中上面的钢球处,内外滚道所夹的空间是左窄右宽;在图中下面的钢球处,内外滚道所夹的空间是左宽右窄,钢球很容易跑出(其他钢球也有这种问题)。为了将钢球定位,设置了保持架。

这种万向节的输入轴轴线通过保持架的外球面中心 A,输出轴轴线通过保持架的内球面中心 B。A、B 两点处在保持架的轴线上,钢球中心 C 处于线段 AB 的中垂面内,由此决定了钢球中心 C 到 A、B 距离相等。这样的机构保证了:当从动轴轴线从主动轴轴线方向开始转过 θ 角时,保持架轴线对主动轴的转角和从动轴线对保持架轴线的转角均为 $\theta/2$,于是保持架将钢球定位在适当的位置。

(3)自由三枢轴等速万向节。

在富康轿车上,驱动轴采用了自由三枢轴等速万向节,如图 12-13 所示。这种万向节包括:三个位于同一平面内互呈 120° 的枢轴(图 12-14),它们的轴线交于输入轴上一点,并且垂直于传动轴;三个外表面为球面的滚子轴承,分别活套在各枢轴上。一个漏斗形轴,在其筒形部分加工出三个槽形轨道。三个槽形轨道在筒形圆周上是均匀分布的,轨道配合面为部分圆柱面,三个滚子轴承分别装入各槽形轨道,可沿轨道滑动。

从以上装配关系可以看出,每个外表面为球面的滚子轴承能使其所在枢轴的轴线与相应槽形轨道的轴线相交。当输出轴与输入轴交角为 0 时,由于三枢轴的自动定心作用,能自动使两轴轴线重合;当输出轴与输入轴交角不为 0 时,因为外表面为球面的滚子轴承可沿枢轴轴线移动,所以它还可以沿各槽形轨道滑动,这样就保证了输入轴与输出轴之间始终可以传递动力,并且是等速传动(其等速性证明从略)。

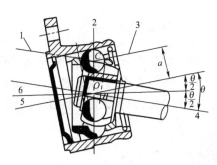

图 12-11 伸缩型球笼式万向节

1-钢球在内滚道上移动时钢球中心轨迹;2-保持架的钢球孔槽中心线;3-钢球在外滚道上移动时钢球中心轨迹;4-从动轴;5-主动轴;6-保持架线轴;O-万向节中心

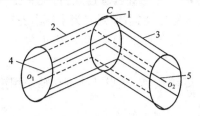

图 12-12 伸缩球笼式等角速万向节工作原理图

1-钢球中心;2、3-在内、外滚道中移动的钢球中心轨迹;4、5-主、从动轴轴线

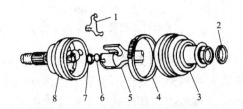

图 12-13 自由三枢轴等速万向节

1-锁定三脚架;2-橡胶紧固件;3-保护罩;4-保护罩卡箍;5-漏斗形轴;6-止推块;7-垫圈;8-外座圈

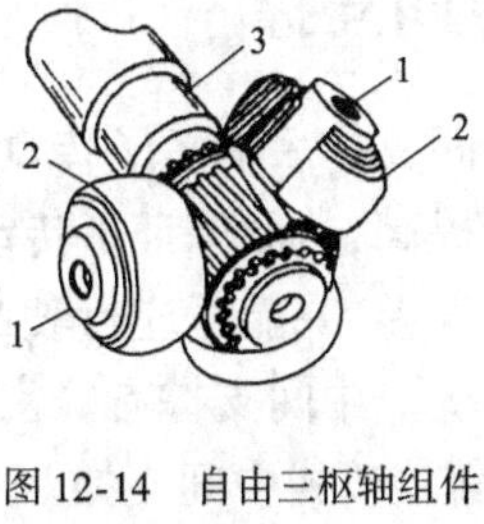

图 12-14 自由三枢轴组件

1-枢轴;2-滚子轴承;3-传动轴

227

第三节 传动轴和中间支撑

一、传动轴

传动轴是在相距较远的两个总成或部件之间传递动力,传动轴一般较长、转速高,并且由于所连接的两总成(如变速器与驱动桥)间的相对位置经常变化,因而要求传动轴长度也要相应地有所变化,以保证正常传动。为此,传动轴结构(图12-15)一般具有以下特点:

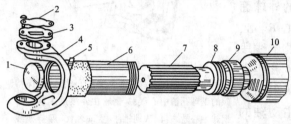

图12-15 传动轴

1-端盖;2-盖;3-盖垫;4-万向节叉;5-油嘴;6-伸缩套;7-滑动花键;8-油封;9-油封盖;10-传动轴管

(1)采用空心轴。这是因为在质量相同的情况下空心轴具有更大的刚度,可传递更大的转矩且转动惯量小。

(2)转速较高。为避免离心力引起强烈振动,要求传动轴的质量沿圆周均匀分布,为此通常用钢板卷成圆筒。此外,传动轴与万向节叉焊接、装配后要进行动平衡检验,并用贴焊小块钢片的办法使其达到要求的动平衡精度。平衡后在传动轴及万向节叉上刻有标记,以便再次组装时保持二者原来的相对位置。

(3)传动轴的一端焊有花键接头轴,使之与万向节套管叉的花键套管连接,传动轴工作长度可伸缩变化。花键长度可保证传动轴在各种工况下既不脱开,也不顶死。为了润滑花键,通过油嘴注入润滑脂并用油封和油封盖防止润滑脂外溢。有时还加防尘套,以防尘土进入。传动轴的另一端,则于万向节叉焊成一体。

(4)为了减少花键轴与花键套之间的摩擦损失,提高传动效率,某些机械传动轴采用滚动花键,其结构如图12-16所示。

(5)有的公路工程机械,由于变速器(或分动箱)到驱动桥主传动器之间的距离很长,如果只用一根传动轴,因其过长、自振频率降低将会在旋转中容易引起剧烈振动。为此,将传动轴分成两根或三根短的,中间加支撑(图12-17)。

 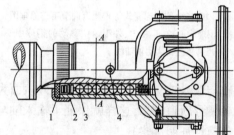

图12-16 滚动花键传动轴

1-油封;2-弹簧;3-钢球;4-油嘴

二、中间支撑

采用中间支撑后缩短了传动轴长度,其临界转速提高,从而保证了传动工作安全和可靠性。中间支撑应能补偿传动轴轴向和角度方向的安全误差,并能适应行驶中由于发动机窜动或机架等变形所引起的位移,从而改善其轴承的受力状况。中间支撑有蜂窝软垫式、双列滚锥轴承式和摆动式等多种结构形式。

(1)蜂窝软垫式中间支撑。如图12-18所示,轴承3可在轴承座2内滑动。蜂窝橡胶垫5的弹性作用能适应安装误差和机械行驶中出现的位移,还可以吸收传动轴振动,减少噪声传导。蜂窝软垫式中间支撑结构简单、效果良好,故应用广泛。

228

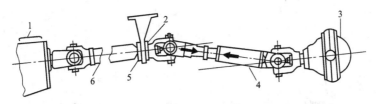

图 12-17　分段传动轴

1-变速器;2-中间支撑;3-后驱动桥;4-后传动轴;5-轴承盖;6-前传动轴

（2）双列滚锥轴承式中间支撑。如图 12-19 所示，双列滚锥轴承式中间支撑主要有双列滚锥轴承 5、橡胶垫 3、前后盖 2 和 4 等组成。其特点是双列滚锥轴承可承受较大的轴向力，且便于调整，使用寿命较长。

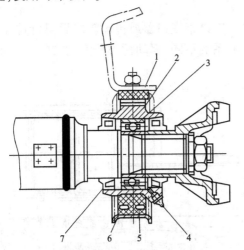

图 12-18　蜂窝软垫式中间支撑

1-车架横梁;2-轴承座;3-轴承;4-油嘴;5-蜂窝形橡胶垫;6-U 形支架;7-油封

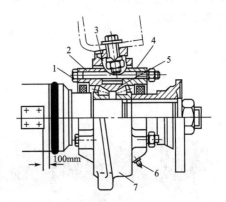

图 12-19　双列滚锥轴承式中间支撑

1-油封;2-前盖;3-橡胶垫;4-后盖;5-双列滚锥轴承;6-油嘴;7-支架

（3）摆动式中间支撑。如图 12-20 所示，摆动式中间支撑主要由支撑轴 3、摆臂 4、轴承 7、橡胶衬套 2 和 5、支撑座 10 等零件组成。其特点是当发动机前后移动时，中间支撑可绕支撑轴摆动，改善轴承受力。此外，橡胶衬套能适应传动轴线在横向平面内微小的位置变化。

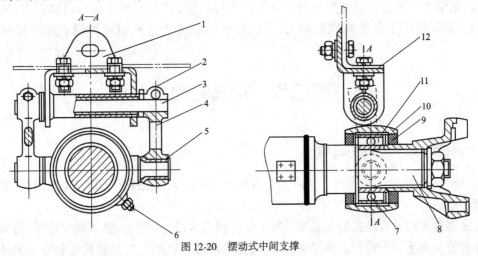

图 12-20　摆动式中间支撑

1-支架;2、5-橡胶衬套;3-支撑轴;4-摆臂;6-油嘴;7-轴承;8-中间传动轴;9-油封;10-支撑座;11-卡环;12-车架横梁

229

第十三章 驱 动 桥

第一节 驱动桥的功用与组成

驱动桥(图 13-1)是传动系中最后一个总成,它是指变速器或传动轴之后,驱动轮或驱动链轮之前所有传力机件与壳体的总称。根据行驶系的不同,驱动桥可分为轮式驱动桥和履带式驱动桥两种。

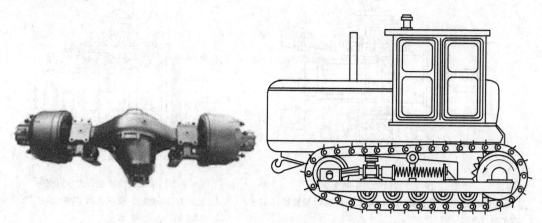

图 13-1 驱动桥外观图

驱动桥的功用是通过主传动器改变转矩旋转轴线的方向,把轴线纵置的发动机的转矩传到轴线横置的驱动桥两边的驱动轮。通过主传动器和最终传动将变速器输出轴的转速降低、转矩增大。通过差速器解决两侧车轮的差速问题,减小轮胎磨损和转向阻力,从而协助转向。通过转向离合器既传递动力,又执行转向任务。另外驱动桥壳还起支撑和传力作用。

第二节 轮式驱动桥

一、轮式驱动桥的组成

轮式驱动桥如图 13-2 所示。它由主传动器、差速器、半轴、最终传动(轮边减速器)和桥壳等零部件组成。

变速器传来的动力经主传动器锥齿轮 1、2 传到差速器上,再经差速器的十字轴、行星齿轮 3、半轴齿轮 4 和半轴 5 传到最终传动,又经最终传动的太阳轮 7、行星齿轮 8 和行星架最后传动到驱动轮 9 上,驱动机械行驶。

二、轮式驱动桥的功用

轮式驱动桥的功用是改变转矩方向、减速增扭、解决差速,通过差速器和半轴传递动力、驱动桥壳起承重和传力作用。

三、主传动器

1. 主传动器的功用

主传动器是第一个传力部件,是车辆传动系中减小转速、增大转矩的主要部件,它是依靠齿数少的锥齿轮带动齿数多的锥齿轮。它的功用是利用锥齿轮传动把变速器传来的动力降低转速,并将转矩的旋转轴线由纵向改变为横向后而经差速器或转向离合器传出。由于车辆在各种道路上行驶时,其驱动轮上要求必须具有一定的驱动力矩和转速,在动力向左右驱动轮分流的差速器之前设置一个主减速器后,便可使主减速器前面的传动部件如变速器、万向传动装置等所传递的转矩减小,从而可使其尺寸及质量减小、操纵省力。

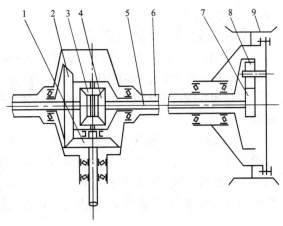

图 13-2 轮式驱动桥示意图

1、2-主传动器锥齿轮;3-行星齿轮;4-半轴齿轮;5-半轴;6-驱动桥壳;7、8-最终传动齿轮;9-驱动轮

2. 主传动器的类型

(1)按主传动器的减速形式。

①单级减速主传动器。单级减速主传动器(图 13-2)通常由一对圆锥齿轮组成。由于结构简单,因此一般机械均采用这种传动形式,但由于主动小锥齿轮的最少齿数受到限制,传动比不能太大,否则从动锥齿轮及其壳体结构尺寸大,离地间隙小,机械通过性能就差。

②两级减速主传动器。两级减速主传动器通常由一对圆锥齿轮副和一对圆柱齿轮副所组成。它可以获得较大的传动比和离地间隙,但结构复杂,采用较少。但是在贯通式驱动桥上,为解决轴的贯通问题,通常采用两级减速主传动器。

另外,在个别机械上还有采用双速主传动器,它可以获得两种传动比,但由于这种结构形式过于复杂,故使用极少。

(2)按锥齿轮的齿型。

主传动器锥齿轮的齿型,常见的有如图 13-3 所示的 5 种。

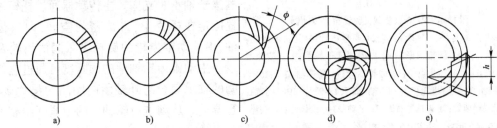

图 13-3 主传动器的齿形简图

a)直齿锥齿轮;b)零度圆弧锥齿轮;c)螺旋锥齿轮;d)延伸外摆线锥齿轮;e)双曲线齿轮

①直齿锥齿轮。直齿锥齿轮(图 13-3a)齿线形状为直线,制造简单,轴向力小,没有附加轴向力;但它不发生根切的最少齿数多(最少 12 个),齿轮重叠系数小,齿面接触区小,故传动

噪声大,承载能力小,在主传动器上使用较少。

②零度圆弧锥齿轮。齿型是圆弧形(图13-3b),螺旋角(在锥齿轮的平均半径处,圆弧的切线与过该切点的圆锥母线之间的夹角)等于零。它的轴向力和最少齿数同直齿锥齿轮,传动性能介于直齿根齿轮和螺旋锥齿轮之间,即同时啮合的齿数比直齿锥齿轮多,传递荷载能力较大,传动较平稳。

③螺旋锥齿轮。齿形是圆弧形(图13-3c),螺旋角 φ 不等于零,这种齿轮最少齿数可为 5~6 个,故结构尺寸小,且同时啮合齿数多,重叠系数大,传动平稳,噪声小,承载能力高,使用广泛。缺点是由于有附加轴向推力,因此轴向推力大,加重了支撑轴承的负荷。

④延伸外摆线锥齿轮。齿线开头为延伸外摆线(图13-3d),其性能和特点与螺旋锥齿轮相似。

⑤双曲线齿轮。这种齿轮最少齿数可少到5个(图13-3e),啮合平稳性优于螺旋锥齿轮,故噪声最小。另外,它的主、从动齿轮轴线不相交,而偏移一定距离 h。因此在总体布置上可以增大机械离地间隙或降低机械重心,从而提高机械的通过性或稳定性。缺点是传动过程中齿面间有相对滑动,传动效率低,因此必须使用特种润滑油。

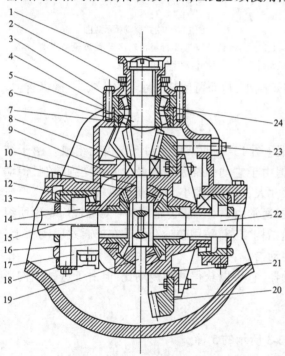

图 13-4 Z150 型装载机驱动桥主传动器

1-联轴节;2-油封;3-轴承盖;4、24-调整垫片;5-主动锥齿轮;6-轴承套;7、13-圆锥滚子轴承;8-圆柱滚子轴承;9-主传动器壳;10-垫片;11-行星齿轮;12-调整螺母;14-差速器左壳;15-半轴齿轮;16-半轴齿轮垫片;17-轴承座;18-锁片;19-十字轴;20-从动锥齿轮;21-差速器右壳;22-半轴;23-止推螺钉;24-垫片器两端的调整螺母12来调整。

(3)按主从动锥齿轮轴的相互位置。

①两轴垂直相交。

②两轴相交但不垂直。

③两轴垂直但不相交。

这三种布置形式中,以第一种形式采用最普遍,另外如果按主动锥齿轮的支撑形式又可分为悬臂式支撑和跨置式支撑两种。前者结构简单,容易布置,但承载能力受限制;后者支撑刚度好,故在大、中型轮式机械上采用较多,但结构复杂。

3. ZL50 装载机的主传动器

图 13-4 为 ZL50 装载机驱动桥的单级主传动器,由一对螺旋锥齿轮组成,轴线垂直相交,其传动比为 6.617。驱动桥中的主动小锥齿轮和轴制成一体,其前端通过一对圆锥滚子轴承7悬臂支撑在托架上,后端通过圆柱滚子轴承8支撑。主传动器通过托架用螺栓固定在桥壳上,形成密封空间,内有齿轮油,借从动锥齿轮的旋转飞溅润滑齿轮及轴承。主动锥齿轮轴承的预紧度可通过它们之间的轴承套6与外轴承内圈间的垫片24进行调整。从动锥齿轮轴承的预紧度则靠差速器两端的调整螺母12来调整。

4. 主传动器的调整

主传动器由于传递转矩大,受力复杂,既有切向力、径向力,又有轴向力,在机械作业中有时还产生较大的冲击载荷,因此要求主传动器除了在设计制造上要保证具有较高的承载能力外,在装配时还必须保证正确的啮合关系,否则在使用中将会造成噪声大,磨损快,齿面剥落,甚至轮齿折断的现象,故对主传动器必须进行调整,调整项目包括圆锥滚子轴承的安装紧度,主从动锥齿轮的啮合印痕和齿侧间隙。

所谓主传动器的正确啮合,就是要保证两个锥齿轮的节锥母线重合。其判断方法通常采用检查两齿轮的啮合印痕,即在一个锥齿轮的工作出面上涂上红铅油,转动齿轮,检查在另一个锥齿轮面上的印痕的方法,要求印痕在齿高方向上位于中部,在齿长方向上不小于齿长之半,并靠近小端,这样当齿轮承载后,小端变形大,使实际工作印痕向大端方向移动而趋向齿长中间。啮合印痕不合适时,可通过前后移动小锥齿轮或左右移动大锥齿轮来调整。

齿侧间隙检查方法一般是在铁齿轮的非工作齿面间放入比齿侧间隙稍厚的铅片,转动齿轮后,取出挤压过的铅片,最薄处的厚度即是齿侧间隙。新齿轮的齿侧间隙一般为 0.2 ~ 0.5mm。必须注意的是,工作中因齿面磨损而使齿侧间隙增大是正常现象,这时不需对锥齿轮进行调整。否则调整后反而会改变啮合位置,破坏正确啮合关系。齿侧间隙调整可通过左右移动大锥齿轮实现。

锥齿轮传动由于有较大轴向力作用,因此一般采用圆锥轴承支撑。但这种轴承有少量磨损时对轴向位置影响却较大,这将破坏锥齿轮的正确啮合关系。为消除因轴承磨损而增大的轴向间隙,恢复锥齿轮的正确啮合关系,故在使用中要注意调整轴承紧度。

主传动器的调整顺序一般是先调整好锥轴承的安装紧度,然后调整锥齿轮的啮合印痕,最后检查齿侧间隙。

四、半轴

轮式驱动桥的半轴是安装在差速器和最终传动之间传递动力的实心轴。不设最终传动的驱动桥,半轴外端直接和驱动轮相连。

半轴与驱动轮轮毂在桥壳上的支撑形式决定了它的受力情况,据此通常把半轴分为半浮式、3/4 浮式和全浮式 3 种形式,如图 13-5 所示。所谓"浮"是指卸除了半轴的弯曲荷载而言。

1. 半浮式半轴

半轴(图 13-5a)除了传递转矩外,还要承受作用在驱动桥上的垂直力 F、侧向力 T 和纵向力 P 以及由它们产生的弯矩。这种半轴受到荷载较大,但优点是结构简单,故多用在小轿车等轻型车辆上。

2. 3/4 浮式半轴

反力偏离轴承中心的距离 a 较小,因此半轴承受各反力产生的弯矩也较小(图 13-5c),但即便是在 $a=0$ 时,虽然纵向力 P 和垂直力 F 作用在桥壳上,但半轴仍然承受有侧向力 T 产生的弯矩 TR 作用。由于这种半轴除传递转矩外又受到不大的弯矩作用,故称为 3/4 浮式。它受载荷情况与半浮式半轴相似,一般也只用在轻型车辆上。

3. 全浮式半轴

驱动轮上受到的各反力及其由它们产生的弯矩均由桥壳承受(图 13-5b),半轴只承受转矩而不受任何弯矩作用。这种半轴受力条件好,只是结构较复杂。由于轮式机械和半轴需受很大的荷载,所以通常均采用这种形式的半轴。

履带式机械驱动桥的半轴也叫横轴,如图 13-21 所示。它用以将驱动桥和最终传动支撑在履带台车架上,而不传递动力。内端压入驱动桥壳,外端通过轴瓦铰装在与台车架固定的支撑中,最终传动的二级从动齿轮和驱动链轮通过一对轴承支撑在半轴上。

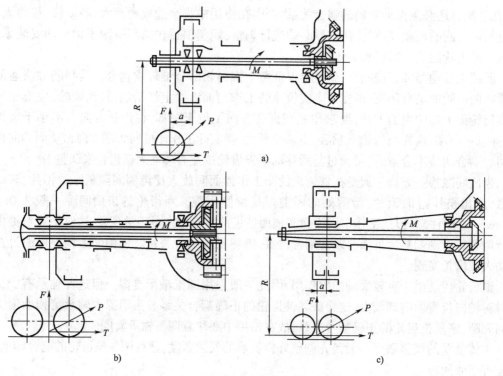

图 13-5　半轴形式
a)半浮式半轴;b)全浮式半轴;c)3/4 浮式半轴

五、桥壳

轮式机械驱动桥的桥壳是主传动器、差速器、半轴及最终传动装置的外壳,同时又是行驶系的组成部分。它既承受重力并传递给车轮,又承受地面作用给车轮的各种反作用力并传递给车架。因此不仅要求桥壳具有足够的强度和刚度,另外还要考虑主传动器的调整及拆装维修方便。

如图 13-6 所示的 966D 装载机的驱动桥壳由左、中、右三段组成,并由螺栓连接。左、右两段相同,又称花键套,用来安装最终传动和轮毂等部件。主传动器和差速器预先组装在主传动器壳体内,再将主传动器壳体用螺栓固定在驱动桥壳中段。因此这种驱动桥壳在拆检、调整、维修主传动器等内部机件时非常方便,无需拆下整个驱动桥,故应用比较广泛。

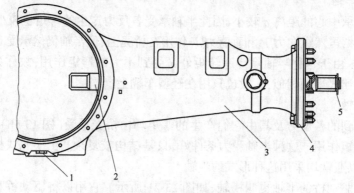

图 13-6　966D 装载机驱动桥壳及半轴
1-螺塞;2-半轴;3-桥壳;4-连接凸缘;5-卡环

该机的后驱动桥通过桥壳与机架相铰接,允许左右两侧上下各摆动15°,相应两侧车轮上下跳动距离为569mm。这样不仅提高了机械的稳定性,而且当机械在不平路面上行驶或作业时,由于两侧车轮能始终和地面接触,因此又提高了牵引力。

六、最终传动

最终传动是传动系最后一个增矩减速机构,它可以加大传动系总的减速比,满足整机的行驶和作业要求。同时由于可以相应减小主传动器和变速器的速比,因此降低了这些零部件传递的转矩,减小了它们的结构尺寸。故在几乎所有的履带机械上和大部分轮式机械上都装有最终传动。

现代轮式工程机械通常采用行星齿轮式最终传动。现以966D装载机为典型,介绍其结构,如图13-7所示。

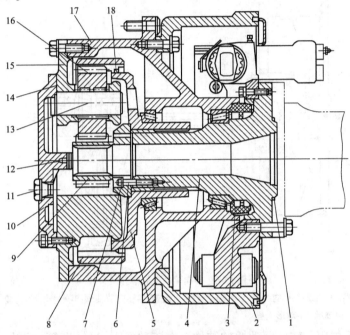

图 13-7 966D装载机的最终传动

1、14-密封圈;2-制动鼓;3-浮动油封;4-花键套;5-齿圈架;6-螺钉;7-挡圈;8-齿圈;9-太阳轮;10-端盖;11-螺塞;12-挡销;13-行星齿轮轴;15-行星架;16-行星齿轮;17-轮毂;18-卡环

在驱动桥壳两端分别由螺钉固定住花键套4,在它的外圆花键上安装着齿圈架5,二者由挡圈7通过螺钉6连接在一起。齿圈8与齿圈架5通过齿形花键连接,并用卡环18限制齿圈轴向移动,因此齿圈8是固定件。

太阳轮9通过花键安装在半轴外端,端头由卡环定位图中未示出。

行星轮16通过滚针轴承支撑在与行星架15固装的行星轮轴13上,它分别与太阳轮9和齿圈8啮合。

行星架15和轮毂17用螺钉固定在一起,轮毂通过一对大、小圆锥轴承支撑在花键套4上,从差速器和半轴传来的转矩经太阳轮9、行星轮16、行星架15最后传到轮毂17(即驱动轮)上,使驱动轮旋转,驱动机械行驶。

最终传动采用闭式传动,它的外侧由固定在行星架上的端盖10封闭,端盖上安装有挡销12,防止半轴向外窜动;还加工有螺塞孔,用来加注润滑油并控制油面高度,平时由螺塞11封堵,轮毂内侧与花键套之间安装着浮动油封3,防止润滑油漏入制动器中。

第三节　转向驱动桥

在全轮驱动的现代工程机械上,若机架为整体(非铰转向),必然有一车桥为转向驱动桥。转向驱动桥兼有转向和驱动两种功能。

如图13-8所示为转向驱动桥示意图。这种桥有着和一般驱动桥同样的主传动器1和差速器3,但由于它的车轮在转向时需要绕主销偏转一个角度,故半轴必须分成内外两段4和8,并用万向节6(一般多用等角速万向节)连接,同时主销12也因而分制成上下两段,转向节轴颈部分做成中空的,以便外半轴(驱动轴)8穿过其中。

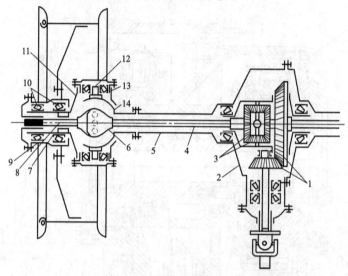

图13-8　转向驱动桥示意图

1-主传动器;2-主传动器壳;3-差速器;4-内半轴;5-半轴套管;6-万向节;7-转向节轴颈;8-外半轴;9-轮毂;10-轮毂轴承;11-转向节壳体;12-主销;13-主销轴承;14-球形支座

如图13-9所示展现了转向驱动桥的结构。在该种桥上,半轴套管(前轴)17两端用螺栓固定着转向节球形支座15。转向节由转向节外壳6和转向节轴颈7组成,两者用螺钉连成一体。球形支座15上带有主销4,转向节通过两个圆锥滚子轴承活装在主销4上,主销4上下两段在同一轴线上,且通过万向节2的中心,以保证车轮转动和转向互不干涉。两个轴用轴承盖5压紧,其间装有调整垫片,以调整轴承间隙;为使万向节中心在球形支座的轴线上,上下调整垫片的厚度应相同。转向节轴颈7外装有轮毂13,轮毂轴承用调整螺母10、锁止垫圈11和锁紧螺母12固紧。转向节轴颈7与外半轴8之间压装有青铜衬套20,以支撑外半轴8。外半轴8通过凸缘盘和轮毂13连接,从差速器传来的转矩即可通过万向节2、外半轴8传给轮毂13。为了防止半轴的轴向窜动,在球形支座15与转向节轴颈7内孔的端面装有止推垫圈18、19。在转向节外壳6上还装有调整螺钉,以限制车轮的最大偏转角度。

为了保持球形支座内部的滑脂干净和防止主销轴承、万向节被污染,在转向节外壳6的内端面上装有油封14。

当通过转向节16臂(左转向节的上轴承盖与转向节臂16制成一体)推动转向节时,转向节便可绕主销偏转而使前轮转向。

236

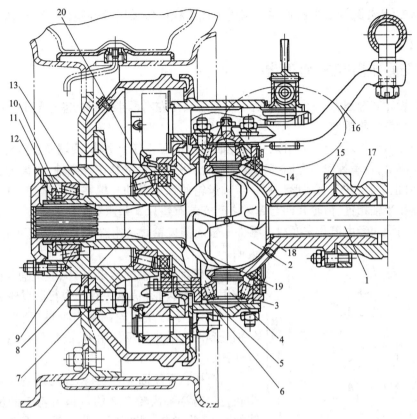

图 13-9　转向驱动桥的结构

1-内半轴;2-等角速万向节;3-调整垫片;4-主销;5-轴承盖;6-转向节外壳;7-转向节轴颈;8-外半轴(驱动轴);9-凸缘盘;10-调整螺母;11-锁止垫片;12-锁紧螺母;13-轮毂;14-油封;15-转向节球形支座;16-转向节臂;17-半轴套管;18、19-止推垫片;20-青铜衬套

第四节　差　速　器

　　轮式机械在行驶过程中,为了避免两侧驱动轮在滚动方向上产生滑动,经常要求它们能够分别以不同的角速度旋转,这是因为:

　　(1)转弯时外侧车轮走过的距离要比内侧车轮走过的距离大;

　　(2)在高低不平的道路上行驶时,左右车轮接触地面所经过的实际路程必然是不相等的;

　　(3)即使在平路上直线行驶,由于轮胎气压不等、胎面磨损程度不同,或左右两侧载荷不等时,则车轮的滚动半径也不相等。

　　在上述情况下,若左右两侧车轮用同一根轴驱动,则势必不会做纯滚动,而是边滚动边滑动,即产生了驱动轮的滑磨现象。由于滑磨将导致轮胎磨损加快,转向困难,功率消耗增加,同时减小了转向时机械的抗侧滑能力,稳定性变坏。

　　为了使车轮相对地面的滑磨尽量减少,因此在驱动桥中安装差速器,并通过两侧半轴分别驱动车轮,使两侧驱动轮有可能以不同转速旋转,尽可能地接近纯滚动。

　　基于同样原因,在多桥驱动桥之间也会产生上述轮间无差速器的类似情况,造成驱动桥间的功率循环,导致传动系中增加附加载荷,损伤传动零件,增大功率消耗和轮胎磨损,因此这些机械的驱动桥间也安装了轴间差速器。

差速器的结构形式很多,我们主要阐述现代工程机械采用较普遍的几种差速器的结构和作用原理。

一、普通锥齿轮式差速器

普通锥齿轮式差速器见图 13-10 所示。它主要由左右两半组成的差速器壳、十字轴、左右半轴齿轮和行星齿轮组成。

左右差速器壳用螺钉连为一体,在分界面处固定安装着十字轴,两端通过锥柱轴承支撑在主传动器壳体上,行星齿轮与左右半轴齿轮啮合,行星齿轮空套在十字轴上,齿轮背面加工成球形,便于对正中心,并装有球形垫片。半轴齿轮的颈部滑动支撑在差速器壳的座孔中,并通过内孔花键和半轴相连,齿轮背面与壳体之间安装有垫片。差速器壳体上有窗孔,靠主动传动器壳体内的润滑油经由窗孔来润滑各零件。普通锥齿轮式差速器的工作原理可由图 13-10 来说明。

设主传动器传来的转矩为 T_0,经差速器壳 4 和十字轴作用在行星齿轮(假若只有一个行星齿轮 3)的圆心 C 处一力 P,由于行星齿轮两侧与半轴齿轮啮合,因此又分别受到两半轴齿轮反作用力,故行星齿轮如同一个等臂杠杆。

当机械在平路面上直线行驶时,两侧车轮受力情况相同,左、右半轴齿轮 1、2 给行星齿轮 3 的反作用力也就相同,各为 $P/2$。此时行星齿轮受力平衡,无自转,则两侧驱动轮犹如一根整轴相连一样以相同转速旋转。即整个系统变为一体旋转。左右半轴齿轮的转速 n_1 和 n_2 与差速器完的转速 n_0 相等。

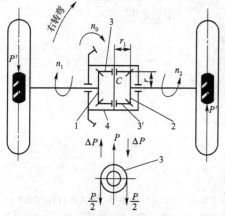

图 13-10　普通锥齿轮式差速器工作原理
1-左半轴齿轮;2-右半轴齿轮;3、3'-行星齿轮;
4-差速器壳

当机械转弯时(如图示向右转弯),在车轮滚动的同时,则外侧(左侧)车轮将产生滑移趋势,内侧(右侧)车轮将产生滑转趋势,(注意:这里所讲内、外侧车轮分别产生滑转、滑移的趋势,仅仅是"趋势",滑转和滑移并未发生),因此在两侧轮胎与地面接触点的切线方向上将各产生一个附加阻力 P',二力方向相反,而现在安装有差速器,则附加阻力 P' 通过半轴齿轮作用到行星齿传输线上,使外侧阻力减小 ΔP,内侧阻力增大 ΔP,于是产生一个力图使行星轮转动的力矩 $2\Delta Pr_1$(r_1 为行星轮半径),当此力矩克服行星轮自转的摩擦阻力矩时,则行星轮便沿顺时针方向(自行星轮背面看)产生自转,使外侧车轮转速加快,内侧车轮转速减慢,起差速作用。

若左半轴齿轮 1、右半轴齿轮 2 和行星齿轮 3 的齿数分别为 z_1、z_2 和 z_3;行星齿轮自转的转速为 n_3,则左半轴齿轮的转速加快如式 13-1 为:

$$n_1 = n_0 + n_3 \frac{z_3}{z_1} \tag{13-1}$$

而右半轴齿轮的转速减慢为:

$$n_2 = n_0 - n_3 \frac{z_3}{z_2} \tag{13-2}$$

通常左右两半轴的齿轮齿数相等,即 $z_1 = z_2$。因此上两式相加可得出:

$$n_1 + n_2 = 2n_0 \tag{13-3}$$

此式称为普通锥齿轮式差速器的运动特性方程。特性方程表明两半轴齿轮的转速之和恒等于差速器壳转速的二倍,分析方程式可知:

(1)机械在平路上直线行驶时,因为 $n_1 = n_2 = n_0$,所以也满足特性方程 $n_1 + n_2 = 2n_0$。

(2)当 $n_1 = 0$(或 $n_2 = 0$)时,则 $n_2 = 2n_0$(或 $n_1 = 2n_0$)。说明当一侧半轴齿轮转速为零时,另一侧半轴齿轮的转速等于差速器壳转速的二倍。此时相当于一侧车轮陷入泥泞中打滑时,另一侧车轮在附着性能较好的路面上静止不动,而陷入泥泞中的打滑车轮则以二倍差速器壳的转速高速旋转。

(3)若 $n_0 = 0$ 时,则 $n_1 = -n_2$。说明当差速器壳转速为零,两半轴齿轮则以相反方向同速旋转。此时相当于中央制动器紧急制动时,差速器壳不转。由于两侧驱动轮的附着力不同,则将使两侧驱动轮沿相反方向转动,造成机械偏转甩尾。

由于差速器在转弯时起差速作用的原因是两侧驱动轮上的阻力矩不同而产生的,因此即便机械直线行驶时,倘若两侧驱动轮遇到的路面情况不同,或由各种原因引起滚动半径差异,则差速器同样都能起到差速作用。

下面分析差速器中转矩分配情况:

当机械直线行驶时,行星齿轮没有自转,由于左右半轴齿轮给行星齿轮的反作用力都是 $P/2$,且两半轴齿轮的半径 r 相等,因此若半轴齿轮分传给左右半轴的转矩为 T_1 和 T_2,则 $T_1 = T_2 = \dfrac{Pr}{2}$;而主传动器传给差速器壳的转矩 $T_0 = Pr$,所以 $T_1 = T_2 = \dfrac{T}{2}$。即直线行驶时差速器把主传动器传给其壳体的转矩 T_0 平均分配给两半轴齿轮。

当机械右转弯时,行星齿轮产生自转,因转动力矩为 $2\Delta Pr$,所以分传给左右半轴的转矩将发生变化,左半轴齿轮上的转矩为:

$$T_1 = \left(\frac{P}{2} - \Delta P\right)r = \frac{Pr}{2} - \Delta Pr \tag{13-4}$$

右半轴齿轮上的转矩为:

$$T_2 = \left(\frac{P}{2} + \Delta P\right)r = \frac{Pr}{2} + \Delta Pr \tag{13-5}$$

因为 $\dfrac{Pr}{2} = \dfrac{T_0}{2}$,而 $2\Delta Pr$ 是克服差速器内摩擦阻力矩 Fr 的。故 $\Delta Pr = Fr/2$。所以:

$$T_1 = \frac{T_0}{2} - \frac{Fr}{2}$$

$$T_2 = \frac{T_0}{2} + \frac{Fr}{2}$$

由此可得:

$$T_1 + T_2 = T_0 \tag{13-6}$$

$$T_2 - T_1 = Fr \tag{13-7}$$

上两式表明当机械转弯时,两侧驱动轮得到的转矩之和仍等于传到差速器壳上的转矩;内侧车轮得到的转矩比外侧车轮得到的转矩大,但转矩的差值只能等于差速器的内摩擦阻力矩。

因为普通锥齿轮差速器的内摩擦阻力矩 Fr 很小,可以忽略不计,所在差速器起差速作用的情况下,仍然可视为转矩是平均分配给两半轴齿轮的。这就是普通锥齿轮差速器的"差速不差矩"特性。

这种特性在某些情况下给机械带来缺陷。例如当一侧驱动轮掉入泥坑中,由于附着力小而产生滑转,则牵引力很小;另一侧驱动轮虽然在好的路面上,本来能够提供较大的附着力,但因差速器平均分配转矩的特性,使这侧驱动轮也只能得到与滑转侧驱动轮相同的很小转矩,故机械得到的总牵引力很小,于是一侧车轮静止,另一侧车轮以差速器壳的两倍转速滑转,机械不能前进。

为了克服普通锥齿轮差速器的上述缺陷,提高车辆的通过性,因此出现了不同形式的防滑差速器。

二、强制锁住式差速器

强制锁住差速器是在普通锥齿轮差速器上安装差速锁,当车辆一侧打滑时,接合差速锁,使差速器不起差速作用。

一般差速锁的结构如图 13-11 所示。在半轴 1 上通过花键安装着带牙嵌的滑动套 2,在差速器壳上有固定牙嵌 3,带牙嵌的滑动套可通过机械式或气力、电力、液力式等进行操纵。

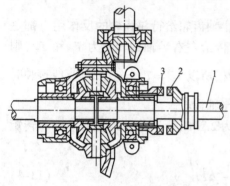

图 13-11　强制锁住式差速器
1-半轴;2-带牙嵌的滑动套;3-差速器壳上的固定牙嵌

当一侧车轮打滑时,移动牙嵌滑动套 2,使它与差速器壳上的固定牙嵌 3 接合,则差速器壳与半轴被锁在一起,行星齿轮不能自转,差速器失去作用,两半轴即被刚性地连在一起。这样两侧驱动轮便可以得到由附着力决定的驱动力矩,从而充分利用不打滑侧车轮的附着力,驱动车辆前进,驶出打滑地段。当然如果两侧附着力都比较小,即便锁住差速器,而行驶所需要的牵引力还是大于附着力时,则车辆仍无法前进。

要特别注意,当驶出打滑地段后,应及时脱开差速锁,使差速器恢复正常工作。这种强制锁住式差速器结构简单,使用广泛。这种差速器也叫带刚性差速锁的差速器。

三、带非刚性差速锁的差速器

这种差速器用液压控制的湿式多片摩擦离合器作为差速锁,如图 13-12 所示。

外摩擦片 6 与差速器壳 3 用花键相连,内摩擦片 5 与右半轴齿轮 9 也用花键相连。需要差速锁起作用时,活塞 7 在油压力作用下将内外摩擦片压紧,利用摩擦力将右半轴齿轮与差速器壳锁在一起从而使左右半轴不能相对转动。这种差速锁的特点是,不论两根半轴处在任何相对转角位置都可以随时锁住;当一侧车轮突然受到过大外阻力矩时,摩擦片有打滑缓冲作用;此外,液压操纵非常方便,通过操纵电磁控制阀可随时将差速锁打开或关闭。

四、牙嵌式自由轮差速器

这种差速器也称 NO-spin 差速器,其结构如图 13-13 所示。差速器壳体的左右两部分 10 和 1 与大齿轮 12(一般为主传动的大锥齿轮或第二级圆柱齿轮)用螺栓 11 紧固在一起,主动环 2 固定在左右两半壳体之间,随差速器壳体一起转动。主动环的两个侧面有沿圆周分布的许多倒梯形(角度很小)断面的径向传力齿,相应的左右从动环 3 的内侧面也有相类似的传力齿。倒梯形传力齿之间有很大的侧隙,制成倒梯形的目的在于防止传递扭矩过程中,从动环与主动环脱开。弹簧4力图使主、从动环处于接合状态,花键毂内外均有花键,外花键与从动环3相啮合,内花键用以连接半轴。

当直行时,主动环2通过传力齿带动左右从动环3、花键毂5及半轴一起转动,如图13-13b)所示,传动齿传给主动环的转矩,按左、右车轮阻力的大小分配给左、右半轴,此时与不设差速锁时相同。

当转弯时,要求差速器起差速作用。为此,在主动环2的孔内装有中心环9,它可以相对于主动环做自由转动,但受卡环8的限制不能做轴向移动。中心环的两侧有沿圆周分布的许多轴向梯形断面齿,它分别与两个从动环内圈相应的梯形齿接合,梯形齿间为无侧隙啮合。设此时为左转弯,如图13-13c)所示,左轮慢,右轮快,则主动环2与左从动环紧紧啮合,带动左半轴及车轮转动,中心环与左从动环的梯形齿也紧紧啮合,右车轮转得快,即右从动环有相对主动环快转的趋势,两者的倒梯形传力齿有较大的齿侧间隙,允许有一定相对角位移。而右从动环3与中心环9上的梯形齿是无侧隙啮合,右轮的快转将迫使从动环克服弹簧4的压力向右移动,使右从动环3与主动环2的传力齿分开,中断右轮的转矩传递,这时左轮(内侧车轮)驱动,右轮则被带动以较高的转速旋转。

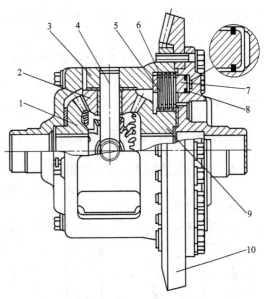

图13-12　带非刚性差速锁差速器

1-左半轴齿轮;2-行星锥齿轮;3-差速器壳;4-十字轴;5-内摩擦片;6-外摩擦片;7-活塞;8-密封圈;9-右半轴齿轮;10-大锥齿轮

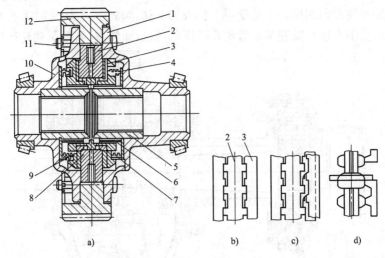

图13-13　牙嵌式自由轮差速器

a)构造;b)直线行驶接合状态;c)向左转弯时接合状态;d)主动环伸长齿与消声环作用示意

1-差速器右壳;2-主动环;3-从动环;4-弹簧;5-花键毂;6-垫圈;7-消声环;8-卡环;9-中心环;10-差速器左壳;11-螺栓;12-大齿轮

由于右从动环是被迫不断地在中心环梯形齿作用下向右滑移,又在弹簧4作用下返回,因此相对转动中会引起响声和磨损。为了避免这一情况,在从动环的传力齿与轴向梯形齿之间的凹槽中还装有带相同梯形齿的消声环7。消声环是个带缺口的弹性环,卡在从动环上,可绕从动环自由转动,但不能相对轴向移动。当右从动环脱出时,消声环也被带着轴向脱出,并顶住中心环的梯形齿上,如图13-11d)所示,使从动环保持离主动环最远位置,消除了从动环轴向往复移动的冲击响声。当右从动环转速下降到稍低于主动环的转速时,又重新与主动环接合。

这种差速器的优点是既能自实现转向差速,又可防止单侧驱动轮打滑。但由于转向时外侧车轮是被带动的,没有驱动力,只有内侧车轮驱动,这会使转向阻力增大,转向时车速瞬时增大,不利于转向操纵。

五、圆柱行星齿轮式差速器

部分国产三轮二轴式压路机(如洛阳产三轮二轴式压路机)采用圆柱行星齿轮式差速器。其工作原理与结构分别如图13-14和图13-15所示。

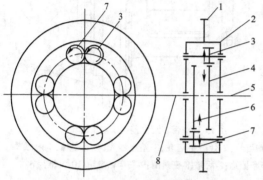

图13-14　圆柱行星齿轮式差速器工作原理图

1-中央传动从动大齿轮;2-差速器壳体;3-第一副行星齿轮;4-右半轴齿轮;5-右半轴;6-左半轴齿轮;7-第二副行星齿轮;8-左半轴

在差速器壳体内装着第一副和第二副行星齿轮各4个,第一副行星齿轮3与右半轴齿轮4相啮合,第二副行星齿轮7与左半轴齿轮6相啮合,行星齿传输线3与7又在中部互相啮合。

图13-15中,当压路机直线行驶时,左、右驱动轮阻力相同,两副行星齿轮都只随差速器壳体2公转,而无自转,同时两副行星轮又分别带动左、右半轴齿轮6、4和左、右半轴8、5,使其与差速器壳体同速旋轮。当压路机左、右驱动阻力不同时,如在弯道上行驶时,内边驱动轮受阻力较大,则两副行星齿轮既随壳体公转,又绕其轴自转,但它们的自转方向相反。于是受阻力较大的一边半轴齿(右转弯时为右半轴齿轮4)转速减小。相反,受阻力较小的左半轴齿轮6转速增高,从而使左、右两驱动轮产生差速。

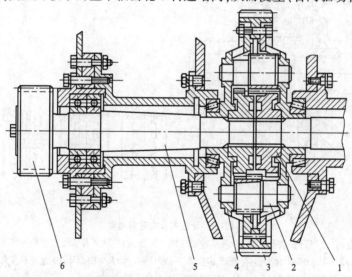

图13-15　圆柱行星齿轮式差速器

1-差速齿轮;2-行星齿轮;3-中央传动大齿轮;4-差速器壳体;5-左半轴;6-小齿轮

第五节　履带式驱动桥

履带式驱动桥如图13-16所示。它由主传动器、转向机构（多采用转向离合器）、最终传动和桥壳等零部件组成。

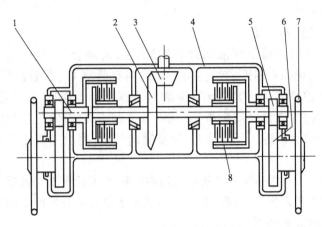

图13-16　履带式驱动桥示意图

1-半轴;2、3-主传动器锥齿轮;4-驱动桥壳;5、6-最终传动齿轮;7-驱动链轮;8-转向离合器

变速器传来的动力经主传动器锥齿轮3、2传到转向离合器8，再经半轴1传到最终传动由最终传动齿轮5、6最后传到驱动链轮7上，卷绕履带，驱动机械行驶。

履带式驱动桥的桥壳一般制成一个较大的箱体结构，它同时又是车架的组成部分，内部分隔为三室，中室内安装主传动器，两侧室安装转向离合器和制动器。最外两边安装着由壳体封闭的最终传动。桥壳上部安装着驾驶室、油箱等零部件。

一、履带式车辆的转向原理

履带式底盘由于其行驶装置是两条与机器纵轴线平行的履带，它是借助于改变两侧履带的牵引力，使两侧履带能以不同的速度前进实现转向。履带式底盘的转向机构形式有转向离合器、双差速器和行星轮式转向机构等几种。转向离合器由于构造简单和制造容易，因而在履带式工程机械上使用很广泛。

转向离合器与制动器的配合使用，可使履带式底盘能以不同的半径转向，当用较大半径转向时，就要部分或完全分离内侧的转向离合器。使这一侧履带牵引力减小，而外侧履带牵引力相应增大。这时，两侧履带的线速度如图13-17a)箭头所示，底盘就绕某回转中心 O 转向。当用较小半径甚至原地转向时，在完全分离内侧转向离合器

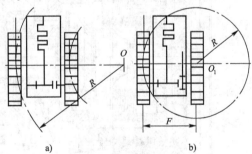

图13-17　履带式车辆的转向

a)绕某回转中心转向;b)原地转向

的同时，还利用制动器将这一侧的履带驱动轮制动，使这一侧履带线速度为零，底盘就能绕内侧履带中心 O_1 转向，其转向半径 R 等于履带中心距 B，如图13-17b)所示。

转向离合器一般采用多片常接合式摩擦离合器，其工作原理与多片式主离合器相类似。

243

转向离合器分干式和湿式两种。前者的主要缺点是摩擦系数不稳定和磨损快;后者由于摩擦片浸于油中工作,采用油泵循环冷却,所以摩擦系数较稳定,摩擦片的磨损较小,且散热好不易烧坏摩擦片,因此就大大提高了转向离合器的使用寿命,减少了调整次数。其缺点是摩擦系数小,需要大的压紧力。目前大功率的工程机械一般都采用湿式离合器。

转向离合器的压紧方式有弹簧压紧、液压压紧、弹簧和液压同时压紧三种;而分离方式有液压分离和杠杆分离两种。

1. 弹簧压紧湿式转向离合器

TY180 型推土机采用弹簧压紧液压分离的湿式转向离合器,其构造如图 13-18 所示。主动鼓 9 用螺栓与连接盘 14 相连,在连接盘 14 内装有活塞 11,起着液压分离机构的油缸作用,弹簧压盘 10 的轴端以半圆键装着外压盘 2,当离合器接合时,它可带着弹簧压盘一起旋转。外压盘与主动鼓外缘盘之间夹着主、从动片 7 与 6,它们借主动鼓内的十六组大、小弹簧 4 和 5 压紧。当油缸内进入压力油时,活塞被向外推,通过弹簧压盘克服弹簧的压力,使离合器分离。

后桥壳体内充装油液(左右转向离合器室与中央传动齿轮室都是连通的,变速器内的油也能通过单向阀经中央传动齿轮室流入后桥壳内的油池中),离合器即在油中工作。

2. 液压压紧湿式转向离合器

D85A-12 型推土机采用的液压压紧湿式转向离合器,其构造如图 13-19 所示。它与弹簧压紧湿式转向离合器的主要区别是离合器的接合也靠液压,故又称双作用液压操纵式转向离合器。压力弹簧 8 在这里仅作为液压操纵系统出故障时辅助用。

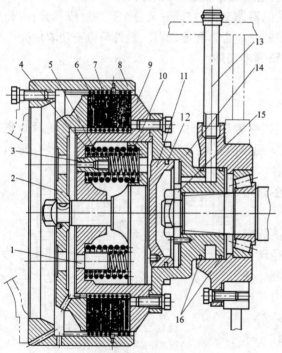

图 13-18　弹簧压紧湿式转向离合器

1-弹簧螺杆;2-外压盘;3-带中心孔的弹簧螺杆;4、5-大、小压紧弹簧;6、7-从、主动片;8、9-从、主动鼓;10-弹簧压盘;11-活塞;12、16-油封环;13-油管;14-连接盘;15-垫板

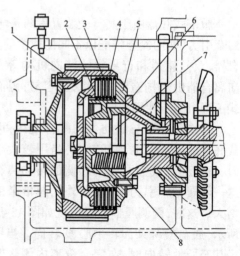

图 13-19　液压压紧湿式转向离合器

1、5-从主动鼓;2-外压盘;3、4-从、主动片;6-锥毂形接盘;7-弹塞;8-压力弹簧

主动鼓 5 壁上的纵向与径向油道与锥毂形接盘 6 的锥壁上的油道相通。当压力油经这些油道进入活塞 7 外侧的主动鼓内腔时，就将活塞向里推移，并通过活塞杆及杆端部的螺母拉着外压盘 2 向里移动，从而使主、从动片 3 和 4 被压紧在外压盘和主动鼓外缘盘之间，转向离合器即呈接合状态。

活塞内侧的锥毂形接盘内腔，是分离离合器时的油腔，当从横轴中心油道来的压力油进入此内腔后，将活塞向外推移时，外压盘即放松对主、从动片的压紧作用，转向离合器即呈分离状态。

这种转向离合器的优点是压力弹簧的尺寸较小，因而缩小了转向离合器的结构尺寸。其不足之处是压力油经常处于负荷下，使得油温较高。所以要有专门的压力油冷却系统，使结构变得较复杂。

二、转向离合器的操纵机构

转向离合器的操纵机构有机械式、液压式和液压助力式三种形式。机械式由于操纵费力，仅用于小功率的工程机械上，大功率的工程机械大部分都采用后两种形式。

TY180 型推土机的转向离合器采用单作用式液压操纵机构，它由转向操纵杆和杠杆系，以及液压系统两部分组成。

操纵机构的液压系统与变速器润滑系共用一个油泵，如图 13-20 所示。

油泵 2 由发动机与离合器之间的取力箱驱动，它从后桥壳中吸油，油加压后流经细滤器 4 进到滑阀 6 和 8。当细滤器堵塞，油阻力增加到一定值（达 0.12MPa）时，安全阀 3 开启，压力油经安全阀进到滑阀 6 和 8，当滑阀 6 和 8 处于图示的中间位置，左右转向离合器的油缸 5 和 9 与回油路通，这时压力油绕过限压阀 7 流向变速器润滑系。利用背压阀 10 调整润滑系油压（背压阀调整压力为 0.15MPa）。

三、履带式机械的最终传动

现代履带式机械的最终传动，常见有两种主要结构形式：外啮合圆柱齿轮式最终传动（有一级减速和两级减速两种）和行星齿轮式两类。分别介绍如下：

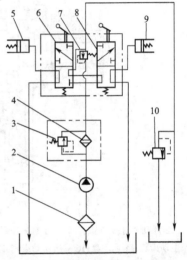

图 13-20　TY180 推土机转向离合器操纵机构液压系统

1-粗滤器；2-油泵；3-安全阀；4-细滤器；5-左转向离合器油缸；6-左滑阀；7-限压阀；8-右滑阀；9-右转向离合器油缸；10-背压阀

1. 两级外啮合圆柱齿轮式最终传动

D85A-18 履带式推土机就是这种形式的最终传动，其结构如图 13-21 所示。

一级主动齿轮 12 和轴制成一体，两端由轴承 11 和 13 支承在壳体上，轴内端通过锥形花键固定着驱动盘 14，动力由转向离合器经驱动盘输入。一级从动齿轮 16 通过三个平键固装在二级主动齿轮轴上，二级主动齿轮 10 和轴制成一体，两端通过轴承 9 和 15 支承在壳体上，二级从动齿轮的齿圈 17 用螺栓固定在轮毂 20 上，轮毂由一对轴承 6 和 18 支承在横轴 19 上，驱动链轮轮毂 7 通过内孔锥形花键固定在轮毂 20 上，由驱动链轮压紧螺母 5 压紧，驱动链轮 8 用螺栓固定在驱动链轮轮毂 7 上。

横轴 19 内端压装在驱动桥箱体下部,外端通过支架 4 铰装在台车架上。在驱动链轮轮毂 7 与最终传动壳体间以及驱动链轮压紧螺母 5 与支架 4 间分别安装着浮动油封 1 和 2,防止最终传动系中润滑油外漏,同时防止外部泥水进入最终传动壳体内。在浮式油封的外面还安装有迷宫式密封装置,防止灰尘进入。

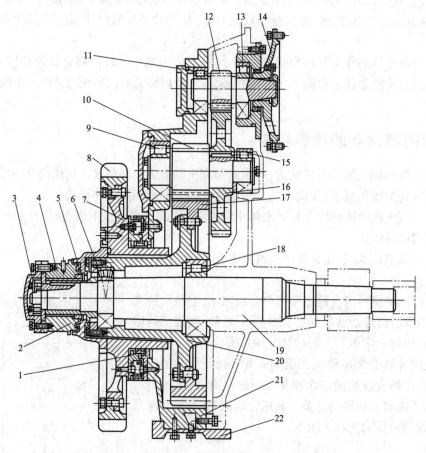

图 13-21　D85A-18 履带推土机最终传动

1、2-浮动油封;3-端盖;4-支架;5-链轮压紧螺母;6、9、11、13、15、18-轴承;7-链轮轮毂;8-链轮齿圈;10-二级主动齿轮;12-一级主动齿轮;14-驱动盘;16-一级从动齿轮;17-二级从动齿轮;19-横轴;20-轮毂;21-壳体;22-护板

2. 行星齿轮式最终传动

如图 13-22 所示为 TY-180 履带式推土机的最终传动。

这种最终传动装置为二级综合减速,第一级为外啮合齿轮式减速,而第二级为行星轮机构减速。在第一级从动轮轮毂 3 上另外装有第二级行星轮机构的太阳轮 5。三个行星轮 11 同装在一个行星轮架上,该架通过两对调心滚子轴承支撑在半轴上,其左端面安装着驱动轮。固定齿圈 2 装在箱盖 7 上。

动力经一级减速传给太阳轮 5 时,行星轮绕太阳轮自转与公转,并带着行星轮架和驱动轮一起旋转。

履带式机械的最终传动中,都安装有浮动油封,这是一种效果较好的端面密封装置,其结构如图 13-23 所示。

它主要由两个金属密封圆环(动环 1 和静环 5)及两个 O 形橡胶密封圈 2 组成。动环 1 和

246

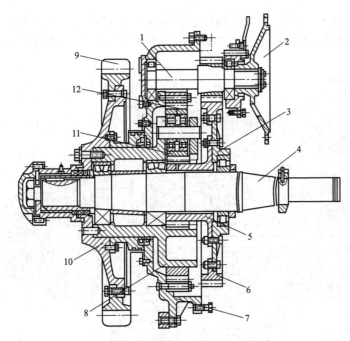

图 13-22　行星机构式的最终传动装置

1-第一级减速器轴;2-接盘;3-第一级从动轮轮毂;4-半轴;5-行星机构的太阳轮;6-第一级从动轮齿圈;7-箱盖;8-行星轮架;9-驱动轮;10-驱动轮轮毂;11-行星轮;12-固定齿圈

静环 5 用特种合金钢制造,外圆面为斜面,其相接触的两端面经过研磨抛光加工。两个 O 形橡胶圈 2 分别放置在动环 1 和旋转件密封支座 3 以及静环 5 和固定密封支座 4 之间的锥面处,组装后轴向上加有预紧力。因此两 O 形圈产生弹性变形被压扁,这样不仅密封了斜面处,而且两环的接触端面也因 O 形圈弹性产生的轴向压力而互相贴紧,保证了足够的密封。工作时动环 1 在 O 形圈摩擦力的作用下被带动旋转,当两环的接触端面因相对运动面磨损后,O 形圈的弹性可起到补偿作用,从而仍能达到可靠密封。由此可见这种密封装置结构简单,密封可靠使用寿命长,故被广泛采用。

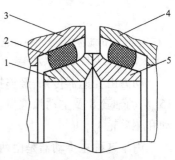

图 13-23　浮动油封

1-动环;2-O 形橡胶圈;3-旋转件密封支座;4-固定件密封支座;5-静环

第六节　几种特殊的驱动桥

一、ZL30 装载机的前驱动桥

ZL30 装载机前驱动桥如图 13-24 所示。其工作原理与单级主传动器及强制锁住式差速器的工作原理相似,但在结构上有较大不同。

主传动器由两对弧锥齿轮 13 和 16 组成,主动弧锥齿轮分别通过花键安装在与传动轴 9 空套的两个从动轴套 8 上,从动弧锥齿轮通过轴承支撑在主传动器壳体 2 上,通过内花键与左右半轴分别相连。由于主、从动弧锥齿轮的轴线互相不垂直(相差 4°),这就使两个主动弧锥齿轮与左右两个从动弧锥齿分别啮合传动,实现减速增扭,最后通过两半轴将动力传出。

247

差速器的行星架 1 与传动轴 9 花键连接,在行星架上安装三个行星齿轮 14,与行星齿传输线啮合的传动锥齿轮 15 也分别通过花键装在两个从动轴套 8 上,实现差速功能。

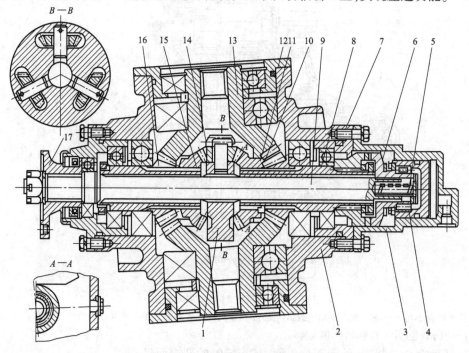

图 13-24　ZL30 装载机的前驱动桥

1-行星架;2-主传动器壳体;3-气箱;4-活塞;5-弹簧;6-牙嵌离合器;7、11、12-垫片;8-从动轴套;9-传动轴;10-半圆环;13-从动弧锥齿轮;14-行星齿轮;15-传动锥齿轮;16-主动弧锥齿轮;17-连接盘

动力由变速器传来,经连接盘 17 传给传动轴 9,再经行星架 1、行星齿轮 14、传动锥齿轮 15、从动轴套 8 及主动弧锥齿轮 16,最后传给左右两边从动弧锥齿轮 13 和半轴,直至最终传动和驱动轮上。

由于这种主传动器是由两对弧锥齿轮构成的两对单级主传动分别向两边驱动传递动力,因此弧锥齿轮上传递的载荷减小了一半,从而使结构尺寸减小,桥壳的尺寸也随着减小,增大了离地间隙,提高了装载机的通过性,但缺点是结构复杂。

另外,由于动力传递的过程中是先经差速器,后到主传动器再减速增扭,因此差速器各零件受力较小,故差速器零件结构尺寸小,便于布置。

这种主传动与差速器上还装有气压操纵式差速锁。当操纵差速锁手柄后,使压缩空气进入气箱 3 内,推动活塞 4 压缩弹簧 5,通过推力轴承使牙嵌离合器 6 啮合,则传动轴 9 和从动套 8 被连为一体,即主动弧锥齿轮和传动轴被固定在一起,差速器起不了差速作用,实现了强制锁紧的功能。

当操纵手柄恢复原位时,进气路切断,因气路不通,在弹簧作用下牙嵌离合器分离,差速器功能重新恢复。

二、稳定土拌和机的驱动桥

现代稳定土拌和机通常采用全液压传动:除了拌和转子用液压驱动之外,其行驶也是液压驱动。这样,传动系的结构就大大简化,省去了主离合器和由变速器到驱动桥间的万向传动装置,而将变速器和驱动桥制为一体,成为变速器——后桥总成。

稳定土拌和机的变速器——后桥总成结构原理如图 13-25 所示。变速器与后桥装成一体,变速器输出轴圆锥齿轮即为后桥主传动器的主动齿轮。国内外的拌和机变速器一般都设计成这种定轴式的两挡结构,采用啮合套换挡,变速器内的输入轴、中间轴和输出轴呈平面布置,其中输入轴与输出轴同心。输入轴前端与柱塞式液压马达连接,输出轴的后端为一小圆锥齿轮。中间轴由轴端的两个滚动轴承支撑于变速器的壳体。中间轴上固装着大、小两个圆柱齿轮(有的为整体式宝塔形齿轮),前部的大圆柱齿轮与输入轴的圆柱小齿轮常啮合,后部安装的小齿轮与空套在输出轴上的大齿轮常啮合。输出轴上安装着换挡啮合套,啮合套用气动操纵。汽缸的活塞杆操纵啮合套做前后轴向位移。啮合套处在中位时,为变速器的空挡。此时输出轴上的大齿轮不能带动输出轴转动,啮合套处在后部位置时,将输出轴上的大齿轮(通过该齿轮前毂部的直齿)与输出轴固定为一体。此为变速器的一挡(低速),输入轴的动力经两次降速增矩传到输出轴,其传动比为 7. 23。啮合套处在前部位置时,将输入轴的小

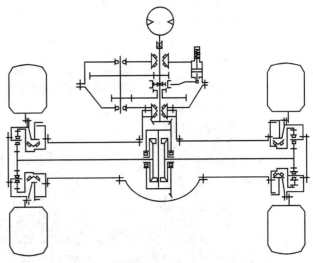

图 13-25 稳定土拌和机变速器——后桥总成结构原理图

齿轮与输出轴连为一体,为变速器的二挡(高速),此为直接挡,输出轴与输入轴向步旋转,传动比为 1。变速器的高速挡用于行驶,低速挡用于作业或爬坡。

后桥由主传动器和差速器组成,其功用、结构原理与普通轮式车辆的驱动桥无异,轮边减速器的功用是进一步增大驱动轮的转矩。考虑到结构的紧凑性,稳定土拌和机通常采用行星齿轮式轮边减速器。

三、平地机的后桥平衡串联传动

为了提高行驶、牵引性能和作业性能,一般六轮平地机都采用在后桥的每一侧由两个车轮前后布置的结构形式,但只用一个后桥。平衡箱串联传动就是将后桥半轴传出的动力,经串联传动分别传给中、后车轮。由于平衡箱结构有较好的摆动性,因而保证了每侧的中、后轮同时着地,有效地保证了平地机的附着牵引性能。此外,平衡箱可大大提高平地机刮刀作业的平整性。如图 13-26a) 所示,当左右两中轮同时踏上高度为 H 的障碍物时,后桥的中心升起高度为 $H/2$,而位于机身中部的刮刀的高度变化为升高 $\frac{H}{4}$。如果只有一只车轮如图 13-26b) 所示的左中轮,踏上高度为 H 的障碍物,此时后桥的左端升高 $H/2$,后桥中部升高值为 $H/4$,刮刀的左端升高值 $3H/8$,右端升高值仅为 $H/8$。

平衡箱串联传动有链条传动和齿轮传动两种形式。链条传动结构简单,并且有减缓冲击的作用,缺点是链条寿命低,需要时常调整链条长度。齿轮传动寿命较长,不需调整,但是这种结构造价较高,齿轮传动可以在平衡箱内实现较大的减速比。所以采用这种形式的平衡箱时,后桥主传动通常只使用一级螺旋齿轮减速。目前大多数平地机上采用链条传动式平衡箱。

后桥平衡箱串联传动的结构如图 13-27 所示。

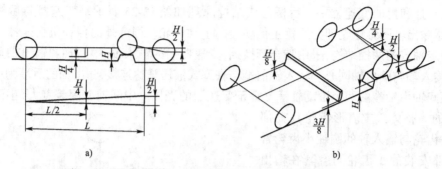

图 13-26　平地机工作装置高度变化示意图

a)左右两中轮同时踏上障碍物;b)左中轮踏上障碍物

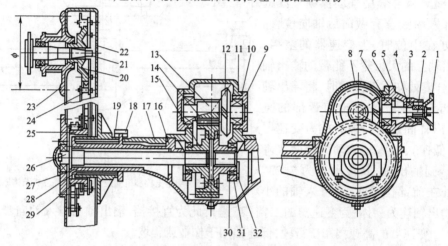

图 13-27　后桥及平衡箱

1-连接盘;2-主动伞齿轮轴;3、7、11-轴承;4、6、10、31-垫片;5-主动伞齿轮座;8-齿轮箱体;9-轴承盖;12-从动伞齿轮;13-直齿传播线;14-从动直齿轮;15-轮毂;16-壳体;17-托架;18-导板;19、28-垫片;20-链轮;21-车轮轴;22-平衡箱体;23-轴承座;24-链条;25-主动链轮;26-半轴;27-端盖;29-钢套;30-轴承;32-压板

第十四章 轮式转向系

第一节 概 述

一、转向系的功用和组成

转向系的功用是操纵车辆的行驶方向,转向系统应能根据需要保持车辆稳定地沿直线行驶或能按要求灵活地改变行驶方向。

根据转向原理不同,转向系可分为轮式和履带式两大类,根据转向方式的不同,轮式底盘转向系可分为偏转车轮转向和铰接式转向两种。按作用原理不同,转向系又可分为机械式和液压式两种。

如图14-1所示为偏转车轮式机械转向系。它由转向器和转向传动两部分组成。转向时,转动转向盘1,通过转向轴2带动互相啮合蜗杆3和齿扇4,使转向垂臂5绕其轴摆动,再经转向纵拉杆6和转向节臂7使左转向节及装在其上的左转向轮绕主销8偏转。与此同时,左梯形臂9经转向横拉杆10和右梯形臂12使右转向节13及右转向轮绕主销向同一方向偏转。转向轴、啮合传动副等总称为转向器。转向垂臂、左右梯形臂和转向横拉杆总称为转向传动机构。梯形臂、转向横拉杆及前轴形成转向梯形,其作用是保证两侧转向轮偏转角具有一定的相互关系。

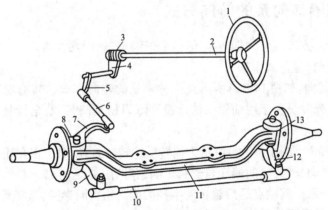

图 14-1 偏转车轮式机械转向系

1-转向盘;2-转向轴;3-蜗杆;4-齿扇;5-转向垂臂;6-转向纵拉杆;7-转向节臂;8-主销;9、12-梯形臂;10-转向横拉杆;11-前轴;13-转向节

二、对转向系的基本要求

转向系对车辆的使用性能影响很大,直接影响到行车安全,不论何种转向系必须满足下列

251

要求：

（1）有正确的规律运动。转向时各车轮必须做纯滚动而无侧向滑动，否则将会增加转向阻力，加速轮胎的磨损。由图 14-2 可知，只有当所有车轮的轴线在转向过程中都交于一点 O 时，各车轮才能做纯滚动，此瞬时速度中心就称为转向中心。显然两轮偏转角度不等，且内外轮偏转角度应满足如式 14-1～14-3 关系：

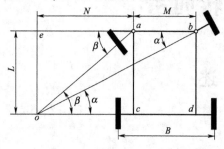

$$\cot\alpha = \frac{M + N}{L} \qquad (14\text{-}1)$$

$$\cot\beta = \frac{N}{L} \qquad (14\text{-}2)$$

$$\cot\alpha - \cot\beta = \frac{M}{L} \qquad (14\text{-}3)$$

图 14-2　偏转车轮式转向示意图

式中：M——两侧主销中心距离（略小于转向轮轮距）；

　　　L——前后轮轴距。

（2）操纵轻便。转向时，作用在转向盘上的操纵力要小。

（3）转向灵敏。转向盘转动的圈数不宜过多，以保证转向灵敏。为了同时满足操纵轻便和转向灵敏的要求，由转向盘至转向轮间的传动比应选择合理。转向盘处于中间位置时，其空行程不允许超过 15°～20°。

（4）工作可靠，提高安全性。转向系对轮式车辆行驶安全性关系极大，其零件应有足够的强度、刚度和寿命。

（5）转向盘至转向垂臂间的传动要有一定的传动可逆性，这样，转向轮就有自动回正的可能性，使驾驶员有"路感"。但可逆性不能太大，以免作用于转向轮上的冲击全部传至转向盘，增加驾驶员的疲劳和不安全感。

（6）结构合理。转向系的调整应尽量少而简便。

三、轮式车辆转向系的转向方式

轮式机械的转向方式可分为偏转车轮转向和铰接式转向两大类。

1. 偏转车轮转向（整体式车架）

（1）偏转前轮转向：如图 14-3a）所示是一种常见的转向方式。其前轮转向半径大于后轮转向半径，行驶时，驾驶员易于用前轮来估计避开障碍物，有利于安全行驶。一般车辆都采用这种转向方式。

（2）偏转后轮转向：如图 14-3b）所示为偏转后轮转向方式，对于在车轮前方装有工作机构的机械，若用前轮转向，转向轮的偏转角受到影响，转向阻力矩增加。若采用偏转后轮转向方式，便可解决上述矛盾。其缺点是后轮转向半径大于前轮转向半径，这样驾驶员不能按偏转前轮转向的方式来估计避开障碍物和掌握行驶方向。

（3）偏转前后轮转向：如图 14-3c）所示为偏转前后轮转向方式，其优点是：转向半径小、机动性好，前后轮转向半径相同，容易避让障碍物，转向前后轮轨迹相向，减少了后轮的行驶阻力。但是这种转向方式结构复杂。

2. 铰接式转向（铰接式车架）

工程机械作业时，要求较大的牵引力，因此希望全轮驱动以充分利用机器的全部附着质量。由于偏转驱动桥式车轮转向结构比较复杂,故目前全轮驱动的工程机械趋向采用铰接式转向,如图 14-3d)所示。它的特点是车辆的车架不是一个整体,而是用垂直铰销 3 把前后两部分车架铰接在一起。利用转向器和液压油缸 4 使前后车架发生相对运动来达到转向目的。

铰接式转向的主要优点是:转向半径小、机动性强、作业效率高;铰接式装载机的转向半径约为后轮转向式装载机转向半径的 70%,作业效率提高 20%;结构简单,制造方便。缺点:转向稳定性差;转向后不能自动回正;保持直线行驶的能力差。

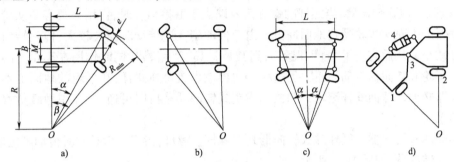

图 14-3　轮式车辆的转向方式

a)偏转前轮;b)偏转后轮;c)偏转前后轮;d)铰接式转向

1、2-车轮;3-垂直铰销;4-液压油缸

第二节　转向器的类型与结构

转向器的功用是将转向盘上的操纵力加以放大,并改变动力传动方向,经转向垂臂传给转向传动装置。转向器的种类很多,通常按传动副的结构形式可分为循环球式转向器、球面蜗杆滚轮式转向器和曲柄指销式转向器。

转向器传动效率:即转向器输出功率与输入功率之比。当功率由转向盘输入,从转向摇臂输出时,所求得的传动效率称为正传动效率,反之转向摇臂受到道路冲击而传到转向盘的传动效率则称为逆效率。

转向盘自由行程:指转向盘为消除转向系各传动件之间的装配间隙、克服弹性变形所空转过的角度称为转向盘自由行程。

转向盘自由行程对于缓和路面冲击及避免驾驶员过于紧张是有利的,但过大的自由行程会影响转向灵敏性。所以汽车维护中应定期检查转向盘自由行程。标准值:(GB 7258—1997)机动车转向盘的最大自由转动量从中间位置向左或向右均应 ≤10°(最大设计车速 ≥100km/h 的机动车)或 15°(最大设计时速 <100km/h 的机动车)。若超过此规定值,则必须进行调整。通常是通过调整转向器传动副的啮合间隙来调整转向盘自由行程。

转向器按传递可逆程度还可分为可逆式、不可逆式和极限可逆式。

(1)不可逆式转向器:当转向螺旋角 α 小于或等于摩擦角 ρ 时,由螺纹的自锁作用,作用力只能由转向盘传给转向摇臂,但作用在转向垂臂上的地面冲击作用力不能传给转向盘。当地面上的冲击传到螺旋副处,由于其逆传动效率等于零或小于零,即逆传动无功输出,这种转向器称不可逆式。在逆传动时螺旋副不能运动,地面上有多大冲击这些零件都需经受得住,否则零件就要损坏,且驾驶员没有"路感"。因此一般不采用不可逆的螺旋副作转向器。

(2)可逆式转向器:当转向器的螺旋角 α 大于摩擦角 ρ 时正传动的效率比较高,且逆传动的效率大于零。这说明这类转向器做逆传动是可能的,即逆传动可输出部分功。这种转向器称可逆式转向器。

在可逆式转向器类型中,当 ρ 值相当小时(例如循环球式螺旋副),逆传动效率相当高,当车轮受到地面冲击时,这种冲击大部分反映到转向盘上,发生"打手现象",引起驾驶员疲劳。故在工程机械上常和液压助力器结合在一起使用,利用液压系统的阻尼作用来减弱地面对转向盘的冲击作用。

(3)极限可逆式转向器:当螺杆的螺旋角 α 略大于摩擦角 ρ 时,作用力很容易从转向盘传到转向垂臂上去而使车轮受到地面冲击。由于传动副在逆传动时损失较大,传到转向盘上的力就明显减小。从而防止了"打手现象",驾驶员又具有"路感",同时作用在车轮上的稳定力矩亦能使车轮和转向盘自动回正。但这种转向器效率较可逆式低,在平坦的地面上不如可逆式的转向器轻便。球面蜗杆滚轮式和曲柄指销式转向器是极限可逆式,在中型载货汽车上得到广泛的采用。

①循环球式转向器。循环球式转向器是由螺杆—螺母,齿扇—齿条两对传动副组成,故又称为综合式转向器,如图 14-4 所示。

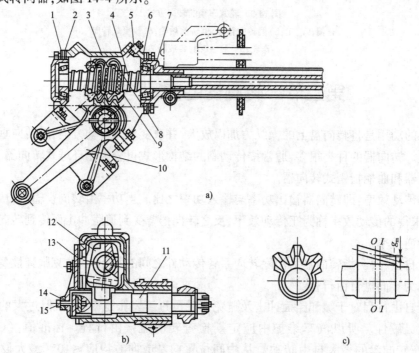

图 14-4 循环球式转向器

a)转向器整体图;b)齿扇 & 齿条啮合调整图;c)齿扇齿形图

1-下盖;2、6-垫片;3-外壳;4-螺杆;5-加油螺塞;7-上盖;8-导管;9-钢球;10-转向垂臂;11-转向垂臂轴;12-方形螺母;13-侧盖;14-螺母;15-调整螺钉

与转向盘相连的螺杆 4 通过钢球与方形螺母 12 相配,螺母的外侧刻有齿条,然后又与转向垂臂轴 11 上的齿扇相啮合。而转向垂臂轴的右侧装有转向垂臂 10,动力便是由转向盘输入经转向垂臂输出的。

在螺杆、螺母之间,各做成半圆形截面的螺纹槽,两槽又配合形成断面近似圆的螺纹通道,钢球便装于其间,钢球在螺旋形的孔道中连续排列,通过封闭环形的导管 8 的连通,使钢球首尾衔接。当转动转向盘时,借助摩擦力使钢球滚动,从孔道的一端"流出",从另一端"流入",

254

周而复始,"川流不息"。

钢球的作用是将螺杆—螺母传动副中的滑动摩擦转变为滚动摩擦,从而减少了摩擦损失,改善了操作性能,并提高了可逆性和传动效率。

齿扇的齿形是通过不同的加工方法,使各分度圆上的齿厚、齿高沿轴向逐渐变化,如图 14-4c)所示:当调整啮合间隙时,中图 14-4b)所示,是通过转动螺钉 15 使齿扇向左或向右移动,从而获得与齿条相适应的齿厚相啮合,达到调整目的,然后紧固螺母 14。

循环球式转向器无论齿扇转至任何位置,其角传动比 i_ω 总为常数。

以上各种形式转向器的啮合间隙是必然存在的,再加上螺杆轴上的锥柱轴承间隙,传动装置中各环节之间的间隙,便构成了转向盘的自由间隙;自由间隙过大,转向不灵,应急时反应"迟钝";反之,间隙过小,则机械直线行驶性差。因此每一种转向器都有其规定数值,调整时按其规定调整。

②球面蜗杆滚轮式转向器。如图 14-5 所示为极限可逆式的球面蜗杆滚轮式转向器,转向盘转动转向轴 3,同转向轴固定在一起的球面蜗杆 1 和滚轮 2 相啮合,滚轮 2 通过滚针轴承和销轴装在转向器摇臂轴 4 的中间部位。

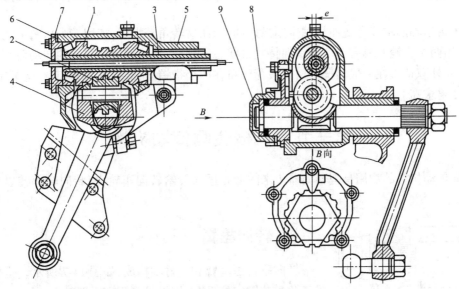

图 14-5　球面蜗杆滚轮式转向器

1-球面蜗杆;2-滚轮;3-转向轴;4-转向器摇臂轴;5-壳体;6-盖;7-垫片;8-调整垫片;9-压盖

当转向盘带动球面蜗杆转动时,滚轮绕轴转动,迫使转向器摇臂轴摆动,最后通过转向传动机构使工程机械的转向轮偏转。

球面蜗杆由锥形轴承支撑在由可锻铸铁制成的壳体 5 中,盖 6 和壳体之间有垫片 7,用来调整蜗杆轴承的预紧度。转向器摇臂轴的一端有调整垫片 8 和压盖 9,用以调整转向器摇臂轴的轴向位置。蜗杆和滚轮的接触点偏在一边,其偏心距为 e,调整转向器摇臂轴的位置时,啮合面之间应没有间隙,但又不致卡住。

为了减少转向器的磨损,啮合零件应采用耐磨材料和经适当的热处理,并在转向器的壳体中保证足够的润滑油。

③蜗杆曲柄指销式转向器。蜗杆曲柄指销式转向器结构简单,如图 14-6 所示。转向时,通过转向盘转动蜗杆,使锥形指曲柄销 21 的中心绕转向垂臂轴线做圆弧运动,从而带动转向

垂臂摆动,并通过转向传动机构使转向轮偏转。

因为指销装在轴承中,所以其端头沿蜗杆螺槽体滚动,减少了啮合处的磨损。指销的端头做成锥形与蜗杆螺槽形状配合,它们之间的间隙可用曲柄轴的轴向移动来调整。

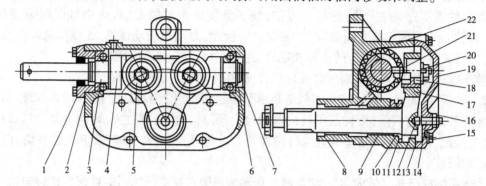

图 14-6 蜗杆曲柄销式转向器

1-端盖;2-调整垫片;3-滚珠轴承;4-蜗杆;5-锁片;6-钢丝卡环;7-堵片;8-油封;9-转向臂轴衬套;10-弹性垫圈;11-垫圈;12-销;13-垫片;14-螺钉;15-转向器盖螺钉;16-螺母;17-曲柄;18-双列锥形滚柱轴承;19-转向器侧盖;20-调整螺母;21-曲柄销;22-转向器壳体

由于指销轴的轴线是绕曲柄轴做圆弧摆动,当曲柄转角较大时,如用一个指销可能会脱离啮合,采用两个指销时总有一个指销保持啮合状态,因此双销式转向器摇臂的转动角范围比单销式大,此外双销式在一般情况下由于载荷分布在两个指销上,磨损减少,但其结构复杂,对蜗杆的精度要求高。

第三节 机械转向传动机构

转向传动机构的功用是把转向器传来的力和运动传给转向车轮,使转向轮偏转以实现车辆转向。

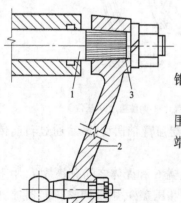

图 14-7 转向垂臂

1-转向垂臂轴;2-垂臂;3-三角齿花键

一、转向垂臂

转向垂臂由垂臂和垂臂轴构成,如图14-7所示。垂臂用圆锥三角齿花键定位,端部用螺母紧固在垂臂轴上。

为了保证转向垂臂从中间位置向两侧具有相同的摆动范围,在转向垂臂上刻有安装记号。转向垂臂与纵拉杆连接的一端常做成锥形孔,与球头销的锥面配合,并用螺母紧固。

二、转向纵拉杆

转向纵拉杆在转向过程中不仅受拉而且受压,因此,通常用钢管制成。钢管的两端扩大,以便安装球头铰链。其一端用球头销2与转向垂臂连接。另一端用球头销和转向节臂连接。两个球头碗5和球头销2组成铰接点。螺塞4可调整弹簧6的弹力,并挡住球头碗。弹簧可自动补偿球头节的间隙,并缓和来自转向轮对转向器的冲击。弹簧的最大压力由限位块限制,以防止弹簧过载。限位块还可在弹簧折断时防止球销从铰节点脱出。其结构如

图 14-8 所示。

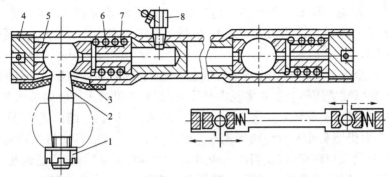

图14-8 转向纵拉杆

1-螺母;2-球头销;3-防尘罩;4-螺塞;5-球头碗;6-弹簧;7-限位块;8-黄油嘴

三、转向横拉杆

转向横拉杆由两端的球头销接头 1 和中间的横拉杆 2 组成,结构如图 14-9 所示。接头和横拉杆用螺纹连接,并用螺栓 3 夹紧。横拉杆两端的螺纹分别为左、右旋螺纹,转动横拉杆可改变拉杆的长度。弹簧 4 可自动消除球铰间隙。

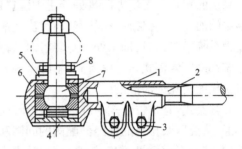

图14-9 转向横拉杆

1-接头;2-横拉杆;3-夹紧螺栓;4-弹簧;5-防尘罩;6-球头碗;7-球头销;8-弹簧

第四节　动力转向系

轮式工程机械由于使用条件恶劣,机体沉重、轮胎尺寸较大,又经常行驶在施工现场的道路上,转向阻力矩大,工作要求转向频繁。若使用机械式转向将难以达到操纵轻便和转向迅速的目的。为了减轻驾驶员的疲劳,多数工程机械都采用液压动力转向系统。

使用液压动力转向系统,施加于转向盘上的操纵力已不再是直接迫使车轮或车架偏转的力,而是使转向助力器的转向阀动作的力,偏转车轮或车架所需的力量是由转向油缸施加的。

一、动力转向系的分类

(1)按使用动力分为气压式和液压式。气压式是以压缩空气为动力源,仅限于重型且采用气压制动的车辆。工作时无噪声,工作滞后时间短,且能吸收来自不平路面的冲击。液压式是以液压为动力源,目前广泛应用。

(2)液压动力转向,是依靠驾驶员控制,由液压动力转向装置动力油源和转向杆系等组成的液压动力转向系统来实现,它又可分为液压助力式和全液压式两大类。

①液压助力式:一般由转向器,控制阀和转向油缸等组成,各部分之间均保持机械联系。转向时转动方向盘的力不再是直接迫使车轮或车架偏转的力,只是转动助力器分配阀的力,偏转车轮或车架的力则是由动力油缸提供。当助力系统失效时,可通过机械的方式进行转向。液压助力转向具有操纵轻便,转向灵敏,随动精度高,可根据需要增设作用元件

来取得较理想的"路感"以及当液压系统发生故障时能够蜕化为机械转向装置实现应急转向等优点,目前广泛地应用于各种车辆。但是,由于这类装置保留了复杂的转向杆系,总体布置欠灵活,此外应用于大流量液压系统中时系统效率较低,因此在低速车辆上逐渐被全液压转向装置取代。

②全液压式:全液压式在输出端与输入端之间没有机械联系的液压动力转向装置,取消了传统的转向器,全部靠液压传动系来实现机械转向,若发动机熄火或转向液压泵失效,可靠手动油泵供给液压油仍可实现转向。全液压转向具有操纵灵活省力,结构简单,总体布置方便以及动力油源中断后仍能实现人力转向等优点。但是,由于全液压转向器在转向工况时无"路感",随同精度较低,反应较慢,以及当液压转向系统本身发生故障时,不能蜕变为机械转向装置继续工作等缺点,使用范围受到限制,一般用于时速低于50km/h的车辆。

③根据系统内液流方式的不同可以分为常压式液压助力和常流式液压助力。常压式液压助力系统的特点是无论方向盘处于正中位置还是转向位置、方向盘保持静止还是在转动,系统管路中的油液总是保持高压状态,而常流式液压转向助力系统的转向油泵虽然始终工作,但液压助力系统不工作时,油泵处于空转状态,管路的负荷要比常压式小,现在大多数液压转向助力系统都采用常流式。可以看到,不管哪种方式,转向油泵都是必备部件,它可以将输入的发动机机械能转化为油液的压力。

a. 常流式:是中位开式系统。机械不转向时系统内液压油是低压,分配阀在中间位置时油路畅通,从液压泵排出的油经分配阀的间隙和回油管回油箱,一直处于常流状态。其优点是结构简单,液压泵寿命长,漏泄较少,消耗功率也较少。

常流式动力转向系的工作原理如图14-10所示,转向油泵2安装在发动机上,由曲轴通过皮带驱动。转向油箱1通过油管和管接头分别与转向油泵2和转向控制阀连接。车辆的转向

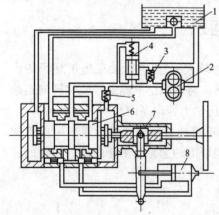

图14-10 常流式液压动力转向系统组成
1-转向油罐;2-转向油泵;3-安全阀;4-流量控制阀;5-单向阀;6-转向控制阀;7机械转向器;8-转向动力缸

系统由方向盘、转向轴、转向摇臂、转向纵拉杆、转向节臂、转向梯形臂以及转向横拉杆等构成。在不转向时,转向控制阀保持在开启状态。转向动力缸8活塞两端经控制阀与转向油罐相通,转向油泵2输出的油液也经转向控制阀与转向油罐1相通,因而油泵空转,液压系统油液只是不停流动,油压很小,转向油泵2这时实际上处于空转状态。当驾驶员转动转向盘时,机械转向器7通过转向摇臂使转向轮偏转的同时,又使转向控制阀6移动,使转向动力缸8的一个工作腔经转向控制阀仍与转向油泵2相通,另一个工作腔则经转向控制阀与转向油罐1相通。由于这时转向油泵输出管道经转向控制阀6不再与转向油罐1相通,因而油压升高,推动转向动力缸8活塞移动.从而帮助驾驶员使转向轮偏转。当转向盘停止转动后,转向控制阀即恢复到中立位置,动力缸不再工作。

b. 常压式:由蓄能器积蓄液压能,液压泵排出的高压油储存在蓄能器中,达到一定压力后,油泵自动卸载而空转,机械不转向时系统内工作油液是高压,转向阀是关闭的。常压式的优点:有储能器积蓄液压能,可以使用流量较小的转向液压泵,而且还可以在液压泵不运转的情况下保持一定的转向加力能力,使汽车有可能续驶一定距离。这一点对重型汽车而言尤为重要。

常压式动力转向系的工作原理如图 14-11 所示。在转向盘处于直线行驶的中立位置时，转向控制阀处于关闭位置。转向油泵 2 将高压油液输入储能器 3。当储能器油压达规定值后，将向转向油罐 1 泄油，使储能器 3 中油压不会大于规定值。在驾驶员转动转向盘时，机械转向器 6 通过转向传动机构使前轮偏转的同时，还使转向控制阀 5 移动至工作位置。储能器 3 中的压力油经转向控制阀 5 被引至转向动力缸 4 的一个油腔，另一油腔则经转向控制阀 5 与转向油罐连通。转向动力缸 4 中活塞被油压推动，通过活塞杆作用在转向传动机构，帮助驾驶员使转向轮偏转。在转向盘停止转动后，转向控制阀 5 随之回到关闭位置，转向加力作用便告终止。这种转向系工作管路中油液总是保持高压状态，因此被叫做常压式动力转向系。

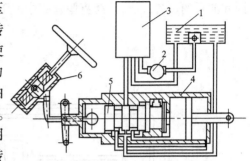

图 14-11　常压式液压动力转向系统组成
1-转向油罐；2-转向油泵；3-储能器；4-转向动力缸；
5-转向控制阀；6-机械转向器

二、液压动力转向

按动力缸、控制阀与转向器的结构关系不同分为整体式、半整体式和分开式三种，转向控制阀、转向油缸和转向器合制为一个整体称为整体式。三者做成一体，零件总数少，结构紧凑，动作迅速稳定，性能好。但不能选用标准转向器，通用性差，制造工作量大，对制造精度要求高。整体式动力转向系统多用于大、重型车辆；动力缸、控制阀和转向器三者为独立结构并分开布置的称为分开式。可选用标准转向器、控制阀及转向油缸；动力缸与转向控制阀合制为一体，而与转向器分开布置的称为半整体式。可选用标准转向器，控制阀与转向油缸固定在一起，阀体上的孔道直接作为油路，油路极短，可避免油路过长导致不稳定振动，组合灵活。三种形式如图 14-12 所示。

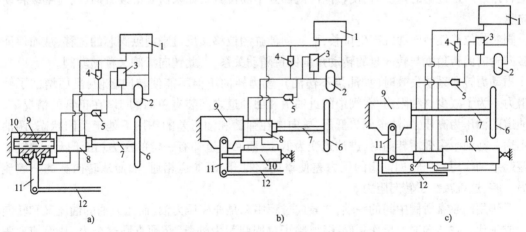

图 14-12　动力转向器的几种布置方案示意图
a)整体式；b)半整体式；c)分开式

1-转向油罐；2-转向油泵；3-流量控制阀；4-安全阀；5-单向阀；6-转向盘；7-转向轴；8-转向控制阀；9-机械转向器；10-转向动力缸；11-转向摇臂；12-转向主拉杆

液压动力转向的工作原理如图 14-13 所示,为一后轮转向的液压动力转向的工作原理。如图 14-13 中所示为车轮直线行驶的情况,此时油泵输送出的油,经转向滑阀 7 后流回油箱。因此油泵的负荷很小,只需克服管路中的阻力。

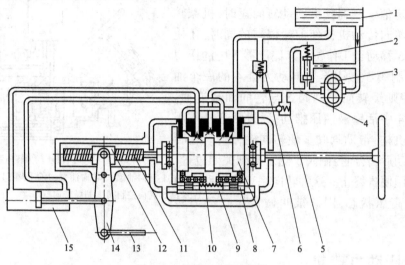

图 14-13　液压动力转向原理

1-油箱;2-溢流阀;3-油泵;4-量孔;5-单向阀;6-安全阀;7-转向滑阀;8-反作用阀;9-阀体;10-复位弹簧;11-转向螺杆;12-转向螺母;13-总拉杆;14-转向垂臂;15-转向油缸

在开始转向时,由于螺杆 11 和转向轴装成一体.转向滑阀经两个推力轴承装在其中,由于转向阻力大,转向垂臂和转向螺母 12 保持不动。因而转向螺杆就必然相对螺母做轴向位移,位移的方向取决于转向盘的转动方向。此时油路发生变化。压力油经转向滑阀后不直接流回油箱,而流入转向油缸的相应腔内,推动活塞移动,再通过直拉杆使转向轮或车架偏转,达到车轮转向目的。

在转向轮转动的同时,转向螺母 12 随同活塞产生相反的轴向移动,并在转向轮转过与转向盘转角成一定比例的角度后,使转向滑阀回到中间位置。如果需要继续转向,则应继续转动转向盘。

阀芯的位移使转向油缸产生位移,而转向油缸的位移又反过来消除阀芯的位移,从而保证了转向轮的偏转角度与转向盘的转动角度保持随动关系,由此转向滑阀又称随动阀。

当动力转向系统失效时(如油泵不输油),动力转向不但不能使转向轻便,反面增加了转向阻力。为了减少这种阻力,在阀中的进油道和回油道之间装有单向阀 5。在正常的情况下,进油道的油压为高压,回油道则为低压,单向阀在弹簧和油压差的作用下处于关闭状态,两油道不通。在油泵失效后转向时,进油道变为低压,而回油道却有一定的压力(由于转向油缸的活塞起泵油作用)。进、回油道的压力差使单向阀打开,两油道相通,油便从转向缸的一腔流入另一腔,这就减小了转向阻力。

反作用阀 8 靠滑阀中间的一端,在转向过程中总是充满压力油,而压力油的油压又和转向阻力成正比。在转向时要反作用阀移动,除了克服弹簧力外,还必须克服这个力,从而使驾驶员感觉到与转向阻力成比例的阻力——路感。

溢流阀 2 的作用是限制进入系统的流量,当发动机转速过高,流量超过某一定数值时,计量孔前后的压差亦增加到一定数值,迫使柱塞向上,多余的油便经溢流阀返回油箱,使转向速度不会有过大的变化。

三、全液压转向系

全液压转向多采用转阀式转向机构,其操纵轻便灵活,安装较容易,尺寸小、结构紧凑,在发动机熄火时,仍能保证转向性能,近年来在工程机械得到了广泛的应用。但是一旦油管破裂,车辆将失去控制。因此,有些国家规定,这种转向系统只允许用于行驶速度为40~50km/h的车辆上。

如图14-14所示,液压泵从油箱吸油向转向器内的转阀供油。当车辆直线行驶时,压力油经转阀后不流经计量马达,直接流回油箱。转向时,油泵供压力油经转向阀、计量马达至相应的油缸达到转向目的。计量马达起反馈作用,以保证驾驶员转动转向盘的角度和转向轮偏转的角度相适应。

四、转阀式转向加力器

转向加力器主要由转向阀和计量马达组合而成,如图14-15所示。图中隔盘8左边的部分是转向阀,其基本元件是阀体1、阀芯13、阀套14。阀体上有4个与外管路相连通的进、出油口。图中所示的两个通向油泵和油箱的进、出油口,另外两个通往转向油缸两腔。阀芯13用连接块3与转向盘连接,阀芯、阀套和联轴器12用拨销5穿在一起。但阀芯上的销孔是个长条形销孔,它与阀套14之间可以有一定量的相对转动。隔盘8右边是个摆线马达,转子11与联轴器12用花键连接,定子15、隔盘8和端盖9构成工作腔。当压力油进入液压马达时,推动转子在腔内绕定子公转(即转子中心绕定子的中心线转动),同时转子也自转,带动联轴器12和阀套14一起转动。

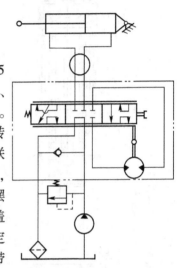

图14-14 全液压转向系液压原理图

当转向盘不动时,阀芯13和阀套14在定位弹簧4的作用下处于中间位置,压力油进入阀体后将单向阀6关闭,而流入阀芯与阀套上两排互相重合的小孔进入阀芯内腔,然后再经定位弹簧4的长孔通过回油口流回油箱,此时油缸和计量马达的两腔都处于封闭状态。车轮保持现行的偏转角行驶,地面作用于车轮的力也传不到转向盘上。

当转动转向盘时,通过连接块3带动阀芯13转动,使之与阀套14之间产生相对转角位移,当转过2°左右时,经阀芯、阀套、阀体和隔盘通往马达的油路开始接通,当转过7°左右时油路完全接通,并使原来的回路完全关闭,马达进入全流量运转。按照转向盘转动方向的不同,压力油驱动转子11正转或反转,使压力油进入转向油缸的左腔或右腔推动前轮偏转,使机械左转弯或右转弯。与此同时转子也通过联轴器12、拨销5拨动阀套14产生随动,使阀套与阀体的相对角位移消失(又回到原来的中位),液压马达的油路重新被封闭,压力油经阀直接回油箱。若继续转动转向盘一角位移,则又重复上述过程。简单地说,即只要阀芯与阀套有2°~7°的相对转动,油路即接通,压力油经计量马达进入转向油缸推动车轮转向,而油流通过马达的同时又推动马达,使阀芯与阀套的相对角位移减小,直到完全消除,实现反馈。因此,转向盘的转角大小总是与马达的转动角、流量和油缸的行程成一定比例的。

当驾驶员转动转向盘的速度小于供油量所对应的转子自转速度时,轮子的转向阻力基本上由液压动力克服,液压马达只作为流量计量器使用,所需操纵力很小。

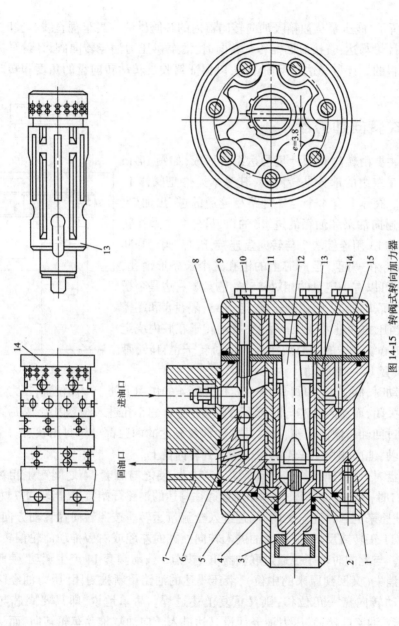

图 14-15　转阀式转向加力器

1-阀体；2-阀盖；3-连接块；4-定位螺式弹簧；5-拨销；6-单向阀；7-溢流阀；8-隔盘；9-端盖；10-调节螺栓；11-转子；12-联轴器；13-阀芯；14-阀套；15-定子

进油口

回油口

当发动机熄火或油泵出现故障(供油停止)而不能实现动力转向时,转动转向盘带动阀芯13、拨销5、联轴器12、转子11转动,这时液压马达就成了手摇泵,单向阀6在真空作用下打开,将转向油缸一腔里的油吸入泵内并压入另一腔,驱动转向轮转向,此时需要较大的操纵力。

转向工作原理如图14-16所示。当转向盘向右转向时,则带动阀芯1右转。因阀芯和阀套之间有±8°的浮动量,故阀芯相对阀套转动,这时阀芯的油槽与阀套的进油路P接通。油泵

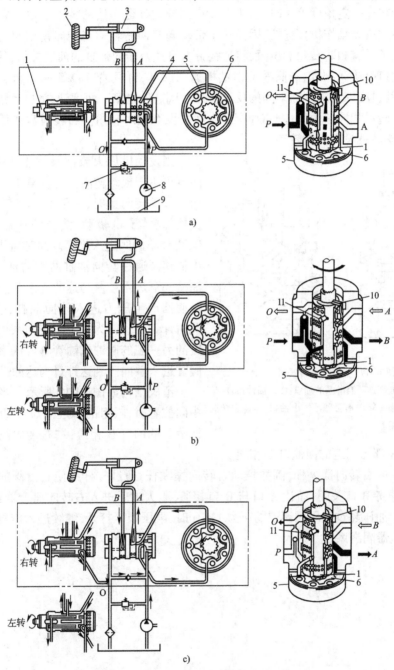

图14-16 转向工作原理图

a)转向盘不动;b)转向盘右转;c)手动转向

1-阀芯;2-转向轮;3-转向油缸;4-阀套;5-定子;6-转子;7-溢流阀;8-油泵;9-油箱;10-复位弹簧;11-销

的来油通过阀套4、阀芯1的油槽,经返回阀套流向计量马达推动旋转。同时计量马达的出油通过阀套后经油管4进入转向油缸小腔,推动转向轮右转。油缸大腔的油从管路B进入阀套,再经阀芯的回油槽后又从阀套的回油口O流回油箱。

阀芯和阀套的相对转角为2°时,油槽接通,相对转角为7°时,全部打开。计量马达的位置使油通向转向油缸。供油量的多少与转向盘的转角成正比。

当转向盘转过一定角度停止时,由于上述来油推动计量马达的转子6也向右转动。因阀套和转子是通过驱动轴作机械连接,因而转子带动阀套向右转动与转向盘相同的角度。阀芯与阀套又形成了没有相对转角的位置,将通往计量马达及转向油缸的油道关闭,使油泵的出油从阀套的进油口P进入阀套,经阀芯的泄油槽返回阀套,再经油口O流回油箱。这时转向轮也停止摆动,其过程即为液压随动阀的反馈作用。阀芯转过某一角度,阀套在计量马达转子带动下也同方向转过相同的角度,阀芯和阀套之间又没有相对转角。当转向盘在任何位置不动时,则阀套和阀芯就没有相对转动。

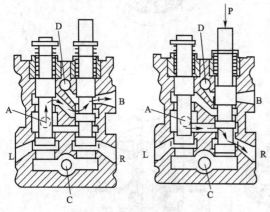

图14-17 滑阀工作位置图

A-总进油口;B-通变速器润滑系的油口;C-总回油口;D-限压阀出油口;L-通左转向离合器油缸出油口;R-通右转向离合器油缸出油口

当发动机熄火或油泵发生故障时,这种转向器可用于扳动转向盘而恢复工作达到静压转向。扳动转向盘时,由于阀芯与转向盘为机械连接,故转子也转动,油经滤油器进入回油管O,再经单向阀进入阀套。此时通往计量马达进出油路及通往转向油缸两腔的油道全部打开,油从阀套进入计量马达的进油腔。由于手动作用使油产生压力进入转向油缸,使车轮转向。此时计量马达变为油泵向转向系供油。转向油缸的另一腔的回油从油管B经阀套、阀芯,再经阀套进入单向阀到达计量马达的进油腔。

滑阀结构如图14-17所示。当其阀杆处于中间位置时,阀组的总进油口A直接与变速器润滑系的油口B相通,左右转向离合器油缸的出油口L和B都与阀组的回油口C相通。

当拉动左或右转向操纵杆,例如拉动右转向操纵杆,通过杠杆系使右滑阀的阀杆向下运动。这时阀杆将B口关闭,而让A口与R口相通,压力油就进入右转向离合器油缸,使其分离。当油缸中油压超过限压阀调定的压力1MPa时,限压阀7打开,继续进入滑阀的压力油从D口流入变速器润滑系。

第十五章　轮式底盘制动系

第一节　制动系的功用

制动系是用来对行驶中的工程机械施加阻力,使其行驶速度降低或停止的装置。它对工程机械完成作业任务,提高生产效率及保证行驶的安全,起着很重要的作用。因为,工程机械的行驶是在一定条件下进行的,而且行驶条件是在不断变化的,它不可能始终保持在某一速度下工作。如机械转弯或通过不平地段,或由于作业中行驶阻力突然增加等情况,都要求工程机械的行驶速度能强制降低;甚至,当遇到危险情况,如遇到障碍物,或将碰撞行人及往来车辆时,都需要在最短的距离内把机械停住;此外,在下长坡时,由于自重不断地使车速增加,要使车速稳定或在坡道上作暂短停车等,都要用制动系来进行制动,以适应变化着的情况。

对行驶中的工程机械施加阻力,使其减速或停止,这种作用即称为制动。

制动系的基本组成和工作原理,如图 15-1 所示。一个以内圆面为工作表面的金属制动鼓 8 固定在车轮轮毂上,随车轮一起旋转。在固定不转的制动底板 11 上,有两个支撑销 12,支撑着两个弧形制动蹄 10 的下端。制动蹄 10 的外圆面上装有非金属摩擦衬片 9。制动底板上装有液压制动轮缸(又称制动分泵)6,用油管 5 与装在车架上的液压制动主缸 4(又称制动总泵)相连通。主缸中的活塞 3 可由驾驶员通过制动踏板 1 来操纵。

制动系不工作时,制动鼓 8 的内圆面与制动蹄摩擦片的外圆面之间保持一定的间隙,使车轮和制动鼓可以自由旋转。

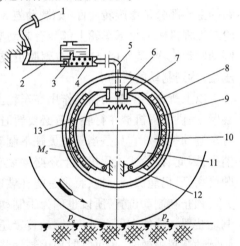

图 15-1　制动系工作原理示意图

1-制动踏板;2-推杆;3-主缸活塞;4-制动主缸;5-油管;6-制动轮缸;7-轮缸活塞;8-制动鼓;9-摩擦片;10-制动蹄;11-制动底板;12-支撑销;13-制动蹄回位弹簧

要使行驶中的工程机械减速,驾驶品应踩下制动踏板 1,通过推杆 2 和主缸活塞 3,使主缸内的油液在一定的压力下流入制动轮缸 6,并通过两个轮缸活塞 7 推动两个制动蹄 10 绕支撑销 12 转动,制动蹄上端向两边分开,而以其摩擦片 9 压紧在制动鼓 8 的内圆面上。这样,不旋转的制动蹄就对旋转着的制动鼓作用一个摩擦力矩 M,其方向与车轮旋转方向相反。制动鼓将该力矩 M 传到车轮后,由于车轮与路面间的附着作用,车轮即对路面作用一个向前的圆周力 P_0,同时路面对车轮作用一个向后的反作用力,即制动力 P,制动力 P 由车轮经车桥传给机架,迫使行驶中的工程机械减速,以至停止。制动力 P 愈大,则减速度也愈大。当放开制动踏板时,回位弹簧 13 将制动蹄拉回原位,摩擦力矩 M 和制动力 P 消失,制动作用即行停止。

制动力 P 随着制动器所产生的摩擦力矩 M 的增大而增大。但制动力也不能无限制地增大，它也和牵引力一样，其最大值是受车轮与地面附着力 P_0 的限制的。

即如式 15-1 所示：

$$P_{max} \leqslant P_0 = G\varphi$$

式中：G——作用于车轮上的垂直载荷；

φ——车轮与地面的附着系数。

这说明，当制动力 P 增大到与附着力 $G\varphi$ 相等时，轮缸推力再增大也不能使制动力相应地增大，结果车轮便完全停止转动（即制动鼓和制动蹄之间不再有相对转动），车轮不再沿路面向前滚动，而是沿路面滑移，产生所谓车轮"抱死"，并产生明显的"拖印子"现象，这时机械的动能差不多完全消耗于轮胎与路面间局部擦触部位的摩擦上，结果造成轮胎摩擦发热而急剧地磨耗。实践证明，车轮"抱死"滑移时的制动距离并不是最短的，且还易造成机械侧向滑移而破坏行驶稳定性，也给转向操纵造成困难，甚至无法控制。而最短的制动距离是发生在车轮将被"抱死"而尚未"抱死"的制动状态。这样，车轮在制动过程中能始终保持即将滑移，且尚未开始滑移的状态，此时的制动力 P 接近附着力，但尚未达到附着力。这时轮胎与路面间形成的印迹是压印（即有清晰的轮胎花纹的印痕）。此时的制动效能最高，使机械很快地减速直至停车。

由以上所述可以看出，整个制动系包括作用不同的两大部分，即制动器和制动驱动机构。其中用来直接产生迫使车轮转速降低的制动力矩（即摩擦力矩 M）的那一部分，称为制动器。它的主要部分是由旋转元件（如制动鼓 8）和固定元件（如制动蹄 10）组成的摩擦副。一般在轮式工程机械的全部车轮上都装有制动器。另一部分如制动踏板、制动主缸和轮缸等，总称为制动驱动机构，其作用是将来自驾驶员或其他力源的作用力传到制动器，使其中的摩擦副互相压紧，达到制动的目的。

以上所介绍的制动器是作用在车轮上的，并由驾驶员通过制动踏板来操纵的这一套制动装置，是供工程机械在行驶中有必要暂时减速，或有时要使机械制动到停车而使用的，故称为行车制动装置。它只是当驾驶员踩下制动踏板时起作用，而在放开制动踏板后，制动作用即行消失，因此，在轮式工程机械上还必须设有一套停车制动装置，用它来保证机械停驶后，即使驾驶员离开，仍能保持原地，特别是能在坡道上原地停住。这套制动装置通常用制动手柄操纵，并可锁止在制动位置，所以也称为手制动装置。与此相应，前面所说的行车制动装置也称为脚制动装置。除停车制动外，手制动装置还可以在坡道上起步时使用，以防止工程机械滑溜。当脚制动装置失效时，也可临时用手制动装置进行行车制动。工程机械在行驶中遇险，往往需要急踩制动踏板的同时拉出手制动手柄。因此，为了确保行驶安全，在工程机械底盘上都应具有十分可靠的上述两套制动装置。手制动器一般装在变速器输出轴上。

对于经常行驶于山区的工程机械，下长坡的机会很多，除装有上述两套制动装置外，则还加装其他形式的辅助制动器，使之在下长坡时进行辅助制动，以减轻脚制动器的工作负担，避免脚制动器由于工作过于频繁而温度大大增高，以致制动能力衰退，甚至完全失效的情况。并可避免它在重力作用下不断加速，而造成的事故。

在工程机械上常用的辅助制动装置是发动机排气制动装置。在下长坡时，将发动机熄火，并将变速器挂入一定挡位，使车轮通过传动系来带动发动机，用发动机内部的阻力来消耗工程机械的一部分动能，以实现辅助制动。这就是所谓的发动机制动。若在发动机排气管内装一个片状阀门，在下长坡时，将阀门关闭，以加大发动机排气阻力，从而增强发动机制动效果，这套装置即称为发动机排气制动装置。ZL50装载机上采用了排气制动装置。但经常在坡度较大较长的情况下工作的工程机械,采用发动机排气制动,虽然可在一定程度上减轻行车制动器的负担,但其制动效果还是有限的。

在用液力机械传动的工程机械上采用了液力式辅助制动装置。它是在传动系中装有泵轮(转子),泵轮两侧装以固定的叶轮,制动时输入油液,利用泵轮旋转搅动油液,所生油流冲击固定叶轮产生阻力而制动,车辆的一部分动能转化为热量被循环着的油液带走。在上海SH380矿用自卸汽车上采用了这种辅助制动装置。

目前,在轮式工程机械的制动装置中所用的制动器绝大多数是机械摩擦式。制动作用是由相对运动的两零件之间所产生的摩擦力矩来实现的。对机械摩擦式制动器应有如下要求:

(1)工作可靠,有足够的制动力,应在一定的外廓尺寸下,充分利用制动传动机构传来的力,产生尽可能大的制动力矩。

(2)工作性能要稳定,因此制动器的摩擦衬面材料应具有较大的抗热衰退性能及较大的摩擦系数并且耐磨,以保证一定的使用寿命。因为摩擦衬片表面温度升高之后,其耐磨性和摩擦系数均有所降低,使制动力矩减小。

(3)制动器在结构上,应具有较好的散热性能。

(4)制动器中摩擦件之间的间隙应能调整,其调整机构的结构要简单、操作方便,最好能实现自动调整,以保证其制动效能,简化保养作业。因为,如果摩擦件之间的间隙过小,则不易保证彻底解除制动,更主要的将使制动器始终处于被制动状态而使制动器发热,若间隙过大,又将使制动踏板行程过长,制动反应不灵敏。

摩擦式制动器的结构形式很多,按摩擦副的结构特点可分为蹄式、盘式、带式三种。在行车制动装置中,大多采用车轮的内蹄式制动器,盘式制动器近年来得到很快的发展。带式制动器在轮式底盘中只个别地用作停车制动器,一般布置在传动系的传动轴上。

第二节 制 动 器

本节主要介绍蹄式、盘式和带式制动器的结构类型和工作原理。

一、蹄式制动器

按促动装置可分为:

轮缸式制动器——以液压油缸作为制动蹄的促动装置,也称分泵式制动器;

凸轮式制动器——以凸轮促动制动蹄;

楔式制动器——以楔斜面促动制动蹄;

1. 轮缸式制动器

如图15-2所示为单缸双活塞制动器。

当制动鼓8逆时针旋转时,左制动蹄在活塞2的推力P的作用下推开制动蹄1和制动蹄6,使之绕各自支撑7旋转到紧压在制动鼓8上,旋转着的制动鼓即对两制动蹄分别作用着微元法向反力的等效合力N_1和N_2以及相应的微元切向反力的等效合力F_1和F_2,由于F_1对左蹄支撑产生力矩的方向与其促动力P产生的制动力矩方向相同,故F_1使左蹄增加了制动力矩,而右蹄正好相反。其F_1对右蹄支撑产生的力矩与促动力P对右蹄产生的制动力矩方向相反,即减小了右蹄的制动力矩,所以我们把左蹄称为增势蹄,而把右蹄称为减势蹄。当制动鼓反转时,左蹄成为减势蹄,而右蹄成为增势蹄。由于在相同促动力下而左、右蹄的等效合力 N_1 与 N_2 不等(逆时针转时 $N_1 > N_2$,顺时针转时 $N_2 > N_1$),故称这样的制动器为非平衡式制动器。

如图 15-3 所示为双缸双活塞制动器,其特点是无论制动鼓正反转均能借蹄鼓摩擦力起增势作用,且增势力大小相同,因而称其为平衡式制动器。

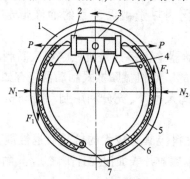

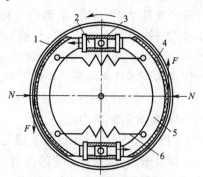

图 15-2 单缸双活塞制动器
1-制动锁;2-轮缸活塞;3-制动轮缸;4-复位弹簧,5-摩擦片;6-制动蹄;7-支撑销

图 15-3 双缸双活塞制动器
1-制动鼓;2-轮缸活塞;3-制动轮缸;4-摩擦片;5-制动蹄;6-复位弹簧

如图 15-4 所示为双向自动增力式制动器,它仍然是单缸双活塞油缸,但结构不同。它有支撑销 5 和顶杆 2,在这样的结构下,若轮鼓顺时针旋转,则蹄 1 和 3 均为增势蹄,但 3 增势大于蹄 1,反之制动鼓逆时针转动时蹄 1 的增势大于蹄 3。对运输车辆来说,前进制动远多于倒车制动。故把前进制动时增势较大的蹄摩擦面积做的较大,以使两蹄能磨损均匀。这种制动器的特点是制动力矩增加过猛,制动平顺性较差,且摩擦系数稍有降低,则制动力矩急剧下降。

2. 凸轮式制动器

如图 15-5 所示为凸轮式制动器,推力 F_1 和 F_2 由凸轮旋转而产生。若制动鼓为逆时针旋转,则左蹄为紧蹄右蹄为松蹄。但在使用一段时间之后,受力大的紧蹄必然磨损快,由于凸轮两侧曲线形状对中心对称,及两端结构和安装的轴对称,故凸轮顶开两蹄的距离应相等。在经过一段时间的磨损,最终导致 $N_1 = N_2$、$F_1 = F_2$ 使制动器由非平衡式变为平衡式。如果制动鼓反转,道理相同。如图 15-6 所示为 CL7 铲运机前制动器。这种制动器在制动过程中开始阶段属于非平衡式,工作一段时间之后属于平衡式,下面以 CL7 铲运机前制动器为例进行介绍。它是用可转动的凸轮迫使制动蹄张开,其工作原理与非平衡式相同。

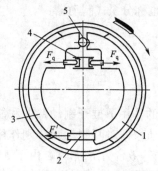

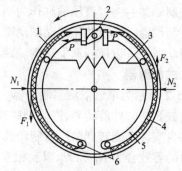

图 15-4 双向自增力式制动器示意
1-前制动蹄;2-顶杆;3-后制动蹄;4-轮缸;5-支撑销

图 15-5 凸轮式制动器示意图
1-制动鼓;2-凸轮;3-复位弹簧;4-摩擦片;5-制动蹄;6-支撑销

268

如图 15-6 所示,制动鼓 15 与车轮固连。左、右制动蹄 12、14 下端的腹板孔内压入青铜套 22;支撑销 16 的左端活套着制动蹄 12,右端固定于制动底板 2 上;为防止制动蹄轴向脱出,装有垫板 18、锁销 23。这样,制动蹄可绕支撑销 16 旋转。制动蹄的中部通过复位弹簧 13 紧拉左右制动蹄 12、14,使其上端紧靠在 S 状凸轮上。图中 15-6 正是解除制动状态,制动蹄上的摩擦衬片与制动鼓之间保持着一定间隙。

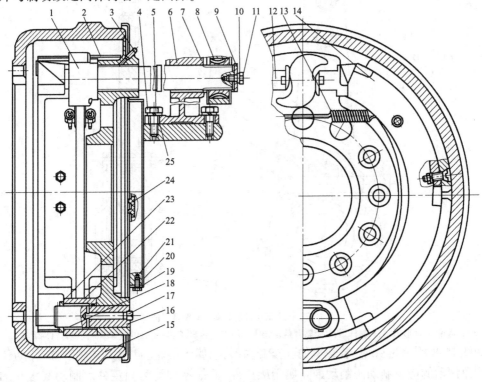

图 15-6 CL7 铲运机前制动器

1-制动凸轮;2-制动底板;3-油嘴;4、11、21-螺钉;5、10、20 弹性垫圈;6-凸轮轴支撑架;7-调整臂盖;8-调整壁内蜗轮;9-调整臂端盖;12-左制动蹄;13-复位弹簧;14-右制动蹄;15-制动鼓;16-支撑销;17-锥形螺塞;18-垫板;19-挡泥板;22-青铜套;23-锁销;24-橡胶塞;25-凸轮轴支撑调整垫片

当制动时,S 状凸轮逆时针旋转,两制动蹄便张开制动。当解除制动时,凸轮返回复位,复位弹簧 13 便使两制动蹄脱离制动鼓。

由于凸轮与轴是制成一体的,故两制动蹄所能绕支撑销转过的角度及对制动鼓施加的作用力大小完全取决于凸轮工作表面的几何形状和转角。在调整时不可能将制动蹄与鼓间的间隙达到沿摩擦衬片长度上各相应点处完全一致。因此,制动时即使制动凸轮使两制动蹄张开的转角即使相等,两蹄对制动鼓的压紧力及其摩擦衬片上所受单位压力也不可能完全一致。故该制动器开始使用时是非平衡式,用过一段时间后,单位压力较大的摩擦衬片磨损较大,其与制动鼓间的间隙相应增大,故制动时两蹄对鼓的压力也就逐渐趋于相等,而成为平衡式制动器(指前进时)。

制动器间隙的局部调整装置是在调整臂下部空腔里的蜗轮蜗杆机构,如图 15-7 所示,整蜗杆 5 的两端支撑在调整臂下部空腔壁孔中,且能转动。蜗轮 1 用花键与制动凸轮轴外端连接。制动蜗杆 5 便可在调整臂不动的情况下,带动蜗轮 1 使制动凸轮轴连同凸轮转过某一角度,两制动蹄也随之相应转过一定角度,从而改变了两制动蹄原有位置,达到所需求的间隙量。

269

蜗杆轴3一端轴颈上沿周向有若干个凹坑。当蜗杆每转到与凹坑对准的位于调整臂孔中的钢珠6时,钢珠便在弹簧8作用下,压人到凹坑里。这样就能保证调好位置的凸轮相对于调整臂的角位置不能自行改变。

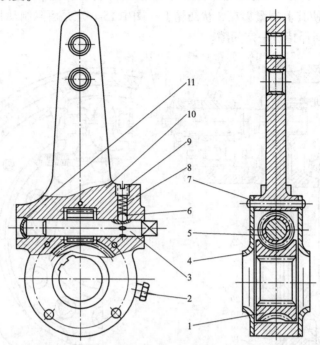

图 15-7　CL7 铲运机前制动器调整臂组件

1-蜗轮;2-锥形蜗塞;3-蜗杆塞;4-调整臂盖;5-蜗杆;6-钢球;7-铆钉;8-弹簧;9-螺塞;10-调整臂;11-堵塞

如图 15-8 所示为 966D 装载机的驻车制动器,它属于凸轮、自增力式制动器,作为停车制动和紧急制动的应急制动。制动鼓4属于旋转件,其他零件均为固定件。制动底板6的凸缘限制左右制动蹄轴向脱出;传力调整杆7两端制有左、右旋反向螺纹,它除了传力之外,并兼有调整制动间隙的作用。

当行驶时,汽缸中由于压缩空气通过活塞12压迫弹簧1使凸轮11处于如图的"解除制动"位置。当紧急制动时,操作系统中的快速放气阀,使汽缸中压缩空气迅速泄出,弹簧1推动活塞12、连杆2与摇臂3,使凸轮11旋转而推动左右蹄片实现制动。当压缩空气压力低于规定值时(28kPa),气压克服不了弹簧的压力而不能松开制动器,机械便不能行驶,这是为了安全起见而采取的必要措施。

3. 楔式制动器

楔式制动器的基本原理如图 15-9 用楔块插入两蹄之间,在 F 力的作用下向下移动,迫使两蹄在分力 P 的作用下向外张开。作为制动楔本身的促动力可以是机械式、液压式或气压式。如图 15-10 所示为 966D 装载机车轮制动器。

它是液压促动楔式制动器。它的基本结构与图 15-2 完全相同,为非平衡式制动器,只是促动装置不同。制动分泵2、左右制动蹄6都安装在制动底板4上,底板4是固定在车桥上的。制动鼓7是固连在车轮上,随车轮一起转动。其促动装置如图 15-10b)所示。活塞9上腔为压力油缸,压力油由8口进入;活塞杆18的中部套有复位弹簧17,它的下端是支撑在泵体16上;活塞杆的下端装有两个滚轮11,滚轮是压在柱塞10楔形槽的斜面上;调整套15的外圆面制成螺旋角较小的齿轮,其齿形为锯齿,它与卡销14端面的齿相啮合,弹簧13迫使卡销始终压在调整套 15 的外齿上。

调整套外齿顶圆柱面与柱塞 10 内圆柱面为滑动配合;调节螺钉 3 与调整套是螺纹配合,其螺旋方向与调整套外锯齿旋向相同。

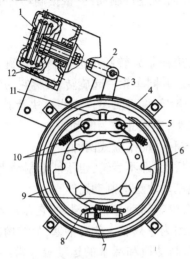

图 15-8　966D 装载机驻车制动器

1-弹簧;2-连杆;3-摇臂;4 制动鼓;5-挡板;6 制动底板;7-传力调整杆;8-弹簧;9-制动蹄;10-复位弹簧;11-凸轮;12-活塞

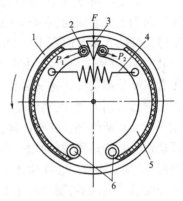

图 15-9 楔式制动器示意图

1-制动鼓;2 滚动;3-楔块;4-复位弹簧;5-制动蹄;6-支撑销

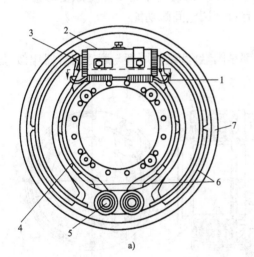

a)

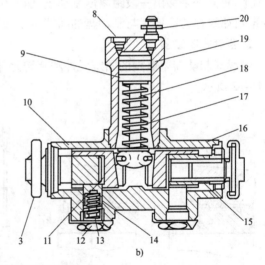

b)

图 15-10　966D 装载机车轮制动器

1-复位弹簧;2-制动分泵;3 调节螺钉;4-制动底板;5-支撑销;6-制动蹄;7-制动鼓;8-进油口;9-活塞;10-柱塞;11-滚轮;12-固定纵塞;13-弹簧;14-卡销;15-调整套;16-分泵体;17-弹簧;18-活塞杆;19-缸体;20-放气螺塞

制动时,压力油推动活塞 9 克服弹簧弹力,推动滚轮 11 下行,在楔形槽的斜面的作用下,柱塞 10 通过锯齿斜面压下卡销 14 而外移,实现制动。解除制动时,压力油卸压;在活塞复位弹簧 17 和制动蹄复位,弹簧 1 的作用下,各部件回位,制动解除。

当摩擦衬片严重磨损时,调整套 15 的外伸量加大,卡销 14 的端面轮齿,将从调整套的原来齿槽跳入下一个相邻齿槽。由于锯齿垂直面的作用,调整套 15 回位时,无法压下卡销 14,只能在螺纹的作用下自身旋转,从而使不能转动的调节螺钉旋出,这样便自动调整了制动间隙。

二、盘式制动器

盘式制动器是以旋转圆盘的两端面作为摩擦面来进行制动的,根据制动件的结构可分为钳盘式和全盘式制动器。

1. 钳盘式制动器

钳盘式制动器是以带摩擦衬块的夹钳,从两边夹紧旋转圆盘进行制动的制动器。该圆盘是以两端面为工作表面的,它与车轮固定在一起。并同车轮一起旋转,故称它为制动盘。作为固定摩擦元件的大多是面积不大的摩擦衬块,一般有两至四块。这些衬块及其压紧装置(如制动轮缸)都装在跨于制动盘两侧的夹钳形支架上,它们总称为制动钳。

钳盘式制动器按其结构又可分为固定钳盘式和浮动钳盘式两种。

固定钳盘式制动器:制动钳是固定安装在车桥上,即不旋转,也不能沿制动盘轴向移动,因而必须在制动盘两侧都设制动油缸,以便将两侧制动块压向制动盘。

浮动钳盘式制动器:制动钳一般设计得可以相对制动盘轴向滑动,在制动盘内侧设置油缸,而外侧的制动块则附装在钳体上。这种结构因为它只有一侧有活塞,故结构简单,质量轻。

对于钳盘式制动器,制动与不制动实际引起制动钳和活塞的运动量非常小,制动力解除时,活塞相对制动钳的回位,是靠密封圈来完成的。如图 15-11 所示,制动时,活塞密封圈变形弯曲。解除制动时,密封圈变形复原拉回活塞和衬片。如果摩擦衬片磨损,则活塞在液压力的作用下,将向外多移出一段距离压制动盘,而回位量不变。这是由于密封圈复原变形量不变。这样,可始终保持摩擦片与制动盘的间隙不变,即有自动调整间隙功能。

2. 全盘式制动器

全盘式制动器摩擦副的固定元件和旋转元件都是圆盘,其结构原理与摩擦离合器相似,如图 15-12 所示。

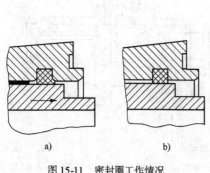

a)   b)

图 15-11　密封圈工作情况

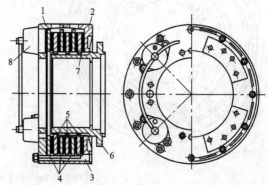

图 15-12　全盘式制动器

1-内盖;2-外盖;3-螺栓;4-固定盘;5-转动盘;6-花键轴套;7-摩擦片;8-制动分泵

制动器外壳用螺栓与桥壳或转向节固定,外壳由外盖 2 和内盖 1 组成,并用 12 只螺栓 3 连成一体。12 只长螺栓上做有键状部分,它与制动器三个固定盘 4 四周的键槽配合,使固定盘不能转动只能轴向移动。三个固定盘之间夹装的三个转动盘 5 用花键与中间的花键轴套 6 滑动配合,轴套 6 与轮毂用螺栓连接。扇形的摩擦片 7 用环氧树脂粘在固定盘上,并用铆钉铆紧。在制动器的内盖上装有四只制动分泵 8,每只分泵可以单独取下,便于维修。

多片全盘式制动器的各盘都封闭在壳体中,散热条件较差。因此有些国家正在研制一种强制液冷多片全盘式制动器。这种制动器完全密封,内腔充满冷却油液。

盘式制动器与蹄式制动器相比,有以下优点:

(1)一般无摩擦助势作用,因而制动器效能受摩擦系数的影响较小,即效能较稳定;

(2)浸水后效能降低较少,而且只需经一两次制动即可恢复正常;

(3)在输出制动力矩相同的情况下,尺寸和质量一般较小;

(4)制动盘沿厚度方向的热膨胀量极小,不会像制动鼓的热膨胀那样使制动器间隙明显增加而导致制动踏板行程过大;

(5)较容易实现间隙自动调整,其他维护、修理作业也较简便。

盘式制动器不足之处是:

(1)技能较低,故用于液压制动系时所需制动促动管路压力较高,一般要用伺服装置;

(2)兼用于驻车制动时,需要加装的驻车制动传动装置较鼓式制动器复杂,因而在后轮上的应用受到限制。

三、带式制动器

带式制动器的制动元件是一条外束于制动鼓的带状结构物,称为制动带。为了保证制动强度和解除制动时带与鼓的分离间隙,制动带一般都是由薄钢片制成,并在其上铆有摩擦衬片,以增加其摩擦力和耐磨性。由于带式制动器结构简单、布置容易,所以它常用于驻车制动器、履带式机械的转向制动器以及挖掘机和起重机上。带式制动器根据给制动带加力的形式不同,可分为单端拉紧式、双端拉紧式和浮动式。下而分别介绍。

(1)单端拉紧式如图 15-13a)所示,铆有摩擦衬片的制动带 2 包在制动鼓 3 上,一端为固定端,而另一端为操纵端,后者连接在操纵杆 1 的 O_1 点;操纵杆 1 以中间为支点 O,通过上端的扳动,从而使旋转的制动鼓 3 得以制动。当制动鼓顺时针旋转而制动时,显然右端的固定端为紧边,左端的操纵端为松边;当制动鼓 3 反时针旋转而制动时,情况恰好相反,固定端成为松边,而操纵端反成为紧边。由此可见,在操纵力相同的条件下,前者较后产生的制动力矩大。

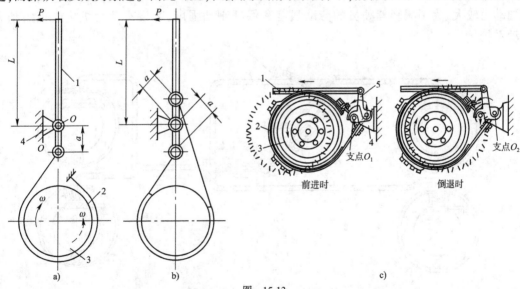

图 15-13

a)单端拉紧式带式制动器;b)双端拉紧式带式制动器;c)浮动式带式制动器

1-操纵杆;2-制动带;3-制动鼓;4-支架;5-双臂杠杆

（2）双端拉紧式如图15-13b）所示，两边都是操纵边，这样，无论制动鼓正转或反转，其制动力矩相等。若假设图中操纵力 P、力臂（L、a）以及其他有关参数与图15-13a）中完全相同时，则其制动力矩总是小于单边拉紧式的任一种工况。

（3）浮动式如图15-13c）所示，操纵杆1连接双臂杠杆5，而后者的下端通过两个销子与制动带的两端相连，两个销子又支靠在支架4的两个反向凹槽中。当机械前进行驶而制动时，双臂杠杆在操纵杆1的作用下以 O_1 为支点反时针旋转，右边的销子如图中箭头所示离开凹槽，拉紧制动带而制动。显然，固定端 O_1 既为双臂杠杆旋转的支点，又为制动带紧边的支撑端；如果当机械倒退行驶而制动时，情况恰相反，O_2 点为旋转的支点和紧边的支撑端，而操纵端的销子如图中箭头所示，拉紧制动带离开凹槽向下运动。这种结构，无论制动鼓正转或反转，固定端总是制动带的紧边，而操纵端也总是制动带的松边。因此，制动力矩大且相等，所以在履带式机械上得到广泛应用。

第三节　制动系的传力、助力机构

一、人力液压制动系

要将驾驶员的操纵力可靠平稳地传给制动器，就必须要有一套传力机构。如前所述它可以是机械、液压、气压式等。如图15-14所示是一个单管路液压传力系统，作为制动能源的驾驶员所施加的控制力通过作为控制装置的制动踏板机构4传到制动主泵5，它将踏板机构输入的机械能转换成液压能。再通过液压油管3、8、6将液压能输入制动器1和7中的制动分泵2，分泵再将液压能转换成机械能促动制动器工作，由图可以看出只要有某一管路或分泵发生泄漏，整个制动系统就会失效。因此，目前工程机械中多采用双管路系统，即通向所有制动分泵（或气室）的管路分别属于两个各自独立的系统。这样当一个系统失效后，另一个系统仍能工作，从而提高了行驶安全性。在一些中型、大型和重型工程机械中，由于要求制动力较大，为了减轻驾驶员的劳动强度和保证制动强度，都设有助力机构或采用动力制动系统。

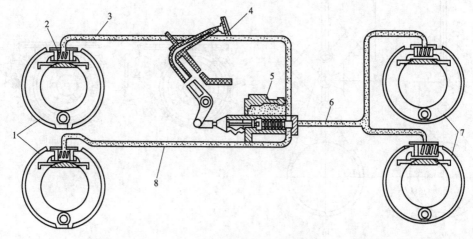

图15-14　人力液压制动系示意图

1-前轮制动器；2-制动轮缸；3、6、8-油管；4-制动踏板机构；5-制动主缸；7-后轮制动器

二、伺服制动和动力制动

带有助力机构的制动系称为伺服制动系统。它是在人力液压制动系的基础上加设一套动力伺服系统形成的，即兼用人体和发动机作为制动能源的制动系。在正常情况下，制动力主要由伺服系统供给，而在伺服系统失效时，全靠驾驶员供给。伺服制动系可分为气压伺服式、真空伺服式和液压伺服式。在工程机械中大多采用液压伺服式。

在动力制动系统中，驾驶员仅仅作为控制能源，而不是制动能源。制动能源是由发动机提供的。动力制动系有气压制动系、气顶液制动系和全液压制动系，在工程机械中常采用气顶液制动系，现以966D型装载机为典型进行介绍。

三、CAT966D 装载机制动系统

966D装载机的制动传力助力系统如图15-15所示，为气压—液压复合式系统。它由空气供给系、手制动气路系、车轮制动气路系、油压系、电子监控系统五大部分组成。

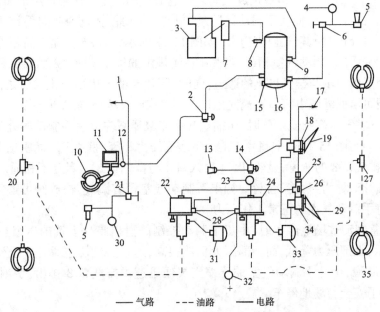

——气路　---油路　——电路

图15-15　CAT966D 装载机制动系统

1-通变速器中位阀管路;2-手制动控制阀;3-空压机;4-制动器气压指示灯;5-故障报警器;6-车轮制动气压开关;7-空压机压力控制器;8-安全阀;9-止回阀;10-手制动器;11-手制动汽缸;12-快速放气阀;13-喇叭;14-喇叭鸣号阀;15-放水开关;16-储气筒;17-通变速器截断阀;18-左制动阀;19-左踏板;20-后桥三通管;21-手制动气压开关;22-后桥气推油加力器;23-尾灯信号开关;24-前桥气推油加力器;25-单向节流阀;26-梭阀式;27-前桥三通管;28-活塞限位开关;29-右踏板;30-手制动气压指示灯;31-后桥制动器油箱;32-油压指示灯;33-前桥制动器油箱;34-右制动阀;35-车轮制动器

1. 空气供给系统

它主要由空气压缩机3、单向阀9和储气筒16组成，从空压机3产生的压缩空气经单向阀9进入储气筒16。压力控制器7的作用是维持气压处于620~725kPa，当最高气压大于1033kPa时，则安全阀8开启。

2. 手制动气路系统

由储气筒16送出的压缩空气经手制动控制阀2之后分成三路：管路1通往变速器空挡阀，当紧急制动时，空挡阀打开，变速器便自动置于空挡；下行管路至气压开关21，用来控制气

压指示灯 30 和报警器 5;中间管路经快速放气阀 12 送往手制动汽缸 11 平衡弹簧力,下面介绍手制动控制阀 2 与快速放气阀 12。

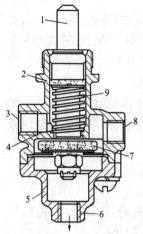

图 15-16　手制动控制阀
1-滑阀;2-阀体;3-进气口;
4-通气孔;5-盖;6-排气口;
7-阀门 8-出气口;9-弹簧

(1)手制动控制阀。如图 15-16 所示,入口 3 与储气筒相连,出气口 8 与手制动器相通。当气压低于工作压力时,阀门 7 在弹簧 9 的作用下关闭入口至出口 8 的通路,迫使储器筒气压上升,直到正常工作压力器、报警器 5 讯号停报为止;人通过驾驶室按钮推滑阀 1 压缩弹簧 9 下行,关闭排气口 6,接通入口 3 至出口 8 的通道,这时,由于手制动气室气压升高而逐渐解除制动,机械方可起步。否则,因手制动"制动"而不能行车,所以它是安全措施之一。如需场地停车或遇紧急情况需要手制动联动停车时,只要拔出滑阀 1,则入口 3 气路被堵。手制动器的连接管路中的压缩气将由出口 8 经排气口 6 排往大气,则手制动立即"制动",机械停止行驶。当气压低于 280kPa 时,也会发生如上现象。因此,它是人工与气压自动控制的复合控制机构。

(2)快速放气阀。快速放气阀的主要作用是用来加速手动气室排气,促使手制动器迅速"制动"的。此外,它兼有向手制动器充气,并保持其气压的作用。如图 15-17 所示,入口 5 与储气筒相连,出口 1 与手制动气室相通,当气压达到规定的气压值时,膜片 5 如图 15-17a)所示向下弯曲,封闭了出口 1 与排气口 8 的通道;同时,膜片 5 的上表面与上盖 3 之间掀开一定缝隙,压缩空气便可沿此缝隙由入口 4 流向出口 1,使手制气室处于充气状态。

当手制动气室气压高到规定值时,压缩空气便克服弹簧弹力使手制动器处于"解除制动"状态,该气室压力与图 15-17b)中膜片 5 的上下表面压力相等,膜片上表面密贴上盖 3,同时仍继续封闭通往排气口 8 的通道,显然,出口 1、入口 4 与排气口 8 三者互不相通。这时,机械就处于正常行驶状态,称为"保持"位置。如果手制动气室稍有漏气,快放阀可重复"充气"给予补充,始终维持手制动气室的正常工作压力。

当需要紧急制动或场地停车时,由于手制动控制阀泄出膜片上端的压缩空气,膜片 5 如图 15-17c)所示,上部压力降低,而下部压力仍然很高,这就必然压迫膜片 5 上弯,接通出口 1 与排气口 8 的通道,于是手制动气室的压缩空气便迅速由排气口 8 排出,手制动器立即"制动",从而保证了安全与场地停车。

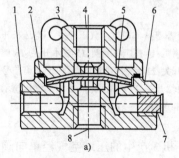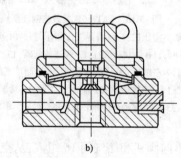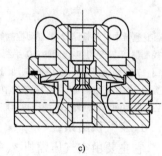

图 15-17　快速放气阀
a)充气位置;b)保持位置;c)排气位置
1-出口;2-O 形密封圈;3-盖;4-入口;5-膜片;6-阀座;7-螺纹塞;8-排气口

3. 车轮制动气路系统

由左制动阀 18 至前后桥气推油加力器 24、22 之间的所有元件都属于车轮制动气路系统。

276

（1）制动阀的工作原理。左、右制动阀结构相同,如图 15-18 所示为左控制阀。接口 1 与储气筒管路相连,压缩空气由此输入,接口 13 把压缩空气送往右制动阀,接口 4 与变速器截断阀相接,接口 9 与单向节流阀相通,支撑板 6 上装有脚踏板。

当制动时,如图 15-18a)所示,脚踏板上的作用力压缩垫块 7、使活塞 5 克服弹簧 10 的弹力下行,使阀 3 与阀体 11 间形成环形孔道 A,由接口 1 进入的压缩空气通过环形孔 A 流向接口 4 和 9,如图中箭头所示。于是,制动器得以制动,同时变速器便自动置于空挡。

当以一定的力踩下脚踏板时,充入气推油加力器及活塞 5 下端面的气压逐渐升高,压缩橡胶垫块 7,使活塞 5 上升,直到阀 3 在弹簧 2 的作用下抵住阀座 11 台阶,关闭进气通道;同时,活塞 5 下端面与阀 3 上端面密贴,封闭排气通道;这时控制阀使压缩空气不进不出保持平衡,并使脚板感触到一定制动效果。由于加力器充入的气压低,故产生的制动强度不大。如需加强制动,可继续踩下踏板,则气压可重复上述过程,加大制动强度。因此,踏板行程的大小与制动强度保持着一定的比例关系。

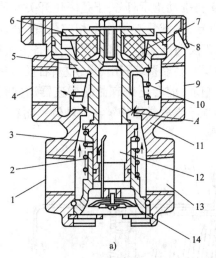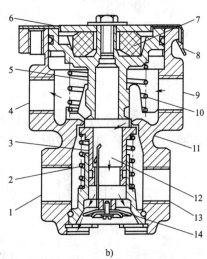

图 15-18　制动阀

a)制动工况;b)解除制动工况

1、4、9、13-接口;2、10-弹簧;3-阀;5-活塞;6-支撑板;7-垫块;8-护板;11-阀座;12-排气道;14-防尘板

当解除制动时,脚踏板完全放松,如图 15-18b)所示支撑板 6 将不受脚踏板力,由于弹簧 10 的弹力使活塞 5 恢复至上极限位置,同时阀 3 在弹簧 2 的作用下其顶面紧顶在阀座环状凸台的下端面,关闭高压气路。活塞 5 的下端面与阀 3 的上端面形成环形气流孔道;由此孔道接口 4、9 与排气口相通,流回的压缩空气,经阀的下部出口处排出,于是系统处于"解除制动"状态。

（2）单向节流阀工作原理。如图 15-19 所示,阀的左端与左制动阀相连,右端与梭阀相接。阀门 2 中间有一直径较小的节流孔。当制动时,踩下左制动阀踏板 19,压缩空气克服弹簧 4 弹力、推开阀门 2 从中间节流孔和沿阀门外缘的缺口处流过。这样,制动时气流大制动迅速;当解除制动时,弹簧 4 使阀门 2 回位,气体只有从中间节流孔反向流回。这样,去往变速器空挡阀的空气不经节流首先排出,变速器随即

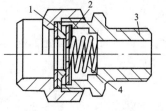

图 15-19　单向节流阀

1-阀座;2-阀门;3-接头;4-弹簧

自动挂挡;而由于节流作用,制动器的制动总是滞后于变速器的挂挡。这样,若机械在坡道上行驶,当制动器松开时可避免滑坡现象。

（3）梭阀的工作原理。如图 15-20 所示，入口 5 与单向节流阀相连，入口 3 与右制动阀相接。当操纵左制动阀时，压缩空气推阀芯 2 右移，如图中箭头所示经出口 4 流向气推油加力器，使车轮制动；反之，当操纵右制动阀时，压缩空气从右推阀芯 2 左移，同样经出口 4 流出产生制动作用。因此，梭阀的作用是根据操纵的左阀还是右阀来关闭另一入口，同时打开出口 4，使压缩空气进入气推油加力器。

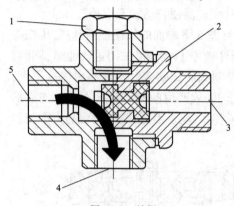

图 15-20　梭阀

1-螺塞;2-阀芯;3、5-左、右入口;4-出口

（4）气推油加力器工作原理。如图 15-21 所示，压缩空气入口 10 与梭阀相接，油液出口 1 与车轮制动器相通，接口 4 与油箱相连。当制动时，由入口 10 进入的压缩空气推气压活塞 9 左移，活塞杆 8 再推油压活塞 3 也左移，从而产生高压油使车轮制动。当解除制动时，弹簧 7 使气压活塞 9 油压活塞 3 复位，车轮随即解除制动。当油压系统中因漏损或其他原因使油量过少时，活塞 9 将推动指示杆 6，于是限位开关 5 使指示灯 32 发出讯号，告诫驾驶员作出相应处理，处理完毕后必须由人工反向推动指示杆 6 复位，以备下次报警。

从上述车轮制动系统看出，操纵左、右任一制动阀都能使车轮制动，前者还兼有截断变速器通向行走装置的动力，用于一般道路行车制动；此外，当卸料时，便于驾驶员操作铲斗与动臂。而右制动阀却不能截断动力，这样，当下长坡时，有利于安全行车。

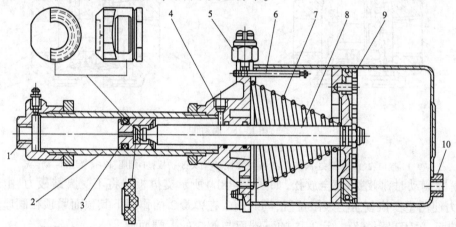

图 15-21　气推油加力器

1-出口;2-汽缸;3-油压活塞;4-接口;5-限位开关;6-指示杆;7-弹簧;8-活塞杆;9-气压活塞;10-入口

278

第十六章　轮式行驶系

第一节　组成和功用

轮式行走系统,如图 16-1 所示,它通常由车架 1、车桥 2、悬架 3 和车轮 4 组成。车架 1 通过悬架 3 和车桥 2 相连,车桥两端则安装车轮 4。

工程机械的悬架多数是刚性的,也就是把车架和车桥直接刚性地连接起来。对于行驶速度大于 $40 \sim 50 km/h$ 的汽车起重机一般采用钢板弹簧弹性悬架,而对多点支撑的底盘则采用平衡悬架。随着轮式工程机械行驶速度的提高,为了获得良好的减振效果,有一些机械逐渐采用了油气悬架。

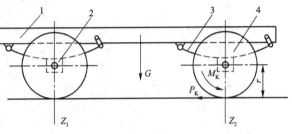

图 16-1　轮式行走系组成示意
1-车架;2-车桥;3-悬架;4-车轮

行走系的基本功用是支持整个机械并保证其行驶和进行作业,亦即承受整机的重量及由传动系和操纵系传来的力和力矩,以及承受推动整机的驱动力和停车时的制动力。

整机的质量 G 通过车轮传到地面,引起地面产生作用于前轮和后轮上的垂直反力 Z_1 和 Z_2。

当内燃机经传动系传给驱动轮一个驱动力矩 M_K 时,则地面便产生作用于驱动轮边缘上的驱动力 P_K。这个推动整个机械行驶的驱动力 P_K 便由行走系来承受。P_K 从驱动轮边缘传至驱动桥,同时经车架传至前桥轴,推动车轮滚动而使整机行驶。

当机械制动时,经操纵制动系作用于车轮上一个制动力矩,则地面便产生作用于车轮边缘上与行走方向相反的制动力,制动力也由行走系承受,它从车轮边缘经车桥传给车架,迫使机械减速以至停止。

当整机在弯道或横坡行驶时,路面与车轮间将产生侧向反力,此侧向反力也由行走系承受。

第二节　车架、车桥、车轮与轮胎

一、车架

车架是整台机械的基础,在它上面直接或间接地安装着所有的零部件,使机械成为一个整体。车架支撑着整个机械的大部分质量,在整机行驶或作业时,还将承受着更大的动载荷的作用。在工作过程中为了保证车架上各机件的正确相对位置,车架要有足够的强度和刚度,同时质量要轻。

车架一般可分为整体式和铰接式两种基本类型。

整体式车架通常用于车速较高的施工机械与车辆;在车速很低的施工机械(压路机)上,整体车架也得到广泛应用。如图 16-2 所示为 QY-16 汽车起重机的车架,由两根钢板焊成的纵梁和七根横梁等组成。

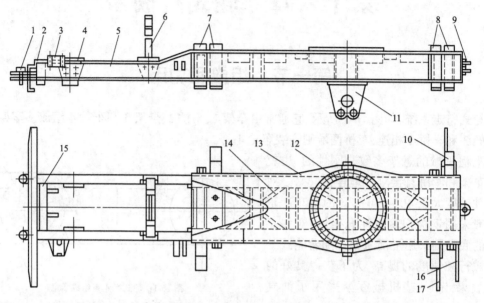

图 16-2　QY-16 汽车起重机车架

1-前拖钩;2-保险杠;3-转向机支座;4-发动机支架板;5 纵梁;6-吊臂支架;7、8-支腿架;9-牵引钩;10-右尾灯架;11-平衡轴支架;12-固垫板;13-上盖板;14-斜梁;15-第一横梁;16-左尾灯架;17-牌照灯架

纵梁 5 用钢板焊接(也有用钢板冲压的)而成,纵梁的断面是变化的,后半部受负荷较大部分其高度是加大的。前半部纵梁断面为槽形,而后半部为增大纵梁的强度则采用箱形断面,横梁是用来装置机械的主要总成和附件的,应当满足车架刚度的需要。其形状不一,这是为了便于安装与其位置相当的总成。在车架后半部负荷较大部分为增加车架的强度和刚度设置了两个 X 形横梁,而在车架的尾部因为装有牵引钩 9,为了增加车架的局部强度和刚度设置了 K 形梁。

铰接式车架由于其转弯半径小,前、后桥通用,工作装置容易对准工作面等优点,在压实机械和铲土运输机械中得到了广泛的应用。

如图 16-3 所示为 ZL50 装载机的铰接式车架,它由前车架 1 与后车架 4 在中间用上、下两个垂直铰销 3 和 8 相连而成。因此,前、后车架可绕铰销相对偏转,从而使装载机实现转向。

前后车架的构造与整体式的车架构造相同,也是由两根纵梁与若干横梁铆接或焊接而成。ZL50 装载机前车架与前桥在两个限制块 11 中间刚性连接。后车架与后驱动桥通过副车架相连,即驱动桥与副车架 6 用螺栓连接,而副车架 6 借两个水平销轴 7 与后车架上的两根横梁 13 铰接,则后驱动桥在不平道路上行驶时可绕水平销轴摆动,使四轮同时着地,从而减轻地形变化对车架和铰销的影响。

前、后车架铰接点的形式有 3 种,即销套式、球铰式、锥柱轴承式。现以销套式为典型进行介绍。

如图 16-4 所示。在前车架 6 和后车架 4 上均开有垂直销孔,销套 5 压入后车架的销孔中,铰销 1 插入销孔后,通过锁板 2 锁在前车架上,使之不能随意转动。因此,前后车架可绕铰

280

销相对偏转,而使整个机械转向。铜垫圈 3 的作用是避免前后车架直接接触而造成磨损。

销套式的特点是:结构简单,工作可靠。但上、下铰点销孔的同心度要求较高,所以上、下铰点距离不宜太大。目前中,小型机械广泛采用这种形式,如 ZL30 和 ZL50 装载机。

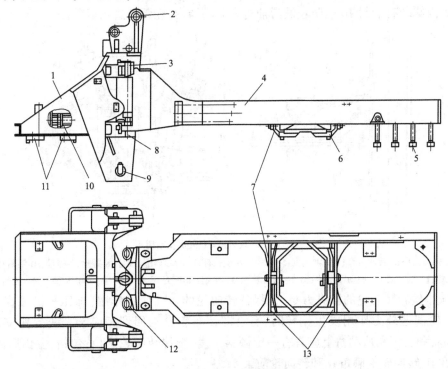

图 16-3　ZL50 装载机车架

1-前车架;2-动臂铰点;3-上铰销;4-后车架;5-螺栓;6-副车架;7-水平销轴;8-下铰销;9-动臂油缸铰销;10-转向油缸前铰点;
11-限位块;12-转向油缸后铰点;13-横梁

二、车桥

采用非铰接式车架的工程机械其转向桥有两种:转向驱动桥和转向从动桥。两者在结构上的区别主要是有无驱动机构。

转向从动桥的功用是利用铰链装置使车轮可以偏转一定角度,即实现整机的转向。它除了承受垂直载荷外,还承受制动力和侧向力以及这些力造成的力矩。

转向从动桥是出一根刚性的实心或空心梁,转向节、主销和轮毂等部分组成。QD100 汽车超重机的转向从动桥,如图 16-5 所示。

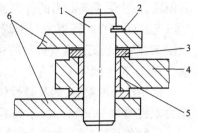

图 16-4　销套式铰点结构

1-铰销;2-锁板;3-铜垫圈;4-后车架;5-销套;6-前车架

作为主体元件的从动桥梁 1,其中段为无缝钢管(一般中、小型机械用钢材锻造,其断面为工字形),在钢管上焊有钢板弹簧支座 2 和下反作用杆支座 7。从动桥梁的两端各有一个加粗部分由锻钢制成拳状与中段焊接成一体,其中有通孔,主销 17,即插入此通孔内,并用带有螺纹的楔形锁销将主销固定在孔内,使之不能转动。转向节 19 为叉形,由转向节指轴与带有两耳的转向节本体焊接而成,转向节上有销孔的两耳通过主销与从动桥梁拳部相连。转向节的销孔内装有滚针轴承 16 和 21,用装在转向节上的注油嘴注入黄油。在转向节下耳与拳部之间装有止推轴承 20，使转向节最大限度的减少了转向时的阻力。在转向节上耳装有转向节臂 3，它与转向纵拉杆相连接，而在下耳则装有与转向横拉杆 6 相连的梯形臂 5。车轮轮毂 13 即通过两个圆锥滚柱轴承 11 和 12 支撑在转向节外端的轴颈上，轴承的紧度可用调整螺母加以调整。轮毂内侧装有油封 10 以防止润滑油进入制动器内，轮毂外边用罩盖住。

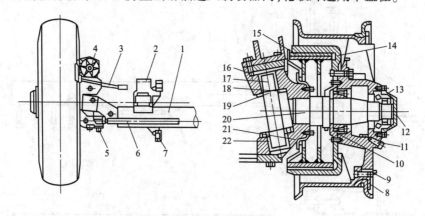

图 16-5　QD100 汽车起重机转向从动桥

1-从动桥梁；2-弹簧支座；3-转向节臂；4-制动气室；5-梯形臂；6-横拉杆；7-下反作用杆支座；8-螺栓；9-螺母；10-油封；11、12-圆锥轴承；13-轮毂；14-制动鼓；15-制动摩擦片；16、21-滚针轴承；17-主销；18-密封环；19-转向节；20-止推轴承；22-密封环

为了减小偏转转向轮的操纵力矩，并保证转向轮的自动回正作用（即工程机械直线行驶时，当转向轮偶遇外力作用发生偏转时，有立即使车轮自动回到相应于直线行驶位置的能力）。转向轮和主销在从动桥上应具有一定倾斜角度，统称转向轮定位，包括：主销后倾角 γ，主销内倾角 β，转向轮外倾角 α 和转向轮前束 δ。

主销后倾角 γ，如图 16-6 所示，主销在纵向平面内向后倾斜一角度 γ 时，其轴线延长线与地面交点 a 将位于车轮与地面接触点 b 的前面。当车轮偏离直线行驶位置或转向时，车轮向右偏转，由于受到离心力的作用，在车轮与地面接触作用点 b 处产生地面作用于车轮的侧向力 Y，其与主销中心线距离为 l，则侧向力 Y 相对主销中心线形成一个迫使车轮自动回正的稳定力矩 Yl，从而保证了机械行驶的居中稳定性。但由于稳定作用反过来也增加了转向所需的操纵力，故主销后倾角 γ 不宜太大，一般在 $0° \sim 3°$。

采用低压轮胎时，因其弹性较大，由于轮胎的变形及转向时侧向偏离而使着力点后移，稳定力矩将增大，γ 角可以减小到零度。

后倾角是相对行驶方向而言的（指前轮为转向轮），开倒车时，力矩 Yl 并无稳定作用而有减轻操纵转向所需力矩的效果。因此需要经常进行穿梭式作业的工程机械应使 $\gamma = 0°$。

主销内倾角 β，即主销在横向平面内其上端向内倾斜一个角度 β，如图 16-7 所示。当主销无内倾时，其延长线与地面交点，与轮胎接触地面中心点 b 的距离为 L，使主销内倾 β 角后，其延长线与地面交点 a 与 b 点的距离减小到 L_1，从而使操纵转向轮偏转的力矩减小。同时，在转向轮受到地面冲击和制动时还可减少转向轮传到方向盘的冲击力。

此外，主销内倾也有保持车轮直线行驶稳定性的效果。当车轮由直线行驶位置绕主销轴线旋转时（图 16-7 所示为车轮偏转 180°），车轮中垂线绕主销旋转轨迹是一个圆锥体。在车轮偏转某一角度时，车轮与地面接触点应伸至地下，但实际上车轮下边缘不可能陷入地面之下，而是将转向轮连同整机前部向上抬起一定高度，由于整机自重作用迫使转向轮返回到直线行驶位置。一般内倾角 β 不大于 8°，L_1 为 $40 \sim 60$mm。

转向轮外倾角 α，是指车轮滚动平面与垂直平面的夹角 α，如图 16-8 所示，转向轮外倾后，在地面对车轮垂直反力 G 的轴向分力 F 作用下，轮毂压紧在转向节内端的大轴承上，从而减轻了外端小轴承及轮毂锁紧螺母的负荷。同时，防止车轮从轴上脱出。

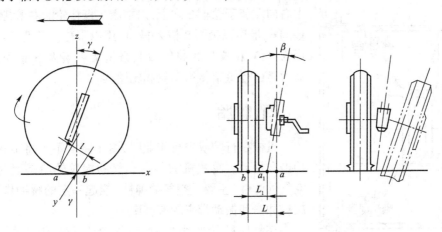

图 16-6　主销后倾作用　　　　　　　　图 16-7　主销内倾角的作用

由于转向轮外倾，还可避免在使用期间，由于零件的磨损使主销与衬套之间以及轮毂轴承等处间隙的增大，并考虑到满载时转向从动桥变形的增加，导致车轮出现严重的内倾现象。

此外，转向轮外倾后，可使轮胎接触面中点到转向主销轴线的距离由 L_1 进一步缩小到 L_2，从而进一步减少了阻止转向轮偏转的力矩，使转向操纵轻便。一般外倾角 α 为 1°左右。

转向轮前束 δ，如图 16-8 所示，外倾的车轮其轴线延长线与地面交点为 O'，车轮滚动时将绕 O' 在地面上滚动。使转向轮前端有向外张开的趋势，这又增加了轮毂外轴承的压力。由于车桥的约束使车轮不能向外滚开，车轮将在地面上边滚边滑，从而增加了轮胎的磨损。为了避免上述现象可调节横拉杆的长度，使转向轮前端距离 B 略小于后端距离 A，如图 16-9 所示，$A-B=\delta$ 的长度称为前束 δ，以毫米表示。

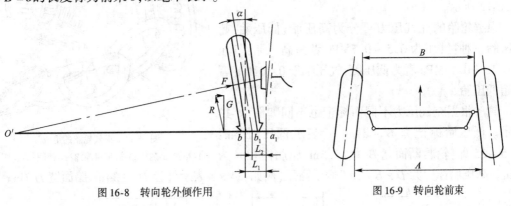

图 16-8　转向轮外倾作用　　　　　　　　图 16-9　转向轮前束

三、车轮

轮式工程机械的车轮是由轮毂、轮辋以及这两个元件之间的连接部分所组成，轮辋是用来固定轮胎的，轮毂是车轮的中心，通过轮毂内的轴承保证车轮在前、后桥指定的位置上灵活转动，按连接部分的构造不同，车轮可分为盘式与辐式两种，盘式车轮应用最广。

盘式车轮，用以连接轮毂和轮辋的钢质圆盘称为轮盘，大多数是冲压制成，对于负荷较重的重型机械的车轮，其轮盘与轮辋通常是做成一体的，以便加强车轮的强度与刚度。

辐式车轮,便于安装轮胎,其轮辐有的是和轮毂铸成一个钢质空心辐条,为了轮辋做成可卸的,并能用螺栓装在轮辐上。

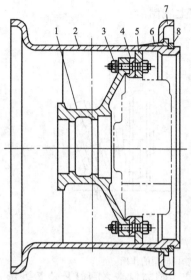

图 16-10　装载机的盘式车轮

1-轮毂;2-轮辋;3 轮毂螺栓;4-轮边减速器行星架;5-轮盘;6-斜底垫圈;7-挡圈;8-锁圈

如图 16-10 所示,此图为装载机通用车轮的构造。轮胎由右向左装于轮辋 2 之上,以挡圈 7 抵住轮胎右壁,插入斜底垫圈 6,最后以锁圈 8 嵌入槽口,用以限位。轮盘 5 与轮辋 2 焊为一体,由螺栓 3 将轮毂 1、行星架 4、轮盘 5 紧固为一体,动力是由行星架传给车轮和轮胎的。

四、轮胎

机械在行驶或进行作业时,由于路面不平将引起很大的冲击和振动。轮式机械装有充气的橡胶轮胎是因为橡胶和空气的弹性(主要是空气的弹性)能起一定的缓冲作用,从而减轻冲击和振动带来的有害影响。

充气橡胶轮胎由内胎 2、外胎 1 和衬带 3 所组成,如图 16-11 所示。内胎 2 是一环形橡胶管,内充一定压力的空气。外胎是一个坚固而富有弹性的外壳,用以保护内胎不受外来损害。衬带 3 用来隔开内胎,使它不和轮辋及外胎上坚硬的胎圈直接接触,免遭擦伤。

根据轮胎的用途可将轮胎分为五大类,即:G——路面平整用;L——装载、推土用;C——路面压实用;E——土石方与木材运输用;ML——矿石、木材运输与公路车辆用。

根据轮胎的断面尺寸叉可将轮胎分为标准胎、宽基胎、超宽基胎三种,其断面高度 H 与宽度 B 之比如图 16-12 所示。

根据轮胎的充气压力可分为高压胎、低压胎、超低压胎三种:气压为 0.5 ~ 0.7MPa 者为高压胎;气压为 0.15 ~ 0.45MPa 者为低压胎;气压小于 0.15MPa 者为超低压胎。

轮胎根据充气压力不同而标记也不同如图 16-13 所示。低压胎标记为 B – d,"–"表示低压,例如:17.5 – 25 即:轮胎断面宽 B 为 17.5in,轮胎内径 d 为 25in。高压胎标记为 $D \times B$,"×"表示高压,例如:34 × 7 表示外径 D 为 34in,胎面宽为 7in。

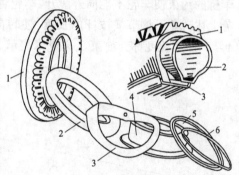

图 16-11　充气轮胎的组成

1-外胎;2-内胎;3-衬带;4-轮辋;5-挡圈;6-锁圈

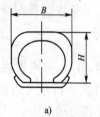

a)

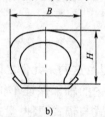

b)

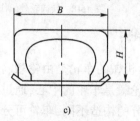

c)

图 16-12　轮胎断面形状分类

a)标准断面轮胎 $H/B \approx 98\%$;b)宽基轮胎 $H/B \approx 82\%$;c)超宽基轮胎 $H/B \approx 65\%$

根据轮胎帘线的排列形式,轮胎可分为斜交胎(普通胎)、子午胎、带束斜交胎。

斜交胎结构如图16-14所示。帘布层3是外胎的骨架,用尼龙丝或人造丝、钢丝、棉线等材料涂胶黏结,并与轮胎轴线的夹角呈48°~54°,各层交互排列黏结而成,轮胎的承载能力主要是由帘布层来提供。胎面1是具有一定花纹的橡胶层,具有耐磨、减振、牵引附着以及保护帘布层免受潮湿和机械损伤的作用。缓冲层2是较稀疏的挂胶帘布层,用来缓和冲击振动并使胎面和帘布层牢固黏合。钢丝圈5内部包有钢丝,紧箍在轮辋外径。胎侧6的外表包着一层高质量、耐切割的保护橡胶,用来保护帘布层。

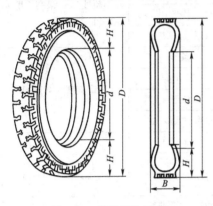

图16-13 轮胎的尺寸标记

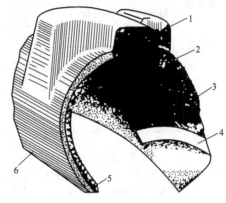

图16-14 外胎结构

1-胎面;2-缓冲层;3-帘布层;4-胶层;5-钢丝圈;6-胎侧

子午线轮胎如图16-15所示。帘布层1的各层帘线方向与轮胎圆周成90°排列。这样,帘线受力与变形方向一致,因此,承载能力大面层数少。带束层2采用钢丝帘线,其方向与圆周成10°~20°,它的作用是使胎面具有足够的刚性,像刚性环带一样紧紧地箍在胎体上。子午胎的优点是附着性能好,滚动阻力小,承载能力大,耐磨性能与耐刺扎性能好。但侧向稳定性差,对制造工艺、精度、设备的要求高,所以造价高。

带束斜交轮胎的帘布层排列与斜交胎相同,带束层与子午胎相同,在结构上它介于二者之间。

无内胎轮胎的构造如图16-16所示,气密层1密贴于外胎,省去了内胎与衬带,利用轮辋作为部分气室侧壁。因此,其散热性能好,适宜高速行驶工况。这种轮胎可以充水或充物,增加整机的稳定性和附着性能,充水的水溶液一般用氯化钙,充物的物料一般用硫酸钡、石灰石、黏土等粉状物。其缺点是对密封和轮辋的制造精度要求高,需要专门的拆卸工具和补胎技术。

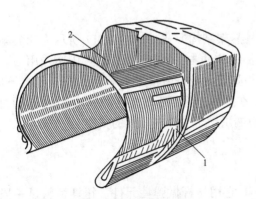

图16-15 子午线轮胎

1-帘布层;2-带束层

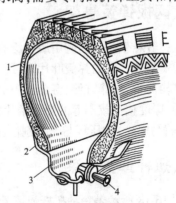

图16-16 无内胎轮胎断面结构

1-气密层;2-密封胶层;3-轮辋;4-气门嘴

轮胎胎面的花纹形状对轮胎的防侧滑性、操纵稳定性、牵引附着性等使用性能和作业性能都有明显的影响。不同类型的工程机械所配用的轮胎的胎面花纹形状也各不相同。表 16-1 示出了机械种类与花纹形式的对应关系。

工程轮胎花纹形式与机械种类的对应关系 表 16-1

用 途	所配机械种类	轮胎分类编号	花纹形式	作业类型
土石方及木材运输	铲运机、自卸卡车、越野牵引车、越野载	E-1	条形	短途运输，即一个作业循环不超过 5km，最高速度为 48km/h
		E-2	牵引形	
		E-3	块形	
		E-4	块形、加深花纹	
路面平整	平地机	G-1	条形	最高速度为 40km/h
		G-2	牵引形	
		G-3	块形	
		G-4	块形、加深花纹	
推土装载	推土机、装载机、挖掘机、叉车、矿车、混凝土搅拌机等	L-2	条形	作业速度为 8km/h
		L-3	牵引形	
		L-4	块形、加深花纹	
		L-5	块形、加深花纹	
路面压实	压路机	C-1	光胎面	作业速度为 8km/h
		C-2	条形或小块形花纹	

第三节　典型悬架的结构和工作原理

悬架是用于车架与车桥(或车轮)连接并传递作用力的结构。弹性悬架还可以缓和并衰减振动和冲击,使车辆获得良好的行驶平顺性。悬架通常由弹性元件、导向装置和减振装置组成。弹性悬架的结构类型很多,按导向装置的不同形式可分为独立悬架和非独立悬架两大类。前者与断开式车轴联用,后者与整体式车轴联用。按弹性元件的不同,又可分为钢板弹簧悬架、扭杆弹簧悬架、空气弹簧悬架和油气弹簧悬架等。

一、钢板弹簧悬架

钢板弹簧悬架是目前应用最广泛的一种弹性悬架结构形式。如图 16-17 所示为加装副簧的钢板弹簧悬架。它的弹簧叶片既可作弹性元件缓和冲击,又可作导向装置传递作用力。因此具有结构简单、维修方便、寿命长等优点。钢板弹簧一般是由很多曲率半径不同、长度不等、宽度一样、厚度相等或不等的弹簧钢片所叠成。在整体上近似于等强度的弹性梁,中部通过 U 形螺栓(骑马螺栓)和压板与车桥刚性固定,其两端用销子铰接在车架的支架上。

二、扭杆弹簧悬架

如图 16-18 所示是一种扭杆弹簧悬架的结构,它用扭杆做弹性元件。扭杆弹簧是一段具有扭转弹性的金属杆,其断面一般为圆形,少数为矩形或管形。它的两端可以做成花键、方形、六角形或带平面的圆柱形等,以便将一端固定在车架上,另一端通过摆臂固定在车轮上。扭杆用铬钒合金弹簧钢制成,表面经过加工后很光滑。为了保护其表面,通常涂以沥青和防锈油漆或者包裹一层玻璃纤维布,以防碰撞、刮伤和腐蚀。扭杆具有预扭应力,安装时左右扭杆不能互换。为此,在左右扭杆上刻有不同的标记。

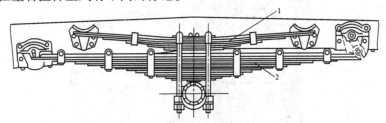

图 16-17　加副簧的钢板弹簧悬架
1-副簧;2-主簧

当车轮跳动时,摆臂 2 绕着扭杆轴线而摆动,使扭杆产生扭转弹性变形,借以保证车轮与车架的弹性连接。扭杆弹簧悬架结构紧凑、弹簧自重较轻、维修方便、寿命长,但制造精度要求高,需要有一套较复杂的扭杆套等连接件。因此目前尚未获得普遍采用。

三、油气弹簧悬架

在密封的容器中充入压缩气体和油液,利用气体的可压缩性实现弹簧作用的装置称油气弹簧。油气弹簧以惰性气体(氮气)作为弹性介质;用油液起传力介质和衰减振动的作用。如图 16-19所示为安装在 SH380 型矿用自卸汽车上的油气弹簧悬架的油气弹簧。它由球形气室 10 和液力缸 2 两部分组成。球形气室固定在液力缸的上端,其内的油气隔膜 11 将气室内腔

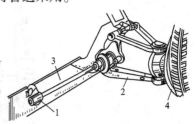

图 16-18　扭杆弹簧悬架
1-扭杆;2-摆臂;3-车架;4-车轮

分隔成两部分:一侧为气室,经充气阀 14 向内充入高压氮气,构成气体弹簧;另一侧为油室与液力缸连通,其内充满减振油液,相当于液力减振器。液力缸由缸筒 2、活塞 3 和阻尼阀座 6 等组成。活塞装在套筒上,套筒下端通过下接盘 1 与车桥连接。液力缸上端通过上接盘 7 与车架相连。

缸盖内装有阻尼阀座6,其上有六个均布的轴向小孔,对称相隔地装有两个压缩阀 12,两个伸张阀 13 和两个加油阀 8。在阀座中心和边缘各有一个通孔。

静止时加油阀是开启的,从加油孔注入的油液可流入液力缸。

当载荷增加时,车架与车桥靠近,活塞上移使其上方容积减少,迫使油液经压缩阀、加油阀和阻尼阀座中心孔及其边缘上的小孔进入球形室,推动隔膜向氮气一方移动,从而使氮气压力升高,弹簧刚性增大,车架下降减缓。当外界载荷等于氮气压力时,活塞便停止上移,这时车架与车桥的相对位置不再变化,车身高度也不再下降。

当载荷减小时,油气隔膜在氮气压力作用下向油室一方移动,使油液压开伸张阀 13,经阀座上的中心孔及其边缘小孔流回液力缸,推动活塞下移,从而使弹簧刚性减小,车架上升减缓。

当外部载荷与氮气压力相平衡时,活塞停止下移,车身高度也不再上升。

由于氮气储存在定容积的密封气室之内,氮气压力是随外载荷的大小而变化,故油气弹簧具有可变刚性的特性。当油液通过各个小孔和单向阀时,产生阻尼力,故液力缸相当于液力减振器。在单向阀上装用不同弹力的弹簧可以产生不同的阻尼力,从而可改变油气弹簧的缓冲和减振作用。

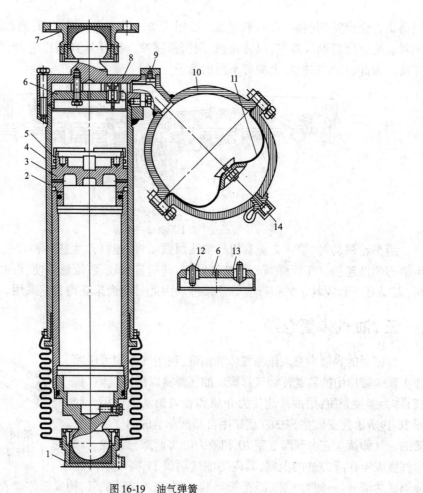

图 16-19　油气弹簧

1-下接盘;2-液力缸筒;3-活塞;4-密封圈;5-密封圈调整螺母;6-阻尼阀座;7-上接盘;8-加油阀;9-加油塞;10-球形室;11-油气隔膜;12-压缩阀;13-伸长阀;14-充气阀

第十七章　履带行驶系

第一节　履带行驶系的功用和组成

履带式机械行驶系的功用是支持机体并将柴油机经由传动系传到驱动链轮上的转矩转变成机械行驶和进行作业所需的牵引力。为了保证履带式机械的正常工作它还起缓和地面对机体冲击振动的作用。

履带式行驶系通常由机架、悬架机构和行走装置三部分组成。机架是全机的骨架,用以安装所有的总成和部件,使全机成为一个整体;悬架机构是用来将机体和行走装置装连接起来的部件,它应保证机械以一定速度在不平路面上行驶时具有良好的行驶平顺性和零部件工作的可靠性。行走装置用来支撑机体并将发动机经传动系输出的转矩,利用履带与地面的作用,产生机械行驶和作业的牵引力。

履带行走装置由履带、驱动轮、支重轮、托轮、引导轮和履带张紧装置等组成,如图17-1所示。

左右两条履带包绕在上述四种轮子之外,由张紧装置张紧,使之直接与地面接触。驱动轮驱动履带绕四种轮子转动,不直接在地面上滚动。引导轮的作用是张紧履带,并引导它正确卷绕,但不能使它相对于机身偏转,即不能起转向作用。许多支重轮在履带轨面上自由滚动,起着传递机重给履带的作用。托轮支持着履带的上半边,不使之下垂。

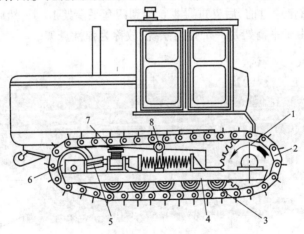

图 17-1　行走装置

1-驱动轮;2-履带;3-支重轮;4-台车架;5-张紧装置;6-导向轮;7-悬架的平衡装置;8-托轮

履带式行驶系与轮式行驶系相比有如下特点:

(1)支撑面积大,接地比压小。例如,履带推土机的接地比压为 $2 \sim 8\text{N/cm}^2$,而轮式推土机的接地比压一般为 20N/cm^2。因此,履带推土机适合在松软或泥泞场地进行作业,下陷度小,滚动阻力也小,通过性能较好。

（2）履带支撑面上有履齿，不易打滑，牵引附着性能好，有利于发挥较大的牵引力。

（3）结构复杂，重量大，运动惯性大，减振性能差，零件易损坏。因此，行驶速度不能太高，否则机动性差。

第二节　机架和悬架

机架是用来支撑和固定发动机、传动件及驾驶室等零部件的，是整机的骨架。它可分为全梁式和半梁式两种。推土机多用半梁式，如图 17-2 所示，两根纵梁 1 与后桥箱 3 焊为一体。后桥箱有铸钢件与焊接件之分，随着焊接工艺的改进，近年来焊接件用得较多。机架中部横梁 2 通过铰销支撑在悬架上。

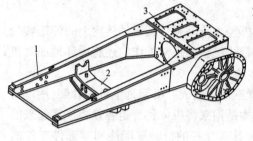

图 17-2　TY220 推土机机架
1-纵梁；2 横梁；3-后桥箱

悬架是机架和支重轮的连接部件，机架上的机重通过悬架传给支重轮，再传到履带。同时履带和支重轮在推土机行驶过程中所受地面的冲击也经过悬架传给机架。因此，推土机的悬架应具有一定的缓冲能力，才能保证推土机在行驶中的平稳和驾驶员的舒适。

悬架可分为弹性悬架、半刚性悬架和刚性悬架。机体的重量完全经弹性元件传递给支重轮的叫弹性悬架；部分重量经弹性元件而另一部分重量经刚性元件传递给支重轮的叫半刚性悬架；机体重量完全经刚性元件传递给支重轮的叫刚性悬架。通常对于行驶速度较高的机械（例如东方红-75 推土机）为了缓和高速行驶而带来的各种冲击采用弹性悬架；对于行驶速度较低的机械，为了保证作业时的稳定性，通常采用半刚性悬架或刚性悬架。

如图 17-3 所示，出了东方红-75 推土机的行驶系。它没有统一的台车架，各部件都安装在机架 5 上；推土机的重量通过前、后支重梁 4、6 传到四套平衡架 10 上，然后再经过八对支重轮 12 传到履带 13 上。由于平衡架是一个弹性系统，故称为弹性悬架。

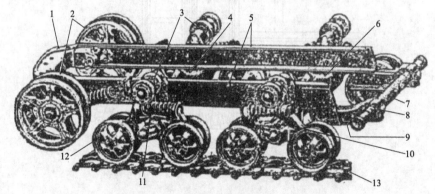

图 17-3　东方红-75 推土机的行驶系
1-前横梁；2-张紧轮；3-托轮；4-前支重梁；5-机架；6-后支重梁；7、8、9-撑架；10-平衡架；11-悬架弹簧；12-支重轮；13-履带

弹性悬架式推土机的平衡架的结构如图 17-4 所示：平衡架由一对互相铰接的内、外空心平衡臂 2、7 组成。内、外平衡臂 2、7 由销轴 3 铰接；在外平衡臂 7 的孔内装有滑动轴承，通过支重梁横轴 4 将整个平衡架安装到前、后支重梁上，并允许其绕支重梁摆动。悬架弹簧 1 是由两层螺旋方向相反的弹簧组成，螺旋方向相反是为了避免两弹簧在运动中重叠而被卡住。悬

架弹簧压缩在内、外平衡臂2、7之间,用来承受推土机的质量与缓和地面对机体的各种冲击。螺旋弹簧的柔性较好,在吸收相同的能量时,其质量和体积都比钢板弹簧小,但它只能承受轴向力而不能承受横向力。

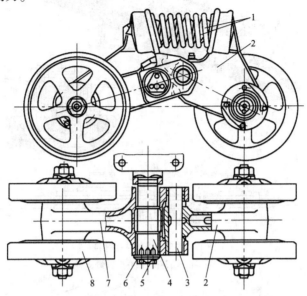

图 17-4   东方红 75 推土机的平衡架

1-悬架弹簧;2-内平衡臂;3-销轴;4-支重梁横轴;5-垫圈;6-调整垫圈;7-外平衡臂;8-支重轮

半刚性悬架中的台车架是行驶系中一个很重要的骨架,支重轮、张紧装置等都要安装在这个骨架上,它本身的刚度以及它与机体间的连接刚度,对履带行驶系的使用可靠性和寿命有很大影响。若刚度不足,往往会使台车架外撇,引起支重轮在履带上走偏和支重轮轮缘啃蚀履带轨,严重时要引起履带脱落。为此,应采取适当措施来增强台车架的刚度。

由于这种悬架一端刚性连接,另一端为弹性连接,故机体的部分重量通过弹性元件传给支重轮,地面的各种冲击力仅得到部分缓冲,故称为半刚性悬架。

半刚性悬架的弹性元件有悬架弹簧和橡胶弹性块两种形式。如图 17-5 所示为推土机的悬架弹簧。它由一副大板簧 1 和两副小板簧 4 组成。大、小板簧均由不同长度的钢板叠成阶梯形,从而构成一根近似的等强度梁。此外,每一层钢板横断面的厚度做成中间薄两边厚,以使钢板之间形成一定间隙,以减小弹簧在变形过程中,相邻两钢板之间的摩擦阻力。

大板簧 1 通过小板簧 4 与机体连接,小板簧 4 在安装后呈预压状态,从而使大板簧压紧在上盖 2 内,大、小板簧均起缓冲作用。

如图 17-6 所示为用橡胶块作为弹性元件的半刚性悬架的结构。它是由一根横置的平衡梁 1、活动支座 2、橡胶块 4、固定支座 3 以及台车架 5 等零件组成。在左右台车架的前部用螺钉安装固定支座 3,在固定支座 3 的 V 形槽左右两边各放置一块钢皮包面的橡胶块 4,在橡胶块的上面放置呈三角形断面的活动支座 2。横平衡梁 1 的两端自由地放在活动支座 2 的弧形面上,其中央用销与机架相铰接。这种悬架的特点是结构简单、拆装方便、坚固耐用,但减振性能稍差。

对于行驶速度很低的重型机械,例如履带式挖掘机,为了保证作业时有较好的稳定性,以便提高挖掘效率,通常都不装弹性悬架。机架通过两根横轴穿入台车架的孔内固定与台车架成刚性连接,这种悬架结构就是刚性悬架的一种类型。

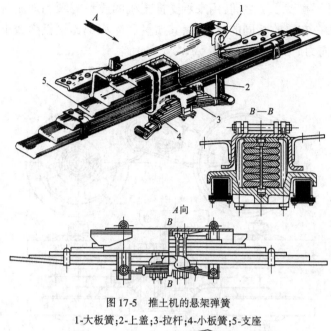

图 17-5　推土机的悬架弹簧

1-大板簧;2-上盖;3-拉杆;4-小板簧;5-支座

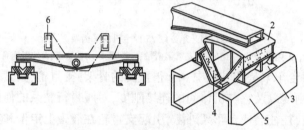

图 17-6　半刚性悬架的橡胶块弹性元件

1-横平衡梁;2 活动支座;3-固定支座;4-橡胶块;5-台车架;6-机架

第三节　履带和驱动链轮

一、履带

履带的功用是支撑机械的重量,并保证发出足够的驱动力。履带经常在泥水中工作,条件恶劣,极易磨损。因此,除了要求它有良好的附着性能外,还要求它有足够的强度、刚度和耐磨性。

每条履带由几十块履带板和链轨等零件组成。其结构基本上可分为四部分:即履带的下面为支撑面,上面为链轨,中间为与驱动链轮相啮合的部分,两端为连接铰链。

如图 17-7 所示为 TY220 推土机履带,它由履带板 1、履带销 4、销套 5、左右链轨节 11、10等零件组合而成。链轨节是模锻成型,前节的尾端较窄,压入销套 5;后节的前端较宽,压入履带销 4;由于它们的过盈量大,所以履带销、销套与链轨节之间都没有相对运动,只有履带销与销套之间可以相对转动。两端头装弹性锁紧套 6,以防止泥沙浸入。在每条履带中都有两个易拆卸的销子,这个销子称为"主销"8,它的外部根据不同的机型都有不同的标记,拆卸时根据说明书细心查找。履带板 1 与链轨节之间用螺钉 2 紧固。

根据各种不同的使用工况,履带板的结构形状与尺寸也不相同。现将几种常见的履带板分述如图17-8所示。

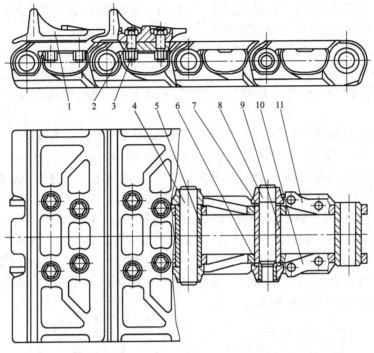

图17-7　TY220履带推土机的履带

1-履带板;2-螺钉;3-螺母;4 履带销;5-销套;6-弹性锁紧套;7-锁紧销垫;8-履带活销;9-短销套;10-右链轨节;11-左链轨节

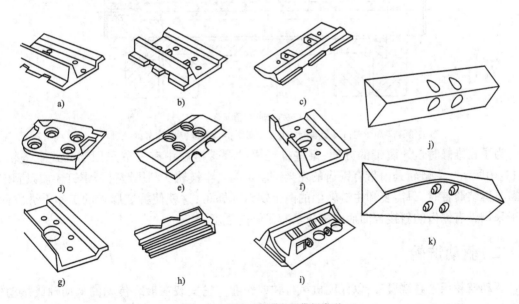

图17-8　组合式履带的履带板类型

图17-8a):标准型有矩形履齿,宽度相当,适用于一般土质地面。

图17-8b):钝角型切去履齿尖角,可以较深地切入土中。

图17-8c):矮履齿型矮履齿切入土中较浅,适宜在松散岩石地面。

图17-8d)、e):平履板型没有明显履齿,适用于坚硬岩石面上作业。

图 17-8f)、g)：中央穿孔Ⅰ、Ⅱ型Ⅰ型履齿在履带板的端部，中间凹下，Ⅱ型的履齿是中部凸起，适宜于雪地或冰上作业。

图 17-8h)：双履齿或三履齿型接地面积大些，切入地面浅些，适宜于矿山作业。

图 17-8i)：岩基履板型用于重型机械上。

图 17-8j)、k)：圆弧三角与曲峰式三角履带板型特别适合于湿地或沼泽地作业，接地压力可低到 $2 \sim 3\mathrm{N/cm^2}$。由于三角形履带板有压实表土作用，且由于张角较大，脱土容易，所以即使在泥泞不堪的地面上，也有良好的"浮动性"，不致打滑，使机械具有较好的通过性和牵引性。

普通销和销套之间由于密封不好，泥沙容易浸入，形成"磨料"，加速磨损；而且摩擦系数也大。因此，近年来研制出"密封润滑履带"，如图 17-9 所示。履带销 2 的孔内以及销 2 与销套 1 的摩擦面之间始终存有稀油，由销 2 端头孔中注入。U 形密封圈 4 由聚氨酯材料制成，密贴于销套 1 与链轨节 6 的沉孔端面上。集索圈 5 由橡胶制成，起着类似于弹簧的紧固作用，由于它的压紧力使 U 形密封圈 4 始终保持着良好的密封状态。这样，无论销与销套怎样反复相对转动，润滑油不会渗出，泥沙不会浸入，这就是这种履带密封的关键。止推环 8 承受着销套 2 与链轨节 6 的侧向力，保护着密封件不受损坏。该装置改善了润滑，减少了磨损，降低了功率消耗，保证链轨节不因磨损后而伸长以致影响正确的啮合，是一种可取的结构。其缺点是制造工艺复杂、成本高、密封件容易老化。

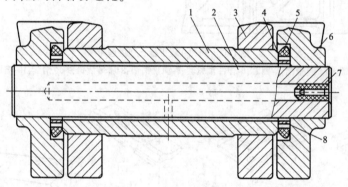

图 17-9 密封润滑履带
1-销套；2-履带销；3、6-链轨节；4-U 形密封圈；5-集索圈；7-封油塞；8-止推环

为了在维修时装卸履带的方便，某些推土机的履带链轨中有一节采用剖分式主链轨如图 17-10 所示。主链轨是由带有锯齿的左半链轨 1 与右半链轨 2 利用履带板螺钉 3 加以固定。在需要拆装履带时，只需装卸主链轨上的两个螺钉 3 即可，这就使拆装履带的工作十分方便。由于采用带有锯齿的斜接合面而使链轨具有足够的强度。

二、驱动链轮

驱动链轮用来卷绕履带，以保证机械行驶或作业。它安装在最终传动的从动轴或从动轮毂上。驱动轮通常用碳素钢或低碳合金钢制成，其轮齿表面须进行热处理以提高其硬度，从而延长轮齿的寿命。

驱动轮与履带的啮合方式一般有节销与节齿式两种。节销式啮合，驱动轮与履带的履带销进行啮合。这种啮合方式履带销所在的圆周近似地等于驱动轮节圆，驱动轮轮齿作用在履带销上的压力通过履带销中心。在节销式啮合中，可将履带板的节距设计成驱动轮齿节距的两倍;这时,若驱动轮齿数为双数,则仅有一半齿参加啮合;其余一半齿为后备。若驱动轮齿为单数,则其轮齿轮流参加啮合。这就可以延长驱动轮的使用寿命。

也可以采用具有双排齿的驱动轮,相应地在履带板上也有两个履带销与驱动轮齿相啮合。由于两个齿同时参与啮合,使每个齿上受力减小一半,自然就减轻了轮齿的磨损,延长了驱动轮的使用寿命。但由于结构较复杂,应用不广泛。

节齿式啮合,即驱动轮的轮齿与履带的节齿相啮合,这种啮合方式多用在采用整体式履带板的重型机械上(如挖掘机)。

为维修的方便,在某些推土机上采用组合式驱动轮如图 17-11 所示。这种驱动轮齿圈由几段齿圈节分别用螺钉紧固在驱动轮轮毂上组合而成。当某段齿圈节磨损后,即可就地更换,而无需拆卸其他零件,这不仅给维修带来很大方便,而且延长了驱动轮的使用寿命。

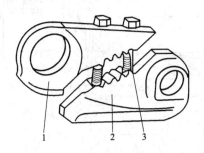

图 17-10 剖分式主链轨
1-左半链轨;2-右半链轨;3-螺钉

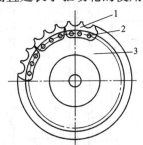

图 17-11 组合式驱动链轮示意图
1-齿圈节;2-固定螺钉;3-驱动轮毂

第四节 支重轮和托轮

一、支重轮

支重轮用来传递推土机的重量给履带,在推土机行驶过程中,它除了沿履带的轨面滚动外,还要夹持履带,不让它横向滑出。在推土机转向时,它又要迫使履带在地面上横向滑移。

支重轮常在泥水、尘土中工作,且承受强烈的冲击,工作条件很差,因此要求它的相对转动部分密封可靠,轮圈耐磨。

支重轮有单边和双边两种。如图 17-12a) 所示为 T220 推土机单边支重轮,单边轮只是在两个轮缘的内侧或外侧带有凸边。双边支重轮,如图 17-12b) 所示,双边轮则在轮缘的内、外两侧都有凸边,使之能更好地夹持履带,但其滚动阻力较大。轴承座 5 与支重轮体 3 用螺钉坚固。轴瓦 6 为双金属瓦,用销子与轴承座 5 固定。这样,上述三者固为一体,可相对于轴 4 旋转。浮动油封是通过轴向压紧力使 O 形密封圈 8 变形,进一步使两浮封环 13 坚硬而光滑的端面密封。这样,润滑油不会漏出,泥水不会浸入,是一种比较好的密封装置。梯形的平键 11 固定着轴 4 与内盖 9;轴 4 两端又削成平面,固定在台车架上,既防止其轴向窜动,又防止其周向转动。轴内装有稀油,由油塞 1 密封,保证了良好的润滑。

二、托轮

托轮用来承托履带上部的重量,不让它下垂过多,以减少运动时的振跳现象,同时引导履带上部运动方向,防止它侧向滑落。

　　托轮与支重轮相比,受力较小,泥水侵蚀的可能性也较少,因此托轮的结构较简单,尺寸较小。有些行驶速度很低,在机械使用寿命期内行驶路程并不很长的履带式机械(例如沥青混凝土摊铺机)的托轮也用工程塑料制作。

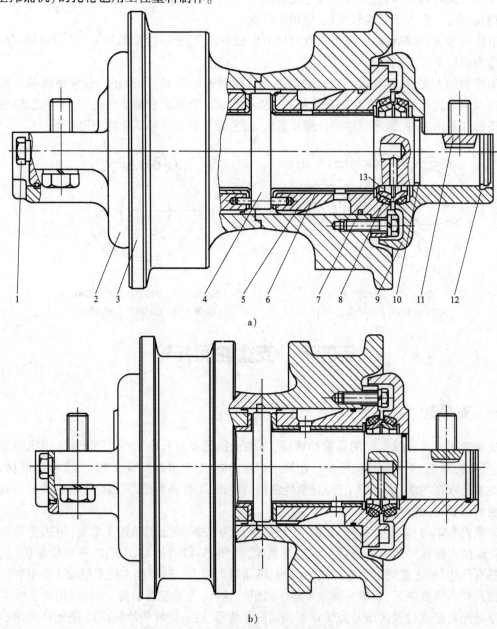

图 17-12　T220 推土机的支重轮

a)单边支重轮;b)双边支重轮

1-油塞;2-支重轮外盖;3-支重轮体;4-轴;5-轴承座;6-轴瓦;7、10-O 形密封圈;8-浮动油封 O 形圈;9-支重轮内盖;11-平键;12-挡圈;13-浮封环

　　如图 17-13 所示为 T220 推土机的托轮总成。托轮通过锥轴承 11 支撑在托轮轴 3 上,螺母 12 可以调整轴承的松紧度。其他润滑密封与支重轮原理相同。托轮轴 3 由托轮架 2 夹持,托轮架由螺钉固定在台车架上。

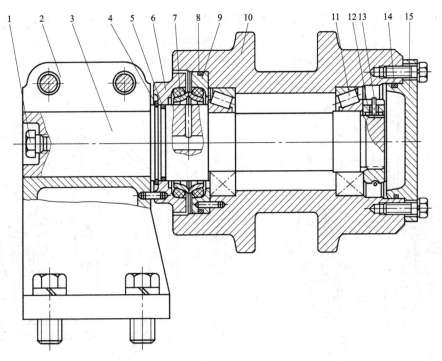

图 17-13　T220 推土机托轮

1-油塞;2-托轮架;3-托轮轴;4 挡圈;5、8、14-O 形密封圈;6-油封盖;7-浮动油封;9-油封座;10-托轮;11-轴承;12-锁紧螺母;13-锁圈;15-托轮盖

第五节　张紧轮和张紧装置

张紧轮也称导向轮,导向轮的功用是支撑链轨和引导履带正确地卷绕,同时它与其后面安装的张紧装置一起使履带保持一定的张紧度,并缓和道路传来的冲击力,减少履带在运动过程中的振跳现象。履带运动过程的振跳会导致冲击载荷和额外的功率消耗,加快履带销和销孔之间的磨损。当履带遇到障碍物时,张紧装置可以让引导轮后移一些,免得履带过于局部张紧。

如图 17-14 所示,履带推土机的导向轮的径向断面呈箱形。导向轮通过孔内的两个滑动轴承 9 装在导向轮轴 5 上,轴 5 的两端固定在右滑架 11 与左滑架 4 上。左、右滑架则通过用支座弹簧合件 14 压紧的座板 16 安装在台车架上的导向板 18 上,同时使滑架的下钩平面紧贴导向板 17,从而消除了间隙。故滑架可以在台车架上沿导板 17 与 18 前后平稳地滑动。

支撑盖 2 与滑架之间设有调整垫片 3,以保证支撑盖 2 和台车架侧面之间的间隙不大于1mm。安装支撑盖 2 是为了防止导向轮发生侧向倾斜,以免履带脱落。

导向轮与轴 5 之间充满润滑油进行润滑,并用两个浮动油封 7 或 O 形密封圈来保持密封。导向轮轴 5 通过止动销 13 进行轴向定位。

张紧度调整机构有螺杆调整式和液压调整式两种。液压式张紧装置由伸缩油缸和弹簧箱两大部分组成,如图 17-15 所示,T220 推土机就是这种结构。张紧杆 2 的左端与导向轮叉臂 1相连,右端与油缸 6 的凸缘相接;活塞杆 13 的左端连有活塞 7,中部的凸缘装在弹簧前座 12 与18 之间,其预紧力是通过螺母 19 来调整.当需要张紧履带时,只有通过注油嘴 24 向缸内注油,使油压增加,使调整油缸 6 外移,并通过张紧杆 2、张紧轮使履带张紧;如果履带过紧,可通过放油塞5放油,即可使履带松弛,调整这种装置省力省时,所以在履带式机械中得到了广泛的应用。当机械行驶中遇到障物而使张紧轮受到冲击时,由于液体的不可压缩性,冲击力可通过活塞杆13,弹簧前座12传到弹簧14、15上,于是弹簧压缩,张紧轮后移,从而使机件得到保护。

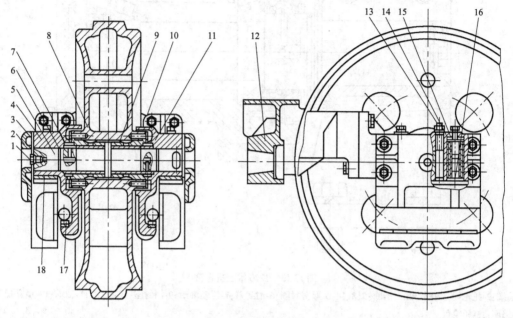

图 17-14　履带推土机的导向轮

1-油塞;2-支撑盖;3-调整垫片;4-左滑架;5-导向轮轴;6、10-O形密封圈;7-浮动油封;8-导向轮;9-轴承;11-右滑架;12-导向轮支架;13-止动销;14-支座弹簧合件;15-弹簧压板;16-座板;17、18-导向板

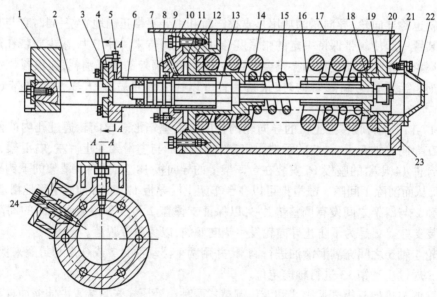

图 17-15　推土机液压式履带张紧装置

1-导向轮叉臂;2-张紧杆;3-端盖;4、9-O形密封圈;5-放油塞;6-调整油缸;7-活塞;8-压盖;10-前盖;11-铜套;12-弹簧前座;13-活塞杆;14-缓冲大弹簧;15-缓冲小弹簧;16-限位管;17-弹簧箱;18-弹簧后座;19-螺母;20-锁垫;21-螺钉;22-后盖;23-后支座;24-注油嘴

由于履带推土机行驶系的工作条件很差,调整螺杆与弹簧支座的螺纹连接部分易受泥水浸入而锈死,使调整时拧动调整螺杆非常费力。这种依靠调螺杆来调整履带张紧度的方式逐渐为液压调整式张紧装置所代替。如图17-16所示为螺杆调整式结构。螺杆5的颈部由左、右叉臂3用四只螺栓夹紧,使之在推土机行驶时不致因振动而产生自转,该螺杆的尾部拧在可以前、后移动的活动支座9内。螺杆前部露出部分为六方头,作为拧转螺杆时放扳手之用。拧转螺杆使它伸长或缩短,就可使履带张紧或放松。张紧弹簧6为一根大螺旋弹簧,它装在活动支座9和固定支座7之间。在前后支座间另外穿装一根螺杆,螺杆的尾端拧有调整螺母8及锁紧螺母。拧转调整螺母8,可阻调整张紧弹簧的预紧力。在此螺杆上还套装一根较短的套管,作为弹簧压缩到极点时的停止器,不让弹簧的毗邻圈相碰。

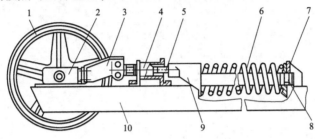

图17-16　螺杆调整式张紧结构

1-导向轮;2-支撑滑块;3-叉臂;4-张紧螺杆托架;5-张紧螺杆;6-张紧弹簧;7-固定支座;8-调整螺母;9-活动支座;10-台车架

参 考 文 献

[1] 陈新轩,等.现代工程机械发动机与底盘构造[M].北京:人民交通出版社,2002.

[2] 张琳,等.公路工程机械[M].北京:中国石油大学出版社,2004.

[3] 赵谷声.工程机械底盘[M].北京:人民交通出版社,1997.